第3章　1次関数

6　1次関数とグラフ

① **1次関数 $y=ax+b$ の値の変化**
(1) **増加・減少**　x の値が増加するとき，y の値は　$a>0$　ならば増加
　　　　　　　　　　　　　　　　　　　　　　　　　$a<0$　ならば減少
(2) **変化の割合** $=\dfrac{y \text{の増加量}}{x \text{の増加量}}=a$（一定）

② **1次関数 $y=ax+b$ のグラフ**
(1) **傾き a，切片 b の直線**
(2) **直線 $y=ax+b$ の傾き a**
　$\iff$ 1次関数 $y=ax+b$
　　の変化の割合 a
(3) $a>0$ のとき，右上り（傾き正）
　$a<0$ のとき，右下り（傾き負）

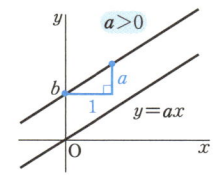

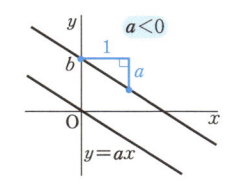

7　1次関数の式の求め方

① **1次関数の式の決定**　1次関数 $y=ax+b$ の a と b で決まる
(1) **通る点と傾きから決定**　a はわかるから，あとは b を決定
(2) **通る2点から決定**　2点の座標から傾き a を求め，次に b を決定
　または，2点の座標を $y=ax+b$ に代入し，a と b の連立方程式を解く。

8　1次関数と方程式

① **2元1次方程式 $ax+by=c$ のグラフ**
(1) 直線を表す。
(2) $a\neq0$，$b\neq0$ のとき，y について解くと，$y=px+q$ の形
　　$\longrightarrow$ この1次関数のグラフと一致

② **x 軸，y 軸に平行な直線**
(1) **$y=q$ のグラフ**　x 軸に平行な直線
(2) **$x=p$ のグラフ**　y 軸に平行な直線
　$ax+by=c$ で，
　　$a=0$，$b\neq0$ のとき，$by=c \longrightarrow y=\dfrac{c}{b}$
　　$a\neq0$，$b=0$ のとき，$ax=c \longrightarrow x=\dfrac{c}{a}$

③ **連立方程式とグラフ**
　連立方程式 $\begin{cases} ax+by=c \\ a'x+b'y=c' \end{cases}$ の解 $\iff$ 2直線 $\begin{cases} ax+by=c \\ a'x+b'y=c' \end{cases}$ の交点の座標

9　1次関数の利用

① **一定の速さで動く点の位置をグラフに表す**
　出発点から x 時間後に y km の距離にいる。
(1) $x=p$ のとき $y=q$，$x=r$ のとき $y=s$
(2) 2点 (p, q)，(r, s) を通る。

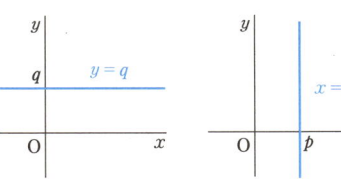

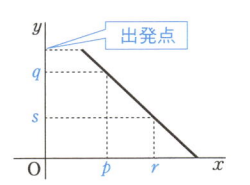

チャート式®

改訂版

基礎からの 数学

中学 2 年

チャート式からのメッセージ

いっしょにがんばるきみへ。

知らないことがどんどん現れてくる。
学びの世界は広大だ。

新しい場面を目の前にして、後戻りが必要なときもある。
ときには、進むべき方向をまちがい、失敗したりもする。
でも、あわてない。あきらめない。
がんばって、「できる」まで。

「チャート」は案内役。
重い荷物を代わりに持ってあげたり、
手を引いて先導するようなことはないけれど、
困ったときに見回すと、すぐ横にいる。

がんばるきみを応援する。チャート式。

> 「チャート」の語源は海図。大海原(おおうなばら)を航海するとき、海図は、安全な航路を示す大切なアイテムです。

●シリーズの特色

「チャート式 基礎からの 中学シリーズ」には、次のような2つの特色があります。
[1] 知りたいこと、わからないことが簡単に調べられる。
[2] 調べたことや学習したことがらが確実に身につく。

　章や項目などの学習の初めには、そこで学習する内容や簡潔な「まとめ」があって、そこから本文のどこを参照すればよいかが、一目でわかるように工夫されています。それぞれの説明では、もっとも大切なポイントをわかりやすくまとめ、無理なく効率よく学習ができるようになっています。
　また、基本的なものから応用的なものまで、幅広く問題を取り上げていますので、それらを解くことによって、学習した内容の理解が確実になります。これらの問題は、日常の学習を助けるだけでなく、定期テストや将来の入試対策にも役立つものばかりです。
　わからないことがあれば、すぐに本書を調べてみましょう。そして、本当にわかったかどうかを、問題を解いて確かめてみましょう。

もくじ CONTENTS

本書の活用法……………………………………………………………………………4

第1章　式の計算
第1項　式の加法・減法……………8　第3項　文字式の利用……………22
第2項　単項式の乗法と除法………15

第2章　連立方程式
第4項　連立方程式…………………36　第5項　連立方程式の利用………46

第3章　1次関数
第6項　1次関数とグラフ…………66　第8項　1次関数と方程式………81
第7項　1次関数の式の求め方……76　第9項　1次関数の利用…………91

第4章　図形の性質と合同
第10項　平行線と角………………108　第12項　三角形の合同…………126
第11項　多角形の角………………117　第13項　証明……………………130

第5章　三角形と四角形
第14項　三角形……………………146　第16項　平行線と面積…………175
第15項　四角形……………………162

第6章　確率
第17項　場合の数…………………190　第18項　確率……………………195

答と解説……………………………………………………………………………213
さくいん……………………………………………………………………………294
別冊 問題精選　本冊の章立ての順に，主として発展的な問題と解答を収録しました。

本書の活用法

1 本書の構成

本書は6章で構成されています。各章初めの1ページ目には，その章で学ぶ問題の簡単な説明と学習の目標が書かれています。

各章は2～4つの項（項目）に分かれ，それぞれ，要点整理，例題と練習，EXERCISES で構成されています。章末には定期試験対策問題，発展例題，入試対策問題を設け，定期試験対策から高校受験対策にも対応できるレベルの高い問題を取り上げました（詳しくは3を参照）。また，いろいろな所に Column （コラム）を設け，数学の考え方を理解できたり，知識が深められるようになっています。

改訂版では，スマートフォンで閲覧できる内容も用意し，閲覧サイトにアクセスできる QR コードを設けた箇所があります。

2 CHART について

本シリーズの特色であるチャートは，問題と重要事項を結び付けるもので，問題を解く手がかりなどがコンパクトにまとめられています（p.6 CHART 一覧を参照）。

3 構成と活用法

この項の要点整理

その項で学習する内容や用語の説明，基本事項，重要事項，注意すべき事項などをまとめてあります。

あとのページで展開される 例題 とほぼ同じ内容の 例 もあげ，繰り返し学習することで学力の定着を図ります。

さらに，テストの直前に，短時間で要点の確認，整理ができます。

重要な用語や性質などは赤シートを使って覚えよう。

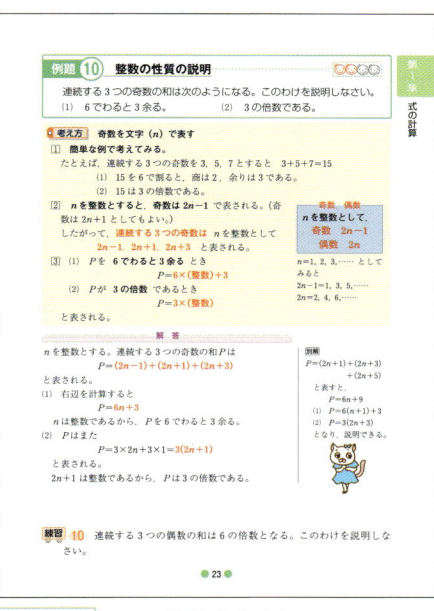

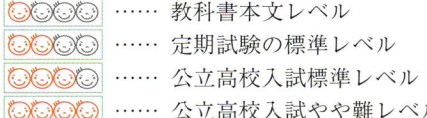

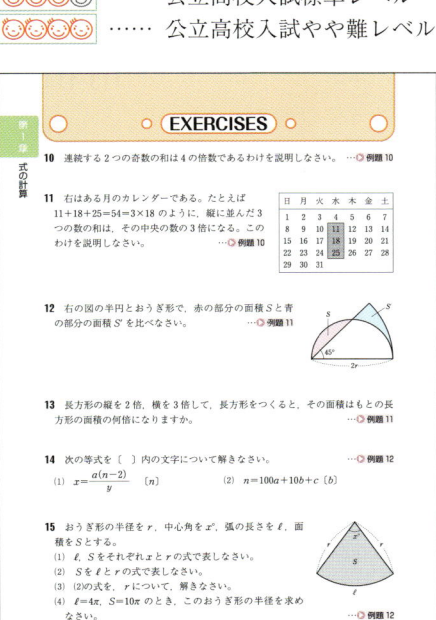

例題 と 発展 例題

例題 → 考え方 → 解答 という三部構成で，効果的な学習が可能です。
例題 は，代表的な問題を選びました。
考え方 では問題を解く上での予備知識や考え方をわかりやすく説明し，問題解決の方針を明確に示しました。
解答 も答案として代表的なものにしてあります。何度も問題を解き，確実に力をつけてください。 解答 の右欄には補足説明や関連事項を取り上げました。

発展 例題 → 考え方 → 解答

のある章もあります。ここでは高度な内容を取り扱っています。レベルアップを目指す人はぜひ取り組んでください。
解答 では赤シートを使うことによって考えながら読み通すことができます。

😊 …… 教科書本文レベル
😊😊 …… 定期試験の標準レベル
😊😊😊 …… 公立高校入試標準レベル
😊😊😊😊 …… 公立高校入試やや難レベル

練習 EXERCISES と 定期試験対策問題

練習 は 例題，発展 例題 を反復練習し，実力を定着するために取り組んでください。同じタイプの問題を繰り返し行うことが数学的な思考力をつけることになります。

EXERCISES と 定期試験対策問題 はその項や章の反復問題から発展問題を取り上げました。解けない場合は，参考となる例題番号を付けましたので，例題を見直して，再度挑戦してください。
入試対策問題 は標準から発展問題を取り扱っています。

CHART 一覧

CHART と CHART を掲載しているページ をまとめて示しました。表現を簡潔にしたものもあります。
■掲載ページ■

- ■**かっこをはずす** －は変わる ＋はそのまま……………………………………………11
- ■**多項式の計算** 同類項をまとめる 係数だけの計算…………………………………13
  　　　　　　　分数の形 分子にかっこをつける
- ■**連立方程式** 文字を減らす方針………………………………………………………39, 43
  　　　　　加減法，代入法 （ ）をはずす 分数・小数は整数へ
- ■**方程式の解** 代入すると成り立つ…………………………………………………………44
- ■**公式の利用** 縦横に使う………………………………………………………………48, 50
- ■**1次関数** $y=ax+b$ a と b で決まる………………………………………………78
- ■**直線** $y=ax+b$ が点 (p, q) を通る $\Longrightarrow q=a \times p+b$…………78, 101, 103
- ■**2元1次方程式** $ax+by=c$ のグラフ……………………………………………………83
  　　　　　　　　$a \neq 0$, $b \neq 0$ の場合 直線 $y=px+q$
- ■**3直線が1点で交わる** 2直線の交点を第3の直線が通る………………………………87
- ■ $y=\dfrac{a}{x}$ のグラフが点 (p, q) を通る $\Longrightarrow q=\dfrac{a}{p}$……………………88
- ■**グラフが有効** 2点を結ぶ…………………………………………………………………95
- ■**2直線の交点の座標** ⇔ **連立方程式の解**……………………………………………103
- ■**平行線と角** ① 平行 ⇔ 同位角・錯角が等しい……………………………113, 114, 115
  　　　　　　② 角には平行 平行には角
  　　　　　　③ 離れたものは近づける
- ■**三角形と角** 内角の和は180°……………………………………………………………120
  　　　　　　① 外角も利用 外角＝2内角の和 ② 対頂角は等しい
- ■**証明** 図をかき 仮定と結論 をはっきりさせる…………………………134, 135, 142, 148
  　　　線分や角の＝は 三角形の合同 にもちこむ　　　150, 151, 152, 157
  　　　結論から 反対に導く ことも考える　　　　　　159, 163, 164, 169
- ■**平行四辺形** ①対辺平行 ②対辺等しい………………………………………………168
  　　　　　　③対角等しい ④対角線が中点で交わる ⑤1組の対辺が平行でその長さが等しい
- ■**三角形の面積** 平行線で移す……………………………………………………………178
  　　　　　　　平行なら等高 同底なら等積
- ■**場合の数** もれなく重複なく………………………………………………………193, 206
  　　　　　① 樹形図や表が基本 ② かける，わる も活用
- ■**確率** n (全体)，a を求めて $\dfrac{a}{n}$ 同様に確からしい……………………………201
- ■**Aでない確率** （Aでない確率）＝1－（Aである確率）…………………………………203

第1章 式の計算

この章で学ぶ問題

単項式，多項式	例題 1, 2	しっかりつかもう。
式の計算の基本	例題 3, 4, 6, 7	自由に早くできるようにしよう。
やや複雑な計算問題	例題 5, 8	計算能力を高めよう。
式の値，式変形	例題 9, 13	式を整理しよう。
整数の問題への応用	例題 10, 11, 14, 15	整数の性質を式で説明しよう。
図形への応用問題	例題 12, 16	図形の特長を式で説明しよう。

この項の要点整理　テスト対策 これだけはおさえておこう！

① 式の加法・減法

1 単項式と多項式

① **単項式**　数や文字の乗法だけで表される式を **単項式** という。1つの文字や1つの数も単項式である。

② **多項式**　単項式の和の形として表される式を **多項式** といい，そのひとつひとつの単項式を多項式の項という。特に，数だけの項を **定数項** という。

③ **単項式の次数**　単項式において，かけあわされている文字の個数を，その単項式の **次数** といい，文字以外の部分を，その単項式の **係数** という。

④ **多項式の次数**　多項式の項の次数のうちでもっとも大きいものを，その多項式の **次数** という。また，次数が1の式を **1次式**，次数が2の式を **2次式**，次数が n の式を **n次式** という。

> **単項式の書き方**
> ・数を前に，文字は後に
> ・文字はふつうアルファベット順に
> ・同じ文字の積は累乗の形

a の次数は1，係数は1
$4x^2y$ の次数は3，係数は4

多項式 $2x^2+3x-1$ の項は，$2x^2$, $3x$, -1，次数は2

2 同類項

① **同類項**　1つの多項式で，文字の部分が同じである項を **同類項** という。

② 同類項は，分配法則を使って1つの項にまとめられる。
　　分配法則　$am+bm=(a+b)m$

同類項
$4x+3y-5x+2y$
同類項

$am-bm=(a-b)m$

3 多項式の加法・減法

かっこをはずし，同類項をまとめる。
同類項 は **係数だけの計算** になる。

$+(a+b)=a+b$
そのままはずす
$-(a+b)=-a-b$
符号を変えてはずす。

4 多項式と数の乗法，除法

① 多項式と数の乗法　**分配法則** を使って計算する。
　　$m(a+b)=ma+mb$
　　$(a+b-c)\times m=ma+mb-mc$

② 多項式と数の除法　乗法の形になおして計算する。
　　$(a+b)\div m=(a+b)\times \dfrac{1}{m}=\dfrac{a}{m}+\dfrac{b}{m}$

$\div \bigcirc \rightarrow \times \dfrac{1}{\bigcirc}$

例題 1 単項式の次数と係数，多項式の次数

(1) 次の式のうち，単項式はどれですか。また，多項式はどれですか。

　(ア) $\dfrac{x}{2}-\dfrac{y}{2}$　　(イ) $-\dfrac{pq}{2}$　　(ウ) $\dfrac{1}{2}x+y^2$　　(エ) $\dfrac{1}{2}$

(2) 次の単項式について，その次数と係数を答えなさい。

　(ア) a^2　　(イ) $8x^2y$　　(ウ) $-ax^3$ （a は数とする）

(3) 次の多項式について，その項を示し，次数を答えなさい。

　(ア) $7x^2-x+7$　　(イ) $a^3-5ab-7b^2$

考え方　数と文字を区別，次数は文字の個数の合計

単項式 とは，1つの項の式，**多項式** とは，多くの項の式。

(1) (イ) $-\dfrac{pq}{2}$ は $-\dfrac{1}{2}pq$ と書いてもよい。$-\dfrac{pq}{2}=-\dfrac{1}{2}\times p\times q$ …… 単項式

(2) (文字)^指数 の次数は指数と一致する。たとえば，x は x^1 なので，次数は 1

　(ア) $a^2=1\times a\times a$

　(イ) $8x^2y=8\times x\times x\times y$

　(ウ) $-ax^3=-a\times x\times x\times x$

(3) 多項式の項は **和の形** で表す。　(ア) $7x^2-x+7=7x^2+(-x)+7$　←和の形

　もっとも次数の大きい項の次数が多項式の次数。　2次，1次，数　→2次

解答

(1) 単項式　(イ), (エ)
　　多項式　(ア), (ウ)

(2) (ア) 次数は **2**，係数は **1**
　　(イ) 次数は **3**，係数は **8**
　　(ウ) 次数は **3**，係数は **$-a$**

(3) (ア) 項は　$7x^2$, $-x$, 7　次数は **2**
　　(イ) 項は　a^3, $-5ab$, $-7b^2$　次数は **3**

(1) (エ) $\dfrac{1}{2}$ は数。
　　　数も単項式。

(3) (ア) 7 は数。
　　　定数項 ともいう。

練習 1

(1) 次の単項式について，その係数と次数を答えなさい。

　(ア) $6xy$　　(イ) $-3xy^2$　　(ウ) a^2x^3　　(エ) $-\dfrac{3}{2}x^3$

(2) 次の多項式について，その項を示し，次数を答えなさい。

　(ア) $-3x+y$　　(イ) $2x^2-6x+5$

　(ウ) ab^2-a^2b-2a　　(エ) $ax+b$ （a, b は数とする）

例題 2　同類項をまとめる

次の式の同類項をまとめなさい。
(1) $4x+3y-5x+2y$
(2) $3x^2-5x-3-x^2-3x+1$

考え方　同類項のまとめは，係数だけの計算

1　**同類項** とは，**文字の部分が同じ** である項
　(1)では，$4x$ と $-5x$，$3y$ と $2y$ が同類項。
　(2)では，$3x^2$ と $-x^2$，$-5x$ と $-3x$ が同類項。（-3 と 1 は定数項。これも同類項。）

2　**同類項** は **分配法則** を使って，**1つの項にまとめられる**。
　　　分配法則　$ax+bx=(a+b)x$ ……　ax と bx は同類項
　(1)では，$4x-5x=(4-5)x=-x$,
　　　　　　$3y+2y=(3+2)y=5y$
と計算される。
そのために，**加法の交換法則**（$a+b=b+a$）によって，**項を並べかえて**，同類項を集めてから，計算するとよい。
$\underline{4x}+\underbrace{3y}-\underline{5x}+\underbrace{2y}=\underline{4x-5x}+\underbrace{3y+2y}$

解 答

(1) $4x+3y-5x+2y=4x-5x+3y+2y$ *⁾
　　　　　　　　　　$=(4-5)x+(3+2)y$
　　　　　　　　　　$=-x+5y$　**答**

(2) $3x^2-5x-3-x^2-3x+1$
　　$=3x^2-x^2-5x-3x-3+1$ *⁾
　　$=(3-1)x^2+(-5-3)x+(-3+1)$
　　$=2x^2-8x-2$　**答**

> **ポイント**
> **同類項のまとめ**
> ① 項を並べかえる
> ② 同類項を集める
> ③ 係数の計算
>
> 計算に慣れてくると，*⁾の式は省略してもよい。

練習 2　次の式の同類項をまとめなさい。

(1) $-6a+7a$
(2) x^2+3x^2
(3) $3xy-2xy$
(4) $7a-6b-3a+4b$
(5) $x+y-3x+4y$
(6) $x^2+3x-4+2x^2-5x+1$
(7) $5ab-3a-ab+3a$
(8) $\dfrac{3}{4}x+\dfrac{2}{5}y-\dfrac{1}{4}x-\dfrac{3}{5}y$
(9) $\dfrac{1}{2}a-\dfrac{3}{4}b+\dfrac{2}{3}a+\dfrac{1}{2}b$

例題 3　多項式の加法・減法

次の計算をしなさい。
(1) $(5a+2b)+(-3a+4b)$
(2) $(-x^2+5x-3)-(3x^2-4)$

考え方　かっこをはずし，同類項をまとめる

1 **かっこをはずす** とき，かっこの前が **+** のとき **はそのまま**，**-** のとき **は すべての 符号を変える**。

(1) $(5a+2b)+(-3a+4b)=5a+2b-3a+4b$
　　　　+( ) は そのまま ( ) をはずす

(2) $(-x^2+5x-3)-(3x^2-4)=-x^2+5x-3-3x^2+4$
　　　　-( ) は符号を変えて ( ) をはずす

2 同類項をまとめるには，まず **項を並べかえて**，同類項を集め，その **係数の計算** をする。
また，その計算は 同類項が上下そろうように並べて 行ってもよい。
この計算を，**縦書き** ともいう。

解　答

(1) $(5a+2b)+(-3a+4b)$
　　$=5a+2b-3a+4b$
　　$=(5-3)a+(2+4)b$
　　$=\mathbf{2a+6b}$　答

$$\begin{array}{r}5a+2b\\+)-3a+4b\\\hline 2a+6b\end{array}$$

(2) $(-x^2+5x-3)-(3x^2-4)$
　　$=-x^2+5x-3-3x^2+4$
　　$=(-1-3)x^2+5x-3+4$
　　$=\mathbf{-4x^2+5x+1}$　答

$$\begin{array}{r}-x^2+5x-3\\-)3x^2-4\\\hline -4x^2+5x+1\end{array}$$

注意
誤り！
$-(3x^2-4)=-3x^2-4$
のように，符号を変え忘れたものを残さない。

⊖縦書きで-)は+)に直して計算してもよい。
$$\begin{array}{r}-x^2+5x-3\\+)-3x^2+4\\\hline -4x^2+5x+1\end{array}$$

CHART　かっこをはずす
　　　　-は変わる，+はそのまま

練習 3　次の計算をしなさい。
(1) $(8x-7y)+(-x+5y)$
(2) $(7a+2b)-(9a-5b)$
(3) $(4x+8y-2)-(-x+8y-3)$
(4) $(-9x^2+4x-1)-(5x^2-3x+7)$
(5) $(10x^2-9x-2)+(10x-9x^2-2)$
(6) $(10x^2-9x-2)-(10x-9x^2-2)$

例題 4　多項式と数の乗法・除法，いろいろな計算

次の計算をしなさい。

(1) $-5(3x-y-6)$

(2) $(6a-24b) \div (-3)$

(3) $12\left(\dfrac{1}{4}a - \dfrac{1}{3}b\right) + 2(-5a+b)$

(4) $6(-4x+y-2) - 7(x+2y-1)$

考え方　( )をはずす，同類項の計算

(1) 多項式と数の **乗法** は，分配法則を使って計算する。

$$-5(3x-y-6) = (-5) \times 3x + (-5) \times (-y) + (-5) \times (-6)$$

(2) 多項式と数の **除法** は，乗法になおし，分配法則を使って計算する。

$$(6a-24b) \div (-3) = (6a-24b) \times \left(-\dfrac{1}{3}\right) = 6a \times \left(-\dfrac{1}{3}\right) + (-24b) \times \left(-\dfrac{1}{3}\right)$$

(3), (4) かっこをはずし，同類項をまとめる。係数の計算。

解答

(1) $-5(3x-y-6) = \mathbf{-15x+5y+30}$ 答

(2) $(6a-24b) \div (-3) = (6a-24b) \times \left(-\dfrac{1}{3}\right)$
$\qquad\qquad\qquad\quad = \mathbf{-2a+8b}$ 答

(3) $12\left(\dfrac{1}{4}a - \dfrac{1}{3}b\right) + 2(-5a+b) = 3a - 4b - 10a + 2b$
$\qquad\qquad\qquad\qquad\qquad\quad = (3-10)a + (-4+2)b$
$\qquad\qquad\qquad\qquad\qquad\quad = \mathbf{-7a-2b}$ 答

(4) $6(-4x+y-2) - 7(x+2y-1)$
$\quad = -24x+6y-12-7x-14y+7$
$\quad = (-24-7)x + (6-14)y + (-12+7)$
$\quad = \mathbf{-31x-8y-5}$ 答

(2) 除法は乗法の形になおす。

$$\div \bigcirc \;\to\; \times \dfrac{1}{\bigcirc}$$

(2)は $-\dfrac{6a-24b}{3}$
$\quad = -(2a-8b)$
$\quad = -2a+8b$
としてもよい。

練習 4　次の計算をしなさい。

(1) $-3(-x+5y-7)$

(2) $(10x-25y) \div (-5)$

(3) $\dfrac{3}{4}(12x+8y) - 6\left(\dfrac{1}{2}x - \dfrac{2}{3}y\right)$

(4) $-3(2x-3y+2) - (2x+3y-5)$

例題 5 　分数をふくむ式の計算

次の計算をしなさい。

(1) $2x+3y-\dfrac{x-3y}{2}$

(2) $\dfrac{7a-5b}{6}-\dfrac{a+3b}{2}$

考え方　通分してから計算　計算結果は約分できるなら約分しておく

このような **分数の形** では，次の①か②の方針で計算する。解答は①の方針。
また，計算をミスしないように，**分子にかっこをつける**。

① 通分してから分配法則を利用する。　② 分配法則を利用してから通分する。

(1) $=\dfrac{2(2x+3y)}{2}-\dfrac{x-3y}{2}$ 　　(1) $=2x+3y-\dfrac{1}{2}x+\dfrac{3}{2}y$

(2) 分母の 6 と 2 の最小公倍数 6 で通分。計算結果は約分できる。

CHART　多項式の計算
　　　　　同類項をまとめる　係数だけの計算
　　　　　　　　　　　$ax+bx=(a+b)x$
　　　　　分数の形　分子にかっこをつける

解　答

(1) $2x+3y-\dfrac{x-3y}{2}=\dfrac{2(2x+3y)-(x-3y)}{2}$

$\qquad\qquad\qquad\quad =\dfrac{4x+6y-x+3y}{2}$

$\qquad\qquad\qquad\quad =\dfrac{3x+9y}{2}$　**答**

(2) $\dfrac{7a-5b}{6}-\dfrac{a+3b}{2}=\dfrac{(7a-5b)-3(a+3b)}{6}$

$\qquad\qquad\qquad\quad =\dfrac{7a-5b-3a-9b}{6}$

$\qquad\qquad\qquad\quad =\dfrac{4a-14b}{6}$

$\qquad\qquad\qquad\quad =\dfrac{2a-7b}{3}$　**答**

別解　②の方針の場合

(1) $=2x+3y-\dfrac{1}{2}x+\dfrac{3}{2}y$

$\quad =\left(2-\dfrac{1}{2}\right)x+\left(3+\dfrac{3}{2}\right)y$

$\quad =\dfrac{3}{2}x+\dfrac{9}{2}y$

(2) $=\left(\dfrac{7}{6}-\dfrac{1}{2}\right)a-\left(\dfrac{5}{6}+\dfrac{3}{2}\right)b$

$\quad =\dfrac{7-3}{6}a-\dfrac{5+9}{6}b$

$\quad =\dfrac{2}{3}a-\dfrac{7}{3}b$

練習 5　次の計算をしなさい。

(1) $\dfrac{3x-2y}{4}-\dfrac{2x-3y}{6}$

(2) $\dfrac{a-17b}{6}-\dfrac{5a-7b}{12}$

EXERCISES

1 (1) 次の単項式について,その係数と次数を答えなさい。

(ア) $-7a^3b$ (イ) $0.1x^4$ (ウ) $\dfrac{x}{4}$

(2) 次の多項式について,項とその係数,次数を答えなさい。また,多項式は何次式ですか。

(ア) $3a^2-2ab-6b^2$ (イ) $7x^2+5x-3x^4-5$

…▶例題 1

2 次の計算をしなさい。 …▶例題 2～4

(1) $3x+4y+2x-3y$
(2) $(2x-y)+(-5x+3y)$
(3) $0.6x+2y-(1.3x-4y)$
(4) $3(2x-3y)$
(5) $-\dfrac{2}{3}\left(2a+\dfrac{3}{2}b\right)$
(6) $(-9x+15y)\div(-3)$
(7) $x^2+3x+1+(-2x^2-3x-2)$
(8) $(-x^2+4x)-(-x^2-4x+1)$

3 次の2つの式の和を求めなさい。また,第1式から第2式をひきなさい。

(1) $9x-8y-7,\ -x+4y-11$
(2) $\dfrac{3}{2}x^2-x-2,\ \dfrac{1}{3}x^2-\dfrac{3}{4}x-2$

…▶例題 3

4 次の計算をしなさい。 …▶例題 4, 5

(1) $3(x-2y)-2(4x-3y)$
(2) $-2(-3x+2y)+5(3y-x)$
(3) $\dfrac{2x+y}{4}-\dfrac{x-3y}{3}$
(4) $2x-\dfrac{y}{3}-\dfrac{x-2y}{5}$

5 次の計算をしなさい。 …▶例題 4, 5

(1) $2(x-3y)-\{x-2y-2(x+4y)\}$ 〔滝川高〕
(2) $\dfrac{4x-y}{3}-\dfrac{7x-y}{15}-\dfrac{x-3y}{5}$ 〔智弁学園和歌山高〕
(3) $\dfrac{2a-b}{3}-\dfrac{3a+2b}{4}-2\left(\dfrac{a}{3}-\dfrac{b}{2}\right)$ 〔四天王寺高〕

この項の要点整理　テスト対策 これだけはおさえておこう！

❷ 単項式の乗法と除法

1 単項式の乗法，除法

① **乗法** 単項式どうしの乗法は，**係数の積** に **文字の積** をかける。

文字の積　$a \times a^2 = a \times (a \times a) = a^{1+2} = a^3$
　　　　　$(ab)^2 = ab \times ab = a \times a \times b \times b = a^2 b^2$

例　$5ab^2 \times (-2a) = 5 \times (-2) \times ab^2 \times a = -10a^2 b$

② **除法** 単項式どうしの除法は，**係数の商** を係数に，**文字の商** を文字の部分とする。計算は **分数の形になおし，約分** する。

文字の商　$a^5 \div a^2 = \dfrac{a \times a \times a \times a \times a}{a \times a} = a^3$

例　$8x^3 y^2 \div 4xy = \dfrac{8x^3 y^2}{4xy} = 2x^2 y$

　　$(-a)^3 \div \dfrac{a}{9} = (-a^3) \times \dfrac{9}{a} = -9a^2$

$\square \div \bigcirc = \dfrac{\square}{\bigcirc}$

$\div \bigcirc \rightarrow \times \dfrac{1}{\bigcirc}$

③ **3つ以上の式の乗法，除法** ×，÷が2つ以上ある式では，**前から順に計算** する。
実際の計算では，**分数の形になおして** 行う。

$a \times b \div c = \dfrac{a \times b}{c} \quad a \div b \times c = \dfrac{a \times c}{b} \quad a \div b \div c = \dfrac{a}{b \times c}$

例　$4a^2 b \times 3b \div 6a = \dfrac{4a^2 b \times 3b}{6a} = 2ab^2$

2 式の値

式の値を求めるとき，**式を簡単にしてから** 数を **代入** すると計算がらくになる場合がある。

例　$x = -2, y = 3$ のとき　$4x^3 y^2 \div (-2x) \div xy$ の値。
　　式を簡単にすると　$-2xy$
　　$x = -2, y = 3$ を代入して　$-2 \times (-2) \times 3 = 12$

式の値
式を簡単にしてから代入

例題 6 単項式どうしの乗法

次の計算をしなさい。

(1) $(-2x) \times 5xy^2$ (2) $(-2a) \times (-3a)^2$ (3) $\left(-\dfrac{2}{3}xy\right)^3$

考え方　係数の積と文字の積をかける

単項式どうしの乗法は，単項式の **係数の積** に，**文字の積** をかける。

(1) $(-2x) \times 5xy^2 = (-2) \times 5 \times x \times xy^2$
$ = -10 \times x \times x \times y \times y$

(2) 累乗があるときは，まず，累乗の部分を計算する。
また，累乗の計算で，( )のあるものは，( )もふくめてかける。

$(-3a)^2 = (-3a) \times (-3a) = (-3)^2 a^2 = 9a^2$
$(-2a) \times (-3a)^2 = (-2a) \times 9a^2$

(3) $\left(-\dfrac{2}{3}xy\right)^3 = \left(-\dfrac{2}{3}xy\right) \times \left(-\dfrac{2}{3}xy\right) \times \left(-\dfrac{2}{3}xy\right)$
$\phantom{\left(-\dfrac{2}{3}xy\right)^3} = \left(-\dfrac{2}{3}\right) \times \left(-\dfrac{2}{3}\right) \times \left(-\dfrac{2}{3}\right) \times x \times x \times x \times y \times y \times y$

累乗の計算
$a \times a = a^2$
$a \times a^2 = a^3$
$(-a)^2 = a^2$
$(-a)^3 = -a^3$

解 答

(1) $(-2x) \times 5xy^2 = (-2) \times 5 \times x \times xy^2$
$ = \boldsymbol{-10x^2 y^2}$ 答

(2) $(-2a) \times (-3a)^2 = (-2a) \times 9a^2$
$ = -2 \times 9 \times a \times a^2$
$ = \boldsymbol{-18a^3}$ 答

(3) $\left(-\dfrac{2}{3}xy\right)^3 = \left(-\dfrac{2}{3}xy\right) \times \left(-\dfrac{2}{3}xy\right) \times \left(-\dfrac{2}{3}xy\right)$
$\phantom{\left(-\dfrac{2}{3}xy\right)^3} = \left(-\dfrac{2}{3}\right)^3 x^3 y^3$
$\phantom{\left(-\dfrac{2}{3}xy\right)^3} = \boldsymbol{-\dfrac{8}{27}x^3 y^3}$ 答

計算の順序
累乗の部分を先に計算する。

(2)では
$(-3a)^2 = 9a^2$ が先。

累乗の計算
$a^m \times a^n = a^{m+n}$
$(ab)^n = a^n \times b^n$

練習 6　次の計算をしなさい。

(1) $4xy \times (-3y^2)$ (2) $-2x \times (-3x)^3$

(3) $15ab^2 \times \left(-\dfrac{2}{5}a\right)$ (4) $\left(-\dfrac{1}{3}ab\right)^3 \times (6a^2)^2$

例題 7 単項式どうしの除法

次の計算をしなさい。

(1) $8x^3y^2 \div (-4xy)$ (2) $\dfrac{7}{3}a^3b \div \dfrac{7}{6}ab$ (3) $(-a)^3 \div \dfrac{a}{9}$

考え方 同じ文字どうしで約分

① **単項式どうしの除法** は，**分数の形になおし**，文字の部分も **約分** する。

(1) $8x^3y^2 \div (-4xy) = \dfrac{8x^3y^2}{-4xy} = -\dfrac{\overset{2}{\cancel{8}}}{\cancel{4}} \times \dfrac{x \times x \times x}{\cancel{x}} \times \dfrac{y \times \cancel{y}}{\cancel{y}} = -2 \times x^2 \times y$

(2) $\dfrac{7}{3}a^3b \div \dfrac{7}{6}ab = \dfrac{7a^3b}{3} \times \dfrac{6}{7ab} = \dfrac{7 \times \cancel{a} \times a \times a \times \cancel{b} \times \overset{2}{\cancel{6}}}{3 \times 7 \times \cancel{a} \times \cancel{b}} = 2 \times a^2$

② $(-\bigcirc)^\square$ の形の式は，符号を先に決めてもよい。

(3) $(-a)^3 = (-a) \times (-a) \times (-a) = (-1)^3 a^3 = -a^3$ …… 符号は −

－が奇数個のとき，符号は−，
－が偶数個のとき，符号は＋

解答

(1) $8x^3y^2 \div (-4xy) = -\dfrac{8x^3y^2}{4xy}$

$= -2x^2y$ 　答

(2) $\dfrac{7}{3}a^3b \div \dfrac{7}{6}ab = \dfrac{7a^3b}{3} \times \dfrac{6}{7ab}$

$= 2a^2$ 　答

(3) $(-a)^3 \div \dfrac{a}{9} = (-a) \times (-a) \times (-a) \times \dfrac{9}{a}$

$= (-a^3) \times \dfrac{9}{a}$

$= -9a^2$ 　答

累乗の計算

$a^2 \div a = \dfrac{a^2}{a} = a$

$a^3 \div a = \dfrac{a^3}{a} = a^2$

$m > n$ のとき

$a^m \div a^n = \dfrac{a^m}{a^n} = a^{m-n}$

練習 7 次の計算をしなさい。

(1) $-9a^2b \div 3ab$ (2) $\dfrac{1}{3}xy \times 9y$ (3) $12a^3b^2 \div 4ab^2$

(4) $\dfrac{xy^2}{3} \div \dfrac{xy}{6}$ (5) $(-2x)^4 \div \dfrac{x}{16}$ (6) $(-3x)^3 \div (-3x^3)$

例題 8 乗法と除法の混じった計算

次の計算をしなさい。

(1) $4a^3b \times 3b \div (-6a)$

(2) $-2xy \div \left(-\dfrac{4}{3}xy^2\right) \times 6x^2y$

(3) $\left(\dfrac{2}{3}xy^2\right)^3 \div \left(-\dfrac{1}{6}xy\right)^2 \div \left(\dfrac{4y}{x}\right)^2$

考え方　先に係数の符号を決める　－符号の個数（偶・奇）で決まる

① 3つ以上の単項式の乗法、除法では、先に符号を決めるとよい。
　$(+) \times (+) \div (-) \longrightarrow (-)$，$(-) \div (-) \times (+) \longrightarrow (+)$　のように、
　$(-)$ が偶数個 $\longrightarrow (+)$，$(-)$ が奇数個 $\longrightarrow (-)$　である。

② 実際の計算では、次のように **分数の形になおして** 行う。

$$a \times b \div c = \dfrac{a \times b}{c}, \quad a \div b \times c = \dfrac{a \times c}{b}, \quad a \div b \div c = \dfrac{a}{b \times c}$$

すなわち　×□の□は分子に
　　　　　÷□の□は分母に　　おく。

符号は　(1) － 1個 $\longrightarrow$ －　(2) － 2個 $\longrightarrow$ ＋　(3) － 2個 $\longrightarrow$ ＋

解　答

(1) $4a^3b \times 3b \div (-6a) = -\dfrac{4a^3b \times 3b}{6a}$

$\qquad\qquad\qquad\qquad = -2a^2b^2$　**答**

(2) $-2xy \div \left(-\dfrac{4}{3}xy^2\right) \times 6x^2y = \dfrac{2xy \times 3 \times 6x^2y}{4xy^2}$

$\qquad\qquad\qquad\qquad\qquad\quad = 9x^2$　**答**

(3) $\left(\dfrac{2}{3}xy^2\right)^3 \div \left(-\dfrac{1}{6}xy\right)^2 \div \left(\dfrac{4y}{x}\right)^2 = \dfrac{8}{27}x^3y^6 \div \dfrac{1}{36}x^2y^2 \div \dfrac{16y^2}{x^2}$

$\qquad\qquad\qquad\qquad\qquad\qquad\quad = \dfrac{8x^3y^6 \times 36 \times x^2}{27 \times x^2y^2 \times 16y^2}$

$\qquad\qquad\qquad\qquad\qquad\qquad\quad = \dfrac{2}{3}x^3y^2$　**答**

> **単項式の乗法・除法**
> ① 符号を決める。
> ② わり算は、分数の形になおして計算する。

練習 8　次の計算をしなさい。

(1) $12ab \times (-2ab^2) \div (-6a^2b)$

(2) $8a^2 \div (-2ab) \times 4b^2$

(3) $(-3xy)^2 \div \dfrac{1}{2}xy^2 \times \dfrac{2}{3}y^3$

(4) $(-x^2y)^3 \div \dfrac{1}{3}x^3y^2 \div \dfrac{9}{4}x^2y^2$

例題 9 式の値

次の式の値を求めなさい。
(1) $a=-2$, $b=3$ のとき　$6(2a-3b)-3(3a-4b)$
(2) $x=\dfrac{1}{2}$, $y=-\dfrac{1}{3}$ のとき　$12x^3y^2 \div (-2x) \div xy$

考え方　式を簡単にしてから代入する

① 式の値　**式を簡単にしてから代入**すると計算しやすい。
(1) $6(2a-3b)-3(3a-4b) = 12a-18b-9a+12b = 3a-6b$
(2) $12x^3y^2 \div (-2x) \div xy = -\dfrac{12x^3y^2}{2x \times xy} = -6xy$

としてから，代入した方が計算がらくである。

② $x=-2$ のような**負の数を代入するときは**(-2)と**( )をつけて代入**する。

たとえば　$x=-2$ のとき，x^2-2x の値は
　　　　$(-2)^2-2\times(-2)=4+4=8$ である。
　　　　$-2^2-2-2=-4-2-2=-8$ は**誤り**である。

解答

(1) $6(2a-3b)-3(3a-4b) = 12a-18b-9a+12b$
　　　　　　　　　　　$= 3a-6b$
$a=-2$, $b=3$ を代入して
　　$3\times(-2)-6\times3 = \mathbf{-24}$　答

(2) $12x^3y^2 \div (-2x) \div xy = -\dfrac{12x^3y^2}{2x \times xy} = -6xy$

$x=\dfrac{1}{2}$, $y=-\dfrac{1}{3}$ を代入して
　　$-6 \times \dfrac{1}{2} \times \left(-\dfrac{1}{3}\right) = \mathbf{1}$　答

負の数を代入するとき
→ その数に ( ) をつけて代入する。
(1) $a \to (-2)$
(2) $y \to \left(-\dfrac{1}{3}\right)$
　　として代入。

練習 9 次の式の値を求めなさい。

(1) $a=2$, $b=-3$ のとき　$2(3a-4b)-4(a-3b)$
(2) $x=3$, $y=-4$ のとき　$x^3y^4 \div x^4y^3 \times x^2$
(3) $x=-\dfrac{4}{5}$, $y=\dfrac{2}{3}$ のとき　$15x^2y^2 \times (-x^3) \div 8x^4y$

Column

◆計算の注意とくふう◆

BC と $B×C$ が同じでないことがある？ ※中学1年数学の復習

「例題8 乗法と除法の混じった計算」の問題は次の形になっている。

$$(A×B×C=ABC) \qquad A×B÷C=\frac{AB}{C}$$

$$A÷B×C=\frac{AC}{B} \qquad A÷B÷C=\frac{A}{BC}$$

それでは $A÷BC$ と書くとどうなるのでしょうか。
これは $A÷B×C$ ではなくて，$A÷(B×C)$ のことです。
すなわち $BC=B×C$ であるが，$A÷BC$ と書いたときは，
まず，BC を計算して

$$A÷(BC) とする約束になっています。$$

例 $a^2b÷ab=\dfrac{a^2b}{ab}=a$　これを $a^2b÷a×b$ としては **誤り！**

例 $4xy÷(-2x)=\dfrac{4xy}{-2x}=-2y$　これを $4xy×\left(-\dfrac{1}{2}x\right)$ としては **誤り！**

代入するのは，式を整理してから！

例　$A=x^2-2x+3$，$B=6x^2+5x-4$　$C=-7x^2-3x+1$ のとき
$9A-[10B-\{7C-6A+5B-4(3C+2A)\}]$ を計算しなさい。

与えられた式に直接 A，B，C を代入しても，答は求められるが，計算が大変複雑になる。このような問題では式を簡単にしてから A，B，C を代入すると計算がらくになる。
与えられた式は

$$9A-\{10B-(7C-6A+5B-12C-8A)\}$$
$$=9A-\{10B-(-14A+5B-5C)\}$$
$$=9A-(10B+14A-5B+5C)$$
$$=9A-14A-5B-5C$$
$$=-5A-5B-5C$$
$$=-5(A+B+C)$$

この式に A，B，C を代入すると
$$-5\{(x^2-2x+3)+(6x^2+5x-4)+(-7x^2-3x+1)\}=-5×0=0$$

EXERCISES

6 次の計算をしなさい。 …▶例題6

(1) $3a \times 2b$ (2) $5x \times (-3y)$ (3) $(-4m) \times (-n)$

(4) $\dfrac{1}{2}x \times \left(-\dfrac{3}{4}x^2\right)$ (5) $\dfrac{2}{3}x \times (-3x)^2$ (6) $\dfrac{2}{3}ab \times \dfrac{1}{4}c$

(7) $\left(-\dfrac{ab^3}{10}\right)^3$ (8) $(2xy^2)^2 \times \left(-\dfrac{3}{4}xy\right)$

7 次の計算をしなさい。 …▶例題7

(1) $36ab^2 \div 4b^2$ (2) $-21x^2y^3 \div 7xy$

(3) $-\dfrac{2}{3}x^2 \div \dfrac{4}{3}x$ (4) $-\dfrac{5}{18}a^3b \div \left(-\dfrac{10}{9}a\right)$

(5) $\dfrac{5}{6}x^2 \div \left(-\dfrac{10}{3}x\right)$ (6) $-12a^2b \div (-6ab)$

(7) $\left(-\dfrac{1}{3}x^2\right)^2 \div \dfrac{1}{3}x^3$ (8) $\left(\dfrac{2}{3}a^2b\right)^2 \div \left(-\dfrac{1}{6}ab\right)^2$

8 次の計算をしなさい。 …▶例題8

(1) $4a^2 \div 2ab \times 3b^2$ (2) $18xy \times x^2y \div (-3x)^2$

(3) $-5xy \times 7y \times (-2x)^2$ (4) $-12a^2b^3 \div (-6ab) \div 2b^2$

(5) $(-4x^2y^3)^2 \div 2x^3y^4 \times (-xy^2)$ (6) $(-2a)^3 \times (3b)^2 \div (-6a^2b)$

(7) $(-3xy^2)^3 \div 9x^4y^3 \times (-2xy)^2$ (8) $\dfrac{8a^3b^2}{3} \times \left(-\dfrac{3}{2}ab^2\right)^2 \div (3ab^2)^3$

9 次の式の値を求めなさい。 …▶例題9

(1) $x=-\dfrac{1}{3}$, $y=-\dfrac{3}{2}$ のとき $\dfrac{3x-2y-3}{2} - \dfrac{3x-2y-2}{4}$ 〔開明高〕

(2) $a=2$, $b=-3$ のとき $8a^2b \div 6ab \times (-3b)$

(3) $x=\dfrac{1}{10}$, $y=10$ のとき $(5xy^2)^2 \div (-10xy^2)^3 \times 4x^2y^4$

この項の要点整理
テスト対策 これだけはおさえておこう！

③ 文字式の利用

1 整数の表し方

n は整数，a，b，c は整数，$1 \leq a \leq 9$，$0 \leq b \leq 9$，$0 \leq c \leq 9$

① 偶数 は $2n$，奇数 は $2n-1$ など
② 連続する3つの整数 は n，$n+1$，$n+2$
　　　　　　　　　または $n-1$，n，$n+1$ など
　連続する3つの奇数 は $2n-1$，$2n+1$，$2n+3$ など
③ 3の倍数 は $3n$，3でわって1余る数 は $3n+1$
　　　　　　　　3でわって2余る数 は $3n+2$
④ 3けたの整数 は $100a+10b+c$　　　　　2けたの整数 は $10a+b$

例1 連続する3つの整数の和は3の倍数である。　　3の倍数 → 3×(整数)
[1] $n+(n+1)+(n+2)=3n+3=3(n+1)$
[2] $(n-1)+n+(n+1)=3n$

2 図形への利用

次の(例2)のような，円柱の体積と底面の半径，高さの関係や整数の性質(例1)などは，文字式を使って調べられる。

例2 円柱は，底面の半径 r を2倍にし，高さ h を半分にすると，体積は2倍になる。
実際に，もとの円柱の体積 V は $V=\pi r^2 h$ であり，新しい円柱の体積 U は
$$U=\pi \times (2r)^2 \times \frac{h}{2}=2\pi r^2 h=2V$$

円柱の体積
　＝底面積×高さ

3 等式の変形

2つ以上の文字（x，y など）をふくむ等式で，その中の1つの文字（x）を他の文字（y など）で表すことを，その **文字（x）について解く** という。

例 $100x+150y=1500$ を y について解く。
　移項して　　　　　　　　$150y=-100x+1500$
　両辺を150でわって　　　$y=-\dfrac{2}{3}x+10$

等式変形の規則
$A=B$ ならば
$A+C=B+C$
$A-C=B-C$
$AC=BC$
$A \div C=B \div C$
　　　$(C \neq 0)$

例題 10 　整数の性質の説明

連続する3つの奇数の和は次のようになる。このわけを説明しなさい。
(1)　6でわると3余る。　　(2)　3の倍数である。

考え方　奇数を文字（n）で表す

1. 簡単な例で考えてみる。
   たとえば，連続する3つの奇数を3，5，7とすると　3＋5＋7＝15
   　　(1)　15を6でわると，商は2，余りは3である。
   　　(2)　15は3の倍数である。
2. n を整数とすると，奇数は $2n-1$ で表される。（奇数は $2n+1$ としてもよい。）
   したがって，**連続する3つの奇数は** n を整数として
   　　　$2n-1$，$2n+1$，$2n+3$ と表される。
3. (1)　P を **6でわると3余る** とき
   　　　　　$P=6×(整数)+3$
   (2)　P が **3の倍数** であるとき
   　　　　　$P=3×(整数)$

と表される。

奇数，偶数
n を整数として， 奇数　$2n-1$ 偶数　$2n$

$n=1, 2, 3, ……$ としてみると
$2n-1=1, 3, 5,……$
$2n=2, 4, 6,……$

解　答

n を整数とする。連続する3つの奇数の和 P は
$$P=(2n-1)+(2n+1)+(2n+3)$$
と表される。
(1)　右辺を計算すると
$$P=6n+3$$
n は整数であるから，P を6でわると3余る。
(2)　P はまた
$$P=3×2n+3×1=3(2n+1)$$
と表される。
$2n+1$ は整数であるから，P は3の倍数である。

別解
$P=(2n+1)+(2n+3)$
　　　$+(2n+5)$
　と表すと，
　　$P=6n+9$
(1)　$P=6(n+1)+3$
(2)　$P=3(2n+3)$
となり，説明できる。

練習 10 　次のようになるわけを説明しなさい。
(1)　連続する3つの偶数の和は6の倍数となる。
(2)　連続する4つの整数の和を4でわると2余る。

例題 11 整数倍であることの説明 (1)

3けたの自然数と，その数の百の位の数と一の位の数を入れかえた自然数の差は，99の倍数になる。このことを，文字を使って説明しなさい。

考え方 3けたの自然数を $100a+10b+c$ で表す

1. 3けたの自然数の各位の数を文字で表す。
   百の位の数を a，十の位の数を b，一の位の数を c とすると
   $$100a+10b+c$$
   このとき，a と c は1から9までの整数，
   　b は0から9までの整数とする。
2. もとの自然数を $100a+10b+c$ とすると，百の位と一の位を入れかえた自然数は $100c+10b+a$ で表される。
3. もとの自然数と百の位と一の位を入れかえた自然数との差は
   $$(100a+10b+c)-(100c+10b+a)=99(a-c)$$
   $a-c$ が整数であることから説明する。

解答

もとの自然数の百の位の数を a，十の位の数を b，一の位の数を c とすると
　もとの自然数は　　　　　　　　　　$100a+10b+c$
　百の位と一の位を入れかえた自然数は　$100c+10b+a$
と表される。このとき，これらの差は
$$(100a+10b+c)-(100c+10b+a)$$
$$=99a-99c$$
$$=99(a-c)$$
$a-c$ は整数であるから，$99(a-c)$ は99の倍数である。
よって，もとの自然数と，その数の百の位の数と一の位の数を入れかえた自然数の差は99の倍数になる。

a と c は
1から9までの整数
b は
0から9までの整数

99の倍数 である
→ 99×(整数)の形
にする。

「$a-c$ は整数」を
書き忘れないように！

参考 $(100c+10b+a)-(100a+10b+c)=99(c-a)$
としてもよい。

練習 11 3けたの自然数と，その数の一の位の数を十の位に，十の位の数を百の位に，百の位の数を一の位に移動させた自然数の差は，9の倍数になる。このことを，文字を使って説明しなさい。

例題 12　図形の問題

右の図で，点 A，B，C，D，E は直線 ℓ 上に等間隔に並んでいる。
円Ｃの周と，円Ｃの内部にある2つの円の周の長さの和を比べなさい。

また，円Ｃの面積と，円Ｃの内部にある2つの円の面積の和を比べなさい。

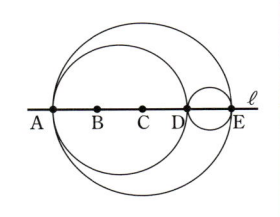

● 考え方　文字を使って，図形の公式を利用

円の半径を r とすると　　周の長さ　$2\pi r$
　　　　　　　　　　　　　面積　　　πr^2

計算はらくにしよう。
AB の長さを $2a$ とおくと，小さい円の半径が分数にならないため**計算がしやすくなる。**

AB=a とおくと，小さい円の半径が $\dfrac{a}{2}$ となって，分数の計算がでてくる。
AB=$2a$ とおくと分数の計算にならない。

解　答

AB=$2a$ とする。
周について　　円Ｃの周の長さ　　$2\pi \times 4a = 8\pi a$
　　　　　　内部の円の周の長さの和　$2\pi \times 3a + 2\pi \times a = 8\pi a$
したがって，**円Ｃの周と，円Ｃの内部にある2つの円の周の長さの和は等しい。**　　答

面積について　円Ｃの面積　　$\pi \times (4a)^2 = 16\pi a^2$
　　　　　　内部の円の面積の和　$\pi \times (3a)^2 + \pi \times a^2 = 10\pi a^2$
したがって，**円Ｃの面積は，円Ｃの内部にある2つの円の面積の和より $6\pi a^2$，すなわち辺 DE を直径とする円の面積の6倍分だけ大きい。**　　答

AB=$2a$ とすると大，中，小の円の直径はそれぞれ $8a$，$6a$，$2a$ となる。

円の周の長さ・面積
円の半径を r とすると
周の長さ　$2\pi r$
面積　　　πr^2

練習 12　右の図で，点 A，B，C，D，E は直線 ℓ 上に等間隔に並んでいる。上側の半円の周の長さの和と下側の半円の周の長さの和を比べなさい。
また，上側の半円の面積の和と下側の半円の面積の和を比べなさい。

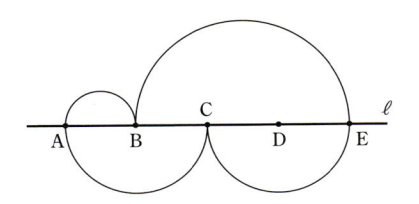

例題 13　等式の変形

次の等式を〔 〕内の文字について解きなさい。

(1) $y = 5x - 7$ 〔x〕

(2) $V = \dfrac{1}{3}Sh$ 〔h〕

(3) $S = \dfrac{(a+b)h}{2}$ 〔a〕

考え方　1つの文字に注目，等式変形の規則を利用

2つ以上の文字をふくむ等式で，その中の1つの文字を他の文字で表すことをその文字について **解く** という。(1)は「x について解く。」

等式の変形 をするときには，次の **等式変形の規則を利用** する。

等式変形の規則

$A = B$ ならば
① $A + C = B + C$
② $A - C = B - C$
③ $AC = BC$
④ $A \div C = B \div C$ $(C \neq 0)$

解答

(1) 両辺を入れかえると　　$5x - 7 = y$
　　-7 を移項すると　　$5x = y + 7$
　　両辺を5でわると　　$x = \dfrac{y+7}{5}$　答

(2) 両辺を入れかえると　　$\dfrac{1}{3}Sh = V$
　　両辺を $\dfrac{1}{3}S$ でわると　　$h = \dfrac{3V}{S}$　答

(3) 両辺を入れかえると　　$\dfrac{(a+b)h}{2} = S$
　　両辺を $\dfrac{h}{2}$ でわると　　$a + b = \dfrac{2S}{h}$
　　b を移項すると　　$a = \dfrac{2S}{h} - b$　答

$A = B$ のとき $B = A$

等式の変形
上の **等式変形の規則** を使う。
等式の両辺（に，から，を）
①同じ数をたしても，
②同じ数をひいても，
③同じ数をかけても，
④0でない同じ数でわっても，
等式が成り立つ。

(3)の答は
$a = \dfrac{2S - bh}{h}$
としてもよい。

練習 13　次の等式を〔 〕内の文字について解きなさい。

(1) $5x + 6y = 30$ 〔y〕
(2) $y = \dfrac{1}{2}ax + b$ 〔a〕
(3) $V = \pi r^2 h$ 〔h〕

EXERCISES

10 連続する2つの奇数の和は4の倍数であるわけを説明しなさい。　…▶例題10

11 右はある月のカレンダーである。たとえば $11+18+25=54=3\times18$ のように，縦に並んだ3つの数の和は，その中央の数の3倍になる。このわけを説明しなさい。　…▶例題10

日	月	火	水	木	金	土
	1	2	3	4	5	6	7
8	9	10	11	12	13	14
15	16	17	18	19	20	21
22	23	24	25	26	27	28
29	30	31				

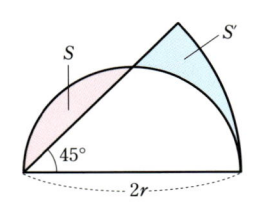

12 一の位，十の位，百の位の数字がすべて等しい3けたの自然数は37の倍数であることを，文字を使って説明しなさい。　…▶例題11

13 右の図の半円とおうぎ形で，赤の部分の面積 S と青の部分の面積 S' を比べなさい。　…▶例題12

14 次の等式を〔　〕内の文字について解きなさい。　…▶例題13

(1) $x=\dfrac{a(n-2)}{y}$ 〔n〕　　(2) $n=100a+10b+c$ 〔b〕

15 おうぎ形の半径を r，中心角を $x°$，弧の長さを ℓ，面積を S とする。
(1) ℓ, S をそれぞれ x と r の式で表しなさい。
(2) S を ℓ と r の式で表しなさい。
(3) (2)の式を，r について，解きなさい。
(4) $\ell=4\pi$, $S=10\pi$ のとき，このおうぎ形の半径を求めなさい。　…▶例題13

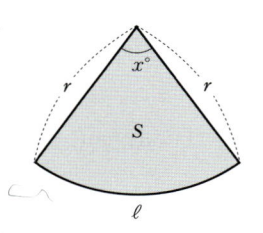

定期試験対策問題

1 次の計算をしなさい。 ……▶例題 2, 3
(1) $3a - 5a - 1$
(2) $-2x - 4y + 5x + 6y$
(3) $(5a + 2b) + (3a - 5b)$
(4) $(6x - 3y) - (7x - 5y)$
(5) $\dfrac{1}{3}x^2 + x + 1 - 2x - x^2 + 3$
(6) $a^2 - 2a + 4 - (7a - 2a^2)$
(7) $\begin{array}{r} 8x - 3y \\ +)\ -2x + 5y \\ \hline \end{array}$
(8) $\begin{array}{r} -7x + 5y \\ -)\ \ \ \ x - 3y \\ \hline \end{array}$

2 次の計算をしなさい。 ……▶例題 4, 5
(1) $3(a - 2b) + 5(-a + 3b)$
(2) $2(2x - 3y) - 3(4x - 7y)$
(3) $(12x^2 - 7x + 6) \div (-42)$
(4) $\dfrac{1}{3}(15x^2 + 9x - 1) - 6\left(\dfrac{1}{3}x^2 + \dfrac{1}{2}x - \dfrac{1}{6}\right)$
(5) $\dfrac{2x - 3y}{3} + \dfrac{3x - 2y}{6}$
(6) $\dfrac{3x - 2y}{4} - \dfrac{5x + 2y}{10}$

3 次の計算をしなさい。 ……▶例題 6, 7, 8
(1) $(-4x^2y) \times 5y$
(2) $24x^2y \div (-6x)$
(3) $(-a^3)^2 \times (2a)^3$
(4) $(4ab^2)^2 \div (-2b)^3$
(5) $-\dfrac{3}{4}x \times \dfrac{2}{3}xy$
(6) $\dfrac{4}{5}x^2y \div \left(-\dfrac{3}{10}x^2\right)$
(7) $12x^2y \div 3y \div (-2x)$
(8) $(-4x^2)^3 \div (8x)^2 \times (-7x^3)$

4 (1) $3x^2 \times (\ \ \ ) = -4x^2 \div \dfrac{1}{3x}$ の ( ) にあてはまる式の次数と係数を答えなさい。
(2) $x^2 + 3x - 4 - (\ \ \ \ \ \ ) = -2x^2 + x - 3$ の ( ) にあてはまる式を求めなさい。 ……▶例題 1, 3, 7, 8

5 次の式の値を求めなさい。

(1) $x=-\dfrac{2}{5}$, $y=\dfrac{1}{3}$ のとき　　$2(x-3y)+3(x+2y)$ 〔海星高〕

(2) $a=-2$, $b=5$ のとき　　$\left(\dfrac{3}{2}a^2b\right)^3 \times \left(-\dfrac{1}{9}ab\right)^2 \div \left(-\dfrac{5}{12}a^5b^4\right)$ 〔桐朋高〕

…▶例題9

6 7でわると2余る，2けたの自然数は全部でいくつあるか答えなさい。

〔愛知高〕　…▶例題10

7 4けたの自然数 A の下3けたの数（百，十，一の位だけの数）が8の倍数ならば，A は8の倍数になる。このわけを説明しなさい。　　…▶例題11

8 n を自然数とする。円柱があり，その底面の半径を n 倍にし，高さを $\dfrac{1}{n}$ 倍にした円柱をつくると，体積はどのように変わるか求めなさい。　　…▶例題12

9 右の図で，円Oの半径を a，線分 OB の中点を O′ とするとき，斜線の部分の周の長さと面積を求めなさい。

…▶例題12

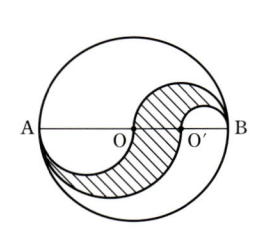

10 次の等式を，〔　〕内の文字について解きなさい。　…▶例題13

(1) $8x-3y=12$ 〔y〕

(2) $\ell=(a+2b-3c)d$ 〔b〕

11 1500円をちょうど使って，100円のケーキを x 個，150円のケーキを y 個買うとして，x から y を求める式をつくりなさい。また，このとき，x と y の組み合わせを求めなさい。

…▶例題13

発展 例題 14 整数倍であることの説明（2）

各位の数字の和が9の倍数である整数は，9の倍数である。このわけを3けたの整数で説明しなさい。

考え方　条件となることがらを式を使って表す

1. 3けたの整数：百の位の数をa，十の位の数をb，一の位の数をcとする。
   → $100a+10b+c$
   このとき，aは1から9までの整数，bとcは0から9までの整数とする。

2. 条件を整理し，ことがらを式を使って表す。
   各位の数の和が9の倍数 → $a+b+c=（9の倍数）$

3. 100，10を9でわったときの商と余りで表す。
   100を9でわると，商は11，余りは1であるから　$100=9\times11+1$
   10を9でわると，商は1，余りは1であるから　$10=9\times1+1$
   と表される。

4. 文字の式を使って説明すると次のようになる。

解答

3けたの整数の百の位の数をa，十の位の数をb，一の位の数をcとすると，

　　3けたの整数は $100a+10b+c$ と表される。

$$100a+10b+c=(9\times11+1)a+(9\times1+1)b+c$$
$$=9(11a+b)+a+b+c$$

各位の数字の和が9の倍数であるから，$a+b+c$ は9の倍数である。また，$11a+b$ は整数であるから，$9(11a+b)$ も9の倍数である。
したがって，$100a+10b+c$ は9の倍数である。
すなわち，各位の数字の和が9の倍数である3けたの整数は，9の倍数である。

$a+b+c=9n$（nは整数）とおいて，
$$100a+10b+c$$
$$=9(11a+b)+a+b+c$$
$$=9(11a+b+n)$$
と表してもよい。

参考　$100a+10b+c$
$=3(33a+3b)+a+b+c$
であるから
各位の数字の和が3の倍数ならば，もとの数も3の倍数である。 また，この逆も成り立つ。

参考　3けたとは限らずに，**どんなけた数の整数についても同じように説明できる。**
たとえば，4けたの整数を $1000a+100b+10c+d$ とおいて条件を $a+b+c+d=（9の倍数）$ とすると，同様に説明できる。

練習 14　528のように下2けたの数が4の倍数である整数は，4の倍数である。このわけを3けたの整数で説明しなさい。

発展 例題 15 連続する整数の問題

連続する n 個の整数をたして 3000 になるものを考える。その n 個の整数のうちで、最小の値を m，最大の値を M とする。次の問いに答えなさい。

(1) $n=3$ のとき m の値はいくつですか。

(2) $n=5$ のとき $\dfrac{m+M}{2}$ の値はいくつですか。

(3) $n=75$ のとき M の値はいくつですか。

〔鎌倉学園高〕

考え方　値を求める文字に関する1次方程式をつくってそれを解く

(2) $M=m+4$ であるから　$\dfrac{m+M}{2}=\dfrac{m+(m+4)}{2}=m+2$

(1)と同様にして m の値を求めてから $m+2$ の値を求めてもよいが，連続する奇数個の整数の最初（最小の数）と最後の数（最大の数）の和を2でわった数は，連続する整数の中央の数であることを利用して解く。

(3) 75 は奇数であるから，(2)と同様にしてまず中央の整数を求める。

解答

(1) 連続する3個の整数は，m，$m+1$，$m+2$ と表せるから
$$m+(m+1)+(m+2)=3000$$
すなわち　　$3m+3=3000$
よって　　　$m=\mathbf{999}$　答

(2) $\dfrac{m+M}{2}$ は連続する5個の整数の中央の数である。

これを A とおいて，5個の整数の和を求めると
$$(A-2)+(A-1)+A+(A+1)+(A+2)=5A$$
すなわち　$5A=3000$　　$A=600$
よって，求める値は　　**600**　答

(3) (2)と同様に，$\dfrac{m+M}{2}=A$ とおくと，連続する75個の整数の和は
$$(A-37)+(A-36)+\cdots\cdots+A+\cdots\cdots+(A+36)+(A+37)=75A$$
すなわち　$75A=3000$　　よって　$A=40$
したがって　$M=40+37=\mathbf{77}$　答

別解 (2)

$M=m+4$ であるから

$\dfrac{m+M}{2}=\dfrac{m+(m+4)}{2}$
$\qquad\quad =m+2$

ゆえに

$m+(m+1)+(m+2)$
$\quad +(m+3)+(m+4)$
$=5m+10$

$5m+10=3000$

よって　$m=598$

求める値　$m+2=\mathbf{600}$

練習 15　(1) 2020 を連続する8個の整数の和として表しなさい。

(2) 2020 は連続する10個の整数の和として表すことができないことを示しなさい。

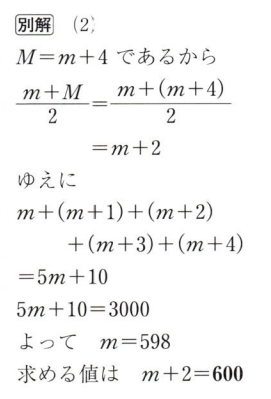

発展 例題 16 規則性

次の図の1番目，2番目，3番目，…のように，1辺の長さが1cmである同じ大きさの正方形を規則的に並べて図形をつくる。図の太線は図形の周を表している。

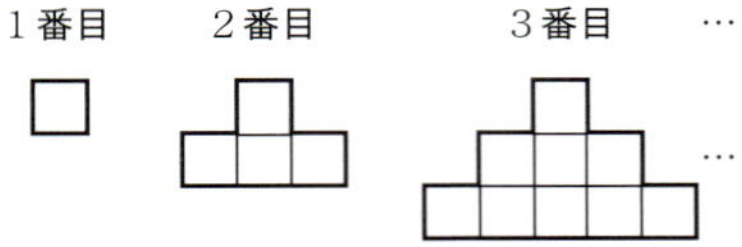

(1) 4番目の図形の周の長さを求めなさい。
(2) n 番目の図形の周の長さを n を使って表しなさい。

〔大分〕

考え方　$n=1, 2, 3$ …… から規則を見抜く

縦の部分の長さは 1, 3, 5, …… → n 番目のnと一致する。
横の部分の長さは 1, 3, 5, …… → n 番目の奇数となる。　←規則を見抜く。

解　答

(1) 4番目の図形は右の図のようになる。 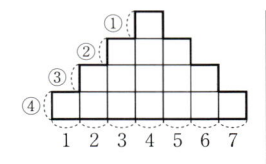
周の長さは縦の長さの 4 cm の2倍と横の長さ 7 cm の2倍の和である。
よって，周の長さは
$$4 \times 2 + 7 \times 2 = 22$$
したがって　**22 cm**　答

(2) (1)と同様に考えると，n 番目の図形の縦の長さは n cm，横の長さは $(2n-1)$ cm である。
よって，周の長さは　$2n + 2(2n-1) = 6n - 2$
したがって　**$(6n-2)$ cm**　答

(2) n 番目は n 段重なるから，縦の長さは n cm
横は，1番目が1個，2番目が3個，3番目が5個…のように2個ずつ増え，n 番目は $(2n-1)$ 個になる。したがって，n 番目の横の長さは $(2n-1)$ cm である。

練習 16

右の図のように，n 区画の花だんを横に並べてつくりたい。各区画の花だんの四隅に支柱を立ててロープを張り，となり合う区画の花だんは，境界線上の支柱とロープを共有するものとする。このとき，必要な支柱の本数を n を使った式で表しなさい。

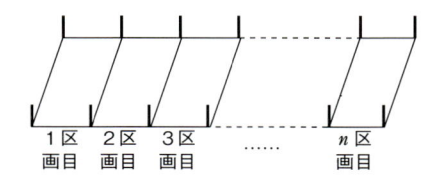

入試対策問題

1 次の計算をしなさい。

(1) $\dfrac{3x-2y}{6} - \dfrac{2x-y}{9}$ 〔長崎〕

(2) $\dfrac{x-2y}{3} - \dfrac{6x-y}{5} + x$ 〔東京〕

(3) $4x - 6y + \dfrac{x+7y}{2}$ 〔熊本〕

(4) $\dfrac{1}{4}(x-3y) - \dfrac{1}{6}(2x-3y)$ 〔石川〕

(5) $3ab^2 \times (-2a)^3 \div \left(-\dfrac{8}{3}ab\right)$ 〔長崎〕

(6) $4xy^2 \div (-6y)^2 \times 9x$ 〔愛知〕

(7) $4xy^3 \times \left(\dfrac{3x}{y}\right)^2 \div 2x^2$ 〔長崎〕

(8) $32x^3y^4 \div 8xy^2 \times (xy)^2$ 〔大分〕

2 次の式の値を求めなさい。

(1) $x=\dfrac{1}{3}$, $y=-\dfrac{1}{4}$ のとき　$\left(\dfrac{1}{2}x^2y\right)^3 \div \left(-\dfrac{1}{16}x^7y^4\right) \times (-xy)^2$ 〔関西大学第一高〕

(2) $3a-4b=1$ のとき　$\dfrac{a+3}{2} - \dfrac{2b-1}{3}$ 〔常磐大学高〕

3 $(a+3b):(2a+b)=2:3$ $(a \neq 0,\ b \neq 0)$ のとき，次の問いに答えなさい。

(1) a を b の式で表しなさい。

(2) $\dfrac{3a^2-ab-4b^2}{6a^2+ab-12b^2}$ の値を求めなさい。 〔徳島文理高〕

4 となり合う2辺の長さが x と y ($x>y$) の長方形Aと，となり合う2辺の長さが $x-y$ と 4 の長方形Bがある。Aの面積の2倍がBの面積の15倍に等しいとき，y を x の式で表しなさい。 〔智弁学園和歌山高〕

5 ある連続する3つの自然数があり，その和を4でわると2余る。このような連続する3つの自然数の組のうちで，その和が50にもっとも近くなるときの，3つの自然数を求めなさい。 〔熊本〕

6 ある中学校で生徒会長の選挙が行われることになり，生徒A，生徒B，生徒Cの3人が立候補した。選挙の結果，生徒Aの得票数はa票で，全投票数のちょうど30%であった。また，生徒Bの得票数は生徒Aの得票数よりb票多かった。このとき，生徒Cの得票数をaとbを使った式で表しなさい。ただし，投票した生徒はそれぞれ，生徒A，生徒B，生徒Cのうちのいずれか1人に必ず投票したものとする。　〔熊本〕

7 右のように自然数を1から順に1段に5つずつ並べていく。
次の問いに答えなさい。

〈1段目〉　1　2　3　4　5
〈2段目〉　6　7　8　9　10
〈3段目〉　11　……………

(1) n段目の左端の数をnを用いて表しなさい。
(2) k段目の5つの自然数の和が790となるようなkの値を求めなさい。
〔関西大学第一高〕

8 4けたの自然数で，百の位が3，十の位が7であるような3の倍数がある。この自然数の千の位と一の位の数字を入れかえると，4けたの15の倍数になる。もとの4けたの自然数をすべて求めなさい。　〔慶應義塾志木高〕

9 m，nを正の整数とする。このとき，$2m+3n$の形で表すことのできない正の整数の個数を求めなさい。　〔東邦大学付属東邦高〕

第2章
連立方程式

この章で学ぶ問題

連立方程式の基本	例題 17〜19	自由に早くできるようにしよう。
やや複雑な連立方程式	例題 20〜23	計算能力を高めよう。
連立方程式の係数を求める	例題 24	しっかりつかもう
連立方程式の応用	例題 25〜31	応用力をつけよう
やや複雑な応用問題	例題 32〜35	発展問題にチャレンジしてみよう。

この項の要点整理　テスト対策　これだけはおさえておこう！

④ 連立方程式

1　2元1次方程式
2つの文字をふくむ1次方程式を **2元1次方程式** という。2元1次方程式を成り立たせる文字の値の組を，その2元1次方程式の **解** という。

2　連立方程式とその解
方程式をいくつか組にしたものを **連立方程式** という。連立方程式のどの方程式も成り立たせる文字の値の組を，その連立方程式の **解** という。また，その解を求めることを連立方程式を **解く** という。

3　連立方程式の解き方
① **消去**　2つの方程式から1つの文字をふくまない式を導くことを，その **文字を消去する** という。

② [1] **加減法**　それぞれの方程式の両辺を何倍かして，たしたりひいたりして1つの文字を消去して解く方法。

　[2] **代入法**　一方の方程式を1つの文字について解き，他の方程式に代入して1つの文字を消去して解く方法。

③ $A=B=C$ の形の方程式
次の [1]〜[3] のどの連立方程式とも同じである。

[1] $\begin{cases} A=B \\ A=C \end{cases}$　[2] $\begin{cases} A=B \\ B=C \end{cases}$　[3] $\begin{cases} B=C \\ A=C \end{cases}$

例　方程式　$2x+5y=x+2y=1$　の解は
[1] $\begin{cases} 2x+5y=x+2y \\ 2x+5y=1 \end{cases}$　[2] $\begin{cases} 2x+5y=x+2y \\ x+2y=1 \end{cases}$　[3] $\begin{cases} x+2y=1 \\ 2x+5y=1 \end{cases}$
のいずれかの連立方程式を解いて　$x=3$, $y=-1$

④ いろいろな連立方程式　[1] **かっこをふくむ**　**( )をはずす**。
　[2] **分数をふくむ**　**分母をはらって，係数を整数** にする。
　[3] **小数をふくむ**　**10倍，100倍して，係数を整数** にする。

$3x+y=10$ …① は2元1次方程式である。$x=1$, $y=7$ や $x=2$, $y=4$ などは，①の解である。

$\begin{cases} 3x+y=10 \\ x+y=6 \end{cases}$ は，連立方程式であり，
$x=2$, $y=4$
はその解である。

連立方程式を解くには
[0] 1つの文字の1次方程式の解き方は知っている。**基本 $ax=b$ へ**
[1] 2つの文字の方程式から **1つだけの文字** の方程式を導く。
[2] それを解く。←[0]
[3] [2] を用いて，他の文字の値も求める。←[0]
ポイントは [1] の文字を減らすこと

例題 17　連立方程式と解

$2x+3y=30$ …… ①　　$x-y=-5$ …… ②　とする。

(1) 右の表は，2元1次方程式①の解 x, y の組を示したものである。ア～オの値を求めなさい。

x	1	2	3	エ	
y	ア	イ	ウ	6	4

(2) 2元1次方程式②の解 x, y の組の表をつくりなさい。x の値は(1)の表の値とする。

(3) ①，②を組み合わせた連立方程式の解 x, y の組を答えなさい。

考え方　x, y の一方を代入し，方程式を解く

(1) **2元1次方程式 $2x+3y=30$ の解**　①を成立させる x, y の値の組。

$x=1$ を代入すると，①から　$2×1+3y=30$　$y=\dfrac{28}{3}$

(3) **連立方程式の解**　①，②の **どちらも成立させる** x, y の値の組。

ここでは，(1)，(2)の表から求める。

解　答

(1) $x=1$ とすると，①から　$2+3y=30$　$y=\dfrac{28}{3}$　ア

　　$x=2$ とすると，①から　$4+3y=30$　$y=\dfrac{26}{3}$　イ

　　$x=3$ とすると，①から　$6+3y=30$　$y=8$　ウ

　　$y=6$ とすると，①から　$2x+18=30$　$x=6$　エ

　　$y=4$ とすると，①から　$2x+12=30$　$x=9$　オ

(2)

x	1	2	3	6	9
y	6	7	8	11	14

答

(3) (1)，(2)の共通な解を求めて

　　　　$(x, y)=(3, 8)$　答

(1) ①を y について解くと　$y=-\dfrac{2}{3}x+10$

$x=1, 2, 3$ をそれぞれ代入する。

①を x について解くと　$x=-\dfrac{3}{2}y+15$

$y=6, 4$ をそれぞれ代入する。

(3) この場合，解はひと組だけである。

注意　この本では，**連立方程式の解 $x=p$, $y=q$ を $(x, y)=(p, q)$** と表すものとする。また，連立方程式の解を $\begin{cases} x=p \\ y=q \end{cases}$ と表すこともある。

練習 17　連立方程式　$2x+y=10$ …… ①　　$x+y=7$ …… ②　において，$x=0, 1, 2, \cdots\cdots$ として，解 (x, y) を求めなさい。

例題 18 連立方程式　加減法

次の連立方程式を解きなさい。

(1) $\begin{cases} x-3y=7 \\ 2x+3y=-4 \end{cases}$
(2) $\begin{cases} x+4y=17 \\ x+2y=11 \end{cases}$
(3) $\begin{cases} 2x-3y=4 \\ 3x-7y=5 \end{cases}$

考え方　1つの文字を消去する

連立方程式　1つの文字を消去して，もう1つの文字の方程式を導く。
文字の消去①　左辺どうし，右辺どうしをそれぞれたすか，ひくかする。
(1) $-3y$ と $3y$　係数の絶対値が等しく，符号が異なる ⟶ たすと0になる。
(2) x と x　同じ項 ⟶ ひくと0になる。
文字の消去②　そのままたしても，ひいても消去できないとき
⟶ 1つの文字の係数の絶対値をそろえ，両辺をたすか，ひくかする。
(3) ここでは，係数の絶対値が小さい方の x を消去する。$2x\times3-3x\times2$

解答

(1) $\begin{cases} x-3y=7 & \cdots ① \\ 2x+3y=-4 & \cdots ② \end{cases}$

①+②　$3x=3$
　　　　$x=1$
$x=1$ を①に代入して
$1-3y=7$　　$y=-2$
答　$(x, y)=(1, -2)$

(2) $\begin{cases} x+4y=17 & \cdots ① \\ x+2y=11 & \cdots ② \end{cases}$

①−②　$2y=6$
　　　　$y=3$
$y=3$ を②に代入して
$x+6=11$　　$x=5$
答　$(x, y)=(5, 3)$

(3) $\begin{cases} 2x-3y=4 & \cdots ① \\ 3x-7y=5 & \cdots ② \end{cases}$

　①×3　　$6x-9y=12$
　②×2　$\underline{-)\ 6x-14y=10}$
　　　　　　　$5y=2$
　　　　　　　$y=\dfrac{2}{5}$

$y=\dfrac{2}{5}$ を①に代入して　$2x-\dfrac{6}{5}=4$　　$2x=\dfrac{26}{5}$
よって　$x=\dfrac{13}{5}$　　**答**　$(x, y)=\left(\dfrac{13}{5}, \dfrac{2}{5}\right)$

連立方程式の式をそのまま，あるいは定数倍したものをそれぞれたしたり，ひいたりして文字を消去する方法を **加減法** という。
(1) ①+② とは
$(x-3y)+(2x+3y)$
$=7+(-4)$ のこと。
(2) ①−② は
$(x+4y)-(x+2y)$
$=17-11$
(3) y を消去すると
(①×7)−(②×3) から
$14x-21y=28$
$\underline{-)\ \ 9x-21y=15}$
$\ 5x\ \ \ \ \ =13$

練習 18　次の連立方程式を加減法で解きなさい。

(1) $\begin{cases} x+y=3 \\ 3x-y=-9 \end{cases}$
(2) $\begin{cases} 3x-2y=-1 \\ 3x+4y=11 \end{cases}$
(3) $\begin{cases} 5x-3y=2 \\ 7x-4y=3 \end{cases}$

例題 19 連立方程式　代入法

次の連立方程式を解きなさい。

(1) $\begin{cases} 2x-3y=-7 \\ y=9-x \end{cases}$　　(2) $\begin{cases} a+2b=3 \\ 2a-b=-4 \end{cases}$

考え方　1つの文字を消去する

連立方程式　1つの文字を消去して，もう1つの文字の方程式を導く。

(1)は $y=(x$ の式$)$ または $x=(y$ の式$)$ を，(2)は $b=(a$ の式$)$ または $a=(b$ の式$)$ を，それぞれもう一方の式に代入して，文字を消去する。

(1)　$y=9-x$ $[y=(x$ の式$)]$ を $2x-3y=-7$ に **代入** して，y を消去すると
$$2x-3(9-x)=-7 \quad 2x-27+3x=-7$$
　　　　　……x の1次方程式となる。これを解く。

(2)　$a+2b=3$ から $a=-2b+3$ $[a=(b$ の式$)]$
これを $2a-b=-4$ に **代入** して，a を消去すると
$$2(-2b+3)-b=-4 \quad -4b+6-b=-4$$
　　　　　……b の1次方程式となる。これを解く。

解答

(1) $\begin{cases} 2x-3y=-7 & \cdots ① \\ y=9-x & \cdots ② \end{cases}$

②を①に代入すると
$2x-3(9-x)=-7$
$2x-27+3x=-7$
$5x=20 \quad x=4$
$x=4$ を②に代入して
$y=9-4=5$
答 $(x, y)=(4, 5)$

(2) $\begin{cases} a+2b=3 & \cdots ① \\ 2a-b=-4 & \cdots ② \end{cases}$

①から　$a=-2b+3 \cdots ③$
③を②に代入すると
$2(-2b+3)-b=-4$
$-5b=-10 \quad b=2$
$b=2$ を③に代入して
$a=-4+3=-1$
答 $(a, b)=(-1, 2)$

連立方程式の式をそのまま，あるいは変形し，代入によって1つの文字を消去する方法を **代入法** という。

(2) $2a-b=-4 \cdots ②$ から $b=2a+4$ として b を消去してもよい。

CHART　連立方程式　文字を減らす方針
　　　加減法，代入法

練習 19　次の連立方程式を代入法で解きなさい。

(1) $\begin{cases} x=y+8 \\ 2x+y=7 \end{cases}$　　(2) $\begin{cases} b=7a-1 \\ b=-3a+4 \end{cases}$　　(3) $\begin{cases} 2x-y=-4 \\ 3x+2y=15 \end{cases}$

例題 20 かっこがある連立方程式

次の連立方程式を解きなさい。
$$\begin{cases} 5(x-1)-3y=8 \\ 3x-2(3y+1)=10 \end{cases}$$

考え方 （　）をはずし，$\bigcirc x + \triangle y = \square$ の形にする

かっこをはずす かっこのあるものは，かっこをはずし，

連立方程式の基本の形 $\begin{cases} ax+by=c \\ dx+ey=f \end{cases}$ （係数 a, b, c, d, e, f は整数）

の形にする。

$5(x-1)-3y=8 \longrightarrow 5x-5-3y=8 \longrightarrow 5x-3y=13$
$3x-2(3y+1)=10 \longrightarrow 3x-6y-2=10 \longrightarrow 3x-6y=12$

$\longrightarrow$ 連立方程式 $\begin{cases} 5x-3y=13 \\ 3x-6y=12 \end{cases}$ を解く。

解答

$$\begin{cases} 5(x-1)-3y=8 \\ 3x-2(3y+1)=10 \end{cases}$$

かっこをはずすと

$$\begin{cases} 5x-5-3y=8 \\ 3x-6y-2=10 \end{cases}$$

$$\begin{cases} 5x-3y=13 \quad \cdots\cdots ① \\ 3x-6y=12 \quad \cdots\cdots ② \end{cases}$$

$①\times 2 \quad\quad 10x-6y=26$
$② \quad\quad\underline{-)\ \ 3x-6y=12}$
$\quad\quad\quad\quad\ \ 7x\quad\quad =14 \quad\quad x=2$

$x=2$ を①に代入して $\quad 10-3y=13$
$\quad\quad\quad\quad\quad\quad\quad\quad\quad\quad -3y=3$
$\quad\quad\quad\quad\quad\quad\quad\quad\quad\quad\ \ y=-1$

答 $(x, y)=(2, -1)$

検算
$5(x-1)-3y$
$=5(2-1)-3\times(-1)$
$=5+3=8$ **O.K.**

$3x-2(3y+1)$
$=3\times 2-2\{3\times(-1)+1\}$
$=6-2\times(-2)$
$=6+4=10$ **O.K.**

練習 20 次の連立方程式を解きなさい。

(1) $\begin{cases} 5(x+1)=4(y+6) \\ x-2y=-1 \end{cases}$

(2) $\begin{cases} 2(x+1)-3(y-2)=8 \\ 5x+2(y+1)=10 \end{cases}$

例題 21 分数や小数がある連立方程式

次の連立方程式を解きなさい。

(1) $\begin{cases} \dfrac{x}{3} + \dfrac{y-7}{5} = 2 \\ x - y = -9 \end{cases}$

(2) $\begin{cases} 0.2x - 0.3y = 1 \\ 5x + 4y = 2 \end{cases}$

考え方 係数に分数や小数　分母をはらう，両辺を10倍，100倍，……

係数に分数や小数がある方程式は，両辺を何倍かして分数や小数をなくす。

(1) 第1式の両辺に，分母の3と5の最小公倍数15をかけて分母をはらう
$$5x + 3(y-7) = 30 \quad 5x + 3y = 51$$

(2) 小数第1位までであるから，第1式の両辺に，10をかける。$2x - 3y = 10$

解答

(1) $\begin{cases} \dfrac{x}{3} + \dfrac{y-7}{5} = 2 \\ x - y = -9 \end{cases}$

第1式の両辺に
15をかけると
$5x + 3(y-7) = 30$
$5x + 3y - 21 = 30$
$\begin{cases} 5x + 3y = 51 \quad \cdots ① \\ x - y = -9 \quad \cdots ② \end{cases}$
②から　$x = y - 9 \quad \cdots ③$
③を①に代入すると
$5(y-9) + 3y = 51$
$5y - 45 + 3y = 51$
$8y = 96 \quad y = 12$
$y = 12$ を③に代入して
$x = 12 - 9 = 3$
答　$(x, y) = (3, 12)$

(2) $\begin{cases} 0.2x - 0.3y = 1 \\ 5x + 4y = 2 \end{cases}$

第1式の両辺に
10をかけると
$2x - 3y = 10$
$\begin{cases} 2x - 3y = 10 \quad \cdots ① \\ 5x + 4y = 2 \quad \cdots ② \end{cases}$
$① \times 4 \quad 8x - 12y = 40$
$② \times 3 \quad \underline{+) \ 15x + 12y = 6}$
$\qquad\qquad 23x = 46$
$\qquad\qquad\quad x = 2$
$x = 2$ を①に代入して
$4 - 3y = 10$
$-3y = 6$
$y = -2$
答　$(x, y) = (2, -2)$

係数に分数や小数がある連立方程式 → 両辺を何倍かして連立方程式の基本形
$\begin{cases} ax + by = c \\ dx + ey = f \end{cases}$
（係数はすべて整数）
にする。

(1) 加減法で解いてもよい。
$① + ② \times 3$ から
$\quad 5x + 3y = 51$
$\underline{+) \ 3x - 3y = -27}$
$\quad 8x = 24$
$\quad\quad x = 3$

練習 21 次の連立方程式を解きなさい。

(1) $\begin{cases} \dfrac{x}{6} + \dfrac{y-2}{9} = 2 \\ 2x - 7y = 10 \end{cases}$

(2) $\begin{cases} x - 3y = 1 \\ 0.07(x+y) - 0.1y = 0.13 \end{cases}$

例題 22　$A=B=C$ の形をした方程式

方程式　$3x-4y-2=4x+3y=7$ を解きなさい。

● **考え方**　方程式 $A=B=C$　連立方程式にして解く

① $A=B=C$ の形をした方程式　次の(ア), (イ), (ウ)のどの連立方程式とも同じである。

(ア) $\begin{cases} A=B \\ B=C \end{cases}$　　(イ) $\begin{cases} A=B \\ A=C \end{cases}$　　(ウ) $\begin{cases} A=C \\ B=C \end{cases}$

② $3x-4y-2=4x+3y=7$ についても，次の(ア), (イ), (ウ)が考えられる。

(ア) $\begin{cases} 3x-4y-2=4x+3y \\ 4x+3y=7 \end{cases}$　　(イ) $\begin{cases} 3x-4y-2=4x+3y \\ 3x-4y-2=7 \end{cases}$

(ウ) $\begin{cases} 3x-4y-2=7 \\ 4x+3y=7 \end{cases}$

(ア), (イ), (ウ)のどの連立方程式を解いても，同じ解が得られる。
これらのうち，連立方程式の基本形に変形しやすいものを選ぶ。→(ウ)

解答

$3x-4y-2=4x+3y=7$ より

$\begin{cases} 3x-4y-2=7 \\ 4x+3y=7 \end{cases}$

$\begin{cases} 3x-4y=9　\cdots\cdots ① \\ 4x+3y=7　\cdots\cdots ② \end{cases}$

①×3　　　　$9x-12y=27$
②×4　　$\underline{+)\ 16x+12y=28}$
　　　　　　$25x=55$

$x=\dfrac{11}{5}$

$x=\dfrac{11}{5}$ を①に代入して，

$\dfrac{33}{5}-4y=9$　　$-4y=\dfrac{12}{5}$

$y=-\dfrac{3}{5}$　　**答**　$(x, y)=\left(\dfrac{11}{5},\ -\dfrac{3}{5}\right)$

> ①の(ア), (イ), (ウ)が同じことであることの説明
> $A=B$, $B=C$ のとき $A=C$ が成り立つから，(ア)から(イ)が導かれる。同様に，(イ)から(ウ)，(ウ)から(ア)が導かれ，(ア), (イ), (ウ)は同じであることがわかる。

練習 22　方程式　$2x+3y=5x+2y=6$ を解きなさい。

例題 23　連立方程式　おきかえ

連立方程式　$\dfrac{3}{x}+\dfrac{2}{y}=17$, $\dfrac{4}{x}-\dfrac{5}{y}=-8$　を解きなさい。

考え方　$\dfrac{1}{x}$ を X, $\dfrac{1}{y}$ を Y におきかえる

1. $\dfrac{1}{x}$ を X, $\dfrac{1}{y}$ を Y におきかえて，X，Y の連立方程式と考える。

$$\dfrac{3}{x}+\dfrac{2}{y}=17 \longrightarrow 3\times\dfrac{1}{x}+2\times\dfrac{1}{y}=17 \longrightarrow 3X+2Y=17$$

$$\dfrac{4}{x}-\dfrac{5}{y}=-8 \longrightarrow 4\times\dfrac{1}{x}-5\times\dfrac{1}{y}=-8 \longrightarrow 4X-5Y=-8$$

2. $(X, Y)=(a, b)$ のとき，$\dfrac{1}{x}=a$ から $x=\dfrac{1}{a}$, $\dfrac{1}{y}=b$ から $y=\dfrac{1}{b}$ となる。

解答

$\dfrac{3}{x}+\dfrac{2}{y}=17$, $\dfrac{4}{x}-\dfrac{5}{y}=-8$ で $\dfrac{1}{x}$ を X, $\dfrac{1}{y}$ を Y とおく。

$$\begin{cases} 3X+2Y=17 & \cdots\cdots ① \\ 4X-5Y=-8 & \cdots\cdots ② \end{cases}$$

①×5　　　　$15X+10Y=85$
②×2　　＋)　$8X-10Y=-16$
　　　　　　　$\overline{23X=69}$　　$X=3$

$X=3$ を①に代入して　　$9+2Y=17$
　　　　　　　　　　　　　$2Y=8$　　$Y=4$

$X=3$ から　$\dfrac{1}{x}=3$　$x=\dfrac{1}{3}$

$Y=4$ から　$\dfrac{1}{y}=4$　$y=\dfrac{1}{4}$

答　$(x, y)=\left(\dfrac{1}{3}, \dfrac{1}{4}\right)$

計算に慣れてきたら，おきかえをせずに，そのままの形で加減法をおこなってもよい。

第1式を①，第2式を②として

①×5　　$\dfrac{15}{x}+\dfrac{10}{y}=85$
②×2　＋)　$\dfrac{8}{x}-\dfrac{10}{y}=-16$
　　　　　$\overline{\dfrac{23}{x}\phantom{-\dfrac{10}{y}}=69}$

$\dfrac{1}{x}=3$ から　$x=\dfrac{1}{3}$

CHART　連立方程式　文字を減らす方針
　　　　　加減法，代入法
　　　　　（　）をはずす　分数・小数は整数へ

練習 23　連立方程式　$\dfrac{1}{x}+\dfrac{1}{y}=5$, $\dfrac{2}{x}-\dfrac{5}{y}=-11$ を解きなさい。

例題 24　解から連立方程式の係数を求める

x, y についての連立方程式 $\begin{cases} ax-by=-9 \\ bx+ay=19 \end{cases}$ の解が, $x=3$, $y=5$ であるとき, a, b の値を求めなさい。

考え方　方程式の解　代入すると成り立つ

連立方程式 $\begin{cases} ax-by=-9 \\ bx+ay=19 \end{cases}$ の解が $\begin{cases} x=3 \\ y=5 \end{cases}$ である。

→ $x=3$, $y=5$ をこの連立方程式に代入すると成り立つ。

→ $\begin{cases} 3a-5b=-9 \\ 3b+5a=19 \end{cases}$　a, b の連立方程式。これを解いて, a, b の値を求める。

CHART　方程式の解　代入すると成り立つ

上の a, b についての連立方程式は, a, b の順が異なっているから, うっかりすると見間違って, ミスをおかす。

$\begin{cases} 3a-5b=-9 \\ 5a+3b=19 \end{cases}$ のように, 書きなおしてミスを防ぐ方がよい。

解答

$\begin{cases} ax-by=-9 \\ bx+ay=19 \end{cases}$ の解が $\begin{cases} x=3 \\ y=5 \end{cases}$ であるから

$\begin{cases} 3a-5b=-9 \\ 3b+5a=19 \end{cases}$

整理して　$\begin{cases} 3a-5b=-9 & \cdots\cdots ① \\ 5a+3b=19 & \cdots\cdots ② \end{cases}$

①×3　　　　$9a-15b=-27$
②×5　　+）$25a+15b=95$
　　　　　　　$34a=68$　　$a=2$

$a=2$ を①に代入して　$6-5b=-9$
　　　　　　　　　　　$-5b=-15$　$b=3$

答　$a=2$, $b=3$

検算
$a=2$, $b=3$, $x=3$, $y=5$
$ax-by=2\times3-3\times5$
　　　　$=6-15$
　　　　$=-9$　O.K.
$bx+ay=3\times3+2\times5$
　　　　$=9+10$
　　　　$=19$　O.K.

練習 24

x, y についての連立方程式 $\begin{cases} 2x+ay=5b \\ bx+4y=a \end{cases}$ の解が, $x=1$, $y=-1$ であるとき, a, b の値を求めなさい。

EXERCISES

16 2元1次方程式 $3x-4y=12$ について，次の x, y の組から，解になるものを，すべて選びなさい。　　　　　　　　　　　　　　　　　…▶例題 17

(ア) $\begin{cases} x=0 \\ y=-3 \end{cases}$　　(イ) $\begin{cases} x=2 \\ y=1 \end{cases}$　　(ウ) $\begin{cases} x=\dfrac{5}{3} \\ y=-\dfrac{7}{4} \end{cases}$　　(エ) $\begin{cases} x=-4 \\ y=-6 \end{cases}$

17 次の連立方程式を加減法で解きなさい。　　　　　　　　　　　…▶例題 18

(1) $\begin{cases} 3x-y=5 \\ 2x-3y=-6 \end{cases}$　　(2) $\begin{cases} 3x+y=3 \\ x-y=-5 \end{cases}$　　(3) $\begin{cases} 3a+2b=7 \\ 2a-3b=22 \end{cases}$

18 次の連立方程式を代入法で解きなさい。　　　　　　　　　　　…▶例題 19

(1) $\begin{cases} x=3y \\ 3x-5y=8 \end{cases}$　　(2) $\begin{cases} x=2y+8 \\ x=5y-3 \end{cases}$　　(3) $\begin{cases} 5x-3y=21 \\ 2x+y=4 \end{cases}$

19 次の連立方程式を解きなさい。　　　　　　　　　　　…▶例題 20, 21, 23

(1) $\begin{cases} 2(x+y)-y=9 \\ x-3(x-y)=-5 \end{cases}$　　(2) $\begin{cases} 4(x+2y)+x=9 \\ 3x=5(y+5) \end{cases}$

(3) $\begin{cases} 4x-3y=14 \\ \dfrac{x}{2}-\dfrac{y}{3}=2 \end{cases}$　　(4) $\begin{cases} \dfrac{4x-3}{6}-\dfrac{y-3}{4}=2 \\ 6x-4y=21 \end{cases}$

(5) $\begin{cases} 3x-2y=1 \\ 2.5x+0.5y=9.5 \end{cases}$　　(6) $\begin{cases} \dfrac{2}{5}x-\dfrac{1}{3}y=1 \\ 0.5y=0.1x+1 \end{cases}$

(7) $\dfrac{2}{x}+\dfrac{3}{y}=2, \quad \dfrac{3}{x}+\dfrac{2}{y}=-12$

20 方程式 $2x+y-4=x+2y=1$ を解きなさい。　　〔広陵高〕　…▶例題 22

21 連立方程式 $\begin{cases} ax-by=7 \\ bx+ay=-4 \end{cases}$ の解が $\begin{cases} x=1 \\ y=-2 \end{cases}$ であるとき，a, b の値を求めなさい。　　　　　　　　　　　　　　　　　　　　　　　　　…▶例題 24

この項の要点整理
テスト対策 これだけはおさえておこう！

⑤ 連立方程式の利用

1 連立方程式の利用

方程式を使って問題（文章題）を解く手順は，大きく分けて
- [1] **方程式をつくる**
- [2] **問題の解を導く**

の2段階である。
細かく分けると次のようになる。

① **数量を見つける** 問題のなかの数値に目をつけて，**数値の間の関係を見つける。**

② **方程式をつくる** これらの数値を結びつけるため，まだわかっていない数値のうち，適切なものを**文字で表して方程式をつくる。**

③ **方程式を解く** 方程式を解いて，文字の値を求める。

④ **問題に適しているか** ③から導かれる解が**問題に適しているかどうかを調べる。**
問題に適しているものを解とする。

注意 ①関係を見つける際に，問題の数値を表にまとめたり，図に表したりすると関係を見つけやすくなる。また，②では，求めるものを文字で表すことが多い。しかし，求めるものでないものを文字で表すと方程式をつくりやすくなる場合もある。

中1で学んだ，**1次方程式の利用**と同じことである。ただ，1次方程式が**連立方程式**になる。

> 文章題の解き方
> 文字を選ぶ。
> ↓
> 方程式をつくる。
> ↓
> 方程式を解く。
> ↓
> 解が問題に適しているかどうか調べる。

問題に適していなければ解としない。

2 いろいろな問題

① **代金の問題** 代金＝単価×個数

② **速さの問題** 道のり＝速さ×時間

③ **食塩水の問題** 食塩水の濃度(%)＝$\dfrac{食塩の重さ}{食塩水の重さ}$×100

④ **利益の問題** 売価－原価＝利益，原価×利益率＝利益

⑤ **整数の問題** 2けたの整数 $10a+b$
3けたの整数 $100a+10b+c$

ただし，a, b, c は整数，$1 \leq a \leq 9$, $0 \leq b \leq 9$, $0 \leq c \leq 9$

速さ＝$\dfrac{道のり}{時間}$

時間＝$\dfrac{道のり}{速さ}$

注意 単位があるときは単位を忘れないようにする。**単位はそろえること！**

例題 25　個数の問題

くだもの屋さんが，仕入れた 210 個のみかんを販売するため，1 個も余らないように，みかんを 4 個入れた袋と 6 個入れた袋をそれぞれ何袋かつくった。このとき，6 個入れた袋の数は，4 個入れた袋の数の 2 倍より 3 袋多くなった。4 個入れた袋と 6 個入れた袋は，それぞれ何袋できましたか。

考え方　x, y を使って，2 つの式をつくる

1. 問題の中の数値の間の関係を見つける。まず
   （4 個入りの袋のみかんの個数）＋（6 個入りの袋のみかんの個数）＝210（個）
   （6 個入れた袋の数）＝（4 個入れた袋の数の 2 倍）＋3
2. 4 個入れた袋を x 袋，6 個入れた袋を y 袋とすると，1 から
$$\begin{cases} 4x+6y=210 \\ y=2x+3 \end{cases}$$
3. 2 の連立方程式を解く。
4. 3 の解が問題に適しているか確かめる。

解答

4 個入れた袋を x 袋，6 個入れた袋を y 袋とする。
みかんの個数について　　$4x+6y=210$
袋の数について　　　　　$y=2x+3$
よって
$$\begin{cases} 4x+6y=210 & \cdots\cdots ① \\ y=2x+3 & \cdots\cdots ② \end{cases}$$

①の両辺を 2 でわると　　$2x+3y=105$ ……③
②を③に代入して　　　　$2x+3(2x+3)=105$
　　　　　　　　　　　　$2x+6x+9=105$
　　　　　　　　　　　　　　　　$8x=96$　$x=12$
$x=12$ を②に代入すると　$y=2\times12+3=27$
$x=12, y=27$ は問題に適している。

答　4 個入れた袋が 12 袋，6 個入れた袋が 27 袋

> 問題を解く手順
> 求める数量を x, y とする。
> ↓
> 2 つの方程式をつくる。
> ↓
> 連立方程式を解く。
> ↓
> 解が問題に適しているか確かめる。
>
> x, y が自然数として得られたから，問題に適している。

練習 25

ある美術館と博物館の入館券はそれぞれ 1 枚 350 円と 250 円です。ある日，これら 2 種類の入館券は合わせて 200 枚売れ，売り上げ金額の合計は 62800 円でした。この日に美術館と博物館の入館券はそれぞれ何枚売れましたか。

例題 26 道のり・速さ・時間の問題

ある人が山の頂上をめざして、ふもとのA地点を午前8時に出発した。頂上では1時間の休憩をとり、くだりはのぼりと別のコースを通り、もとのA地点に午後3時に着いた。コースの全長は22kmで、のぼりの速さは毎時3km、くだりの速さは毎時5kmで歩いた。のぼりの距離とくだりの距離をそれぞれ求めなさい。

考え方　道のり、速さ、時間の関係式をつくる

道のり（距離），速さ，時間……速さの問題は，次のチャート。

CHART　公式の利用　縦横に使う

$$道のり＝速さ×時間 \quad 時間＝\frac{道のり}{速さ} \quad 速さ＝\frac{道のり}{時間}$$

数量の関係を 図にするとわかりやすい。
のぼりの距離を x km，くだりの距離を y km とすると，右の図のようになる。

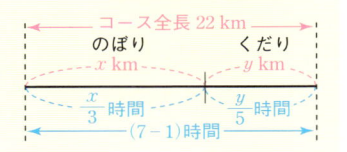

解答

のぼりの距離を x km，くだりの距離を y km とする。
コースの全長について　$x+y=22$ ……①
午前8時から午後3時までの時間は7時間で，移動した時間は $7-1=6$（時間）であるから

$$\frac{x}{3}+\frac{y}{5}=6 \quad ……②$$

①×3　　　$3x+3y= 66$
②×15　－）$5x+3y= 90$
　　　　　　$-2x=-24 \quad x=12$

$x=12$ を①に代入して　$12+y=22 \quad y=10$
$x=12,\ y=10$ は問題に適している。

答 のぼりの距離は 12 km，くだりの距離は 10 km

別解 時間を文字で表す。
のぼりの時間を x 時間，くだりの時間を y 時間とする。
時間について
　$x+y=6$ ……①
距離について
　$3x+5y=22$ ……②
①，②から　$x=4,\ y=2$
求める距離は
のぼり
　$3×4=12$ (km)
くだり
　$5×2=10$ (km)

練習 26

A君が家から 2.8 km 離れた学校に向かった。A君の歩く速さは分速 80 m，走る速さは分速 230 m である。A君は，途中歩いたり走ったりして，20分後の始業にちょうど間に合った。A君が歩いた時間と走った時間をそれぞれ求めなさい。

例題 27　割合の問題

入館料がおとなひとり 500 円，子どもひとり 200 円の博物館があり，2月7日におとなと子ども合わせて 300 人が入館した。翌 8 日は前日とくらべておとなの入館者数が 10% 増えて，子どもの入館者数が 20% 減り，その日の入館料の合計は 87000 円となった。2 月 7 日のおとなと子どもの入館者数をそれぞれ求めなさい。

考え方　基準をもとにする

割合の問題　％や割は基準をもとにして考える。

〇％増加は　基準 $\times \left(1+\dfrac{〇}{100}\right)$,　　〇％減少は　基準 $\times \left(1-\dfrac{〇}{100}\right)$

2月8日の入館者は前日にくらべると
おとな 10％ 増加，子ども 20％ 減少
⟶ 2月7日を基準にすると，数量の関係は右の表のようになる。

	おとな	子ども	
7日	x	y	和が 300
8日	$500 \times 1.1x$	$200 \times 0.8y$	和が 87000

解答

2月7日のおとなの入館者数を x 人，子どもの入館者数を y 人とすると，7日の入館者数と8日の入館料について

$$\begin{cases} x+y=300 & \cdots\cdots ① \\ 500\times 1.1x + 200\times 0.8y = 87000 & \cdots\cdots ② \end{cases}$$

②を整理すると　$550x+160y=87000$
　　　　　　　　$55x+16y=8700$　……③
①から　　$y=300-x$　……④
④を③に代入すると
　　$55x+16(300-x)=8700$　　$39x=3900$
よって　　$x=100$
$x=100$ を④に代入して　$y=300-100=200$
$x=100,\ y=200$ は問題に適している。

答　入館者数は，おとな 100 人，子ども 200 人

> **注意**
> 解答のように，基準になっている 7 日の入館者数を $x,\ y$ とする方が 1.1 や 0.8 が分母にはいってこないから，**計算がらく** になる。
>
> 2月7日，8日の人数がどれも正の整数（自然数）であるから **問題に適している。**

練習 27

ある高等学校の入学者数を調べると，今年の入学者は昨年より 8 人多かった。今年と昨年とを比較すると，男子が 2 ％ 減少し，女子が 6 ％ 増加したため，全体の入学者数は 4 ％ 増加していた。今年の男子生徒，女子生徒の入学者数をそれぞれ求めなさい。

例題 28　濃度（食塩水）の問題

8％の食塩水と15％の食塩水がある。この2種類の食塩水を混ぜ合わせて，10％の食塩水を700gつくるとき，2種類の食塩水を，それぞれ何gずつ混ぜればよいか求めなさい。

考え方　食塩と食塩水に分けて，式をつくる

食塩水の濃度（％）については，次のチャートを活用する。

CHART　公式の利用　縦横に使う

$$濃度(\%) = \frac{食塩の重さ}{食塩水の重さ} \times 100 \quad 食塩と食塩水に分ける$$

① $a\%$ の食塩水 x g 中にふくまれる食塩の重さは $x \times \dfrac{a}{100}$ g

② 食塩の重さと食塩水の重さに分けて，式をつくる。
右のように，表をつくると考えやすい。

	8％	15％	10％
食塩水(g)	x	y	700
食　塩(g)	$x \times \dfrac{8}{100}$	$y \times \dfrac{15}{100}$	$700 \times \dfrac{10}{100}$

解　答

8％の食塩水を x g，15％の食塩水を y g 混ぜるとする。
問題から，食塩水の重さ，食塩の重さについて

$$\begin{cases} x + y = 700 & \cdots\cdots ① \\ \dfrac{8}{100}x + \dfrac{15}{100}y = 700 \times \dfrac{10}{100} & \cdots\cdots ② \end{cases}$$

①から　　　$y = 700 - x$　　……③
②×100　　$8x + 15y = 7000$　　……④
③を④に代入して　$8x + 15(700 - x) = 7000$
　　　　　　　　　$-7x = -3500$　　$x = 500$
③に代入して　$y = 700 - 500 = 200$
$x = 500$，$y = 200$ は問題に適している。

答　8％の食塩水 500 g，15％の食塩水 200 g

食塩水 の重さについては，8％の x g と15％の y g を混ぜ合わせると 700 g であるから
　$x + y = 700$　←①
食塩 の重さについては，
8％の食塩水には $\dfrac{8}{100}x$ g
15％の食塩水には $\dfrac{15}{100}y$ g
混ぜ合わせると，10％の食塩水には $700 \times \dfrac{10}{100}$ g

$\dfrac{8}{100}x + \dfrac{15}{100}y$
$= 700 \times \dfrac{10}{100}$　←②

練習 28

10％の食塩水と6％の食塩水がある。この2種類の食塩水を混ぜ合わせて，7％の食塩水を120gつくるとき，2種類の食塩水を，それぞれ何gずつ混ぜればよいか求めなさい。

例題 29　自然数についての問題

2けたの自然数がある。その数に6を加えた数は，十の位の数と一の位の数の和の4倍に等しい。
また，十の位の数と一の位の数を入れかえてできる2けたの数は，もとの数より36大きくなる。もとの自然数を求めなさい。

考え方　2けたの自然数　$10x+y$

2けたの自然数，十の位，一の位，……とあるから，
もとの自然数の **十の位の数を x，一の位の数を y** とすると，
もとの自然数は　　　　　　　　　　　　　　　　$10x+y$
十の位と一の位を入れかえてできる2けたの自然数は　$10y+x$
これを用いて，**2つの式をつくる。**
そして，連立方程式を解いて求められる x，y の値から導かれる数が，**2けたの自然数** になることを確認する。

解答

もとの自然数の十の位の数を x，一の位の数を y とする。
もとの自然数は $10x+y$，また，十の位の数と一の位の数を入れかえた自然数は $10y+x$ と表される。問題から

$$\begin{cases} 10x+y+6=4(x+y) & \cdots\cdots ① \\ 10y+x=(10x+y)+36 & \cdots\cdots ② \end{cases}$$

①から　　$10x+y+6=4x+4y$　　$6x+6=3y$
②から　　$-9x+9y=36$

$$\begin{cases} y=2x+2 & \cdots\cdots ③ \\ y=x+4 & \cdots\cdots ④ \end{cases}$$

③，④から　　$2x+2=x+4$　　$x=2$
$x=2$ を④に代入して　　$y=2+4=6$
　　　　　　　　これらは問題に適している。

答　26

この問題では $10x+y$ と $10y+x$ が2けたの自然数を表すから
x，y はともに1から9までの整数である。
このとき
③の解は
$(x, y)=(1, 4)$，**(2, 6)**，
　　　　　(3, 8)
④の解は
$(x, y)=(1, 5)$，**(2, 6)**，
(3, 7)，(4, 8)，(5, 9)
であるから，連立方程式の解は　$(x, y)=(2, 6)$
のみである。

練習 29

2けたの正の整数がある。その整数は，各位の数の和の7倍より3小さく，また，十の位の数と一の位の数を入れかえてできる2けたの数は，もとの整数より36小さくなる。もとの整数を求めなさい。

例題 30　x, y のおきかたの工夫（トンネル・鉄橋）

ある列車が，2030 m のトンネルにはいり始めてから出てしまうまでに，90 秒かかった。また，この列車が，1280 m の鉄橋を渡り始めてから渡り終るまでに 60 秒かかった。この列車の時速を求めなさい。

考え方　異なる量を x, y とおく

トンネル（や鉄橋）を渡り終るとは？
はいり始め → 列車の先頭が入口にかかる
出てしまう → 列車の後尾が出口を出る
　　　道のりは　トンネル（鉄橋）の長さ＋列車の長さ

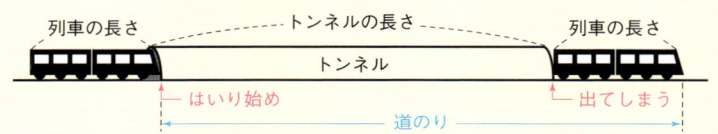

列車の速さを秒速 x m，列車の長さを y m とすると，トンネルにはいり始めてから出てしまうまでの道のりは　$(2030+y)$ m
これが $90x$ m に等しい。
鉄橋についても同じように考える。

解答

列車の速さを秒速 x m，列車の長さを y m とする。
問題から，トンネル，鉄橋を走る道のりについて

$$\begin{cases} 2030+y=90x & \cdots\cdots ① \\ 1280+y=60x & \cdots\cdots ② \end{cases}$$

①−②から　　　$750=30x$　　$x=25$
②に代入して　　$1280+y=60\times 25$
　　　　　　　　　　$y=220$
$x=25$，$y=220$　は問題に適している。
列車の時速は
　　$25\times 60\times 60 = 90000$ (m)　　**答**　**時速 90 km**

列車の速さと長さ → 異なる量を x, y とする。

単位はそろえる
2030 m，1280 m，90 秒，60 秒にそろえて，速さを秒速 x m とする。

秒速 x m を時速にする。
→ $x\times 60\times 60$
m を km にする。
→ $x\times 60\times 60\div 1000$

練習 30　ある列車が，2630 m のトンネルにはいり始めてから出てしまうまでに，2 分かかった。また，列車が，トンネル内での速さの 80% の速さで，806 m の鉄橋を渡り始めてから渡り終るまでに 55 秒かかった。この列車の長さを求めなさい。

例題 31　問題に適する解がない場合

あるクラスの人数は，男子，女子合わせて 40 人です。このクラスの男子から 90%，女子から 40% の人を選び，合計 25 人で運動会のときのリレーの選手にする。
このとき，男子と女子の選手の数をそれぞれ求めなさい。

考え方　方程式の解が問題に適しているか？

クラスの **男子の人数を x 人**，**女子の人数を y 人** として式をつくる。

クラスの人数について　　　$x+y=40$
選手の人数について　　　$0.9x+0.4y=25$

このとき，x, y, $0.9x$, $0.4y$ はすべて人数であるから整数である。
もし，**連立方程式の解が問題に適さないとき**
たとえば，「このような選び方はできない」を答えとする。

解　答

クラスの男子の人数を **x 人**，女子の人数を **y 人** とする。
問題から，クラスの人数，選手の人数について

$$\begin{cases} x+y=40 & \cdots\cdots ① \\ 0.9x+0.4y=25 & \cdots\cdots ② \end{cases}$$

①×4　　　　　$4x+4y=160$
②×10　　$-)\ 9x+4y=250$
　　　　　　　$-5x\ \ \ \ \ =-90$
　　　　　　　　　$x=18$

$x=18$ を①に代入して
　　　　　　$18+y=40$　　$y=22$
男子の選手の人数は　　$0.9\times 18=16.2$
女子の選手の人数は　　$0.4\times 22=8.8$
これらは整数ではない。
したがって，問題に適する解はない。

　　　答　このような選び方はできない

注意
x, y は整数であるだけではだめ。$0.9x$, $0.4y$ も整数であることを確認する。
人数が整数でないときは，問題に適するような選び方はできない。

練習 31　2100 円をもって，1 個 200 円のケーキと 1 個 80 円のシュークリームを 13 個買いに行った。ちょうど，2100 円使うとき，ケーキとシュークリームをそれぞれ何個ずつ買えますか。

EXERCISES

22 1個360円のケーキと1個250円のアイスクリームを合わせて32個買おうとしたところ，買う個数を逆にしたため予定より660円高くなりました。最初に買おうとしたケーキとアイスクリームの個数をそれぞれ求めなさい。

…▶ 例題25

23 カップケーキ4個をつくるために使う小麦粉は50g，シュークリーム8個つくるために使う小麦粉は70gであるという。小麦粉を2kg使って，カップケーキとシュークリームを合わせて208個つくった。このとき，つくったカップケーキとシュークリームの個数をそれぞれ求めなさい。

…▶ 例題25

24 出発点からA地点までは，時速20kmの自転車で進み，A地点から終点までは，時速40kmの自動車で進んで2時間かかった。出発点から終点までは50kmである。自転車で進んだ時間と自動車で進んだ時間を求めなさい。

…▶ 例題26

25 1周2.1kmの遊歩道がある。A君とB君が同じ地点から同時に反対向きに歩き始めると，14分後に出会う。また，同じ向きに歩き始めると，A君はB君に70分後に追いつく。このとき，A君の歩く速さは分速ア□m，B君の歩く速さは分速イ□mである。□をうめなさい。　〔専修大学松戸高〕

…▶ 例題26

26 ある学校では昨年度の生徒数は1400人であった。今年度，市内から通学する生徒が5%減り，市外から通学する生徒が4%増えた。また，今年度は昨年度より全体で11人増えた。今年度の市内から通学する生徒は□人である。□をうめなさい。　〔成田高〕

…▶ 例題27

27 9600円でパンを何個か仕入れた。このパンをお祭りで1個60円で全部売ると，仕入れ値の2割5分の利益がある。しかし，実際には何個かを60円で売り，残りを50円で売ったので利益は仕入れ値の1割5分になった。50円で売ったパンの個数を求めなさい。 〔日本大学第二高〕 …▶例題27

28 容器Aには濃度が9％の食塩水，容器Bには濃度が3％の食塩水がはいっている。容器Aにはいっている食塩水の $\frac{2}{3}$ を取り出し，容器Bに入れて混ぜたら，5％の食塩水が600gできた。容器A，Bには，初め食塩水がそれぞれ何gありましたか。 〔愛知高〕 …▶例題28

29 2けたの自然数Mに対して，一の位と十の位の数を入れかえて自然数Nをつくる。MはNより27だけ大きく，NはMの半分より1だけ小さいとき，Mの値を求めなさい。 〔大手前高〕 …▶例題29

30 長さ318mの貨物列車が，ある鉄橋を渡り始めてから，渡り終るまでに67秒かかった。また，長さ162mの急行列車が貨物列車の2倍の速さでこの鉄橋を渡り始めてから，渡り終るまでに27秒かかった。
貨物列車の速さと鉄橋の長さを求めなさい。 …▶例題30

31 120円切手と140円切手を合わせて25枚買い，合計金額を3600円としたい。120円切手と140円切手をそれぞれ何枚ずつ買えばよいですか。 …▶例題31

Column

◆ 鶴　亀　算 ◆

「孫子算経」という中国の古い書物の中に，次のような問題がある。
(孫子は3，4世紀ごろの人で，兵法で有名な孫子とは別人である。)

> きじとうさぎがかごにはいっている。上に頭が35あり，下に足が94ある。きじとうさぎはいくらずついるか。

この問題が日本に伝わり，その後，「きじとうさぎ」が「にわとりとうさぎ」に変わり，さらに，19世紀になって「つるとかめ」となった。この問題についての次のような算数的な解き方を鶴亀算とよぶことがある。

(算数的な解き方)
　全部がうさぎだとすると，足の数は全部で 35×4＝140 となる。
しかし，足の数は94であるから，いくつかはきじである。
35のうちの1つを，うさぎからきじに変えると，足の数は 4－2＝2 だけ減る。
　140と94の差は 140－94＝46 であるから，きじに変える数は 46÷2＝23 である。
これがきじの数であるから，うさぎは 35－23＝12 となる。
　よって　　うさぎの数　12，　　きじの数　23

この問題をうさぎを x 匹，きじを y 羽として，連立方程式で解いてみよう。

(連立方程式による解き方)
　頭の数について　　　　$x+y=35$
　足の数について　　　　$4x+2y=94$

$$\begin{cases} x+y=35 & \cdots\cdots ① \\ 4x+2y=94 & \cdots\cdots ② \end{cases}$$ を解く。

$$\begin{array}{r} ①\times 4 \quad\quad 4x+4y=140 \\ ② \quad\quad -)\ 4x+2y=\ 94 \\ \hline 2y=\ 46 \\ y=23 \end{array}$$

$y=23$ を①に代入して　　$x+23=35$
　　　　　　　　　　　　　　　$x=12$

　　　　　　　　答　うさぎ　12匹，きじ　23羽

2つの解き方をくらべてみると，鶴亀算の考え方は，連立方程式の加減法の計算と同じであることがわかる。このように算数的な解き方には，方程式を利用すると一般的に説明できるものもある。

定期試験対策問題

1 次の連立方程式を解きなさい。　　　…▶例題 18〜21

(1) $\begin{cases} x = 3y - 1 \\ 5x - 4y = 17 \end{cases}$
(2) $\begin{cases} 3x + 5y = 1 \\ 2y = 3x - 8 \end{cases}$

(3) $\begin{cases} 6x - 4y = 7 \\ 4x - 3y = 5 \end{cases}$
(4) $\begin{cases} 0.8x + 1.5y = -5 \\ 1.4x - 0.5y = 10 \end{cases}$

(5) $\begin{cases} x + 2y - 2(x - y) = 13 \\ 3(4x - 3y) = 2(3x - 5y) - 28 \end{cases}$
(6) $\begin{cases} \dfrac{2}{3}x + \dfrac{y}{4} = -\dfrac{1}{2} \\ \dfrac{5x - y}{4} = \dfrac{1}{2} \end{cases}$

2 次の連立方程式を解きなさい。　　　…▶例題 20, 21, 23

(1) $\begin{cases} 2(x + 2y) - 3(x - y) = 4 \\ 3(x + 2y) - 3(x - y) = 1 \end{cases}$
(2) $\begin{cases} 4x + 3y = 30 \\ x : y = 3 : 2 \end{cases}$

(3) $\dfrac{4}{x-1} + \dfrac{7}{y} = 1, \quad \dfrac{5}{x-1} - \dfrac{2}{y} = 12$

3 方程式　$3x - 4y + 9 = 2x + 5y + 8 = x - 6y + 7$ を解きなさい。　…▶例題 22

4 次の 2 つの連立方程式が同じ解をもつという。　…▶例題 24

$\begin{cases} ax - 4by = 25 \\ 2x - y = 8 \end{cases}$　$\begin{cases} 2ax + 8by = -14 \\ -3x + 2y = -13 \end{cases}$

(1) 同じ解を求めなさい。
(2) a, b の値を求めなさい。

5 箱 A に赤玉と白玉が合わせて 200 個，箱 B に赤玉と白玉が合わせて 300 個入っている。箱 A に入っている赤玉の数は箱 B に入っている赤玉の数より 15 個少なく，箱 A に入っている白玉の数は箱 B に入っている白玉の数の半分である。このとき，箱 A に入っている白玉の数は ☐ 個である。☐ をうめなさい。

〔専修大学松戸高〕　…▶例題 25

6 Aさんは午前 10 時に家を出発し，自転車に乗って時速 12 km で走り，午前 11 時 30 分に目的地に着く予定であった。ところが，途中で自転車が故障したので，そこからは時速 4 km で歩いた。そのため，目的地に着いたのは出発してから 2 時間後の正午であった。家から自転車が故障した地点までの道のりを求めなさい。　　　　　　　　　　　　　　　　　　　　　　　　…▶例題 26

7 周囲が 8 km の池を，A は自転車で，B は徒歩で同じところを出発して反対の方向にまわる。2 人が同時に出発すると，A と B は 30 分後に，A が B よりも 20 分おくれて出発すると，A が出発してから 25 分後に B と出会う。A，B それぞれの速さは時速何 km ですか。　　　　　　　　　　　　　…▶例題 26

8 ある団体が美術館へ行った。入場料は，おとな 1 人 1000 円，子ども 1 人 750 円で，割引券を利用すれば，おとなも子どもも 4 割安くなる。この団体の入場料は，全員が割引券を利用せずに入場すると 76500 円かかるが，おとなの人数の 50 % と子どもの人数の 80 % が割引券を利用したので，21600 円安くなった。この団体のおとなと子どもの人数をそれぞれ解き方を書いて求めなさい。
〔智弁学園和歌山高〕　…▶例題 27

9 食塩水 A と食塩水 B がある。食塩水 A を 200 g と B を 100 g 混ぜると 7 % の食塩水となり，食塩水 A を 500 g と B を 400 g 混ぜると 7.5% の食塩水となる。このとき，食塩水 A，B の濃度をそれぞれ求めなさい。　　　　…▶例題 28

10 一の位の数字が 5 である 3 けたの自然数がある。それぞれの位の数字の和は 19 で，百の位の数字と一の位を入れかえてできる数は，十の位の数字と一の位の数字を入れかえてできる数より 288 小さいという。もとの自然数を求めなさい。
〔帝塚山泉ヶ丘高〕　…▶例題 29

発展 例題 32 平均点

第1問が5点，第2問が7点，第3問が8点で満点が20点のテストがある。このテストを受けた生徒

得点（点）	0	5	7	8	12	13	15	20
人数（人）	x	a	x	y	12	$4x$	1	15

の得点と人数の関係は右の表のようになった。第1問の正解者は第2問の正解者より14人多いとき，a を x の式で表しなさい。また，テストを受けた生徒の人数は50人で，平均点は12.6点であるとき，x, y の値を求めなさい。

考え方 表を読みとり整理する

表から，第1問，第2問，第3問の正解者の人数を分類する。
たとえば，得点12の人は，第1問と第2問の正解者である。

解答

得点別の第1問，第2問，第3問の正解者は，それぞれ右の表のようになる。この表から

第1問の正解者は　$(a+4x+27)$ 人

第2問の正解者は　$(x+28)$ 人

である。問題から

$a+4x+27=(x+28)+14$　　$a=15-3x$　**答**

次に，テストを受けた生徒の数について

$x+a+x+y+12+4x+1+15=50$

$6x+y+a=22$

$a=15-3x$ を代入して整理すると　$3x+y=7$ ……①

得点	第1問	第2問	第3問
5	a		
7		x	
8			y
12	12	12	
13	$4x$		$4x$
15		1	1
20	15	15	15

平均点は12.6点であるから，50人の合計点は $12.6×50=630$

$0×x+5×a+7x+8y+12×12+13×4x+15×1+20×15=630$

よって　$59x+8y+5a=171$

$a=15-3x$ を代入して整理すると　$11x+2y=24$ ……②

連立方程式①，②を解いて　$x=2, y=1$

これは問題に適している。　**答**　$x=2, y=1$

```
①×2      6x+2y= 14
②    －） 11x+2y= 24
          －5x    =－10
             x=2
```

練習 32 第1問が1点，第2問が3点，第3問が6点で満点が10点のテストを40人の生徒が受けた。その得点と人数の関係は上の表のようになった。

得点（点）	0	1	3	4	6	7	9	10
人数（人）	y	$2x$	$2y$	x	7	5	$3y$	7

平均点が5.775点であるとき，x, y の値を求めなさい。

発展 例題 33　整数の性質

2つの自然数の差の計算問題をさち子さんとあつ子さんがした。さち子さんはひかれる数を10倍して計算したために答えは6854になった。また，あつ子さんはひく数の一の位の数を見落として1けた小さい数とし，さらに，差を和として計算したために答えが784になった。

(1) ひく数の一の位の数を求めなさい。
(2) この計算問題の正しい答えを求めなさい。

〔慶應女子高〕

考え方　整数の性質をいかす

2つの自然数を a, b とし，ひく数 b の一の位を c とすると
さち子さんの計算　$10a-b=6854$　　あつ子さんの計算　$a+(b-c)\div 10=784$
文字3つに方程式が2つ
　　　→ a, b, c が整数（ここでは自然数）であることをいかす。
特に，c は0または1けたの自然数に着目する。
　　　→ c がわかれば，上の2式は a, b の連立方程式となる。
(1)で「一の位（c）を求めよ」とある。これを出発点とする。

解答

ひかれる数を a，ひく数を b とする。

(1) さち子さんの計算から
$$10a-b=6854 \quad \cdots\cdots ①$$
$10a$ の一の位の数は 0 であるから，
①により，b の一の位の数は **6**　答

(2) あつ子さんの計算から　$a+(b-6)\div 10=784$
両辺に 10 をかけて　　　$10a+b-6=7840$
$$10a+b=7846 \quad \cdots\cdots ②$$
①+②から　$20a=14700$　　$a=735$
$a=735$ を①に代入して　　$7350-b=6854$　　$b=496$
よって，正しい答えは　　$a-b=735-496=$ **239**　答

> $10a$ の一の位は 0，これから b をひいた数の一の位が 4 であるから，b の一の位の数は 6
>
> 問題に適するかどうかは，a, b が自然数で求まるかどうかでわかる。

練習 33

2枚のカード A，B があって，A には2けたの整数が，B には1けたの整数が書かれている。A の整数を B の整数でわると，商は14で余りは2になる。また，左から B A と並べてつくった3けたの整数は，左から A B と並べてつくった3けたの整数より126小さくなる。A，B に書かれた整数をそれぞれ求めなさい。

〔桐朋高〕

発展 例題 34 2元1次方程式の自然数の解

1個160円のオレンジと1個120円のトマトを合わせて何個か買って代金の合計を1800円にしたい。オレンジもトマトも少なくとも1個は買うものとすると，それぞれ何個ずつ買うことができますか。

考え方 自然数の性質をいかす

① オレンジを x 個，トマトを y 個とすると　　$160x+120y=1800$
これは x, y の2元1次方程式であるから，**これを満たす x, y の組は無数に存在する**。
しかし，x, y は個数を表すから自然数である。
この **自然数であることを使うと解が求められる**。

② $160x+120y=1800$ の両辺を40で割ると　　$4x+3y=45$
45が y の係数3の倍数であるから y について解く

$$3y=45-4x \qquad y=15-\frac{4}{3}x$$

x, y は自然数であるから，x は3の倍数 である。

解答

オレンジを x 個，トマトを y 個とする。
代金について　　$160x+120y=1800$
　　　　　　　　$4x+3y=45$

y について解くと　　$y=15-\dfrac{4}{3}x$

x, y は **自然数** であるから，x は **3** の倍数である。
問題に適する x, y の値は
　　$x=3$ を代入して　$y=15-4=11$
　　$x=6$ を代入して　$y=15-8=7$
　　$x=9$ を代入して　$y=15-12=3$
よって　$(x, y)=(3, 11), (6, 7), (9, 3)$

答　(オレンジ，トマト)＝(**3個，11個**), (**6個，7個**), (**9個，3個**)

> 文字が2つで，**方程式が1つ** ($4x+3y=45$) 解答のように，x, y が **自然数** であることを使うと解が求められる。

$x=12$ を代入すると $y=15-16=-1$ であるから，問題に適さない。

練習 34　AとB 2種類の菓子がある。Aの菓子1個の重さが30g，Bの菓子1個の重さが40gである。このAとB 2種類の菓子を混ぜて，全体の重さが400gになるように買いたい。それぞれ何個ずつ買うことができますか。

発展 例題 35 連立3元1次方程式

連立3元1次方程式 $\begin{cases} 2x-y-3z=5 \\ 3x+2y+4z=2 \\ 4x+3y+2z=-2 \end{cases}$ を解きなさい。

考え方 1つの文字を消去する

連立3元1次方程式 の場合も，**1つの文字を消去する方針** で進める。
たとえば，第1式と第2式から y を消去すると，x と z の2元1次方程式。
同様に，第1式と第3式から y を消去すると，x と z の2元1次方程式。
→ x と z の連立2元1次方程式となる。

解 答

$\begin{cases} 2x-y-3z=5 & \cdots\cdots ① \\ 3x+2y+4z=2 & \cdots\cdots ② \\ 4x+3y+2z=-2 & \cdots\cdots ③ \end{cases}$

①×2　　　$4x-2y-6z=10$
②　　　$+)\ 3x+2y+4z=\ 2$
　　　　　　$7x\quad\ \ -2z=12$　……④

①×3　　　$6x-3y-9z=\ 15$
③　　　$+)\ 4x+3y+2z=-2$
　　　　　　$10x\quad\ \ -7z=13$　……⑤

④×7　　　$49x-14z=84$
⑤×2　　$-)\ 20x-14z=26$
　　　　　　$29x\quad\quad\ =58$
　　　　　　　　　$x=2$

$x=2$ を④に代入して　$7\times 2-2z=12$
　　　　　　　　　　$-2z=-2$　$z=1$
$x=2$, $z=1$ を①に代入して　$2\times 2-y-3\times 1=5$　$y=-4$

答 $(x,\ y,\ z)=(2,\ -4,\ 1)$

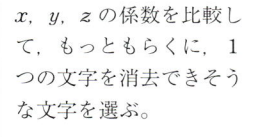

> x, y, z の係数を比較して，もっともらくに，1つの文字を消去できそうな文字を選ぶ。

練習 35 次の連立3元1次方程式を解きなさい。

(1) $\begin{cases} 2x-3y-z=3 \\ 5x+2y-3z=-3 \\ 2x-4y-5z=-4 \end{cases}$

(2) $\begin{cases} x+y=-3 \\ y+z=-1 \\ z+x=10 \end{cases}$

入試対策問題

1 次の連立方程式を解きなさい。

(1) $\begin{cases} x+3y=11 \\ y=2x-1 \end{cases}$ 〔栃木〕

(2) $\begin{cases} 2x-3y=14 \\ 5x+7y=6 \end{cases}$ 〔愛知〕

(3) $\begin{cases} 3x+2y=1 \\ x-y=-\dfrac{1}{12} \end{cases}$ 〔東京〕

(4) $\begin{cases} 0.5x+0.2y=3.3 \\ \dfrac{x}{4}-\dfrac{y}{3}=1 \end{cases}$ 〔東京〕

2 連立方程式 $\begin{cases} x+3y=-4 \\ x+2y=-1 \end{cases}$ の解と，連立方程式 $\begin{cases} 2ax+by=4 \\ bx+ay=7 \end{cases}$ の解が等しくなるような定数 a，b の値を求めなさい。 〔帝塚山泉ケ丘高〕

3 右の表は，ある中学校の3年生40人のハンドボール投げの記録を度数分布表に整理したものである。この度数分布表から求めた平均値は 15.8 m である。表の中の x，y の値をそれぞれ求めなさい。 〔東京学芸大学附属高〕

階級 (m) 以上 未満	度数 (人)
1〜5	1
5〜9	5
9〜13	7
13〜17	8
17〜21	x
21〜25	y
25〜29	2
計	40

4 ある商店では，商品Aを10%値上げし，5個以上買った客には5個につき1個を無料で配るサービスを始めた。すると，値上げ後の初日に売った個数とサービスで配った個数の合計は，値上げ前の最終日の売り上げ個数より130個多く，売り上げ額も65%増えた。また，値上げ後初日にサービスで配った商品Aの個数は，その日に売った個数とサービスで配った個数の合計の $\dfrac{1}{11}$ である。値上げ前最終日の売り上げ個数を求めなさい。 〔市川高〕

5 ある水そうに水を入れるのに，ポンプAだけを使うと3時間で満水になり，ポンプBだけを使うと6時間で満水になる。はじめにポンプAだけを使っていたら，途中で故障したので，その後ポンプBだけを使ったところ，水そう全体の $\frac{3}{4}$ の量の水を入れるのに4時間かかった。このとき，ポンプAを ア□ 時間，ポンプBを イ□ 時間使用した。□ をうめなさい。〔新潟明訓高〕

6 池の周囲に道路がある。AとBの2人が，この路上の同じ地点を同時に出発して，互いに反対方向に走ると，出発してから2分後に出会い，同じ方向に走ると，AがBを1周引き離すのに出発してから16分かかった。Bの速さを毎分210mとするとき，Aの速さと池の1周の長さを求めなさい。〔改 立命館高〕

7 3けたの自然数 n は4の倍数であり，十の位の数と一の位の数の和が6となり，百の位の数が十の位の数と一の位の数の積と等しくなる。このとき，n の値を求めなさい。〔愛知高〕

8 A，B2つのビーカーがある。Aには濃度 x ％ の食塩水400gが，Bには濃度 y ％ の食塩水500gがそれぞれ入っている。このとき，Aから100gの食塩水をBに移してよくかき混ぜた後に，Bから200gの食塩水をAにもどしてよくかき混ぜたところ，Aの食塩水の濃度が7％，Bの食塩水の濃度が8.5％になった。x，y の値をそれぞれ求めなさい。〔お茶の水女子大学附属高〕

第3章 1次関数

この章で学ぶ問題

１次関数の基本	例題 36～38	しっかりつかもう。
１次関数のグラフの基本	例題 39～42	グラフの特徴をつかもう。
１次関数と変域	例題 43	応用力をつけよう。
１次関数の式を求める	例題 44～46	しっかりつかもう。
方程式のグラフ	例題 47～49	しっかりつかもう。
直線の交点の利用	例題 50～52	しっかりつかもう。
１次関数の利用の基本	例題 53, 54	グラフを利用してみよう。
１次関数の利用の応用	例題 55～57	グラフを活用しよう。
やや複雑な問題	例題 58～61	発展問題にチャレンジしてみよう。

この項の要点整理　テスト対策これだけはおさえておこう！

⑥ 1次関数とグラフ

1　1次関数

y が x の関数で，y が x の1次式で表されるとき，y は x の **1次関数** であるという。

> y は x の1次関数
> x に比例する部分
> $y = \underset{\text{数の部分}}{\textcircled{a}x + b}$

2　1次関数 $y=ax+b$ の値の変化

① **増加・減少**　x の値が増加するにつれて，
　$a>0$ のとき，y の値も増加する。
　$a<0$ のとき，y の値は減少する。

② **変化の割合**　x の増加量に対する y の増加量の割合を，**変化の割合** という。

$$\text{変化の割合} = \frac{y \text{の増加量}}{x \text{の増加量}} = a \quad (a \text{は一定})$$

> 1次関数
> $y = \textcircled{a}x + b$
> 　　↑
> 　変化の割合

3　1次関数 $y=ax+b$ のグラフ

① $y=ax$ のグラフを **y 軸の正の方向に b** だけ平行移動したものである。

② y 軸上の **点 $(0, b)$ を通り，傾きが a の直線** である。この b を直線の **切片** という。

③ 直線の傾き a = 変化の割合

④ **グラフのかき方**　切片 b で y 軸との交点 $(0, b)$ と，傾き a でもう1点を決めて，2点を通る直線をひく。

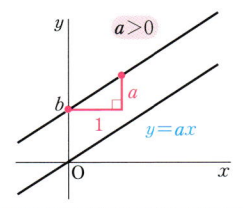

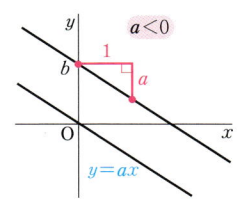

> 1次関数
> 　　変化の割合
> $y = \textcircled{a}x + b$
> 　　↑
> 　直線の傾き　グラフ

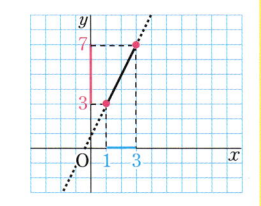

4　1次関数と変域

例　$y=2x+1$ $(1 \leq x \leq 3)$ の変域
$x=1$ のとき $y=3$，$x=3$ のとき $y=7$　から　$3 \leq y \leq 7$　（上の図参照）

例題 36　1次関数の例

次の x と y の関係について，y を x の式で表し，y が x の1次関数であるものを選びなさい。

(1) 1個80円のりんご x 個を200円のかごにつめてもらった代金 y 円
(2) 半径 x cm の円の面積 y cm^2
(3) 面積が10 cm^2 の長方形の縦の長さ x cm と横の長さ y cm
(4) 5％の食塩水 x g に含まれる食塩 y g

考え方　y が x の1次関数　1次式か

x の値が1つ決まると，それにともなって y の値がただ1つ決まるとき，y は x の関数　であるという。
y が x の関数で，y が x の1次式で表されるとき，y は x の1次関数　である。
　　y が x の1次関数 $\iff y = ax + b \ (a \neq 0)$

解 答

(1) $y = 80x + 200$　　y は x の1次関数である。
(2) $y = \pi x^2$　　y は x の1次関数でない。
(3) $xy = 10$ から
　　$y = \dfrac{10}{x}$　　y は x の1次関数でない。
(4) $y = x \times \dfrac{5}{100} = \dfrac{1}{20}x$ から
　　$y = \dfrac{1}{20}x$　　y は x の1次関数である。

答　y が x の1次関数であるもの　(1), (4)

(1) x は 1, 2, 3, ……自然数の値をとる。
(2)〜(4) x は正の値をとる。

　y は x の1次関数
　　$y = ax + b$
　($a \neq 0$，a, b は定数)
　$b = 0$ なら $y = ax$
　y は x に比例する

(4) 比例定数 $\dfrac{1}{20}$ で y は x に比例する。

練習 36　次の x と y の関係について，y を x の式で表し，y が x の1次関数であるものを選びなさい。

(1) 1本60円の鉛筆を x 本買い，1000円だしたときのおつり y 円
(2) 半径 x cm の円の周の長さ y cm
(3) 面積が10 cm^2 の三角形の底辺の長さ x cm と高さ y cm
(4) x km の道のりを時速30 km で進むと y 時間かかる。
(5) 10 km の道のりを時速 x km で進むと y 時間かかる。

例題 37　y の増加量，変化の割合

次の1次関数について，x の値が -2 から 3 まで増加するときの y の増加量と変化の割合を求めなさい。

(1)　$y = 6x - 3$　　　　(2)　$y = -\dfrac{1}{3}x + 1$

考え方　変化の割合 $= \dfrac{y \text{ の増加量}}{x \text{ の増加量}}$

① 1次関数 $y = ax + b$　x の値が p から q まで増加するときの y の増加量
　$x = p$ のとき　$y = p'$，$x = q$ のとき　$y = q'$　とすると
　　　y の増加量 $= q' - p'$

② 変化の割合 $= \dfrac{y \text{ の増加量}}{x \text{ の増加量}} = \dfrac{q' - p'}{q - p}$

解答

(1)　$x = -2$ のとき　$y = 6 \times (-2) - 3 = -15$
　　$x = 3$ 　のとき　$y = 6 \times 3 - 3 = 15$
　　y の増加量 は　$15 - (-15) = 30$　**答**
　　変化の割合 は　$\dfrac{15 - (-15)}{3 - (-2)} = \dfrac{30}{5} = 6$　**答**

(2)　$x = -2$ のとき　$y = -\dfrac{1}{3} \times (-2) + 1 = \dfrac{5}{3}$
　　$x = 3$ 　のとき　$y = -\dfrac{1}{3} \times 3 + 1 = 0$
　　y の増加量 は　$0 - \dfrac{5}{3} = -\dfrac{5}{3}$　**答**
　　変化の割合 は　$\dfrac{0 - \dfrac{5}{3}}{3 - (-2)} = -\dfrac{5}{3} \div 5 = -\dfrac{1}{3}$　**答**

$y = ax + b$ で
x の値が増加するとき
$a > 0$ なら　y は **増加**
$a < 0$ なら　y は **減少**
する。

注意
「増加量」といっても，値は正，負両方ある。増加量が負の数だからといって，「減少量」という必要はない。

練習 37　次の1次関数について，x の値が -5 から -2 まで増加するときの y の増加量と変化の割合を求めなさい。

(1)　$y = \dfrac{2}{3}x - 4$　　　　(2)　$y = -4x + 1$

例題 38 増加量

1次関数 $y=-6x+5$ について，

(1) x の増加量が $\dfrac{1}{2}$ のとき，y の増加量を求めなさい。

(2) y の増加量が -18 のとき，x の増加量を求めなさい。

考え方　$y=ax+b$ では　変化の割合$=a$

$y=ax+b$ で，x の値が p から q まで増加するときの **変化の割合** は
$x=p$ のとき $y=ap+b$，$x=q$ のとき $y=aq+b$　であるから

$$\dfrac{(aq+b)-(ap+b)}{q-p}=\dfrac{aq-ap}{q-p}=\dfrac{a(q-p)}{q-p}=a$$

したがって，$\dfrac{y \text{の増加量}}{x \text{の増加量}}=a$ とすると

$$y\text{の増加量}=a\times x\text{の増加量},$$

$$x\text{の増加量}=\dfrac{y\text{の増加量}}{a}$$

解答

1次関数 $y=-6x+5$ の変化の割合は -6 である。

(1) y の増加量を d とすると

$$\dfrac{d}{\frac{1}{2}}=-6 \qquad d=-6\times\dfrac{1}{2}=-3$$

よって，y の増加量は　　-3　**答**

(2) x の増加量を c とすると

$$\dfrac{-18}{c}=-6 \qquad -18=-6c$$

$$6c=18 \qquad c=3$$

よって，x の増加量は　　3　**答**

> 1次関数 $y=ax+b$ の変化の割合は，つねに一定で，その値は x の係数 a に等しい。
> x の増加量を c，y の増加量を d とすると
> $$\dfrac{d}{c}=a \longrightarrow d=ac,\ c=\dfrac{d}{a}$$

練習 38

1次関数 $y=\dfrac{4}{3}x-\dfrac{6}{7}$ について，

(1) x の増加量が $-\dfrac{1}{4}$ のとき，y の増加量を求めなさい。

(2) y の増加量が 8 のとき，x の増加量を求めなさい。

例題 39　$y=ax+b$ のグラフ　(1)

$x=-2,\ -1,\ 0,\ 1,\ 2$ に対応する1次関数 $y=3x+2$ …… ①の値を求め，そのグラフをかきなさい。また，1次関数 $y=-2x-2$ …… ②のグラフを $y=-2x$ のグラフを利用してかきなさい。

考え方　$y=ax+b$ のグラフは，$y=ax$ のグラフをずらす

1. **点をとってグラフをかく**　直線上に並んでいるから，それらを結ぶ。
2. **$y=ax$ のグラフを利用**　$y=ax$ をずらす。
   $y=ax$ のグラフは原点を通る直線であるから，原点ともう1点をとって結ぶ。
   $y=ax+b$ のグラフは，$y=ax$ のグラフを
   　　　$b>0$ なら上方へ b だけ，
   　　　$b<0$ なら下方へ $-b$ だけ　　ずらす

解答

①について
　x の値に対する $y=3x+2$ の値は右のようになる。

x	-2	-1	0	1	2
y	-4	-1	2	5	8

　各点を図にかき入れ，それらを結ぶ。

②について
　$y=-2x-2$ のグラフは $y=-2x$ のグラフを **2だけ下方にずらした直線**。
　$y=-2x$ のグラフは原点と点 $(3,\ -6)$ を通る直線。

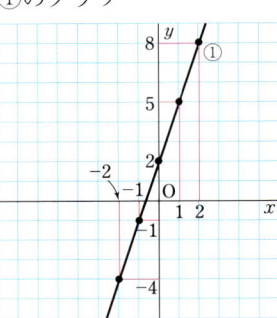

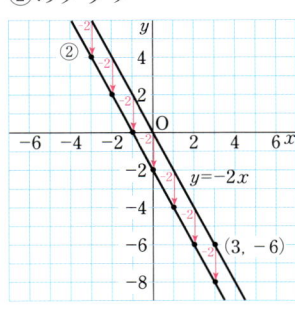

x	-2	-1	0	1	2
$3x$	-6	-3	0	3	6
$3x+2$	-4	-1	2	5	8

$y=3x+2$ のグラフは $y=3x$ のグラフを 2 だけ上方へずらす。
$y=-2x-2$ のグラフは $y=-2x$ のグラフを 2 だけ下方へずらす。

①のグラフ　　　②のグラフ

練習 39　$x=-2,\ -1,\ 0,\ 1,\ 2$ に対応する1次関数 $y=-3x+1$ …… ①の値を求め，そのグラフをかきなさい。また，1次関数 $y=2x+4$ …… ②のグラフを $y=2x$ のグラフを利用してかきなさい。

例題 40　$y=ax+b$ のグラフ （2）

次の1次関数のグラフをかきなさい。
(1) $y=\dfrac{2}{3}x-1$ 　　　　(2) $y=-x+2$

> **考え方**　$y=ax+b$ のグラフは，$y=ax$ のグラフをずらす
>
> $y=ax+b$ のグラフ　$y=ax$ のグラフを
> 　　　　　　$b>0$ なら 上方へ b だけ，
> 　　　　　　$b<0$ なら 下方へ $-b$ だけ　ずらす。
> → 直線 $y=ax$ を y 軸の正の方向に b だけ平行に移動させた直線
> これはまた，次のようにもいえる。
> 　　　　直線 $y=ax$ に平行で，y 軸上の点 $(0, b)$ を通る直線

解答

(1) $y=\dfrac{2}{3}x$ のグラフ［原点と点 $(3, 2)$ を通る直線］に 平行 で，y 軸上の点 $(0, -1)$ を通る直線。図(1)。

(2) $y=-x$ のグラフ［原点と点 $(1, -1)$ を通る直線］に 平行 で，y 軸上の点 $(0, 2)$ を通る直線。図(2)。

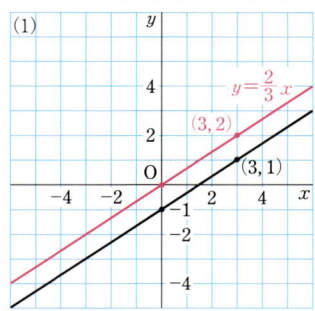

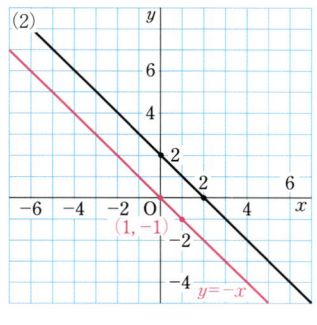

> $y=ax+b$ のグラフ
> $y=ax+b$ と $y=ax$ の関係を見ぬく。
> ・$y=ax$ と平行
> ・点 $(0, b)$ を通る。
> ➡ $\begin{cases} y=ax \text{ を上方に} \\ b \text{ だけずらす。} \end{cases}$
> $b<0$ なら下方に $-b$ だけずらすことになる。

注意　(1) $y=\dfrac{2}{3}x$ のグラフ ⟶ 原点と もう1点 は，x，y の値が整数となる点を選ぶ。⟶ $(3, 2)$

(2) $y=-x$ のグラフ ⟶ 原点と もう1点 は，$(2, -2)$ や $(3, -3)$ などを選んで結んでもよい。

練習 40　次の1次関数のグラフをかきなさい。
(1) $y=\dfrac{3}{2}x+2$ 　　(2) $y=3x-4$ 　　(3) $y=-\dfrac{4}{3}x+5$

例題 ㊶ 直線の傾きと切片

(1) 1次関数 $y=2x+1$ のグラフは，傾き ①，切片 ② の直線で，この直線は，右へ1進むと，上へ ③ 進み，右へ2進むと，上へ ④ 進む。□に適する数を入れなさい。

(2) 1次関数 $y=-\dfrac{2}{3}x+4$ のグラフは，傾き ⑤，切片 ⑥ の直線で，この直線は右へ2進むと，下へ ⑦ 進み，右へ6進むと，下へ ⑧ 進む。□に適する数を入れなさい。

考え方
直線 $y=ax+b$　傾き a，切片 b

1次関数 $y=ax+b$ のグラフ は傾き a，切片 b の直線 である。

傾き……直線の傾きぐあい
　→ 変化の割合と一致（一定）

切片……直線と y 軸との交点の y 座標

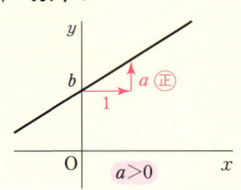

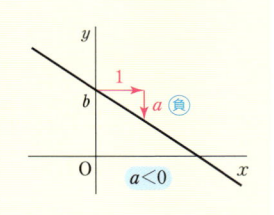

解答

(1) 傾きは 2，切片は 1 である。変化の割合は 2 であるから右へ1進むと上へ2進み，右へ2進むと上へ4進む。

答 ① 2　② 1　③ 2　④ 4

(2) 傾きは $-\dfrac{2}{3}$，切片は 4 である。変化の割合は $-\dfrac{2}{3}$ であるから　$\left(-\dfrac{2}{3}\right)\times 2=-\dfrac{4}{3}$，$\left(-\dfrac{2}{3}\right)\times 6=-4$

よって，右へ2進むと下へ $\dfrac{4}{3}$ 進み，右へ6進むと下へ4進む。

答 ⑤ $-\dfrac{2}{3}$　⑥ 4　⑦ $\dfrac{4}{3}$　⑧ 4

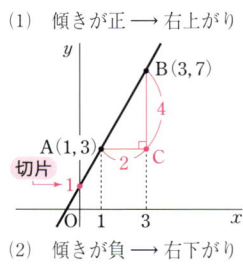

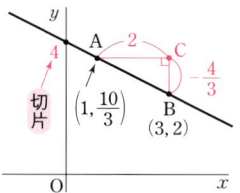

練習 ㊶

次の直線の傾きと切片をいいなさい。また，右へ4進むと上下へはどれだけ進みますか。

(1) $y=3x-1$

(2) $y=-\dfrac{3}{2}x+5$

例題 42　1次関数のグラフのかき方

次の1次関数のグラフをかきなさい。

(1) $y = 3x - 5$

(2) $y = -\dfrac{4}{3}x + 2$

考え方　切片と傾きから2点

1次関数 $y=ax+b$ のグラフをかくには，次の2点を通る直線をひく。

[1] **切片 b で y 軸との交点を決める。**

[2] **傾き a でもう1点を決める。** $(1, a+b)$ など。

実際にグラフをかく場合には

[3] 座標が分数になるときは，**整数になる点**にかえる。

[4] **2点がなるべく離れる**ようにする方がかきやすい。

切片から　(1) $(0, -5)$　(2) $(0, 2)$

もう1点は

(1) なるべく離れた点 $(3, 3×3-5)$　すなわち $(3, 4)$ を選ぶ。

(2) 座標が整数になる点 $(3, -2)$ を選ぶ。

解答

(1) 傾き **3**，切片 **−5** の直線。2点 $(0, -5)$, $(3, 4)$ を通る。

(2) 傾き $-\dfrac{4}{3}$，切片 **2** の直線。2点 $(0, 2)$, $(3, -2)$ を通る。

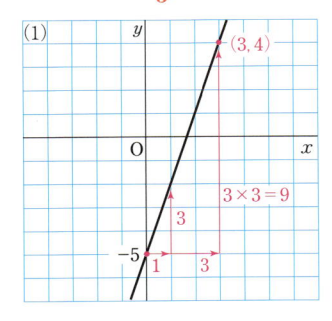

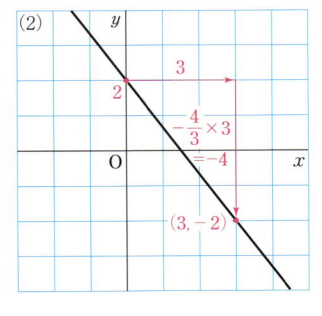

(1) $y=3x-5$ に，$x=3$ を代入して $y=3×3-5=4$ から，点 $(3, 4)$ を通る。

(2) $y=-\dfrac{4}{3}x+2$ に，$x=3$ を代入して $y=-\dfrac{4}{3}×3+2=-2$ から，点 $(3, -2)$ を通る。

練習 42　次の1次関数のグラフをかきなさい。

(1) $y = x + 3$

(2) $y = \dfrac{3}{2}x - 3$

(3) $y = -2x + 4$

(4) $y = -\dfrac{1}{2}x - 1$

例題 43　1次関数と変域

次の1次関数のグラフを（　　）の中に示された x の変域で，かきなさい。また，そのときの y の変域を求めなさい。

(1) $y=x+4$ $(-1\leqq x\leqq 3)$
(2) $y=-3x-1$ $(x>-2)$

考え方　y の変域は端の点に注目する

(1) 1次関数 $y=x+4$ のグラフの $-1\leqq x\leqq 3$ の部分。
(2) 1次関数 $y=-3x-1$ のグラフの $x>-2$ の部分。
　　ただし，$x>-2$ は，$x=-2$ をふくまないから，$x=-2$ に対応する点は除く。y の変域はグラフから読みとる。

解 答

(1) $x=-1$ のとき　$y=-1+4=3$
　　$x=3$ のとき　$y=3+4=7$
　　グラフは2点 $(-1, 3)$，$(3, 7)$ を結ぶ線分となる。
　　答　y の変域は　$3\leqq y\leqq 7$

(2) $x=-2$ のとき　$y=-3\times(-2)-1=5$
　　グラフは2点 $(-2, 5)$，$(0, -1)$ を通る直線の $x>-2$ の部分。
　　答　y の変域は　$y<5$

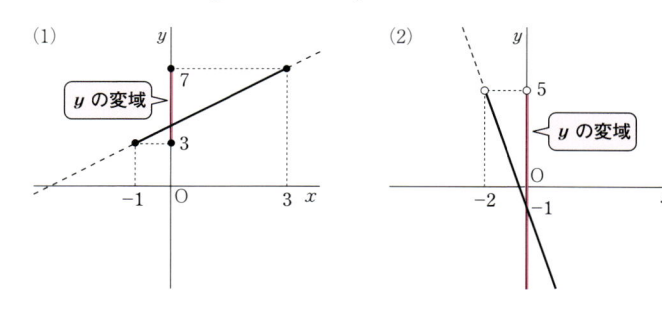

x の変域が
　$p\leqq x\leqq q$ のとき
　グラフは線分となり，
　$x\leqq p$ や $x\geqq p$ のとき
　グラフは半直線となる。

注意
(1)で変域 $-1\leqq x\leqq 3$ は $x=-1$，$x=3$ をふくむから，グラフで2点 $(-1, 3)$，$(3, 7)$ は●で表し，(2)では，変域 $x>-2$ は $x=-2$ をふくまないから，グラフで点 $(-2, 5)$ は○で表す。

練習 43　次の1次関数のグラフを（　　）の中に示された x の変域でかきなさい。また，そのときの y の変域を求めなさい。

(1) $y=2x+1$ $(-2\leqq x<1)$
(2) $y=-\dfrac{3}{2}x+3$ $(x\leqq 2)$

EXERCISES

32 次の x と y の関係について，y を x の式で表し，y が x の1次関数であるものをすべて選びなさい。 …▶例題36

(1) 450円のケーキを x 個買うときの代金 y 円
(2) 1辺の長さが x cm の立方体の体積 y cm³
(3) 定価300円の品物が x %引きとなったときの売り値 y 円
(4) 数学のテストの点数が x 点，英語のテストの点数が y 点，国語のテストの点数が70点であるとき，3教科の平均点が75点

33 1次関数 $y=-3x+5$ について …▶例題37,38

(1) x が -2 から 2 まで増加するとき，変化の割合を求めなさい。
(2) x の増加量が3のとき，y の増加量を求めなさい。

34 1次関数 $y=-\dfrac{2}{3}x+6$ ……① のグラフは，原点を通る直線 $y=$ ア▢ ……② に平行であり，②を y 軸の正の方向に イ▢ だけ平行に移動させた直線である。②は原点と点 $(3,$ ウ▢$)$ を通るから，①は点 $(0,$ エ▢$)$ と点 $(3,$ オ▢$)$ を通る。 …▶例題39,40

35 ①～④の1次関数から，次の性質を満たすものを，それぞれ選びなさい。

(1) x の値が増加するにつれて，y の値が減少する。
(2) グラフが点 $(0, 3)$ を通る。
(3) グラフは傾き -1 の直線である。
(4) グラフが直線 $y=2x-3$ に平行である。

　① $y=2x+5$　② $y=3-x$　③ $y=-\dfrac{1}{2}x+2$　④ $y=2x$

…▶例題40,41

36 次の1次関数のグラフをかきなさい。 …▶例題42

(1) $y=-\dfrac{2}{3}x+6$　(2) $y=0.75x-2$　(3) $y=\dfrac{5}{2}-x$

37 次の1次関数の y の変域を求めなさい。 …▶例題43

(1) $y=-\dfrac{1}{5}x+1$ $(-5\leqq x\leqq 10)$　(2) $y=4x+3$ $\left(0<x\leqq\dfrac{9}{4}\right)$

この項の要点整理
テスト対策 これだけはおさえておこう！

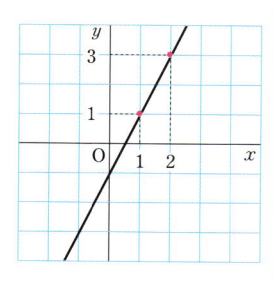

⑦ 1次関数の式の求め方

1 1次関数の式の決定

1次関数の式は $y=ax+b$ で表されるから，この a，b の値が決まれば，1次関数の式が決まる。

① 傾きと切片が与えられている場合

[1] a は　変化の割合＝$\dfrac{y の増加量}{x の増加量}$＝傾き

　　b は　$x=0$ のときの y の値

[2] グラフでは
　　a は直線の傾き，b は切片（y 軸との交点の y 座標）

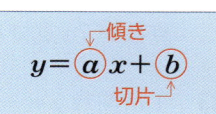

$$y = \underset{切片}{\underset{\uparrow}{\textcircled{a}}} x + \underset{}{\underset{\uparrow}{\textcircled{b}}} \quad \text{←傾き}$$

[2] グラフから傾き a と切片 b を読みとる。

② 変化の割合と1組の x，y の値が与えられている場合
　$y=ax+b$ で a が与えられているから，1組の x，y の値を代入して b を求める。

例
　変化の割合が2で，$x=2$ のとき $y=3$ である1次関数の式。
　変化の割合が2であるから $y=2x+b$ とおける。
　$y=2x+b$ に $x=2$，$y=3$ を代入して
　　　$3=2\times 2+b$　　$b=-1$
　よって　　$y=2x-1$

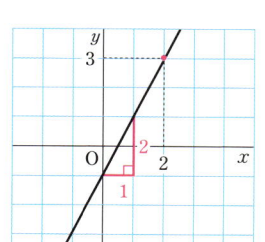

③ 2組の x，y の値が与えられている場合
　$y=ax+b$ に2組の x，y の値を代入して，a，b についての連立方程式を解いて a，b を求める。

例
　$x=1$ のとき $y=1$，$x=2$ のとき $y=3$ である1次関数の式。
　1次関数の式 $y=ax+b$ に
　　$x=1$，$y=1$ を代入して　　$1=a+b$
　　$x=2$，$y=3$ を代入して　　$3=2a+b$
　この連立方程式を解くと　　$a=2$，$b=-1$
　よって　　$y=2x-1$

例題 44 グラフから1次関数の式を求める

右の直線①，②，③，④は，それぞれある1次関数のグラフである。これらの関数の式を求めなさい。

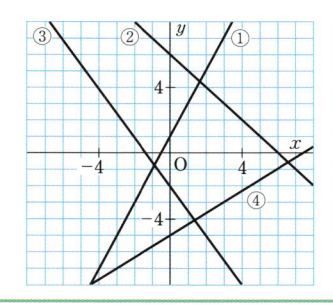

●考え方　傾き a と切片 b を読みとる

1次関数　$y=ax+b$ のグラフ は
　　　　　　傾き a，切片 b の直線　である。

切片 b　y 軸との交点 $(0, b)$ の y 座標 から b を決める。

傾き a　変化の割合と等しい。右へ1進むと上下にどれだけ進むかで a を決める。

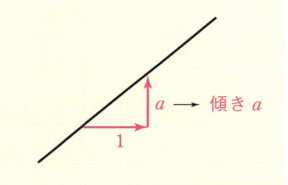

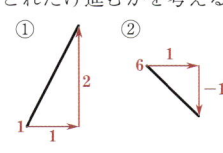

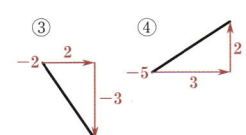

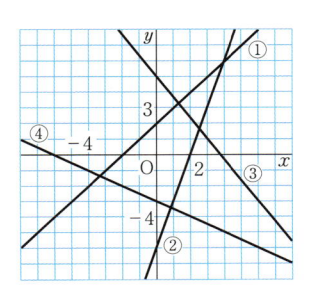

解答

① 点 $(0, 1)$ を通るから，切片は **1**
　また，右に1，上に2進むから，傾きは **2**
　　　　　　　　答　$y=2x+1$

② 点 $(0, 6)$ を通るから，切片は **6**
　また，右に1，下に1進むから，傾きは **−1**
　　　　　　　　答　$y=-x+6$

③ 点 $(0, -2)$ を通るから，切片は **−2**
　また，右に2，下に3進むから，
　傾きは $-\dfrac{3}{2}$　　答　$y=-\dfrac{3}{2}x-2$

④ 点 $(0, -5)$ を通るから，切片は **−5**
　また，右に3，上に2進むから，
　傾きは $\dfrac{2}{3}$　　答　$y=\dfrac{2}{3}x-5$

練習 44　右の直線①，②，③，④は，それぞれある1次関数のグラフである。これらの関数の式を求めなさい。

例題 45 変化の割合と1組の x, y の値から式を求める

次のような1次関数の式を求めなさい。
(1) 変化の割合が -2 で，$x=0$ のとき $y=3$
(2) グラフの傾きが $\dfrac{4}{5}$ で，点 $(5, 2)$ を通る。

考え方 $x=p$ のとき $y=q$，点 (p, q) を通る $\longrightarrow$ $x=p$, $y=q$ を式に代入

CHART 1次関数 $y=ax+b$ a と b で決まる

① 変化の割合，傾きが与えられているから，a はわかる。
 (1) 変化の割合が -2 $\longrightarrow$ $y=-2x+b$ の形
 (2) 傾きが $\dfrac{4}{5}$ $\longrightarrow$ $y=\dfrac{4}{5}x+b$ の形

② 次に，この b の値を決める。
 (1) $x=0$ のとき $y=3$ $\longrightarrow$ $y=-2x+b$ に代入して $3=-2\times 0+b$
 (2) 点 $(5, 2)$ を通る $\longrightarrow$ $x=5$ のとき $y=2$
   $\longrightarrow$ $y=\dfrac{4}{5}x+b$ に代入して $2=\dfrac{4}{5}\times 5+b$

解答

(1) 変化の割合が -2 で，$x=0$ のとき $y=3$ であるから，この1次関数は $y=-2x+3$ 答

(1)は，傾きが -2，切片が 3 の直線の式を求めることと同じである。

(2) 傾きが $\dfrac{4}{5}$ であるから，この1次関数は $y=\dfrac{4}{5}x+b$ と表される。点 $(5, 2)$ を通るから

$$2=\dfrac{4}{5}\times 5+b \quad b=-2 \quad 答 \quad y=\dfrac{4}{5}x-2$$

CHART 直線 $y=ax+b$ が点 (p, q) を通る $\Longrightarrow$ $q=a\times p+b$

1次関数 $y=ax+b$ のグラフが，点 (p, q) を通るとき $q=a\times p+b$ が成り立つ。

練習 45 次のような1次関数の式を求めなさい。
(1) 変化の割合が 2 で，$x=3$ のとき $y=4$
(2) グラフの傾きが $-\dfrac{2}{3}$ で，点 $(-3, 5)$ を通る。

例題 46　2点を通る直線，3点が一直線上

(1) 2点 $(1, -5)$, $(5, 3)$ を通る直線の式を求めなさい。

(2) 3点 $(1, -1)$, $(3, 9)$, $(10, q)$ が一直線上にあるとき $q=\boxed{}$

考え方　2点の座標　[1] 傾き a を求める　または　[2] $y=ax+b$ に代入する

(1) **解法1**　2点の座標から，直線の傾き a を求め，例題45と同じように解く。
　　解法2　直線の式を $y=ax+b$ で表し，2点の座標を代入し，a, b の連立方程式をつくり，それを解く。

(2) 傾きの関係だけで q は求められるから，(1)の **解法1** の方針。

解　答

(1) **解法1**　直線の傾きは $\dfrac{3-(-5)}{5-1}=\dfrac{8}{4}=2$

よって，求める直線の式を $y=2x+b$ とする。

$x=1$, $y=-5$ をこの式に代入すると

$-5=2\times 1+b$　　$b=-7$　　**答** $y=2x-7$

解法2　求める直線の式を $y=ax+b$ とする。

2点 $(1, -5)$, $(5, 3)$ を通るから

$\begin{cases} -5=a\times 1+b \\ 3=a\times 5+b \end{cases}$　$\begin{cases} a+b=-5 \quad \cdots\cdots ① \\ 5a+b=3 \quad \cdots\cdots ② \end{cases}$

② $-$ ①　$4a=8$　　$a=2$

$a=2$ を①に代入して　　$2+b=-5$　　$b=-7$

答 $y=2x-7$

(2) 2点 $(1, -1)$, $(3, 9)$ を通る直線の傾きは

$\dfrac{9-(-1)}{3-1}=\dfrac{10}{2}=5$

2点 $(1, -1)$, $(10, q)$ を通る直線の傾きも5であるから

$\dfrac{q-(-1)}{10-1}=\dfrac{q+1}{9}=5$　　$q+1=5\times 9$

よって　　$q=44$　**答**

(1) **解法1**

傾き $=\dfrac{y \text{の増加量}}{x \text{の増加量}}$

$=\dfrac{3-(-5)}{5-1}$

参考　直線の式は次のようになっている。

(1) $y=\dfrac{3-(-5)}{5-1}(x-1)-5$

(2) $y=\dfrac{9-(-1)}{3-1}(x-1)-1$

練習 46　次のものを求めなさい。

(1) x 軸との交点の x 座標が -3 で，点 $(2, 15)$ を通る直線の式

(2) 2点 $(-1, 5)$, $(3, -5)$ を通る直線の式

(3) 3点 $(-1, 2)$, $(1, 6)$, $(-4, a)$ が一直線上にあるときの a の値

EXERCISES

38 右の直線①, ②, ③, ④は, それぞれある1次関数のグラフである。これらの関数の式を求めなさい。　…▶例題44

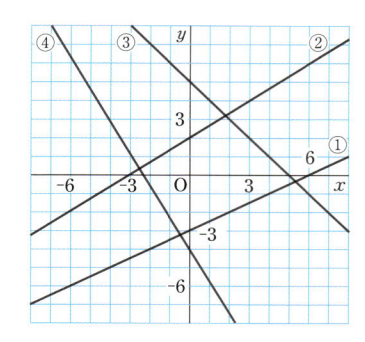

39 次のような1次関数や直線の式を求めなさい。　…▶例題45
(1) グラフの傾きが $-\dfrac{4}{5}$ で, 点 $\left(0, -\dfrac{8}{5}\right)$ を通る。
(2) 変化の割合が $\dfrac{2}{3}$ で, 点 $(1, 2)$ を通る。
(3) x の値が3増加すると y の値は5減少し, $x=0$ のとき $y=4$ である。
(4) 切片が4で, 点 $(2, 3)$ を通る。

40 グラフが次の条件を満たす1次関数の式を, それぞれ求めなさい。
(1) 直線 $y=\dfrac{2}{3}x$ に平行で, 点 $(3, 4)$ を通る。
(2) 直線 $y=-2x+3$ に平行で, 点 $(-1, 3)$ を通る。　…▶例題45

41 グラフが次の条件を満たす1次関数の式を, それぞれ求めなさい。
(1) $x=1$ のとき $y=-2$, $x=4$ のとき $y=6$ である。
(2) 2点 $(0, 1)$, $(3, 5)$ を通る。
(3) 2点 $(-1, 6)$, $(3, -2)$ を通る。　…▶例題46

42 異なる3点 $(-4, 7)$, $(a, 3)$, $(1, -1)$ が同じ直線上にあるとき, a の値を求めなさい。　〔帝塚山高〕　…▶例題46

この項の要点整理　テスト対策 これだけはおさえておこう！

8　1次関数と方程式

1　2元1次方程式のグラフ

① 2元1次方程式 $ax+by=c$ のグラフ

2元1次方程式
$ax+by=c\ (a \neq 0,\ b \neq 0)$ のグラフは直線　である。
方程式を y について解くと $y=px+q$ の形になり，この1次関数のグラフ（直線）と一致する。
$-c$ を c とおき直した $ax+by+c=0$ という形で表すこともある。

方程式 $ax+by=c$ のグラフの直線を
直線 $ax+by=c$ といい，$ax+by=c$ をこの
直線の式 という。

② x 軸，y 軸に平行な直線

[1] $y=q$ のグラフは点 $(0,\ q)$ を通り，
x 軸に平行な直線　である。

[2] $x=p$ のグラフは点 $(p,\ 0)$ を通り，
y 軸に平行な直線　である。

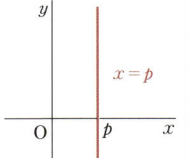

$ax+by=c$ で，

[1] $a=0$，$b \neq 0$ の場合，x がどんな値をとっても y の値が $\dfrac{c}{b}$ になり，グラフは x 軸に平行な直線になる。

[2] $a \neq 0$，$b=0$ の場合，y がどんな値をとっても x の値が $\dfrac{c}{a}$ になり，グラフは y 軸に平行な直線になる。

2　連立方程式とグラフ

連立方程式 $\begin{cases} ax+by=c & \cdots ① \\ a'x+b'y=c' & \cdots ② \end{cases}$ の 解 $x=p$，$y=q$ は，

2直線①，②の 交点の座標 $(p,\ q)$ である。

2直線の交点
↕
連立方程式の解

例　連立方程式 $\begin{cases} x+y=6 & \cdots ① \\ 2x-3y=2 & \cdots ② \end{cases}$ の解とグラフ

2直線①，②を図にかいて（右の図），その交点の座標を読みとると　$(4,\ 2)$
連立方程式①，②の解は　$x=4$，$y=2$

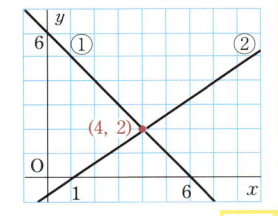

例題 47　2元1次方程式のグラフ

次の方程式のグラフをかきなさい。
(1) $3x+4y=4$　　　(2) $3x-2y-6=0$

● 考え方　$y=px+q$ の形になおす

① $ax+by=c$ のグラフ　$b\neq0$ ならば y について解くと $y=px+q$ の形になるから，この関数のグラフ（直線）と一致する。

② $ax+by=c$ のグラフのかき方
　① $y=px+q$ のグラフをかく。
　　点 $(0, q)$ と傾き p から もう1点 をとり，その2点を結ぶ。(例題42)
　② 方程式から通る 2点 を見つけて，その2点を結ぶ。
　　$x=0$ や $y=0$ の点を調べてみる。

(注) 1次関数のグラフを表す方程式を $ax+by+c=0$ の形で書くこともある。

解　答

(1) $3x+4y=4$ を y について解くと
$$y=-\frac{3}{4}x+1$$
よって，グラフは，
傾きが $-\frac{3}{4}$，切片が 1
の直線で，右の図のようになる。

(2) $3x-2y-6=0$ を y について解くと
$$y=\frac{3}{2}x-3$$
よって，グラフは，
傾きが $\frac{3}{2}$，切片が -3
の直線で，右の図のようになる。

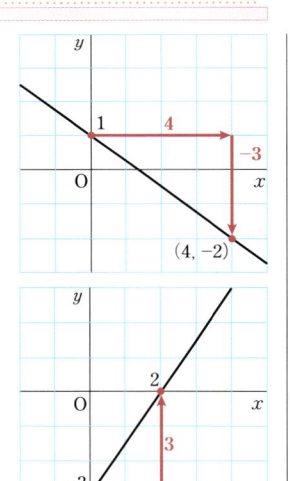

② 2点を見つける方法
(1) $3x+4y=4$ において
　$x=0$ のとき　$y=1$
　$y=0$ のとき　$x=\frac{4}{3}$
　2点 $(0, 1)$，$\left(\frac{4}{3}, 0\right)$
　を通る直線。

(2) $3x-2y-6=0$ において
　$x=0$ のとき　$y=-3$
　$y=0$ のとき　$x=2$
　2点 $(0, -3)$，$(2, 0)$
　を通る直線。

練習 47
次の方程式のグラフをかきなさい。
(1) $4x+3y=12$　　(2) $2x-y+6=0$　　(3) $\dfrac{x}{5}+\dfrac{y}{3}=0$

例題 48　x 軸，y 軸に平行な直線

次の方程式のグラフをかきなさい。
(1)　$2y-4=0$
(2)　$4x+16=0$

考え方　x 軸に平行な直線 ($y=q$)，y 軸に平行な直線 ($x=p$)

(1)　$y=q$ のグラフ は 点 $(0, q)$ を通り，x 軸に平行な直線 である。
(2)　$x=p$ のグラフ は 点 $(p, 0)$ を通り，y 軸に平行な直線 である。

2元1次方程式 $ax+by=c$ において，
(1)は $a=0$，$b=2$，$c=4$ の場合，(2)は $a=4$，$b=0$，$c=-16$ の場合　である。

解答

(1)　$2y-4=0$ から $y=2$
　　グラフは，点 $(0, 2)$ を通り，x 軸に平行な直線で，下の図(1)のようになる。

(2)　$4x+16=0$ から $x=-4$
　　グラフは，点 $(-4, 0)$ を通り，y 軸に平行な直線で，下の図(2)のようになる。

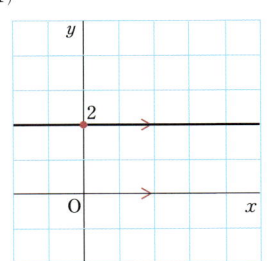

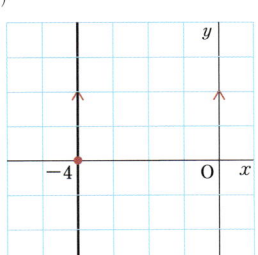

$y=q$ のグラフ
点 $(0, q)$ を通り，x 軸に平行な直線。
特に，$y=0$ は x 軸である。

$x=p$ のグラフ
点 $(p, 0)$ を通り，y 軸に平行な直線。
特に，$x=0$ は y 軸である。

CHART　2元1次方程式 $ax+by=c$ のグラフ
　　$a\neq0$，$b\neq0$ の場合　　直線 $y=px+q$
　　$a=0$ 　　　　の場合　　x 軸に平行な直線
　　$b=0$ 　　　　の場合　　y 軸に平行な直線

練習 48　次の方程式のグラフをかきなさい。

(1)　$5y+20=0$
(2)　$\dfrac{x}{3}=2$

例題 49　連立方程式の解とグラフ

連立方程式 $\begin{cases} x+y=6 \\ 2x-3y=2 \end{cases}$ の解を，グラフを利用して求めなさい。

考え方　連立方程式の解　グラフの交点の x 座標，y 座標の組

2つの2元1次方程式のグラフをかくと，それらは2つの直線となる。その直線上の点の x 座標，y 座標の組はそれぞれの2元1次方程式の解である。2つの直線の **交点** では，その **x 座標，y 座標の組** は，どちらの **2元1次方程式の解** にもなっている。
したがって，x，y についての **連立方程式の解** は，それぞれの方程式のグラフの **交点の x 座標，y 座標** である。

$x+y=6$ のグラフ　$x=0$ とすると $y=6$ であるから，点 $(0, 6)$ を通る。
　　　　　　　　$y=0$ とすると $x=6$ であるから，点 $(6, 0)$ を通る。

$2x-3y=2$ のグラフ　$x=0$ とすると $-3y=2$ から $y=-\dfrac{2}{3}$　　$\left(0, -\dfrac{2}{3}\right)$ を通る。
　　　　　　　　　　$y=0$ とすると $2x=2$ から $x=1$　　$(1, 0)$ を通る。
　　　　　また，$x=4$ とすると $8-3y=2$ から $y=2$　　$(4, 2)$ も通る。

解答

$\begin{cases} x+y=6 & \cdots\cdots ① \\ 2x-3y=2 & \cdots\cdots ② \end{cases}$
のグラフをかく。
①は2点 $(0, 6)$，$(6, 0)$ を通る直線，②は2点 $(1, 0)$，$(4, 2)$ を通る直線。
このグラフから，直線②上の点 $(4, 2)$ は直線①の上にもあり，これが①，②の **交点** である。
したがって，連立方程式の解は
　　　　$(x, y)=(4, 2)$　答

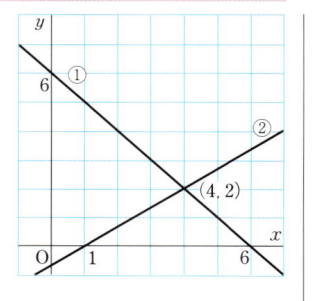

グラフをかくと，①，②の交点の大体の位置がわかる。
そこで，①上の点 $(3, 3)$，$(4, 2)$，……の中から②上にもある点を見つける。

練習 49　次の連立方程式の解を，グラフを利用して求めなさい。

(1) $\begin{cases} x+y=3 \\ 3x-2y=4 \end{cases}$

(2) $\begin{cases} x-y=2 \\ 4x+y=3 \end{cases}$

例題 50　2直線の交点の座標

次の2直線の交点の座標を求めなさい。

(1) $y=-\dfrac{9}{10}x-2$, $y=-x+2$

(2) $2x+y=3$, $x-y=-1$

考え方　2直線の交点の座標 ⟺ 連立方程式の解

2直線の方程式を **連立方程式** とみて解くと，その解 (x, y) が交点の座標である。

2直線の交点の座標 ⟺ 連立方程式の解

$$\begin{cases} y=ax+b & \cdots ① \\ y=cx+d & \cdots ② \end{cases}$$

の形の連立方程式は，$ax+b=cx+d$ として x の値を求める。
このとき，y が消去されるから「**y を消去して**」ということがある。

― 解　答 ―

(1) $\begin{cases} y=-\dfrac{9}{10}x-2 & \cdots\cdots ① \\ y=-x+2 & \cdots\cdots ② \end{cases}$　この連立方程式を解く。

y を消去して　$-\dfrac{9}{10}x-2=-x+2$

$\dfrac{1}{10}x=4$　　$x=40$

②に代入して　$y=-40+2=-38$

交点の座標は　**$(40, -38)$**　答

(2) $\begin{cases} 2x+y=3 & \cdots\cdots ① \\ x-y=-1 & \cdots\cdots ② \end{cases}$　この連立方程式を解く。

①+②から　$3x=2$　　$x=\dfrac{2}{3}$

②に代入して　$\dfrac{2}{3}-y=-1$　　$y=\dfrac{5}{3}$

交点の座標は　$\left(\dfrac{2}{3}, \dfrac{5}{3}\right)$　答

(1), (2) ともグラフから交点の座標を読みとることはむずかしい。

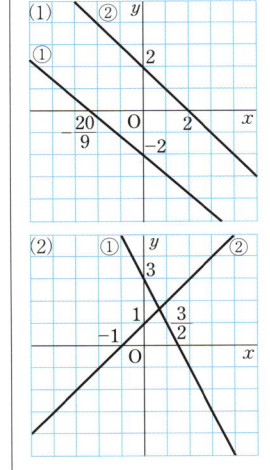

練習 50　次の2直線の交点の座標を求めなさい。

(1) $y=-x$, $y=-2x+5$　　(2) $y=2x-3$, $y=5x+2$

(3) $3x+2y=-3$, $9x-4y=16$

例題 51 直線の式・関数の決定

(1) 2直線 $y=2x-3$, $y=-5x+18$ の交点を通り，傾きが -2 の直線の式を求めなさい。

(2) 1次関数 $y=ax+b$ について，$a<0$，変域が $-1\leqq x\leqq 2$ のとき $-1\leqq y\leqq 5$ である。このとき，a, b の値を求めなさい。

考え方 直線の式の決定　① 傾きと通る1点　② 通る2点

(1) まず，**2直線の交点の座標** を求める。⟶ **連立方程式の解**

(2) 変域の端に注目。傾き a が負であるから $x=-1$ のとき $y=5$，$x=2$ のとき $y=-1$，つまり **2点 $(-1, 5)$, $(2, -1)$ を通る直線** である。

解答

(1) 2直線 $y=2x-3$, $y=-5x+18$ の式から y を消去して
$2x-3=-5x+18$　　$7x=21$　　$x=3$
$y=2x-3$ に代入して　　$y=2\times3-3=3$
交点の座標は　　$(3, 3)$
傾き -2 の直線 $y=-2x+b$ が点 $(3, 3)$ を通るとして
$3=-2\times3+b$　　$b=9$
よって，求める直線の式は
$$y=-2x+9 \quad 答$$

(2) $a<0$ より右下がりの直線であるから，問題より
$x=-1$ のとき $y=5$，　　$x=2$ のとき $y=-1$
よって
$\begin{cases} 5=-a+b \\ -1=2a+b \end{cases}$ すなわち $\begin{cases} a-b=-5 \quad \cdots\cdots ① \\ 2a+b=-1 \quad \cdots\cdots ② \end{cases}$

①＋② から　　$3a=-6$　　$a=-2$ 答
$a=-2$ を①に代入して
$-2-b=-5$　　$b=3$ 答

参考 (1) 2直線の式は
$2x-y-3=0$
$5x+y-18=0$
と表せて，これら2直線の交点を通る直線の式は
$(2x-y-3)+k(5x+y-18)=0$
と表されることが知られている。p.90のコラムを参照。$\left(k=-\dfrac{4}{3} \text{のとき}\right)$

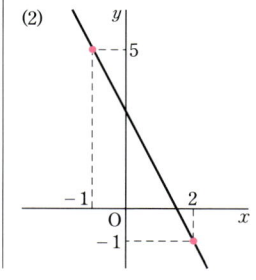

(2) [グラフ]

練習 51

(1) 2直線 $x+y=3$, $4x-y=2$ の交点を通り，直線 $3x-y=2$ に平行な直線の式を求めなさい。

(2) 1次関数 $y=ax+b$ について，$a<0$，変域が $1\leqq x\leqq 3$ のとき $-2\leqq y\leqq 4$ である。このとき，a, b の値を求めなさい。

例題 52　2直線の交点と第3の直線

2直線 $y=2x+1$ と $y=ax+2$ の交点Pが直線 $y=3x$ 上にある。このとき，点Pの座標と定数 a の値を求めなさい。

考え方　数係数の2直線から交点を求める

$y=2x+1$ …… ①
$y=ax+2$ …… ②
$y=3x$ …… ③

図をかく。 ②は a をふくむからかきにくい。
そこで，①，③をかいてみる。すると，その交点の座標は $(1, 3)$ であることがわかる。
次に，②をかきたすと，
②が①，③の交点 $(1, 3)$ を通る。そしてこの交点 $(1, 3)$ がPである。
このことから，「2直線①，②の交点Pが直線③上 にある。」ということは，
「2直線①，③の交点がPであり，直線②もPを通る。」ということである。
このことを，「3直線①，②，③が1点Pで交わる」ということもある。

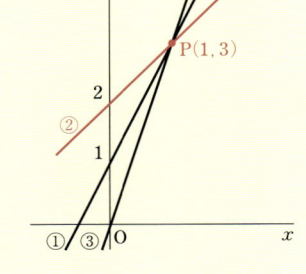

解答

点Pは2直線 $y=2x+1$，$y=3x$ の **交点** でもあるから

連立方程式 $\begin{cases} y=2x+1 \\ y=3x \end{cases}$ を解く。

y を消去して　　$2x+1=3x$　　$x=1$
$y=3x$ に代入して　　$y=3\times 1=3$
したがって，点Pの座標は **(1, 3)**　**答**
点 $P(1, 3)$ は直線 $y=ax+2$ 上にあるから
　　　　　$3=a\times 1+2$　　$3=a+2$
　　　　　　　$a=1$　**答**

「3直線①，②，③が1点で交わる」
「①，②の交点が③上にある」
「②，③の交点が①上にある」
「③，①の交点が②上にある」
は，どれも同じである。
①，②の交点を求める計算は複雑 → ①，③の交点を求める方がらく。

CHART　3直線が1点で交わる
　　　　　2直線の交点を第3の直線が通る

練習 52　3直線 $3x-y=9$，$x+2y=-4$，$2x-5y=a$ が1点で交わるとき，定数 a の値を求めなさい。

例題 53 反比例のグラフと直線

図のように，$y=\dfrac{a}{x}$ のグラフと $y=4x+b$ のグラフが2点 P，Q で交わっている。$y=4x+b$ のグラフと x 軸の交点 R の x 座標は -1，交点 Q の x 座標が 1 であるとき，a と b の値を求めなさい。

考え方 反比例のグラフと直線　反比例と比例のグラフの関係と同じ考え方

CHART $y=\dfrac{a}{x}$ のグラフが点 (p, q) を通る $\Longrightarrow q=\dfrac{a}{p}$

解答

直線 $y=4x+b$ が点 R を通るから，$x=-1$，$y=0$ を $y=4x+b$ に代入すると
$$0=4\times(-1)+b \quad b=4$$
よって，直線の式は $y=4x+4$
直線 $y=4x+4$ が点 Q を通るから，$x=1$ を $y=4x+4$ に代入すると
$$y=4\times 1+4=8$$
したがって，点 Q の座標は $(1, 8)$
さらに，$y=\dfrac{a}{x}$ のグラフが点 Q を通るから，$x=1$，$y=8$ を $y=\dfrac{a}{x}$ に代入すると
$$8=\dfrac{a}{1}$$
よって　$a=8$　　**答** $a=8$，$b=4$

点 R は x 軸上の点であるから，y 座標は 0

2点 P，Q は，$y=\dfrac{a}{x}$ のグラフ上の点でもあり，直線 $y=4x+b$ 上の点でもある。

練習 53 右の図のように反比例 $y=\dfrac{a}{x}$ のグラフ上に2点 A，B がある。A$(1, 6)$ のとき，比例定数 $a=$ ア□ であり，B の x 座標が 3 のとき，直線 AB の式は イ□ である。
□ をうめなさい。

EXERCISES

43 次の方程式のグラフをかきなさい。　　　…▶例題 47, 48

(1) $3x - 4y = 8$ 　　(2) $\dfrac{x}{2} + \dfrac{y}{4} = 1$

(3) $2y - 6 = 0$ 　　(4) $2x = 9$

44 次の連立方程式の解を，グラフを使って求めなさい。　　…▶例題 49

(1) $\begin{cases} x + 2y = 6 \\ 2x + y = 6 \end{cases}$ 　　(2) $\begin{cases} 2x - 3y - 2 = 0 \\ 3x + 5y - 22 = 0 \end{cases}$

45 次の2直線の交点の座標を求めなさい。　　…▶例題 50

(1) $y = 11x - 2$, $y = -x + 4$ 　　(2) $2x - 3y = 4$, $3x - 4y = 5$

(3) $2x - y = -7$, $3x + 4y = 6$ 　　(4) $5x - 10 = 0$, $6y + 30 = 0$

46 右の図において，次の問いに答えなさい。

(1) 直線①，②の式をそれぞれ求めなさい。

(2) 直線①，②の交点の座標を求めなさい。

(3) 直線①，②の交点を通り，直線 $y = \dfrac{1}{2}x - 3$ に平行な直線の式を求めなさい。　　…▶例題 50, 51

47 1次関数 $y = ax + 1$ $(a < 0)$ は，x の変域が $-4 \leq x \leq b$ のとき，y の変域は $-2 \leq y \leq 7$ である。定数 a, b の値を求めなさい。　〔桐光学園高〕　…▶例題 51

48 3直線 $y = 2x + a$, $y = -x - 4a$, $y = bx - 3$ が1点 P$(5, c)$ で交わるとき，定数 a, b, c の値を求めなさい。　　…▶例題 52

49 直線 $y = x$ と，y が x に反比例するグラフ C がある。グラフ C は直線 $y = x$ と $x = 3$ で交わる。また，グラフ C 上には，2点 A, B があり，A, B の座標は，互いに x 座標と y 座標が入れかわったものであるという。点 A の x 座標が 1 であるとき，次の問いに答えなさい。

(1) グラフ C の式を求めなさい。

(2) 直線 AB の式を求めなさい。　　…▶例題 53

Column

◆ 2 直線の位置関係，交点を通る直線 ◆

1 連立方程式 $\begin{cases} x+y=6 & \cdots\cdots ① \\ 2x-3y=2 & \cdots\cdots ② \end{cases}$

の解は，84 ページ例題 49 で学んだように，2 直線の交点の座標 (4, 2) で与えられる。
この例は，2 直線が交わる場合で，解が 1 組存在する場合である。

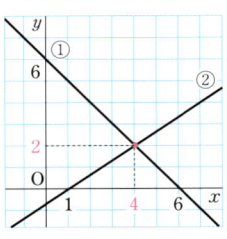

では，連立方程式 [1] $\begin{cases} x+y=6 & \cdots\cdots ① \\ x+y=3 & \cdots\cdots ③ \end{cases}$ と [2] $\begin{cases} x+y=6 & \cdots\cdots ① \\ 2x+2y=12 & \cdots\cdots ④ \end{cases}$

の場合について調べてみよう。

[1]，[2] の **グラフをかく** と，それぞれ右のようになり，2 直線が
   [1] 平行 [2] 一致
の場合である。
したがって，直線①と③の交点がないことから，[1]は **解がない** ことがわかる。
また，[2]の解は，**直線①（④）上の点がすべて解である** ことがわかる。
すなわち，**$x+y=6$ を満たすすべての (x, y)** である。

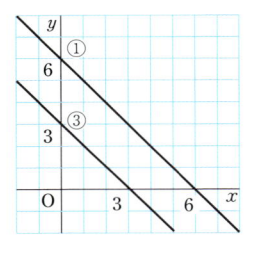

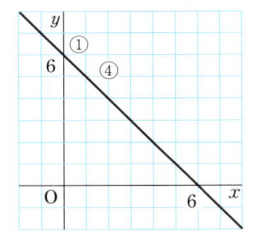

2 直線①，②の式は，次のように書いてもよい。

   $x+y-6=0$ …… ①
   $2x-3y-2=0$ …… ②

ここで，k を定数として

   $(x+y-6)+k(2x-3y-2)=0$ …… Ⓐ

という式を考える。Ⓐ は

   $(2k+1)x+(-3k+1)y=2k+6$ …… Ⓑ

と変形でき，$2k+1$，$-3k+1$，$2k+6$ は定数であるからⒷは直線の式を表す。
さて，Ⓐ において $x=4$，$y=2$ とおくと $0+k\times 0=0$ となるから，Ⓑ は，2 直線①，②の交点 (4, 2) を通る直線を表す。
たとえば，$k=1$ のとき，Ⓑ は直線 $3x-2y=8$ を表し，これは直線①，②の交点を通る，①と②以外の直線の式である。
一般に，**Ⓐ は 2 直線①，② の交点を通る ② 以外のすべての直線の式を表す** ことが知られている。

この項の要点整理
テスト対策 これだけはおさえておこう！

⑨ 1次関数の利用

1 1次関数の利用

ともなって変わる2つの変数（x, y とする）があるとき，次の各場合，1次関数 $y=ax+b$ の知識が利用される。
① y が x の1次式で表される。
② 対応する (x, y) を点にとって並べると，直線上に並ぶ。

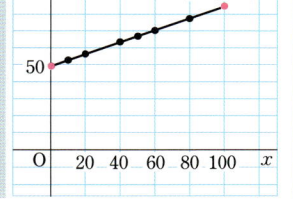

例1 長さ50 mm のつるまきばねの下端におもりをつるし，その長さを測る実験結果から，おもりの重さを x g としたときのばねの長さを y mm とすると
$y=0.35x+50$ （$0≦x≦100$） で表されるとき
$x=70$ のときのばねの長さは 74.5 mm

（例題54参照）

例2 A地点とB地点の距離は15 km である。Pは5時間でAからBへ，QはPより1時間遅れてBを出発し，3時間でAに着いた。PとQが出会うところと時間。
　Pが出発してから x 時間後のAからの距離を y km とすると，P，Qそれぞれについて
$y=3x$ … ①，$y=-5x+20$ … ② が導かれ，連立方程式①，②を解くと，出会うところと時間が求められる。出会う場所はグラフの交点。
　距離＝速さ×時間

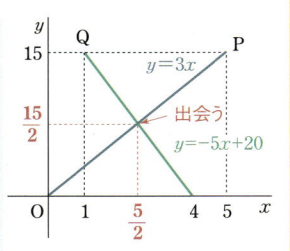

例3 1辺4 cm の正方形 ABCD があり，点Pは，頂点Aを出発して，秒速1 cm で，周上をD，Cを通ってBまで移動する。点Pが頂点Aを出発してから x 秒後の △APB の面積を y cm² とすると
　$0≦x≦4$ のとき　　$y=2x$
　$4≦x≦8$ のとき　　$y=8$
　$8≦x≦12$ のとき　$y=-2x+24$

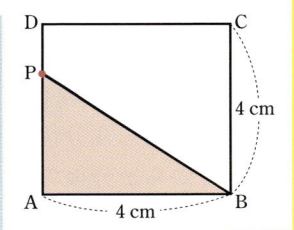

例題 54　1次関数の利用

つるまきばねののびは，ばねの下端につるしたおもりの重さに比例する。右の図は，あるつるまきばねにおもりをつるしたときのおもりの重さとばねの長さの関係を表したものである。おもりの重さを x g，ばねの長さを y mm とするとき，

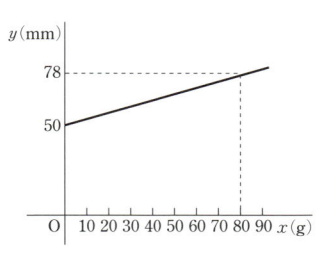

(1) y を x の式で表しなさい。
(2) おもりの重さが 70 g のときのばねの長さを求めなさい。

考え方　グラフから式を読みとる

つるまきばねののびは，ばねの下端につるしたおもりの重さに比例するから，おもりが x g のときのばねののびを z mm とすると，a を比例定数として $z=ax$ とおける。
したがって，おもりをつけないときのばねの長さを b mm とすると，おもりが x g のときのばねの長さ y mm は
$y=z+b$ (mm)　すなわち　$y=ax+b$ (mm) とおける。
(1) グラフから，b はすぐわかる。a は点 $(80, 78)$ を通ることから求められる。

解答

(1) グラフが直線であるから，y は x の1次関数である。
$(0, 50)$ を通るから，切片は 50
傾きは $\dfrac{78-50}{80-0}\left(=\dfrac{28}{80}=\dfrac{7}{20}\right)=0.35$
したがって　　$y=0.35x+50$　**答**

(2) $x=70$ を $y=0.35x+50$ に代入して
$y=0.35\times 70+50=74.5$　これは問題に適している。
答　74.5 mm

$y=ax+b$ として，
切片 50 から　$b=50$
$x=80$, $y=78$ を代入して
$78=80a+50$ から
$a=0.35$ としてもよい。
実験で得た値などについては，分数ではなく小数で表すこともある。

練習 54　ある線香が，一定の速さで短くなるように燃えています。火をつけてから4分後の長さは 14 cm，10分後の長さは 5 cm でした。火をつけてから x 分後のこの線香の長さを y cm とするとき，

(1) y を x の式で表しなさい。
(2) 火をつけてから，7分後の線香の長さを求めなさい。

例題 55 速さの問題

駅から公園までの道のりは 3000 m です。A君は駅から公園へ一定の速さで歩き，60 分後に着きました。B君は，A君が駅を出てから 20 分後に公園を出発し，一定の速さで歩き，40 分後に駅に着きました。グラフを使って，A君とB君が出会ったところと時間を求めなさい。

考え方　グラフ利用，出会うところはグラフの交点

① 変数 x，y を使って，A君，B君の位置を グラフに表す。
　時間を横軸 にとる。A君が駅を出てからの時間を x 分とする。
　道のりを縦軸 にとる。駅からの道のりを y m とする。
　それぞれ 一定の速さ で歩くから，グラフは直線。
② 出会うところはグラフの交点 により，x，y を求める。

解答

A君が駅を出てから x 分後 に，駅から y m のところにいるものとする。問題から
A君について　$x=0$ のとき　$y=0$
　　　　　　$x=60$ のとき　$y=3000$
グラフの直線は　$y=50x$ ……①
B君について　$x=20$ のとき　$y=3000$
　　　　　　$x=60$ のとき　$y=0$
グラフの直線は　$y=-75x+4500$ ……②
2 直線①，②の交点の座標を求める。
①，②から，y を消去して
　　　　$50x=-75x+4500$　　$x=36$
①に代入して　　$y=1800$
これらは問題に適している。

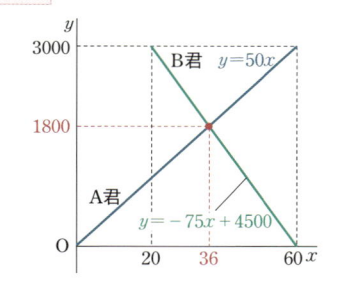

　答　駅から 1800 m のところ，A君が出発してから 36 分後

練習 55

A中学校から隣町のB体育館までの道のりは 15 km である。P君はA中学校からB体育館へ一定の速さで歩き 5 時間後に着いた。また，Q君は，P君がA中学校を出発してから 1 時間後にB体育館を出発し，A中学校へ一定の速さで歩き 3 時間後にA中学校に着いた。グラフを使って，P君とQ君の出会ったところと時間を求めなさい。

例題 56　ダイヤグラム

次の図は，A駅からC駅の間を走る列車の，午前8時から10時までの運行状況を表すグラフである。太い線は特急列車を，細い線は普通列車を表している。どの普通列車も，どの特急列車もそれぞれ同じ速さで運行している。このグラフについて，次の問いに答えなさい。

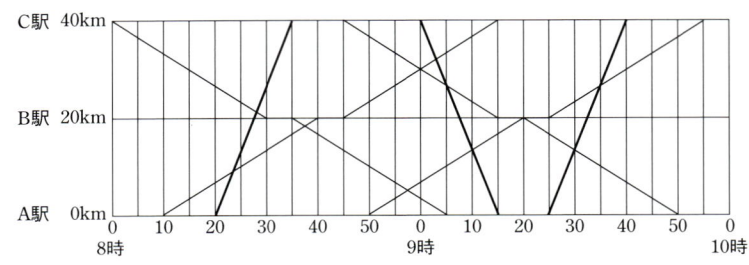

(1) 普通列車，特急列車の速さはそれぞれ時速何kmですか。

(2) 9時にC駅を発車する特急列車がB駅を通過する時刻を求めなさい。

(3) 8時10分にA駅を発車する普通列車と8時45分にC駅を発車する普通列車がすれちがう時刻を求めなさい。

考え方　グラフから読みとる

グラフでは，横軸に時刻（分），縦軸にA駅からの距離（km）をとっている。
たとえば，右の部分の図は
C駅を8時0分に発車した普通列車が，8時30分にB駅に着いたことを表す。

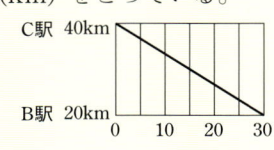

$$時速 = \frac{距離}{時間}$$

解答

(1) 普通列車は $\frac{1}{2}$ 時間に 20 km 走るから

$$20 \div \frac{1}{2} = 40$$

　　答　時速 40 km

特急列車は $\frac{1}{4}$ 時間に 40 km 走るから

$$40 \div \frac{1}{4} = 160$$

　　答　時速 160 km

(1) 30分は $\frac{1}{2}$ 時間，
15分は $\frac{1}{4}$ 時間

(2) グラフから，9時にC駅を出発する特急列車は，A駅に到着する **9時15分の中間の時刻** にB駅を通過する。
　　よって **9時7分30秒** 答

(3) グラフから，8時10分にA駅を出発した普通列車は，B駅を8時45分に出発して9時15分にC駅に到着している。また，8時45分にC駅を出発した普通列車は，9時15分にB駅に到着するから，**8時45分と9時15分** の時刻のちょうど中間ですれちがう。 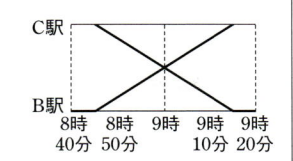
　　よって **9時** 答

(2) A駅—B駅間の距離とB駅—C駅間の距離が等しいから，グラフから読みとることができる。
　　読みとれない場合は，直線の方程式を連立させて求める。

CHART
グラフが有効
2点を結ぶ

参考　ダイヤグラム
列車の運行計画が一目でわかるように作成されたグラフを **ダイヤグラム** という。次の図は，ダイヤグラムの一部を示したものである。

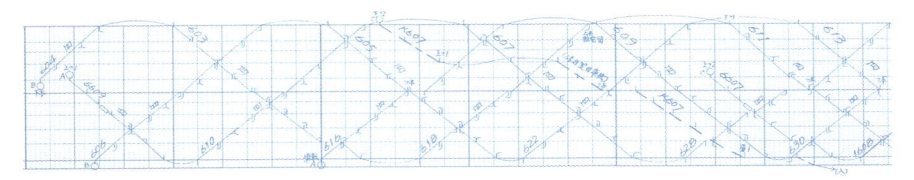

練習 56 次の図は，A駅からC駅を走る列車の，午前9時から11時までの運行状況を表すグラフである。このグラフについて，次の問いに答えなさい。

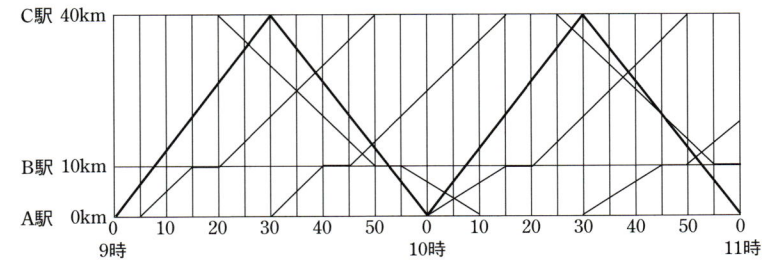

(1) 9時30分にC駅を出発する列車がB駅を通過する時刻を求めなさい。
(2) 9時20分にC駅を出発する列車と9時30分にA駅を出発する列車がすれちがう時刻を求めなさい。
(3) 10時30分にC駅を出発する列車が10時25分にC駅を出発する列車を追い抜く時刻を求めなさい。

例題 57　変域で式が異なる関数

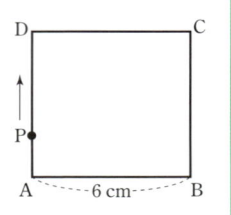

図のように，1辺6cmの正方形ABCDがある。点Pが Aから出発し，秒速3cmで，周上をD，Cを通ってBまで移動する。PがAを出発してからx秒後の△APBの面積を$y$cm²とするとき，xとyの関係を式に表し，xとyの関係を表すグラフをかきなさい。

考え方　図をかく，場合分け，変域

三角形の面積　　△APB＝$\frac{1}{2}$×底辺×高さ　　**xの式で表す**

まず **図をかく**。△APBの**底辺**はABであり，いつも一定で6
高さは，次のように，Pの位置によって，異なる式で表される。

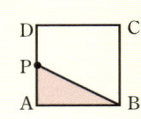

[1] 辺AD上 高さは AP＝$3x$
[2] 辺DC上 高さは AD＝6
[3] 辺CB上 高さは BP＝$18-3x$

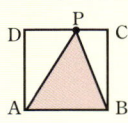

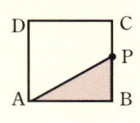

解答

[1] 点PがDに着くのは，動き始めてから 2 秒後であるから
　　$0 \leq x \leq 2$ のとき　　$y=\frac{1}{2}\times 6 \times 3x = 9x$　答

[2] 点PがCに着くのは，動き始めてから 4 秒後であるから
　　$2 \leq x \leq 4$ のとき　　$y=\frac{1}{2}\times 6 \times 6 = 18$　答

[3] 点PがBに着くのは，動き始めてから 6 秒後であるから
　　$4 \leq x \leq 6$ のとき　　$y=\frac{1}{2}\times 6 \times (18-3x)$
　　　　　　　　　　　　　　　　　$= -9x+54$　答　グラフは右の図。

[1] 秒速3cm 動くから AP＝$3x$
[3] PB＝AD＋DC＋CB－$3x$
　　　＝$18-3x$

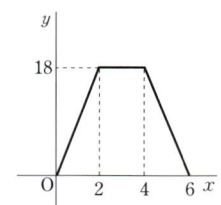

練習 57　右の図のような長方形ABCDがある。点PがAから出発して，秒速1cmで，周上をB，Cを通ってDまで移動する。PがAを出発してからx秒後の△PADの面積を$y$cm²とするとき，xとyの関係を式に表し，x，yの関係を表すグラフをかきなさい。

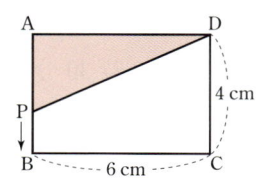

EXERCISES

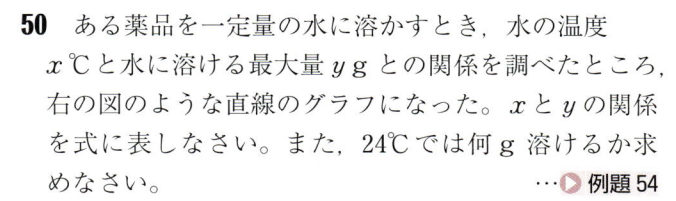

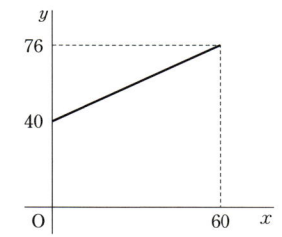

50 ある薬品を一定量の水に溶かすとき，水の温度 x℃と水に溶ける最大量 y g との関係を調べたところ，右の図のような直線のグラフになった。x と y の関係を式に表しなさい。また，24℃では何 g 溶けるか求めなさい。

…▶例題 54

51 兄は家から駅まで，弟は駅から家まで一定の速さで向かう。右のグラフはそのときのようすを表したものである。9時 x 分の家からの道のりを y m とする。

(1) 弟の速さは分速何 m か求めなさい。
(2) 兄は家から 1.8 km のところにある店で買い物をして駅に向かった。兄が店にいた時間を求めなさい。
(3) 2人の位置を式で表しなさい。
(4) 2人が出会った時刻を求めなさい。

…▶例題 55

52 右の図は，10 km 離れたA駅とB駅の間の，9時から10時までの電車の運行のようすを表したグラフである。電車はすべて同じ速さで運行している。

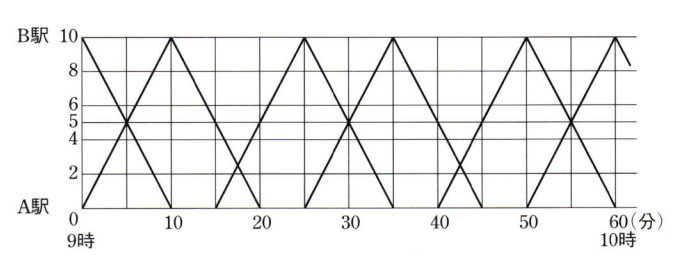

(1) 電車の速さは時速何 km か求めなさい。
(2) A駅を出発する電車とB駅を出発する電車が出会う時刻をすべて求めなさい。

…▶例題 56

53 家からの道のりが 1.6 km である学校へ向かって,弟が家を出発した。その10分後に兄が家を出発し,同じ道を自転車に乗って追いかけた。弟の歩く速さを分速 80 m,兄の自転車の速さを分速 280 m とし,兄が出発してから x 分後の兄の進んだ道のりを y m とするとき,

(1) $x=2$ のときの y の値を求めなさい。

(2) 兄が弟に追いつくのは,兄が出発してから何分後か求めなさい。

(3) 兄は,弟に追いついたら自転車を降りて,弟と一緒に歩き,学校へ着いた。このとき,x と y の関係を式に表しなさい。 〔改 沖縄〕 …▶例題 54,55

54 Aさんの家から博物館までの道のりが 2700 m の道路があり,その途中に郵便局がある。Aさんは家を出発し,毎分 60 m の速さで 18 分間歩いた後,毎分 180 m の速さで 9 分間走って博物館に到着した。右の図は,Aさんが家を出発してから x 分後の,Aさんがいる地点と家との間の道のりを y m として,x と y の関係をグラフで表したものである。

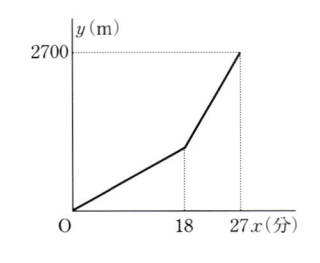

(1) $x=18$ のときの y の値を求めなさい。また,$18≦x≦27$ のときの y を x の式で表しなさい。

(2) Aさんの弟は,Aさんが家を出発してから 17 分後に自転車で家を出発し,Aさんと同じ道を通り,一定の速さで博物館に向かった。弟はAさんが郵便局の前を通過してから 2 分後に郵便局の前を通過し,Aさんと同時に博物館に到着した。家から郵便局の前までの道のりは何 m か求めなさい。 〔京都〕

…▶例題 55,57

55 右の図において,四角形 ABCD は,AD=2 cm,BC=CD=3 cm,∠C=∠D=90° の台形である。点 P は辺 CD 上を,毎秒 1 cm の速さで点 C から点 D まで移動する。点 P が点 C を出発してから x 秒後 $(0≦x≦3)$ の △ABP の面積を y cm² とするとき,y は x の 1 次関数であり $y=\boxed{}$ である。

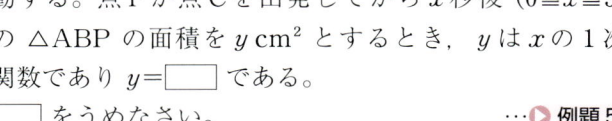

$\boxed{}$ をうめなさい。 …▶例題 57

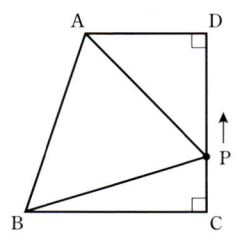

定期試験対策問題

1 1次関数 $y=-\dfrac{3}{2}x+4$ について　　　…▶例題 36

(1) 変化の割合をいいなさい。

(2) x が 1 から 5 まで増加するときの y の増加量を求めなさい。

2 次の 1 次関数や方程式のグラフをかきなさい。　　…▶例題 40, 42, 43, 47, 48

(1) $y=\dfrac{3}{2}x+3$ 　　　(2) $y=-0.5x+2$

(3) $y=3$ 　　　(4) $2x=-4$

(5) $y=-2x+4\ (x<2)$ 　　　(6) $3x-y=-2\ (-2<x\leqq 1)$

3 右の図の①, ②は, それぞれ 1 次関数のグラフです。これらの関数の式を求めなさい。また, 直線①, ②の交点の座標を求めなさい。

　　…▶例題 44, 50

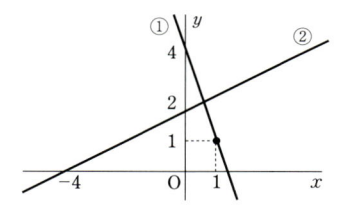

4 次の直線の式を求めなさい。　　…▶例題 45, 46, 51

(1) 点 $(4,\ 6)$ を通り, 切片が -6 の直線

(2) 2 点 $(-2,\ 3)$, $(4,\ -2)$ を通る直線

(3) 直線 $2x+3y=6$ に平行で, 点 $(-1,\ 2)$ を通る直線

(4) 2 直線 $x+2y=3$, $y+1=0$ の交点を通り, 傾きが -4 の直線

5 2 つの 1 次関数 $y=ax-1$ と $y=-x+b$ (a, b は定数) のグラフの交点の座標は $(2,\ 3)$ である。a, b の値を求めなさい。また, 1 次関数 $y=-x+b$ について, x の変域が $1\leqq x\leqq 3$ のとき, y の変域を求めなさい。　　…▶例題 43, 51

6 3 直線 $y=2x-1$, $y=-x+3$, $y=ax+1$ が 1 点で交わるように, 定数 a の値を求めなさい。　　〔帝塚山高〕　…▶例題 52

7 図のように，反比例の関係 $y=-\dfrac{6}{x}$ のグラフと直線 $y=ax+2$ が，2点 P，Q で交わっている。P の x 座標が -2 であるとき，a の値を求めなさい。　〔和歌山〕　…▶例題 53

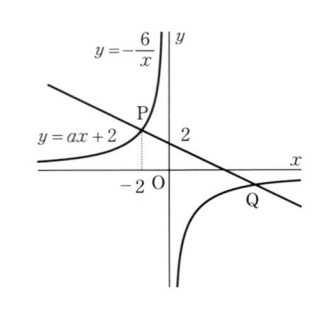

8 あつ子さんは午前 9 時に自宅を出発し，自宅から一直線で 3000 m 離れた優子さんの家に分速 60 m の速さで歩いて向かった。優子さんの家で用事をすませた後，行きと同じ道を同じ速さで自宅に向かい，午前 11 時 30 分に帰宅した。あつ子さんが自宅を出発してから x 分後におけるあつ子さんと自宅との距離を y m とする。

(1) あつ子さんが優子さんの家に着いたのは，午前何時何分か求めなさい。
(2) あつ子さんが自宅を出発してから帰宅するまでの x と y の関係を表したグラフをかきなさい。 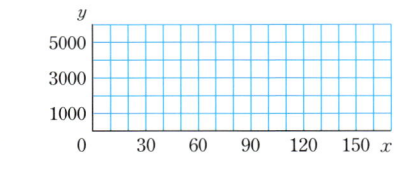
(3) あつ子さんが優子さんの家を出発してから自宅に着くまでを考える。次の各問いに答えなさい。
　(ア) このときの x の変域を求めなさい。
　(イ) x と y の関係について，y を x の式で表しなさい。　〔沖縄〕
　　　　　　　　　　　　　　　…▶例題 55，57

9 図のように，1 辺 6 cm の正方形 ABCD があり，点 P は，辺 AD 上では秒速 3 cm，辺 DC 上では秒速 2 cm，辺 CB 上では秒速 1 cm で，D，C を通って B まで移動する。P が A を出発してから x 秒後の △APB の面積を y cm² とするとき，x と y の関係を式に表しなさい。また，x と y の関係を表すグラフをかきなさい。　〔改　鳥取〕
　　　　　　　　　　　　　　　…▶例題 57

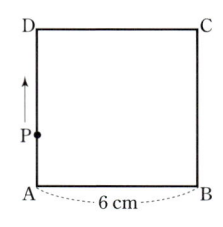

発展 例題 58　3直線の交点で表される三角形

x軸，y軸に平行でない3直線 $4x+3y=-1$ …… ①，
$bx+y=-3$ …… ②，$x+cy=-1$ …… ③ によってつくられる三角形の
2つの頂点の座標が A$(2, -3)$，B$(-1, 1)$ である。このとき，残りの頂点の座標を求めなさい。

〔筑波大附属高〕

考え方
$b=0$，$c=0$ は除かれる
どの直線がそれぞれ点 $(2, -3)$，$(-1, 1)$ を通るかを考える。

CHART　直線 $y=ax+b$ が点 (p, q) を通る
$\implies q=a\times p+b$

解答

点 A，B の座標を①に代入すると成り立つから，A，B は**直線①** 上の点である。したがって，A，B のどちらかは**直線①と②** の交点であり，残りの1つが **直線①と③** の交点である。また，直線②は点 $(0, -3)$ を通る。そして，直線②は x 軸に平行でないから，A は通らない。
したがって，A は直線 **①と③** の交点であり，B は直線 **①と②** の交点である。そこで
B の座標を②に代入して
$$-b+1=-3 \quad b=4$$
A の座標を③に代入して
$$2-3c=-1 \quad c=1$$
したがって，②，③の式は，それぞれ
$$4x+y=-3 \text{ …… ②′} \quad x+y=-1 \text{ …… ③′}$$
②′と③′の連立方程式を解くと
$$x=-\frac{2}{3},\ y=-\frac{1}{3}$$
三角形の残りの頂点の座標は $\left(-\dfrac{2}{3},\ -\dfrac{1}{3}\right)$ 答

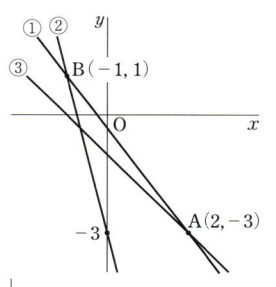

点 A$(2, -3)$ と点 $(0, -3)$ は y 座標が同じであるから，この2点を通る直線は x 軸に平行になり，式は $y=-3$ となる。②はこの形にはならない。

練習 58
3直線 $y=ax+2$ …… ①，$y=2x+b$ …… ②，$y=cx-16$ …… ③ によってつくられる三角形の2つの頂点の座標が A$(2, 0)$，B$(0, 2)$ である。このとき，定数 a，b，c の値と，残りの頂点の座標を求めなさい。

発展 例題 59 三角形の面積

2点 A$(-2, 1)$, B$(4, 4)$ があり, y軸上に点 P$(0, a)$ をとる。△ABP の面積が 16 となるとき, a の値をすべて求めなさい。〔改 長崎〕

考え方 分割して考える

三角形の面積を考える場合, 右の図のように, △ABC を △ABD と △ACD に分割して
$$\triangle ABC = \triangle ABD + \triangle ACD$$
$$= \frac{1}{2}AD \times BH' + \frac{1}{2}AD \times CH$$
とするとうまく行くことがある。

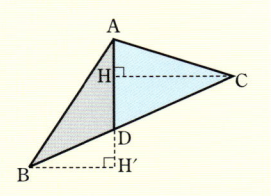

解 答

直線 AB の式を $y=ax+b$ とおく。2点 A, B を通るから
$$\begin{cases} 1=-2a+b \\ 4=4a+b \end{cases}$$
この連立方程式を解くと,
$$a=\frac{1}{2}, \quad b=2$$
よって $y=\frac{1}{2}x+2$

直線 AB と y軸との交点を Q とすると点 Q の座標は $(0, 2)$。また △ABP=△APQ+△BPQ, △ABP=16 である。

$a>2$ のとき
$$\frac{1}{2} \times (a-2) \times 2 + \frac{1}{2} \times (a-2) \times 4 = 16 \quad から \quad a=\frac{22}{3}$$

$a<2$ のとき
$$\frac{1}{2} \times (2-a) \times 2 + \frac{1}{2} \times (2-a) \times 4 = 16 \quad から \quad a=-\frac{10}{3}$$

よって 求める a の値は $\dfrac{22}{3}, \ -\dfrac{10}{3}$ **答**

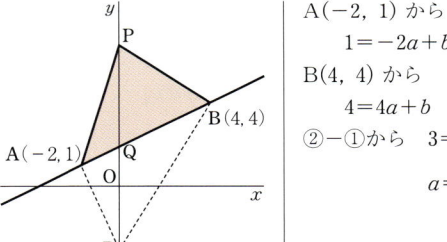

A$(-2, 1)$ から
　　$1=-2a+b$ … ①
B$(4, 4)$ から
　　$4=4a+b$ … ②
②−①から $3=6a$
　　$a=\dfrac{1}{2}$

$a>2$ のとき △APQ は,
底辺 PQ が $a-2$,
高さが点 A の x 座標の絶対値 2 であるから
$\triangle APQ = \dfrac{1}{2} \times (a-2) \times 2$

△BPQ は, 底面 PQ が $a-2$, 高さが点 B の x 座標の 4 であるから
$\triangle BPQ = \dfrac{1}{2} \times (a-2) \times 4$

$a<2$ のときは
PQ=$2-a$ とする。

練習 59 2直線 $y=2x+4$ …… ①, $y=-x-2$ …… ② がある。①と y軸との交点を A, ①と②の交点を B とする。②上に点 P をとり, その x 座標を a とする。△ABP の面積が 14 となるとき, a の値をすべて求めなさい。

発展 例題 60 面積を2等分する直線

右の図の2直線 $y=2x+5$ ……①

$y=\dfrac{1}{2}x-1$ ……②について

(1) 直線①，②の交点Aの座標を求めなさい。
(2) 直線①，②とy軸との交点をそれぞれB，Cとするとき，△ABC の面積を求めなさい。
(3) 直線 $y=ax-1$ … ③ が △ABC の面積を2等分するとき，a の値を求めなさい。

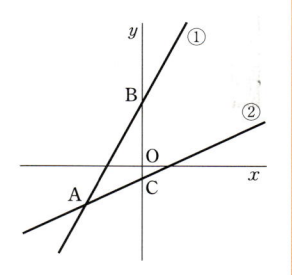

〔改 育英高〕

考え方　2直線の交点，直線上にある点の座標

CHART　2直線の交点の座標 ⟺ 連立方程式の解

(3) (2)の結果から，③は点Cを通ることがわかる。あと1点は直線AB上にある。

―――― 解　答 ――――

(1) 連立方程式①，②を解くと　　$x=-4, y=-3$
 　したがって，点Aの座標は　　$(-4, -3)$　**答**

(2) 点Bは直線①の切片であるから　　B(0, 5)
 　点Cは直線②の切片であるから　　C(0, −1)
 　よって　　$\triangle ABC=\dfrac{1}{2}\times 4\times \{5-(-1)\}=12$　**答**

(3) 直線③は点Cを通るから，△ABC を2等分するとき辺 AB と交わる。その交点をD，Dのx座標をdとおく。
　$d<0$ であるから
　　$\triangle BDC=\dfrac{1}{2}\times\{5-(-1)\}\times(-d)=-3d$

　$2\times\triangle BDC=\triangle ABC$ であるから　　$2\times(-3d)=12$
　よって　$d=-2$　したがって，Dの座標は　$(-2, 1)$
　点Dは直線③上にあるから　　$1=-2a-1$
　よって　　$a=-1$　**答**

(2) 直線③の切片は -1 であるから，直線③は点Cを通る。

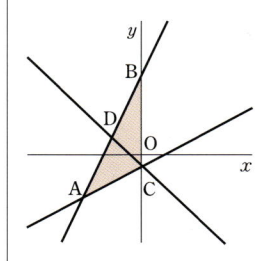

CHART
直線 $y=ax+b$ が点 (p, q) を通る
⟹ $q=a\times p+b$

練習 60

2点 $(0, 5)$，$(-4, 10)$ を通る直線 ℓ がある。直線 ℓ と x 軸，y 軸との交点をそれぞれ A，B とし，原点を O とする。このとき，点 $(0, 2)$ を通る直線が，△OAB の面積を2等分するとき，この直線の式を求めなさい。

〔改 滝高〕

発展 例題 61 線分の長さの最小

2点 A(2, 6),B(4, 3) がある。x 軸上に点 P をとり,AP+PB の長さを考える。AP+PB の長さがもっとも短くなるとき,点 P の座標を求めなさい。

考え方 1点の対称点をとる

2点 A,B が直線 ℓ について同じ側にあるとき,ℓ 上に点 P をとり,AP+PB の長さを考える。直線 ℓ について点 B と対称な点を B' とすると,右の図から
$$AP+PB \geqq AP_0+P_0B'=AB'$$
よって,直線 AB' と ℓ との交点 P_0 が最小にする点 P となる。

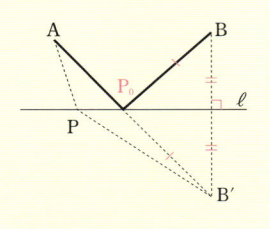

解答

x 軸について,点 B と **対称な点** を B' とすると,B'(4, −3)
x 軸上の点 P について,
BP=B'P であるから
$$AP+PB=AP+PB'$$
よって,直線 AB' と x 軸との **交点** を P とすれば,AP+PB の値は最小になる。
直線 AB' の式を $y=ax+b$ とおくと,2点 A,B' を通るから
$$\begin{cases} 6=2a+b \\ -3=4a+b \end{cases}$$
これを解いて $a=-\dfrac{9}{2}$,$b=15$

直線 AB' の式は $y=-\dfrac{9}{2}x+15$

直線 AB' と x 軸との交点の x 座標は
$$0=-\dfrac{9}{2}x+15 \quad \text{から} \quad x=\dfrac{10}{3}$$
したがって,求める点 P の座標は $\left(\dfrac{10}{3},\ 0\right)$ **答**

上の図で,直線 ℓ は線分 BB' の垂直 2 等分線であるから,ℓ 上の点 P について PB=PB'
線分 AB' と ℓ との交点を P_0 とすると
$AP_0+P_0B'=AB'$
$AB' \leqq AP+PB'$ から P_0 が求める P となる。

練習 61 2点 A(1, 4),B(3, 1) がある。y 軸上に点 P をとり,AP+PB の長さを考える。AP+PB の長さがもっとも短くなるとき,点 P の座標を求めなさい。

入試対策問題

1 x軸との交点のx座標が5，直線$y=3x+1$との交点のx座標が1である直線の式を求めなさい。

2 1次関数$y=ax+a+4$ $(a<0)$について，xの変域が$-4\leq x\leq 1$であるとき，yの変域が$2\leq y\leq b$となるような定数a，bの値を求めなさい。〔青雲高〕

3 2つの直線$y=ax-1$，$y=x+a$の交点の座標が$(3, b)$であるとき，定数a，bの値をそれぞれ求めなさい。〔東京〕

4 3直線$2x+y=10$，$4x-3y=-15$，$y=ax$が三角形をつくらないようなaの値をすべて求めなさい。

5 右の図のように，関数$y=\dfrac{a}{x}$のグラフ上に3点A，B，Cがある。Aの座標は$(6, 1)$で，Bのx座標は-2，Cのy座標は3である。 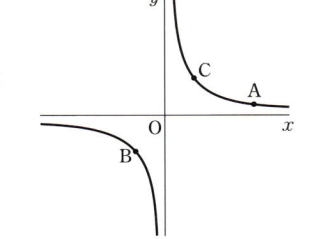
(1) aの値を求めなさい。
(2) 2点B，Cを通る直線の式を求めなさい。
(3) △ABCの面積を求めなさい。〔群馬〕

6 右の図のように，関数$y=-x+8$ …… ①のグラフがある。①のグラフとx軸，y軸との交点をそれぞれA，Bとする。x軸上に点C$(-6, 0)$を，線分AB上に点Pをとり，線分CPとy軸との交点をQとする。点Oは原点とする。
△BPQ＝△COQとなるとき，点Pの座標を求めなさい。〔北海道〕

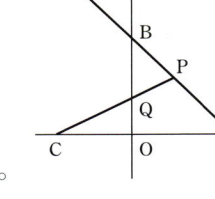

7 x 座標，y 座標がともに自然数である点を，自然数点と呼ぶことにする。
直線 $x+2y=7$ ……（＊）について，次の問いに答えなさい。
(1) 直線（＊）上にある自然数点の個数を求めなさい。
(2) 直線（＊）より下側にある自然数点の個数を求めなさい。
ただし，直線（＊）上の点は含めないものとする。〔城西大学附属川越高〕

8 右の図のように，AB＝4 cm，BC＝8 cm，∠ABC＝90° の直角三角形 ABC を底面の1つとし，側面がすべて長方形で，AD＝6 cm である三角柱 ABC-DEF がある。点Pは頂点Aを出発し，辺上を秒速1 cm で辺 AB，BE，EF の順に頂点Fまで進むものとする。また，点Pが頂点Aを出発してから x 秒後の △PBC の面積を y cm² とする。点Pが頂点Aを出発して頂点Fに到着するまでの x と y の関係を式に表しなさい。〔改 京都〕

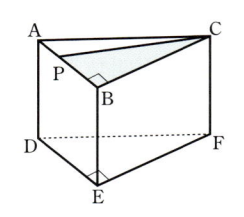

9 右の図のような五角形 OABCD がある。頂点 O，A，B，C，D の座標は，それぞれ
(0, 0)，(3, 5)，(5, 6)，(8, 6)，(10, 0) である。
点Pが五角形 OABCD の辺上を点Oから O → A → B → C → D の順に点Dまで移動する。
点Pの x 座標を t とするとき，下の □ をうめなさい。ただし，座標の1目盛りを1 cm とする。〔暁高〕

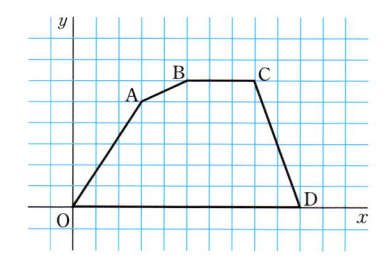

(1) 線分 OA 上に点Pがあるとき，△OPD の面積は □ cm² である。
(2) 線分 BC 上に点Pがあるとき，△OPD の面積は □ cm² である。
(3) △OPD の面積と点Pの x 座標 t との関係を表すグラフは □ である。下のア〜エから選び，記号で答えなさい。

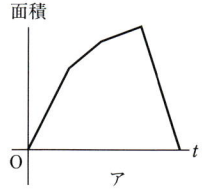

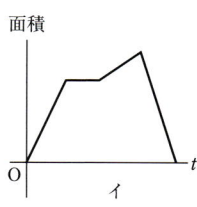

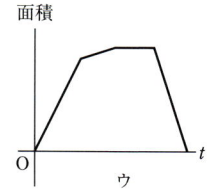

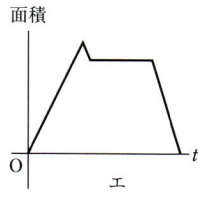

(4) △OPD の面積が 15 cm² のとき，小さい順に $t=$ ア□，$t=$ イ□ である。

第4章
図形の性質と合同

この章で学ぶ問題

角の問題の基本	例題 62, 63	基本をおさえよう。
平行線と角の基本	例題 64〜68	しっかりつかもう。
三角形の角の性質の基本	例題 69, 70, 72	しっかりつかもう。
三角形の角の性質の利用	例題 71, 82	応用力をつけよう。
多角形の角の基本	例題 73, 74	しっかりつかもう。
多角形の角の応用	例題 75	応用力をつけよう。
合同な図形，合同条件の基本	例題 76, 77	しっかりつかもう。
図形の証明の基本	例題 78〜81	しっかりつかもう。
やや複雑な図形の証明	例題 83, 84	発展問題にチャレンジしてみよう。

この項の要点整理　テスト対策 これだけはおさえておこう！

⑩ 平行線と角

1 対頂角

① **対頂角**　2直線が交わってできる4つの角のうち，向かい合っている2つの角を **対頂角** という。右の図で，∠a と ∠c が対頂角，∠b と ∠d も対頂角である。

② **性質**　対頂角は等しい。
右の図で，∠a＝∠c，∠b＝∠d である。

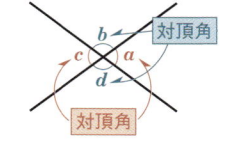

2 同位角と錯角

① **同位角**　2直線に1直線が交わってできる角のうち，∠a と ∠e のような位置にある角を **同位角** という。
∠b と ∠f，∠c と ∠g，∠d と ∠h も同位角である。

② **錯角**　∠d と ∠f のような位置にある角を **錯角** という。
∠c と ∠e も錯角である。

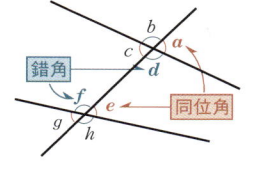

3 平行線と同位角・錯角

2つの直線に1つの直線が交わるとき，次のことが成り立つ。

① **平行線の性質**　2つの直線が **平行** ならば，**同位角**，**錯角が等しい**。
右の図で，ℓ∥m ならば ∠a＝∠b，∠c＝∠b である。

② **平行線になる条件**　**同位角が等しい** か **錯角が等しい** ならば，2つの直線は **平行** である。
右の図で，∠a＝∠b ならば ℓ∥m である。
　　　　　∠c＝∠b ならば ℓ∥m である。

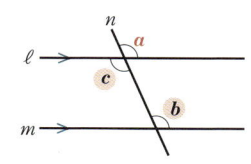

4 平行線と説明

平行線について，「……を説明しなさい。」という場合

① 2つの **角が等しい** ことを示すには
　　　　平行⇒同位角，錯角が等しい　を用いる。

② 2つの直線が **平行** であることを示すには
　　　　同位角，錯角が等しい⇒平行　を用いる。

> ことがらを説明するときは
> [1] 何から何を示すのか
> [2] そのときに用いる性質（根拠）は何か
> をはっきりさせる。

例題 62 対頂角

右の図のように，3直線が1点で交わるとき，∠a, ∠b, ∠c, ∠d の大きさをそれぞれ求めなさい。

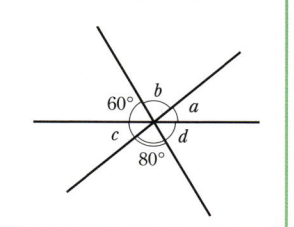

考え方　対頂角は等しい

2直線が交わるとき，その交点のまわりに4つの角ができる。このうち，右の図の ∠a と ∠c のように，向かい合っている2つの角を **対頂角** という。

この例題のように，3直線が交わるときも，向かい合っている2つの角は対頂角である。

対頂角が等しい から
　∠a＝∠c，∠b＝80°，∠d＝60°

直線のつくる角（**平角** という）**が 180°** であるから
　60°＋∠c＋80°＝180°

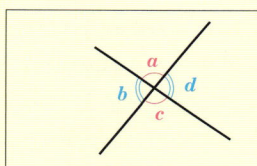

∠a と ∠c，∠b と ∠d は対頂角。
対頂角は等しい。
∠a＝∠c，∠b＝∠d

解答

直線のつくる角が 180° であるから
　　60°＋∠c＋80°＝180°
したがって　　∠c＝40°
また，**対頂角** は等しいから
　　∠a＝∠c＝40°
　　∠b　　＝80°
　　∠d　　＝60°

答　∠a＝40°，∠b＝80°，∠c＝40°，∠d＝60°

対頂角は等しい。

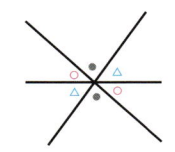

練習 62

右の図のように，4直線が1点で交わるとき，∠a, ∠b, ∠c の大きさをそれぞれ求めなさい。

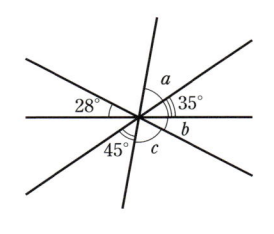

例題 63　同位角，錯角

右の図において，
∠a の同位角を示し，その大きさを求めなさい。
また，∠d の錯角を示し，その大きさを求めなさい。

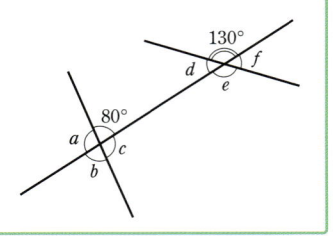

考え方　　2直線に1つの直線が交わる → 同位角，錯角

2直線に1つの直線が交わってできる角について

[1] **同位角**　右の図の ∠a と ∠e，∠b と ∠f，
∠c と ∠g，∠d と ∠h のような位置関係にある角
を，それぞれ **同位角** という。

[2] **錯角**　右の図の　∠c と ∠e，∠d と ∠f のような
位置関係にある角を，それぞれ **錯角** という。

[3] 直線のつくる角は 180°
→　∠d + 130° = 180°，
　　∠c + 80° = 180°

解答

∠a の同位角は　∠d
∠d + 130° = 180° であるから　　∠d = 50°
　答 **∠a の同位角は ∠d で，その大きさは 50°**
∠d の錯角は　∠c
∠c + 80° = 180° であるから　　∠c = 100°
　答 **∠d の錯角は ∠c で，その大きさは 100°**

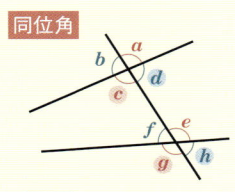

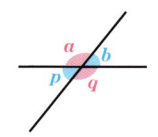

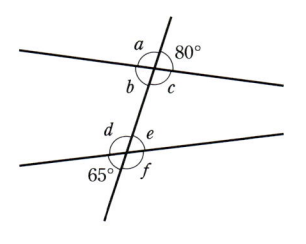

直線のつくる角は 180°
上の図で ∠a + ∠b = 180°
また，対頂角は等しいから
∠a = ∠q，∠b = ∠p

練習 63　右の図において，∠a，∠f の同位角を示
し，その大きさを求めなさい。
また，∠b の錯角を示し，その大きさを求めなさ
い。

例題 64　平行線と同位角

右の図で，$\ell /\!/ m$ であることを説明しなさい。
また，∠x，∠y の大きさを求めなさい。

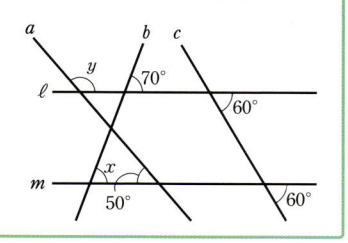

考え方　平行 ⇔ 同位角が等しい

平行線と同位角　2つの直線に1つの直線が交わるとき
① 2つの直線が **平行** ならば，同位角は等しい。
② **同位角が等しい** ならば，この2つの直線は **平行** である。

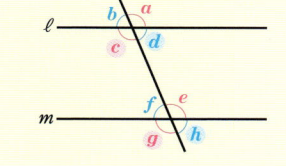

すなわち，右の図において
① $\ell /\!/ m \Rightarrow \angle a = \angle e,\ \angle b = \angle f,\ \angle c = \angle g,\ \angle d = \angle h$
② $\angle a = \angle e$ （または，$\angle b = \angle f,\ \angle c = \angle g,\ \angle d = \angle h$ のいずれか）
　　　$\Rightarrow \ell /\!/ m$

「$\ell /\!/ m \Rightarrow \angle a = \angle e$」かつ「$\angle a = \angle e \Rightarrow \ell /\!/ m$」を「$\ell /\!/ m \Leftrightarrow \angle a = \angle e$」と表す。

解答

2直線 ℓ，m と交わる直線 c において，**同位角である** 2つの角が $60°$ で等しいから　　$\ell /\!/ m$
平行な2直線 ℓ，m と交わる直線 b において **同位角が等しいから**　　$\angle x = 70°$
平行な2直線 ℓ，m と交わる直線 a において **同位角が等しい** ことと直線のつくる角が $180°$ であることから
　　　$\angle y + 50° = 180°$　　$\angle y = 130°$
　　　答　$\angle x = 70°$，$\angle y = 130°$

2直線 ℓ，m に第3の直線が交わっているとき，角の大きさから ℓ と m が平行かどうかを調べる。
同位角が等しい ⇒ 平行

練習 64　右の図で，$\ell /\!/ m$ であることを説明しなさい。また ∠x，∠y の大きさを求めなさい。

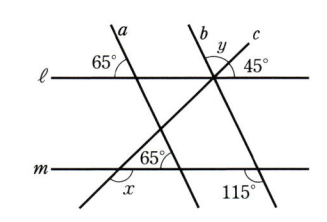

例題 65　平行線と錯角

右の図で，$\ell /\!/ m$ であることを説明しなさい。
また $\angle x$，$\angle y$ の大きさを求めなさい。

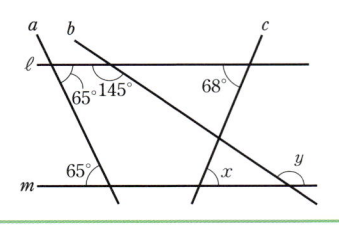

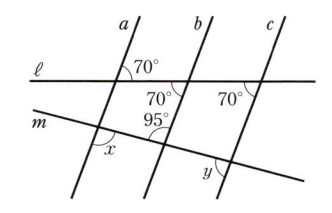

考え方　平行 ⇔ 錯角が等しい

平行線と錯角　2つの直線に1つの直線が交わるとき
① 2つの直線が **平行** ならば，**錯角が等しい**。
② **錯角が等しい** ならば，この2つの直線は **平行** である。

すなわち，右の図において
① $\ell /\!/ m \Rightarrow \angle a = \angle d,\ \angle b = \angle c$
② $\angle a = \angle d$（または $\angle b = \angle c$）$\Rightarrow \ell /\!/ m$

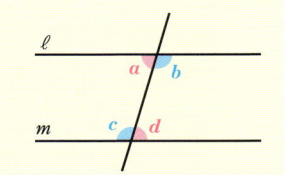

解　答

2直線 ℓ，m と交わる直線 a において，**錯角である** 2つの角が 65° で等しいから　$\ell /\!/ m$
平行な2直線 ℓ，m と交わる直線 c において，
錯角が等しいから　$\angle x = 68°$
平行な2直線 ℓ，m と交わる直線 b において，
錯角が等しいから　$\angle y = 145°$
　　　　　　　　　答　$\angle x = 68°,\ \angle y = 145°$

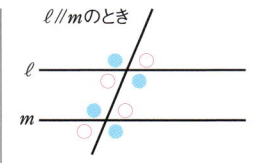

平行 ⇔ 同位角・錯角は等しい

参考　上の考え方の図の $\angle a$ と $\angle c$，$\angle b$ と $\angle d$ を **同側内角** ということがある。
$\ell /\!/ m$ のとき錯角が等しいから，$\angle a = \angle d$
直線のつくる角は 180° であるから $\angle c + \angle d = 180°$　したがって　$\angle a + \angle c = 180°$
また，$\angle a + \angle c = 180°$ のとき $\angle a = 180° - \angle c = \angle d$ から $\ell /\!/ m$ もわかる。
すなわち　$\ell /\!/ m \Leftrightarrow \angle a + \angle c = 180°$（同側内角の和は 180° である。）

練習 65　右の図で，$a /\!/ b$，$b /\!/ c$ であることを説明しなさい。
また，$\angle x$，$\angle y$ の大きさを求めなさい。

例題 66　平行線と折れ線と角

右の図で，$\ell \mathbin{/\mkern-5mu/} m$ のとき $\angle x$ の大きさを求めなさい。

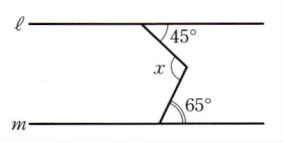

考え方　頂点を通る第3の平行線をひく

$\angle x$ のままでは，$45°$，$60°$ の角と結びつかない。そこで，$\angle x$ の頂点を通って，ℓ，m に平行な直線をひく　と結びつく。

CHART　平行線と角
　　　③　離れたものは近づける

解答

右の図のように，$\angle x$ の **頂点を通り，ℓ，m に平行な直線 n をひき，$\angle y$，$\angle z$ を定める**。
$\ell \mathbin{/\mkern-5mu/} n$ であるから，錯角が等しい。
よって　　$\angle y = 45°$
$n \mathbin{/\mkern-5mu/} m$ であるから，錯角が等しい。
よって　　$\angle z = 65°$
したがって　$\angle x = \angle y + \angle z$
$\qquad\qquad\quad = 45° + 65° = \mathbf{110°}$　**答**

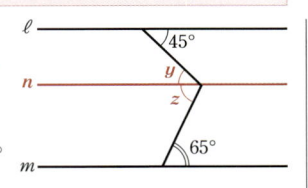

別解
三角形の内角の和が $180°$ であること，外角 = 2 内角の和（p.119）を用いる。

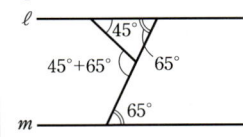

参考　[1]　平行な2直線の間にできる **折れ線のつくる角**
　　右の図で，$\ell \mathbin{/\mkern-5mu/} m$ のとき **頂点 P を通り，ℓ，m に平行な直線 n をひく**。このように問題を解くための手がかりとなる線を **補助線** という。
　　$\ell \mathbin{/\mkern-5mu/} n \implies$ 錯角である2つの a の角が等しい
　　$n \mathbin{/\mkern-5mu/} m \implies$ 錯角である2つの b の角が等しい
[2]　右の図で $\angle c = \angle a + \angle b$ である。
　　これは，覚えておくととても便利である。

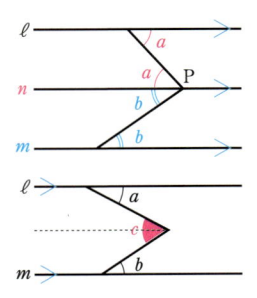

練習 66　$\ell \mathbin{/\mkern-5mu/} m$ とするとき，右の図の $\angle x$ の大きさを求めなさい。

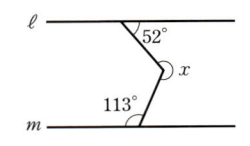

例題 67 平行線と多角形と角

右の図において，△ABC は正三角形とする。
$\ell \mathbin{/\mkern-3mu/} m$ のとき，$\angle x$ の大きさを求めなさい。

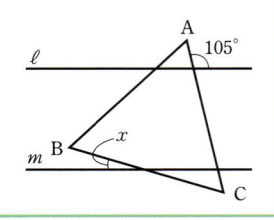

考え方 平行線 ⟶ 同位角・錯角が等しい

平行線 がでてくると，同位角 や 錯角 が等しい。
また，対頂角 が等しいことや，正三角形の3つの角は同じ であることも利用する。

解答

右の図のように D，E，F を定める。
△ABC は正三角形であるから
　　$\angle A = \angle B = \angle C = 180° \div 3 = 60°$
$\ell \mathbin{/\mkern-3mu/} m$ より，同位角 は等しいから
　　$\angle AEF = 105°$
対頂角 は等しいから
　　$\angle CED = \angle AEF = 105°$
　　$\angle CDE = \angle x$
△CDE において
　　$60° + \angle x + 105° = 180°$　　$\angle x = 15°$　**答**

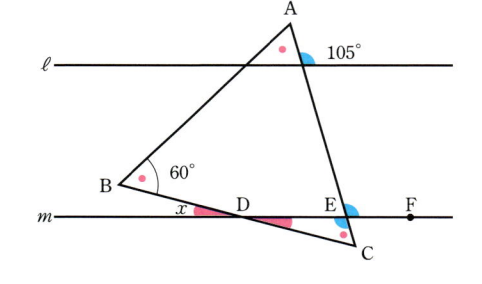

CHART　平行線と角
1. 平行 ⟺ 同位角・錯角が等しい
2. 角が等しいことを示すには平行を利用
    平行であることを示すには角が等しいを利用
3. 離れたものは近づける

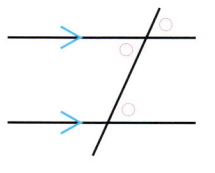

練習 67 右の図のように，四角形 ABCD は AD ∥ BC の台形である。対角線 BD と平行で点 A，C を通る直線をそれぞれ ℓ，m とし，直線 ℓ 上に点 E をとる。
このとき，$\angle BAE$ の大きさを求めなさい。

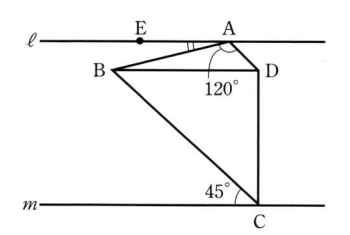

例題 68　角の二等分線が平行になることの説明

右の図で，AB∥DE，BC∥EF のとき ∠ABC の二等分線 BM と ∠DEF の二等分線 EN は平行であることを説明しなさい。

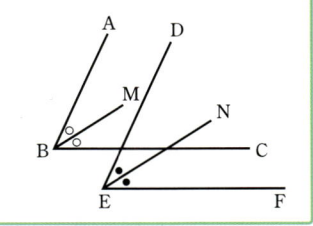

考え方　平行線　同位角（・錯角）に注目

CHART　平行線と角
1. 平行 ⟺ 同位角・錯角が等しい
2. 平行であることを示すには角が等しいを利用
3. 離れたものは近づける

解答

線分 BC と ED の交点を G とする。
AB∥DE より，**同位角**は等しいから
　　∠ABC＝∠DGC ……①
BC∥EF より，**同位角**は等しいから
　　∠DGC＝∠DEF ……②
また，∠DGC の二等分線を GL とすると，BM は ∠ABC の二等分線であるから
　　∠MBC＝$\frac{1}{2}$∠ABC … ③，　∠LGC＝$\frac{1}{2}$∠DGC … ④ 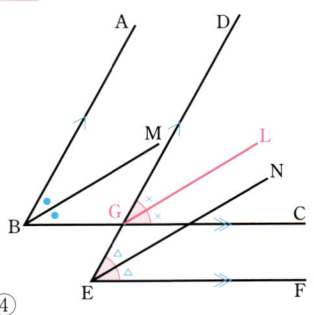
①，③，④から　　∠MBC＝∠LGC
同位角が等しいから　　BM∥GL ……⑤
同様にして，②から　　GL∥EN ……⑥
⑤，⑥から ∠ABC の二等分線 BM と ∠DEF の二等分線 EN は平行である。

練習 68　右の図の四角形 ABCD で，AD∥BC，辺 AD 上の点 P と辺 BC 上の点 Q を結んだとき，∠APQ の二等分線 PM と ∠PQC の二等分線 QN は平行であることを説明しなさい。

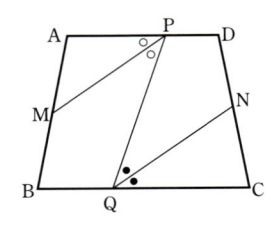

EXERCISES

56 次の図において，∠a, ∠b, ∠c の大きさを求めなさい。 … ▶例題 62, 64, 65

(1)

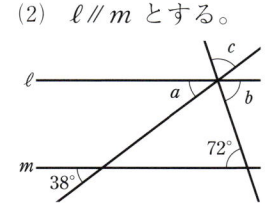

(2) $\ell \mathbin{/\mkern-5mu/} m$ とする。

57 右の図の直線 ℓ, m, a, b, c, d, e において，平行線の組をすべてあげなさい。また，その理由も答えなさい。 … ▶例題 64, 65

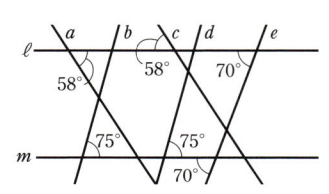

58 次の図で，$k \mathbin{/\mkern-5mu/} m$，$\ell \mathbin{/\mkern-5mu/} n$ とする。∠x の大きさを求めなさい。 … ▶例題 64, 65

(1)

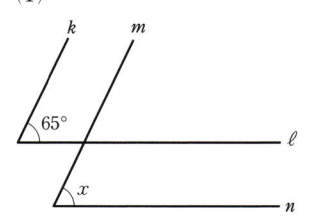

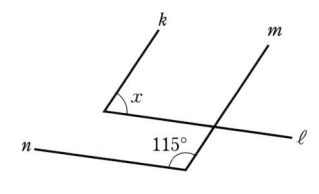

(2)

59 次の図で，$\ell \mathbin{/\mkern-5mu/} m$ のとき，∠x の大きさを求めなさい。ただし，(2)の五角形 ABCDE は正五角形である。 … ▶例題 66, 67

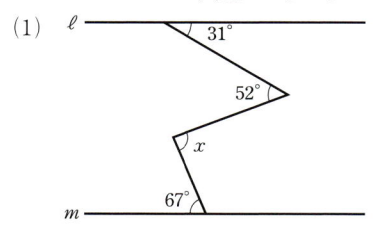

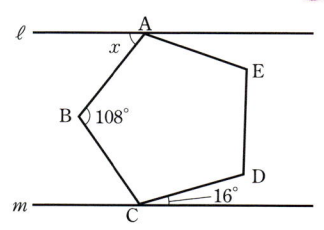

(1)

(2)

60 右の図の四角形 ABCD において，AD $\mathbin{/\mkern-5mu/}$ BC，BF は ∠DBC の二等分線，∠BDA＝2∠BFE であるとき，EF $\mathbin{/\mkern-5mu/}$ BC であることを説明しなさい。 … ▶例題 68

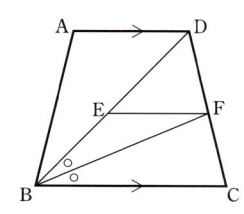

この項の要点整理　テスト対策 これだけはおさえておこう！

⑪ 多角形の角

1　三角形の角

三角形 ABC の辺 BC を延長した直線上に点 D をとる。このとき，∠ACD を頂点 C における **外角** という。辺 AC を延長してできる ∠BCE も **外角** である。

頂点 A，B における **外角** も同じように考えられる。

外角に対して，△ABC の3つの角 ∠A，∠B，∠C を **内角** という。

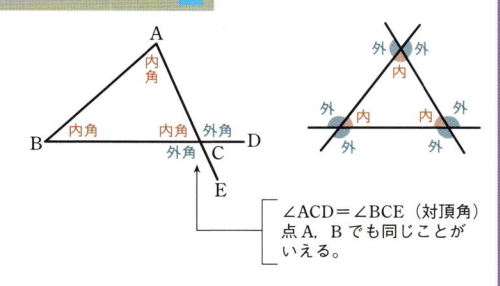

∠ACD＝∠BCE（対頂角）
点 A，B でも同じことがいえる。

2　三角形の内角と外角の性質

① **内角の和**　三角形の3つの内角の和は 180° である。

② **内角と外角**　三角形の1つの **外角は，それととなり合わない2つの内角の和に等しい。**

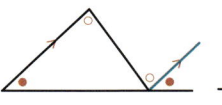

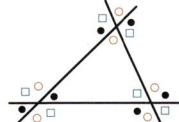

3　三角形の内角と分類

三角形は，その内角の大きさによって，次のように分類される。

鋭角三角形　3つの内角がすべて鋭角の三角形。
鈍角三角形　1つの内角が鈍角の三角形。
直角三角形　1つの内角が直角の三角形。

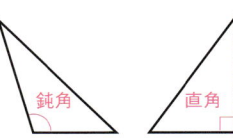

4　多角形の内角と外角

多角形の内角，外角は三角形と同じように定められる。

① **内角の和**　n 角形の内角の和は $180°\times(n-2)$ である。

② **外角の和**　多角形の外角の和は 360° である。

例　九角形の内角の和は　$180°\times(9-2)=1260°$
　　正九角形の1つの内角の大きさは　$1260°\div 9=140°$
　　十二角形の外角の和は　360°
　　正十二角形の1つの外角の大きさは　$360°\div 12=30°$

例題 69 三角形の角の性質の説明

右の図を利用して，△ABC において次のことが成り立つことを説明しなさい。
(1) ∠A＋∠B＋∠C＝180°
(2) ∠ACD＝∠A＋∠B

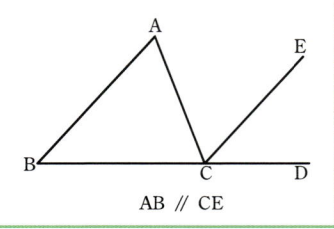

AB ∥ CE

考え方 内角の和＝180°，外角＝2内角の和

この例題は，次の「三角形の角の性質」を説明している。
三角形の角の性質
① 三角形の3つの**内角の和は180°**である。
② 三角形の1つの**外角**は，それととなり合わない2つの内角の和に等しい。

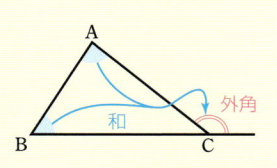

解答

辺 AB と直線 CE は平行である。
錯角が等しいから
　　∠A＝∠ACE ……①
同位角が等しいから
　　∠B＝∠ECD ……②
(1) ①，②から
　　∠A＋∠B＋∠C＝∠ACE＋∠ECD＋∠ACB
　　　　　　　　　＝∠BCD＝180°
したがって　∠A＋∠B＋∠C＝180°
(2) ①，②から
　　∠ACD＝∠ACE＋∠ECD＝∠A＋∠B
したがって　∠ACD＝∠A＋∠B

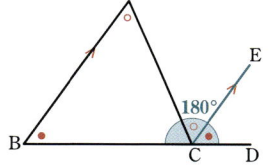

(1) ∠A＋∠B＋∠C＝180°
は**三角形の3つの内角の和は180°**であることを表す。
(2) ∠ACD＝∠A＋∠B
は ∠ACD は点 C における外角であるから
外角＝となり合わない内角の和
であることを表す。

参考 三角形の1つの外角に対して，これととなり合わない内角をその外角の **内対角** ということがある。

練習 69 右の図で，PQ∥BC である。この図を利用して，△ABC で
　　∠A＋∠B＋∠C＝180°
であることを説明しなさい。

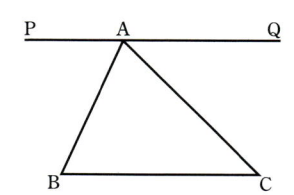

例題 70　三角形の内角・外角

次の図において、$\angle x$ の大きさを求めなさい。

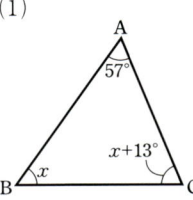

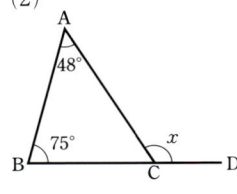

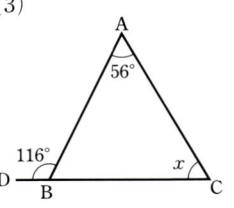

(1) △ABC, ∠A=57°, ∠B=x, ∠C=$x+13°$

(2) △ABC, ∠A=48°, ∠B=75°, Cから延長線CDに対し∠ACD付近にx

(3) △ABC, ∠A=56°, ∠DBA=116°（DはBの延長側）, ∠C=x

考え方
内角の和＝180°，外角＝となり合わない 2 つの内角の和の利用

三角形の角の性質 を利用する。
① 三角形の内角の和＝180°
② 三角形の 1 つの外角＝となり合わない 2 つの内角の和
(1) $\angle A + \angle B + \angle C = 180°$　　(2) $\angle ACD = \angle A + \angle B$　　(3) $\angle ABD = \angle A + \angle C$

解答

(1) △ABC の 3 つの **内角の和は 180°** であるから
 $57° + \angle x + (\angle x + 13°) = 180°$
 $2\angle x = 180° - (57° + 13°)$
 よって　　$\angle x = 110° \div 2 = \mathbf{55°}$　答

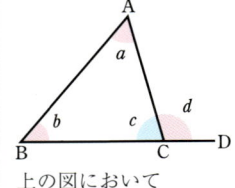

(2) 頂点Cにおける **外角 ∠ACD** について
 $\angle ACD = \angle A + \angle B$
 よって　　$\angle x = 48° + 75° = \mathbf{123°}$　答

(3) 頂点Bにおける **外角 ∠ABD** について
 $\angle ABD = \angle A + \angle C$
 $116° = 56° + \angle x$
 よって　　$\angle x = 116° - 56° = \mathbf{60°}$　答

上の図において
「三角形の角の性質」
① $\angle a + \angle b + \angle c = 180°$
② $\angle d = \angle a + \angle b$

練習 70

次の図において、$\angle x$ の大きさを求めなさい。

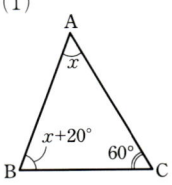

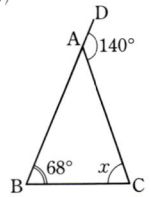

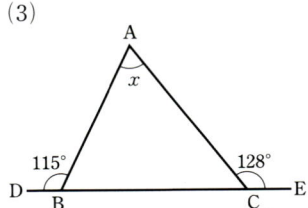

(1) △ABC, ∠A=x, ∠B=$x+20°$, ∠C=60°

(2) △ABC, ∠ADの頂点で∠=140°, ∠B=68°, ∠C=x

(3) △ABC, ∠A=x, ∠DBA=115°, ∠ACE=128°

例題 71 三角形の内角・外角の利用

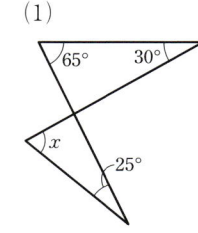

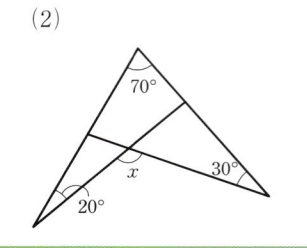

右の図で，∠x の大きさを求めなさい。

(1) (2)

考え方 内角の和＝180°，外角も利用

CHART 三角形と角　内角の和は 180°
① 外角も利用　外角＝2 内角の和
② 対頂角は等しい

解答

(1) 右の図のように ∠a, ∠b を定める。
∠a＋30°＋65°＝180°
∠a＝85°
∠b＝∠a＝85°（対頂角）
∠b＋∠x＋25°＝180°
∠x＝180°－(85°＋25°)
　　＝180°－110°＝**70°**　答

(2) 右の図のように ∠a を定める。
∠a＝70°＋20°＝90°
∠x＝∠a＋30°
　　＝90°＋30°＝**120°**　答

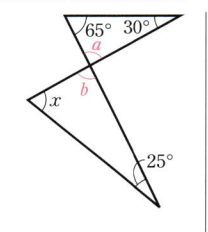

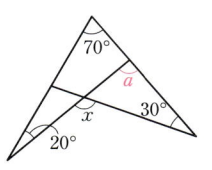

この例題の図形は角を求める問題としてよく出てくるので，下の関係を覚えておこう。

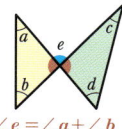

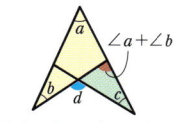

∠e＝∠a＋∠b
　　＝∠c＋∠d

∠d＝∠a＋∠b＋∠c

練習 71　次の図で，∠x の大きさを求めなさい。

(1) (2)

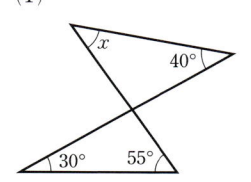

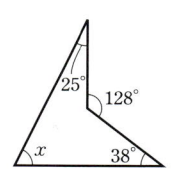

例題 72 鋭角・直角・鈍角三角形

2つの内角の大きさが次のような三角形は，鋭角三角形，直角三角形，鈍角三角形のどれであるか答えなさい。

(1) 90°, 30°　　(2) 15°, 100°　　(3) 40°, 80°　　(4) 25°, 60°

考え方　3つとも鋭角か，1つが直角か鈍角か

鋭角 0°より大きく90°より小さい角　　**直角** 90°の角

鈍角 90°より大きく180°より小さい角

三角形は，その内角の大きさによって，次のように分類される。

> 鋭角三角形　3つの内角がすべて鋭角
> 直角三角形　1つの内角が直角
> 鈍角三角形　1つの内角が鈍角

例題では，2つの内角が与えられているから，内角の和＝180°より残りの内角を求め　**3つとも鋭角か，1つだけ直角か鈍角**　であるかを調べる。

解答

三角形の3つの内角の和は180°であるから，与えられた2つの角が鋭角のときは残りの内角の大きさを求める。

(1) 内角の1つが90°であるから

直角三角形　答

(2) 内角の1つが100°であり，鈍角であるから

鈍角三角形　答

(3) 残りの内角は　$180°-40°-80°=60°$

3つの内角がすべて鋭角であるから

鋭角三角形　答

(4) 残りの内角は　$180°-(25°+60°)=95°$

内角の1つが鈍角であるから

鈍角三角形　答

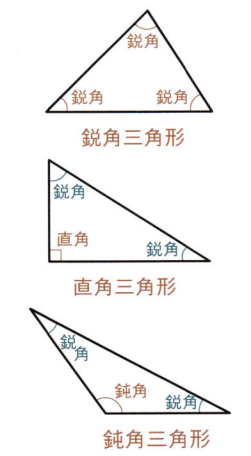

注意　三角形の内角について，和が180°であるから，直角はあっても1つである。鈍角もあっても1つである。

練習 72　2つの内角の大きさが次のような三角形は，鋭角三角形，直角三角形，鈍角三角形のどれであるか答えなさい。

(1) 60°, 70°　　(2) 45°, 45°　　(3) 18°, 62°　　(4) 75°, 35°

例題 73　多角形の内角・外角

(1) 十八角形の内角の和，外角の和を求めなさい。また，正十八角形のとき，1つの内角，外角の大きさを求めなさい。

(2) 内角の和が $900°$ となる多角形は何角形か求めなさい。

考え方　内角の和$=180°×(n-2)$，外角の和$=360°$

[1] 多角形の内角の和，外角の和
　① n 角形の　内角の和は　　$180°×(n-2)$
　② 多角形の　外角の和は　　$360°$

外角の和 とは，各頂点で1つずつとった外角の和のことである。
なお，多角形では，その一部が **へこんだ** ものは除いている。

[2] 正多角形の1つの内角，外角
正多角形では内角の大きさはすべて等しい。
したがって，また，外角の大きさもすべて等しい。
　① 正 n 角形の1つの内角は
　　（内角の和）$÷n=\{180°×(n-2)\}÷n$
　② 正 n 角形の1つの外角は　　$360°÷n$

解答

(1) 十八角形の内角の和は
　　$180°×(18-2)=2880°$　**答**
　十八角形の外角の和は　$360°$　**答**
　正十八角形の1つの内角の大きさは
　　$2880÷18=160°$　**答**
　正十八角形の1つの外角の大きさは
　　$360÷18=20°$　**答**

(2) 求める多角形を n 角形とすると，内角の和が $900°$ であるから　　$180°×(n-2)=900°$
　両辺を $180°$ でわって
　　　$n-2=5$　　$n=7$
　したがって　**七角形**　**答**

参考　① n 角形は $(n-2)$ 個の三角形に分けられるから，内角の和は $(n-2)$ 個の三角形の内角の総和，すなわち $180°×(n-2)$ となる。

② n 角形の n 個の外角の和は，n 個の平角 $(180°)$ から n 角形の内角の和を除いたものであるから
$180°×n-180°×(n-2)$
$=180°×2=360°$
つまり，n に関係なくつねに $360°$ となる。

練習 73　(1) 十六角形の内角の和，外角の和を求めなさい。また，正十六角形のとき，1つの内角，外角の大きさを求めなさい。

(2) 内角の和が $1440°$ となる多角形は何角形か求めなさい。また，1つの外角が $45°$ である正多角形は正何角形か求めなさい。

例題 74 いろいろな多角形と角

右の図で，∠x の大きさを求めなさい。

(1) (2)

考え方 n 角形の**内角の和**は $180° \times (n-2)$，多角形の**外角の和**は $360°$

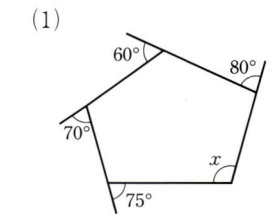

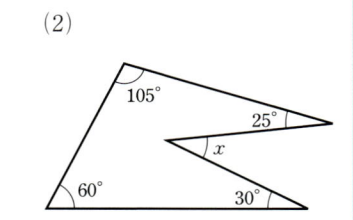

(1) 五角形の 4 つの外角が与えられている。五角形の外角の和が 360° であることから，残り 1 つの外角の大きさを求め，∠x の大きさを求めるとよい。
(2) まず，へこんでいない多角形をつくる。三角形の内角の和は 180° を利用。

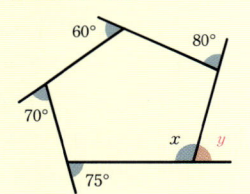

解 答

(1) ∠x の外角の大きさは $180° - ∠x$
外角の和が 360° であるから
$180° - ∠x = 360° - (80° + 60° + 70° + 75°)$
$180° - ∠x = 75°$
よって ∠x = 180° - 75° = **105°** 答

(2) 右の図のように A，B，C，D，E を定める。
四角形 ABCD において
$∠ECD + ∠EDC = 360° - (105° + 60° + 30° + 25°)$
$= 140°$
△CDE において ∠x = $180° - (∠ECD + ∠EDC)$
$= 180° - 140°$
= **40°** 答

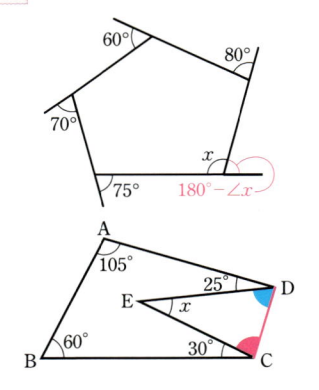

練習 74 右の図で，∠x の大きさを求めなさい。

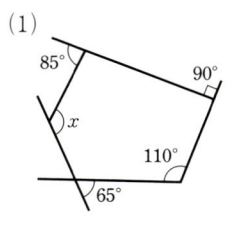

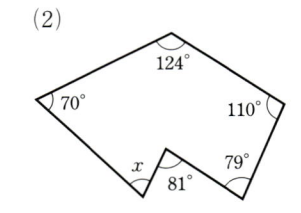

(1) (2)

例題 75 星形の図形の角の和

右の図で
$$\angle a + \angle b + \angle c + \angle d + \angle e$$
は何度になるか求めなさい。

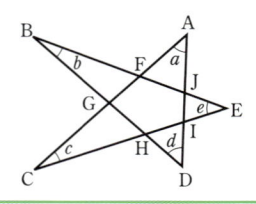

考え方　三角形の角に結びつける

(方針1)　△BDJ，△CEF の外角を考える。→ [解答]
　$\angle DBJ + \angle BDJ = \angle AJF$
　$\angle ECF + \angle CEF = \angle AFJ$ であるから，
　求める5つの角の和は △AFJ の内角の和に等しい。

(方針2)　[図1]　△AFJ，△BGF，△CHG，△DIH，△EJI
　の内角の和の合計から，五角形 FGHIJ の2通りの外角の和をひく。

(方針3)　[図2]　$\angle DBE + \angle CEB = \angle ECD + \angle BDC$ であるから，5つの角の和は △ACD の内角の和に等しい。

[図1]

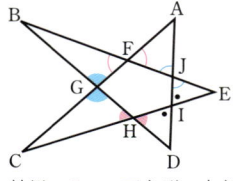

外側の5つの三角形の内角の和の合計 180°×5 から五角形 FGHIJ の2通りの外角の和 360°×2 をひく。

解答

△BDJ で，2つの内角の和
$\angle b + \angle d$ は，頂点 J における
外角 $\angle AJF$ に等しい。
△CEF で，2つの内角の和
$\angle c + \angle e$ は，頂点 F における
外角 $\angle AFJ$ に等しい。
よって　$\angle a + \angle b + \angle c + \angle d + \angle e$
　　　　$= \angle a + \angle AJF + \angle AFJ = \mathbf{180°}$　答

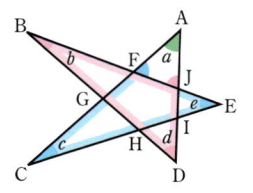

[図2]

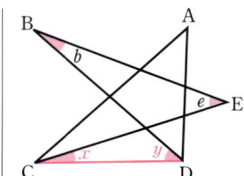

$\angle b + \angle e = \angle x + \angle y$
（p.120）から求める5つの角の和は △ACD の内角の和 180° に等しい。

参考　頂点の数が 7，9，…… の奇数個の星形の図形について，例題と同様な角の総和は 180° になることが知られている（p.144 入試対策問題7参照）。

練習 75　右の図で，$\angle x$ の大きさを求めなさい。

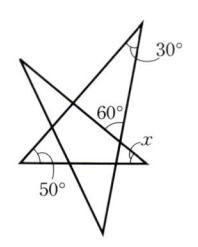

EXERCISES

61 次の図で，∠x の大きさを求めなさい。　　　…▶例題 70, 71

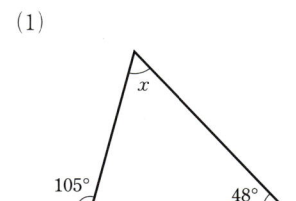

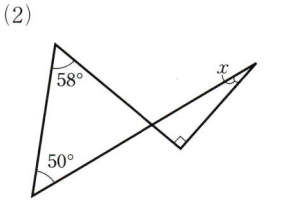

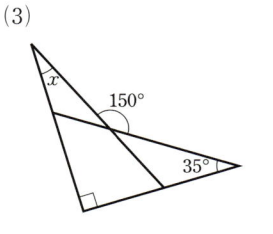

(1)　　　　　　　(2)　　　　　　　(3)

62 (1) △ABC で，∠A，∠B，∠C の大きさの比が 1：2：3 であるとき，∠A の大きさを求めなさい。また，△ABC は鋭角三角形，直角三角形，鈍角三角形のどれであるか答えなさい。　　…▶例題 72, 73

(2) 内角の和が 2340° となる多角形は何角形か求めなさい。

(3) 1 つの内角が 165° である正多角形は正何角形か求めなさい。

63 次の図で，∠x の大きさを求めなさい。　　　…▶例題 74

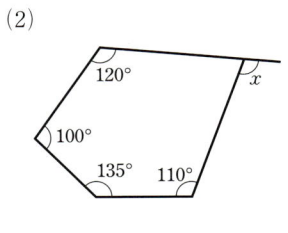

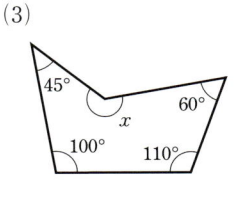

(1)　　　　　　　(2)　　　　　　　(3)

64 右の図で ℓ // m のとき，∠x = ◻° である。◻ をうめなさい。　　〔暁〕　…▶例題 64, 70

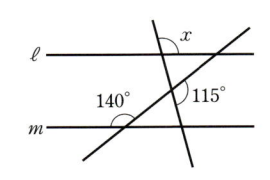

65 右の図で ∠a + ∠b + ∠c + ∠d + ∠e + ∠f は何度になるか求めなさい。　　　…▶例題 75

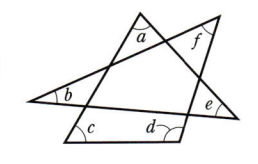

この項の要点整理　テスト対策　これだけはおさえておこう！

⑫ 三角形の合同

1 合同な図形

① **合同**　平面上の2つの図形で，一方が他方にぴったり重なるとき，2つの図形は **合同** である。

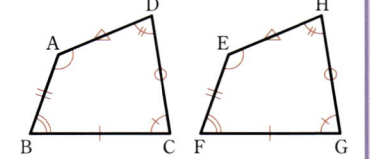

② **合同な図形の性質**　合同な図形では
  [1] 対応する **線分の長さは等しい。**
  [2] 対応する **角の大きさは等しい。**

③ 2つの図形が合同であることを表すのに，記号 ≡ を使って **四角形 ABCD ≡ 四角形 EFGH** のように書く。

このとき，対応する **頂点は順に並べて書く。**

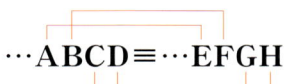

2 三角形の合同条件

[1] **3組の辺**　　　[2] **2組の辺とその間の角**　　　[3] **1組の辺とその両端の角**

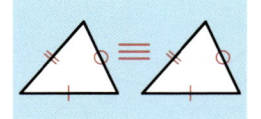

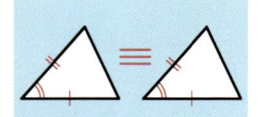

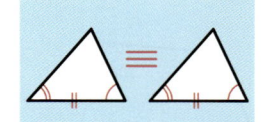

が，それぞれ等しいとき，この2つの三角形は合同である。

  [1] **3組の辺の合同**
  [2] **2組の辺とその間の角の合同**
  [3] **1組の辺とその両端の角の合同**

ということがある。

注意　2組の辺と1つの角が等しいだけでは，合同とは限らない。

「2組の辺とその間の角」ではなくて，右の図のように

AB＝DE，AC＝DF，∠B＝∠E

とすると，2通りの三角形がある場合があり，△ABC と △DEF が合同であるとは限らない。

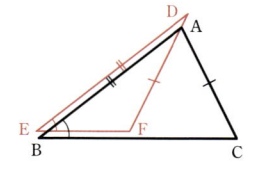

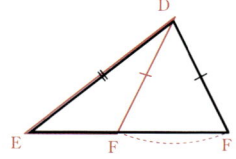

例題 76 合同な図形

右の図で
　四角形 ABCD≡四角形 EFGH
であるとき，x の値と ∠y，∠z
の大きさを求めなさい。

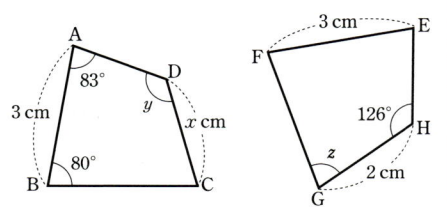

考え方　対応する辺，対応する角は等しい

合同な2つの図形　一方の図形をずらしたり，裏返したりすることによって，他方の図形に重ね合わせることができる。重なり合う頂点，辺，角をそれぞれ **対応する頂点，対応する辺，対応する角** という。
合同の記号≡　合同な2つの図形は対応する頂点を順に並べて，≡ を使って表す。
合同な図形の性質
① 対応する線分の長さは等しい
② 対応する角の大きさは等しい

　　　△ABC≡△DEF のとき
　① AB=DE，BC=EF，CA=FD
　② ∠A=∠D，∠B=∠E，∠C=∠F

解 答

四角形ABCD≡四角形EFGH であるから
　　CD=**GH**　　　$x=$**2**
　　∠D=**∠H**　　∠$y=$**126°**
　　∠C=**∠G**　　∠C=**∠z**
四角形 ABCD において，内角の和は 360° であるから
　∠z=∠C
　　=360°−(∠A+∠B+∠D)
　　=360°−(83°+80°+126°)
　　=71°
答　$x=2$，∠$y=126°$，∠$z=71°$

① 対応する辺の長さは等しい。
AB=EF，BC=FG，
CD=GH，DA=HE
② 対応する角の大きさは等しい。
∠A=∠E，∠B=∠F
∠C=∠G，∠D=∠H

練習 76

右の図で四角形 ABCF≡四角形 DCBE であるとき，x の値と ∠y，∠z の大きさを求めなさい。

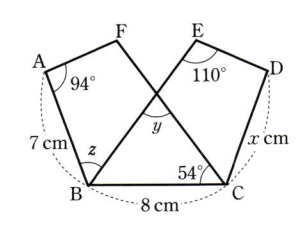

例題 77　三角形の合同条件

右の図において，合同な三角形を見つけ出し，記号≡を使って表しなさい。また，そのとき使った合同条件を答えなさい。

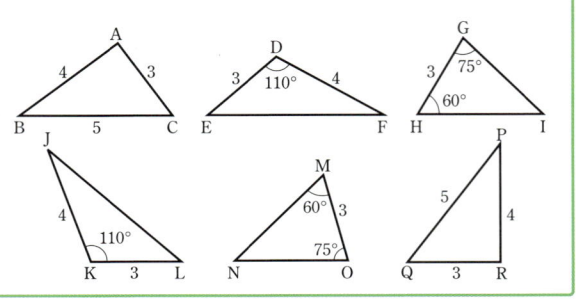

考え方
① 3組の辺　② 2組の辺とその間の角　③ 1組の辺とその両端の角

三角形の合同条件

　① 3組の辺　　② 2組の辺とその間の角　　③ 1組の辺とその両端の角

がそれぞれ等しいとき，2つの三角形は **合同** である。
（「3組の辺」とは「3組の辺の長さ」を表す。）
合同の記号≡を使うときは，対応する頂点の順に並べて書くこと。
頂点AとD，頂点BとE，頂点CとFがぴったり重なるとき △ABC≡△DEF と書く。

解答

△ABC と △RPQ は AB=RP，BC=PQ，CA=QR
3組の辺がそれぞれ等しい から　　　△ABC≡△RPQ　答

△DEF と △KLJ は DE=KL，DF=KJ，∠D=∠K
2組の辺とその間の角がそれぞれ等しい から
　　　　　　　△DEF≡△KLJ　答

△GHI と △OMN は GH=OM，∠G=∠O，∠H=∠M
1組の辺とその両端の角がそれぞれ等しい から
　　　　　　　△GHI≡△OMN　答

三角形の合同条件で，②は，2組の辺と1角だけでは合同でない場合がある。
また，③は，1組の辺と2つの角だけでは合同でない場合がある。

練習 77
次の三角形のうち，合同な三角形を見つけ出し，記号≡を使って表しなさい。また，そのとき使った合同条件を答えなさい。

① AB=5 cm，BC=6 cm，CA=8 cm
② DE=5 cm，∠DEF=60°，EF=8 cm
③ GH=8 cm，HI=5 cm，∠GHI=60°
④ JK=5 cm，∠LJK=60°，∠LKJ=80°
⑤ MN=6 cm，NO=5 cm，OM=8 cm
⑥ ∠QRP=60°，∠RPQ=80°，PR=5 cm

EXERCISES

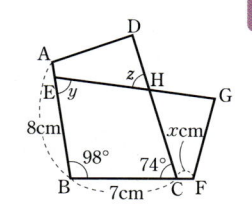

66 右の図において，四角形 ABCD≡四角形 FBEG であるとき，x の値と $\angle y$，$\angle z$ の大きさを求めなさい。
… ▶例題 76

67 次の図において，合同な三角形を見つけ出し，記号≡を使って表しなさい。また，そのとき使った合同条件を答えなさい。
… ▶例題 77

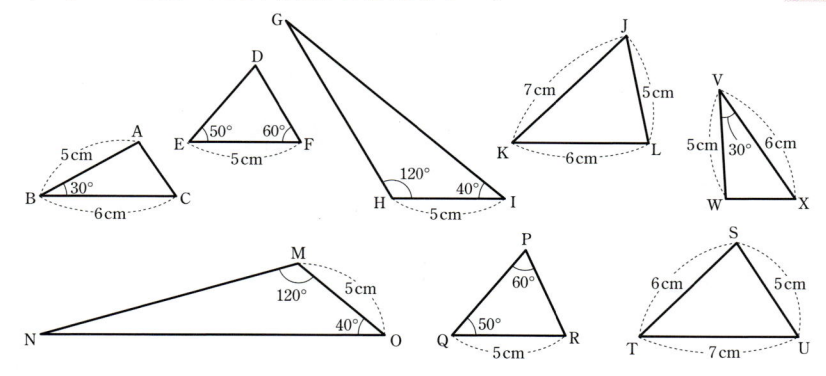

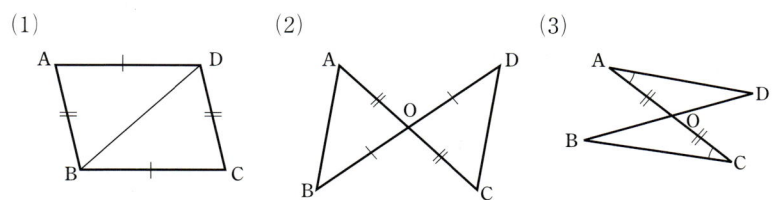

68 次の図において，それぞれの 2 つの三角形は合同であるか，合同である場合は記号で答えなさい。ただし，それぞれの図で，同じ記号がついた辺や角は等しいものとする。
… ▶例題 77

(1)　　　(2)　　　(3)

69 次のような 2 つの三角形で合同であるといえるものを選びなさい。

(A) 1 辺の長さが 5 cm である 2 つの正三角形
(B) 等しい辺の長さがともに 5 cm である 2 つの二等辺三角形
(C) 3 つの角がそれぞれ 50°，60°，70° である 2 つの三角形
(D) 3 つの辺がそれぞれ 5 cm，6 cm，10 cm である 2 つの三角形
(E) ともに 1 つの辺が 5 cm，2 つの角が 50°，60° である 2 つの三角形

… ▶例題 77

この項の要点整理
テスト対策 これだけはおさえておこう！

⑬ 証明

1 仮定と結論

ことがら「㋐ ならば ㋑」について
㋐が 与えられてわかっていること
㋑が ㋐から導こうとしていること
であるとき
㋐の部分が 仮定
㋑の部分が 結論

|仮定| ならば |結論|

例 右の図で （例題78参照）
(1) OA=OB，OC=OD ならば AC=BD
(2) ACとBDが平行であるとき
　　　OA=OB ならば OC=OD
について，仮定と結論は，次のようになる。
(1) 仮定 OA=OB, OC=OD　　結論 AC=BD
(2) 仮定 AC∥BD, OA=OB　　結論 OC=OD

2 証明の流れ

① **証明** あることがらが成り立つことを，すじ道を立てて明らかにすることを **証明** という。証明ではすでに正しいと認められていることがらを根拠とする。

② **証明の手順**
　[1] 図をかき，仮定と結論をはっきりさせる。
　[2] 仮定から得られることがらと結論を結びつける。

証明
|仮定| ならば |結論|
　　　↑
正しいと認められたことがら

3 証明の根拠となることがら

① **対頂角** 対頂角は等しい。
② **平行線の性質** 2つの直線が平行ならば，同位角，錯角が等しい。
③ **平行線になる条件** 同位角，錯角が等しいならば，この2つの直線は平行である。
④ **三角形の内角の和** 3つの内角の和は180°である。
⑤ **三角形の内角と外角** 1つの外角は，それととなり合わない2つの内角の和に等しい。
⑥ **多角形の内角と外角** n角形の内角の和は $180° \times (n-2)$，外角の和は360°
⑦ **合同な図形の性質** 対応する線分の長さや角の大きさはそれぞれ等しい。
⑧ **三角形の合同条件** 2つの三角形は，次のどれかが等しいとき合同である。
　[1] 3組の辺　[2] 2組の辺とその間の角　[3] 1組の辺とその両端の角

例題 78 仮定と結論

右の図で，次の(1), (2), (3)が成り立つ。
このことがらを，仮定と結論に分けなさい。
(1)　OA=OB，OC=OD ならば AC=BD
(2)　OA=OB，∠C=∠D ならば OC=OD
(3)　線分 AC と BD が平行であるとき
　　　　　OA=OB ならば OC=OD

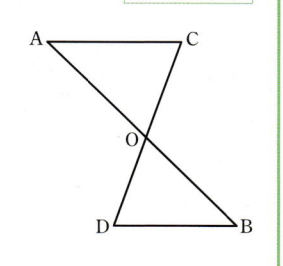

考え方　（仮定） ならば （結論）

ことがら "㋐ **ならば** ㋑" について
　㋐が **与えられてわかっていること**
　㋑が **㋐から導こうとしていること**
であるとき　　㋐の部分が **仮定**
　　　　　　　㋑の部分が **結論**
である。
(3)で「線分 AC と BD が平行である」が **仮定** であるが，文章より式で書いて
AC∥BD とすることが多い。

解 答

(1)　仮定　OA=OB，OC=OD　　　結論　AC=BD　圏
(2)　仮定　OA=OB，∠C=∠D　　　結論　OC=OD　圏
(3)　仮定　AC∥BD，OA=OB　　　結論　OC=OD　圏

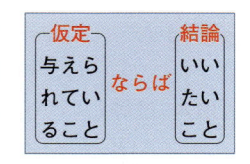

仮定　ならば　結論
与えられていること　　いいたいこと

参考
「3組の辺がそれぞれ等しい2つの三角形は合同である。」
の仮定と結論
　2つの三角形 △ABC，△DEF において
　　仮定　AB=DE，BC=EF，CA=FD
　　結論　△ABC≡△DEF

参考のように，文章だけで与えられたことがらを，記号や式を用いていいかえる場合もある。

練習 78　次のことがらについて，仮定と結論を答えなさい。
(1)　△ABC≡△DEF ならば AB=DE である。
(2)　四角形 ABCD≡四角形 EFGH ならば 四角形 ABCD=四角形 EFGH である。
(3)　3直線 ℓ, m, n について，$\ell \parallel m$, $m \parallel n$ ならば $\ell \parallel n$ である。
(4)　線分 AB と線分 CD がそれぞれの中点Mで交わる ならば 線分 AC と BD は平行である。

例題 79　証明のしくみ

右の図で，線分 AB と CD の交点を O とするとき，次のことがらを証明しなさい。ただし，対頂角の性質を用いてよいものとする。

　　OA＝OB，OC＝OD ならば AC＝BD

(例題 78 (1) の証明)

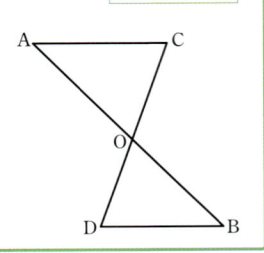

考え方　証明は仮定から結論へ　根拠を明確に，すじ道立てて

あることがらを正しいことやすでに正しいと認められていることがらを根拠にして，すじ道を立てて明らかにすることを **証明** という。

証明の流れ　[1]　仮定と結論をはっきりさせる。
　　　　　　　　　つまり，何（仮定）から何（結論）を導くかを明確にする。
　　　　　　　[2]　仮定をもとに，1つ1つのことがらの根拠を明らかにして，結論を導く。

解答

△OAC と △OBD において

仮定 から　　OA＝OB ……①
　　　　　　　OC＝OD ……②

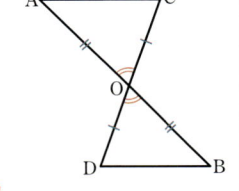

対頂角 は等しいから
　　　　　　　∠AOC＝∠BOD ……③

①，②，③より　**2組の辺とその間の角**
がそれぞれ等しいから
　　　　　　　△OAC≡△OBD ……④

合同な図形では，**対応する線分の長さ** が等しいから
　　　　　　　AC＝BD ……⑤

仮定から結論を導く。

証明の流れ
△OAC と △OBD で
① ⎫ **仮定** ⎰ OA＝OB,
② ⎭　　　⎱ OC＝OD
　　対頂角の性質
③　∠AOC＝∠BOD
　　三角形の合同条件
④　△OAC≡△OBD
　　合同な図形の性質
⑤　**結論** AC＝BD

練習 79　右の図で，次の(1)，(2)が成り立つことを証明しなさい。ただし，対頂角の性質，平行線と同位角・錯角の性質，三角形の内角の性質を用いてよいものとする。

(1)　OA＝OB，∠C＝∠D ならば OC＝OD

(2)　線分 AC と BD が平行であるとき OA＝OB ならば OC＝OD

(例題 78 (2), (3) の証明)

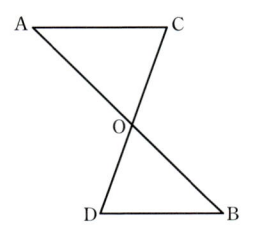

◆証明でよく使う性質（根拠となることがら）◆

証明の中で，根拠としてよく使われることがらをまとめておく。
このようなものを **定理** という。

🟢 対頂角
① 対頂角は等しい。

🟢 平行線と同位角・錯角
平行線の性質
② 2つの直線が平行ならば同位角・錯角が等しい。

平行線になる条件
③ 同位角または錯角が等しいならば，この2つの直線は平行である。

🟢 三角形の内角・外角の性質
④ 三角形の3つの内角の和は180°である。
⑤ 三角形の1つの外角は，それととなり合わない2つの内角の和に等しい。

🟢 多角形の内角・外角の性質
⑥ n 角形の内角の和は $180° \times (n-2)$ である。
⑦ 多角形の外角の和は360°である。

🟢 合同な図形
合同な図形の性質
⑧ 合同な図形の対応する線分の長さや角の大きさはそれぞれ等しい。

三角形の合同条件
⑨ 2つの三角形は，次の各場合に合同である。
[1] 3組の辺　[2] 2組の辺とその間の角
[3] 1組の辺とその両端の角
がそれぞれ等しいとき。

> **注意**　[2] 2組の辺と1つの角がそれぞれ等しくても，合同とは限らない。

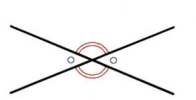

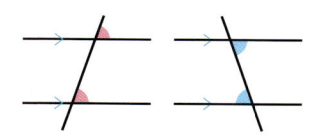

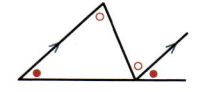

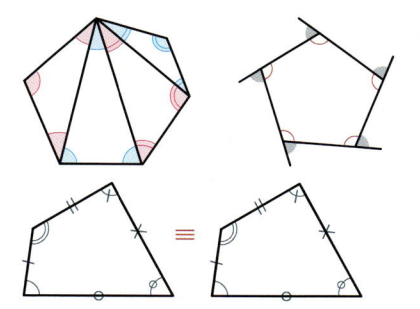

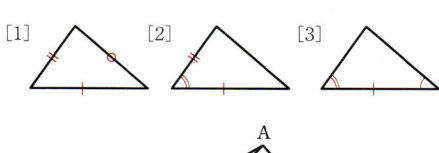

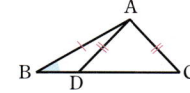

例題 80 線分の長さが等しいことの証明

右の図のように，AD∥BC である四角形 ABCD の辺 CD の中点を E とし，線分 AE の延長と BC の延長との交点を F とする。このとき，AE＝FE であることを証明しなさい。

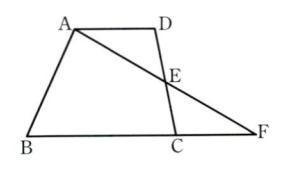

考え方 線分をふくむ三角形の合同を考える

結論 **AE＝FE** に注目 ⟶ 線分 AE，FE を辺にもつ **三角形の合同** がいえないか？
図から △AED≡△FEC ではないか？
仮定から　**DE＝CE**　　対頂角から　**∠AED＝∠FEC**
残った仮定 AD∥BC から，錯角を考えて　**∠ADE＝∠FCE**
この3つで，△AED≡△FEC が示されて，結論 AE＝FE がいえる。

CHART　証明　図をかき　仮定と結論　をはっきりさせる
　　　　　線分や角の＝は　三角形の合同　にもちこむ
　　　　　結論から　反対に導く　ことも考える

解　答

△AED と △FEC において
仮定 から　DE＝CE　……①
仮定 AD∥BC より，平行線の **錯角** は等しいから
　　∠ADE＝∠FCE　……②
また，**対頂角** は等しいから
　　∠AED＝∠FEC　……③
①，②，③より，**1組の辺とその両端の角** がそれぞれ等しいから　　△AED≡△FEC
合同な図形では **対応する線分の長さ** が等しいから
　　AE＝FE

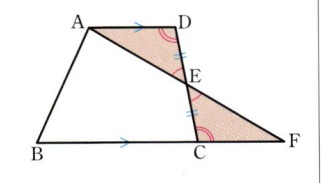

図の等しい辺や角にしるしをつける。

仮定から①，②，③を導き
　　△AED≡△FEC
　　　⇓
　　AE＝FE

練習 80　右の図のように，平行な2直線 ℓ，m があり，ℓ 上の点 A と m 上の点 B を結ぶ線分 AB の中点を O とする。点 O を通る直線 n が ℓ，m と交わる点を，それぞれ P，Q とするとき，AP＝BQ であることを証明しなさい。

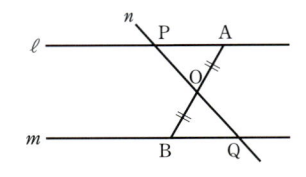

例題 81 角の大きさが等しいことの証明

右の図は，∠AOB の二等分線を作図する方法を示したものである。半直線 OR は ∠AOB の二等分線であることを証明しなさい。

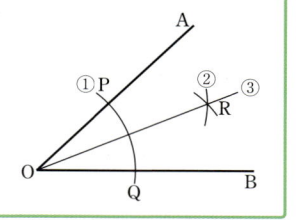

考え方 角をふくむ三角形の合同を考える

中学1年で学んだ作図が正しいことを証明する問題である。

作図　① 点Oを中心とする円をかき，辺 OA，OB との交点をそれぞれ P，Q とする。
　　　② 2点 P，Q をそれぞれ中心とし，同じ半径の円をかき，交点の1つを R とする。
　　　③ 半直線 OR をひく。
① 円Oの周上に2点 P，Q があるから　OP＝OQ
② 中心が P，Q，同じ半径の2円の交点が R であるから　PR＝QR

CHART　証明　角の＝ は 三角形の合同 にもちこむ

解答

点Pと R，点Qと R を結ぶ。
△POR と △QOR において
作図から　**OP＝OQ，PR＝QR**
また　　　**OR** は共通
3組の辺 がそれぞれ等しいから
　　　　　△POR≡△QOR
したがって　∠POR＝∠QOR
これから，半直線 OR は ∠AOB の二等分線である。

△POR と △QOR で
OP＝OQ，PR＝QR，
OR は共通
↓ 三角形の合同条件
△POR≡△QOR
↓ 合同な図形の性質
∠POR＝∠QOR
↓
半直線 OR は
∠AOB の二等分線

練習 81　右の図は，線分 AB を1辺として ∠XOY に等しい角 ∠CAB を作図する方法を示したものである。
　　　∠CAB＝∠XOY
であることを証明しなさい。

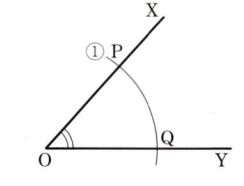

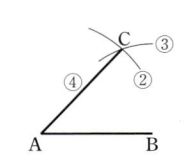

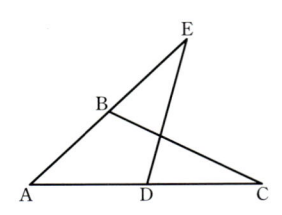

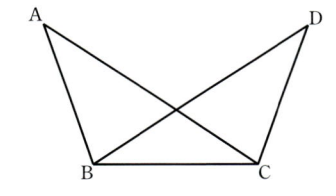

EXERCISES

70 3直線 ℓ, m, n について，次のことがら(1), (2)を仮定と結論に分けなさい。また，(1), (2)が成り立つことを証明しなさい。　…▶例題 78, 79

(1) $m /\!/ \ell$, $n /\!/ \ell$ ならば $m /\!/ n$

(2) $m /\!/ \ell$, $n \perp \ell$ ならば $m \perp n$

71 右の図で
　　AB=AD，BE=DC
ならば
　　BC=DE
であることを証明しなさい。　…▶例題 79, 80

72 右の図で
　　AB=DC，AC=DB
ならば
　　∠BAC=∠CDB
であることを証明しなさい。　…▶例題 79, 81

73 右の図で
　　AB∥DC，AD∥BC
ならば
　　AB=CD，AD=CB
であることを証明しなさい。　…▶例題 79, 80

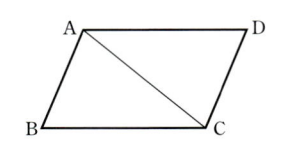

74 右の図は，直線 ℓ と ℓ 上にない点Aについて，点Aを通り，ℓ に平行な直線を作図する方法を示したものである。直線AB は ℓ に平行であることを証明しなさい。　…▶例題 81

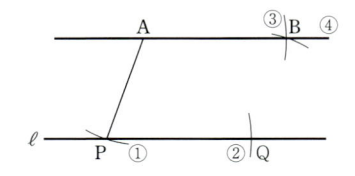

Column

◆多角形◆

1. 多角形の対角線の数

多角形のとなり合わない頂点を結ぶ線分を，その多角形の **対角線** という。n 角形について，対角線の数を考えてみよう。

対角線は，1つの頂点から $(n-3)$ 本ひくことができる。
頂点は n 個あるから，$n(n-3)$ 本ひくことができるが，1本の対角線は，2つの頂点を結んでいるから，2度ずつ数えられている。

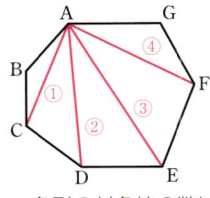

7 角形の対角線の数は
$\frac{1}{2} \times 7 \times (7-3) = 14$（本）

したがって，n 角形の対角線の数は $\frac{1}{2}n(n-3)$ 本である。

2. 1種類で平面を敷きつめることができる正多角形

1種類の正 n 角形（n は 3 以上の整数）で平面を敷きつめることを考える。

[1] いくつかの正 n 角形を 1 つの頂点に集めてすきまなく，重ならないようにするには，内角のいくつかの和が 360° でなければならない。

[2] 1つの頂点には，3つ以上の内角が集まるから，$360° \div 3 = 120°$ より，正 n 角形の内角は 120° 以下でなければならない。

[3] 正 n 角形の内角は $180° - 360° \div n$ である。

[4] $n=3$ のとき　正三角形の 1 つの内角は 60° で 6 個集まる。

　　　$n=4$ のとき　正方形の 1 つの内角は 90° で 4 個集まる。

　　　$n=5$ のとき　$180° - 360° \div 5 = 108°$ であるから，正五角形の 1 つの内角は 108°
　　　しかし，1つの頂点に集まる正五角形が
　　　　　　　3 個のとき　$108° \times 3 = 324°$ で，360° より小さく
　　　　　　　4 個のとき　$108° \times 4 = 432°$ で，360° をこえてしまう
　　　から，正五角形では平面を敷きつめることはできない。

　　　$n=6$ のとき　正六角形の 1 つの内角は 120° で 3 個集まる。

　　　n が 7 以上のときは，正 n 角形の 1 つの内角が 120° をこえてしまう。

以上から，正三角形，正方形，正六角形の 3 種類しかないことがわかる。

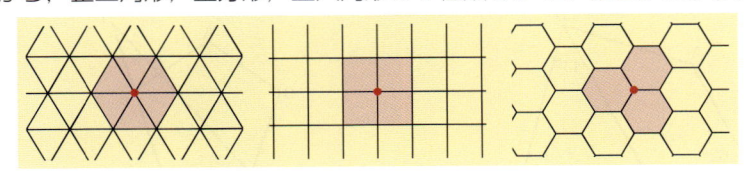

定期試験対策問題

1 右の図において，平行となる辺の組をすべてあげなさい。また，その理由も答えなさい。　…▶例題 64, 65

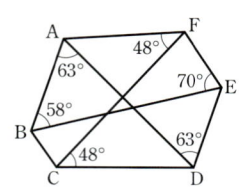

2 次の図で，$\ell \mathbin{/\mkern-2mu/} m$ のとき，$\angle x$ の大きさを求めなさい。　…▶例題 66, 67

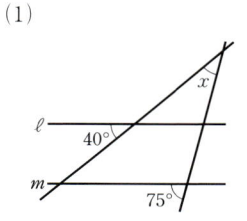

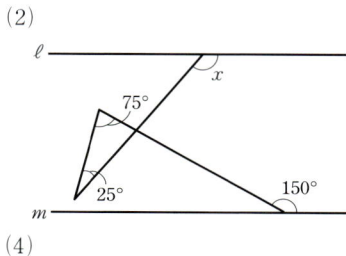

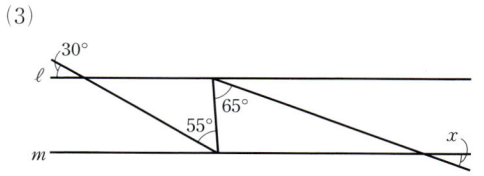

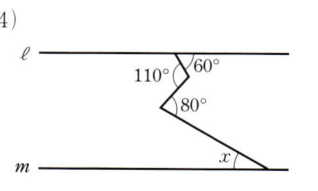

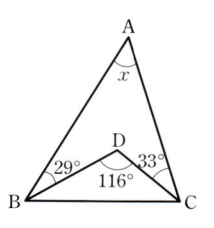

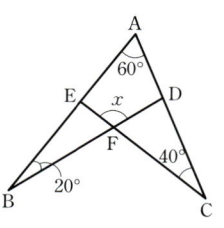

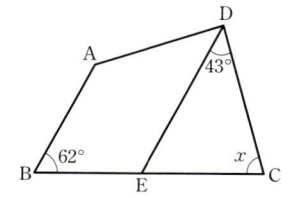

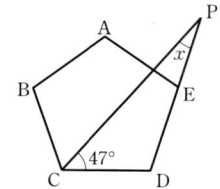

(1)

(2)

(3)

(4)

3 次の図の $\angle x$ の大きさを求めなさい。ただし，(3)は $AB \mathbin{/\mkern-2mu/} DE$，(4)は正五角形 ABCDE とする。　…▶例題 70, 71, 74

(1)

(2)

(3)

(4)

4 次の場合に，△ABC は鋭角三角形，直角三角形，鈍角三角形のどれか答えなさい。　…▶例題 72

(1) ∠A＝∠B＋∠C を満たすとき

(2) ∠A：∠B：∠C＝1：2：6 のとき

(3) ∠A が ∠B より 10° 大きく，∠B が ∠C より 10° 大きいとき

5 (1) 五角形の内角の大きさの割合が 2，3，4，5，6 のとき，その内角の大きさを求めなさい。

(2) 内角の和が 3240° である多角形は何角形か答えなさい。また，この多角形が正多角形のとき，1つの外角の大きさを求めなさい。　…▶例題 73

6 右の図において，∠x の大きさを求めなさい。

〔岡山白陵高〕　…▶例題 74

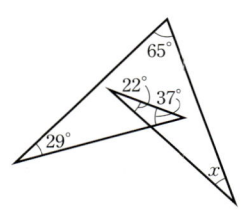

7 図の印をつけた角の和を求めなさい。　〔名古屋高〕

…▶例題 75

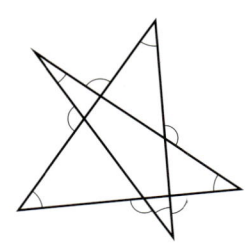

8 次のことがらを，仮定と結論に分けなさい。　…▶例題 78

(1) 四角形 ABCD が長方形であるならば ∠A は直角である。

(2) △ABC で，∠A が鈍角であるならば ∠A＞∠B である。

9 右の図で，AB＝AC，AD＝AE である。このとき
∠ABE＝∠ACD
であることを証明しなさい。　…▶例題 79，81

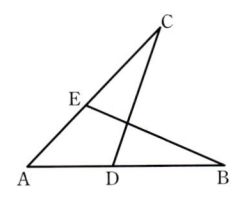

10 右の図で，線分 DF，EF はそれぞれ ∠ADE，∠BED の二等分線である。このとき，∠F＝90° ならば $\ell \parallel m$ であることを証明しなさい。　…▶例題 68，71，79

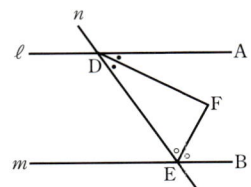

発展 例題 82　三角形と角の二等分線

右の図は，△ABC において，∠B の二等分線と ∠C の二等分線との交点を I としたものである。∠A＝∠a，∠BIC＝∠x とするとき，∠x を ∠a で表しなさい。

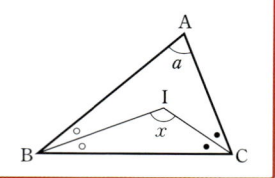

考え方　2 つの三角形に共通な角に注目，内角の和＝180°
△ABC で　∠ABC＋∠ACB＝180°－∠a
△IBC で　　　　　∠BIC＝180°－(∠IBC＋∠ICB)
∠IBC＋∠ICB＝$\frac{1}{2}$(∠ABC＋∠ACB) より ∠IBC＋∠ICB を ∠a で表す。

解答

△ABC で，内角の和は 180° であるから
　∠ABC＋∠ACB＝180°－∠A＝180°－∠a
また，∠IBC＝$\frac{1}{2}$∠ABC，∠ICB＝$\frac{1}{2}$∠ACB であるから
　∠IBC＋∠ICB＝$\frac{1}{2}$∠ABC＋$\frac{1}{2}$∠ACB
　　　　　　　＝$\frac{1}{2}$(∠ABC＋∠ACB)
　　　　　　　＝$\frac{1}{2}$(180°－∠a)＝90°－$\frac{∠a}{2}$　……①
△IBC で，内角の和は 180° であるから
　∠x＝180°－(∠IBC＋∠ICB)
①から　∠x＝180°－$\left(90°－\frac{∠a}{2}\right)$＝90°＋$\frac{∠a}{2}$

答　∠x＝90°＋$\frac{∠a}{2}$

△ABC で
∠a＋∠ABC＋∠ACB
　　　　＝180°
より ∠ABC＋∠ACB
　　　　＝180°－∠a
また
　∠IBC＋∠ICB
＝$\frac{1}{2}$(∠ABC＋∠ACB)
＝$\frac{1}{2}$(180°－∠a)
△IBC で
∠x＋∠IBC＋∠ICB
　　　　＝180°
∠a で表した
∠IBC＋∠ICB
を代入する。

練習 82　右の図は，△ABC において，∠B の外角の二等分線と ∠C の外角の二等分線との交点を I としたものである。∠A＝∠a，∠BIC＝∠x とするとき，∠x を ∠a で表しなさい。

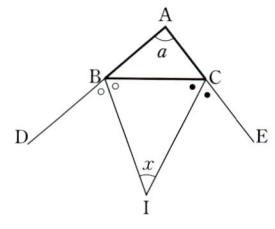

発展 例題 83 折り目の角度

右の図のように，正三角形 ABC を頂点 A が辺 BC 上にくるように折る。このとき，$\angle a + \angle b = 120°$ であることを証明しなさい。

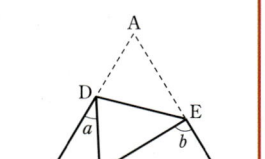

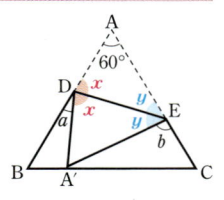

考え方 直線のつくる角は 180°，内角の和 = 180°

折り返した角はもとの角と等しいから，$\angle ADE = \angle A'DE$，$\angle AED = \angle A'ED$
次の解答のように，$\angle ADE = \angle x$，$\angle AED = \angle y$ とおいて，$\angle x$，$\angle y$ をそれぞれ $\angle a$，$\angle b$ で表す。

解答

右の図のように，$\angle ADE = \angle x$，$\angle AED = \angle y$ とすると，線分 DE を折り目として折ったから

$\angle A'DE = \angle x$，$\angle A'ED = \angle y$

直線のつくる角は 180° であるから

$\angle ADE + \angle A'DE + \angle A'DB = 180°$
$\angle x + \angle x + \angle a = 180°$　　$2\angle x = 180° - \angle a$

よって　　$\angle x = 90° - \dfrac{1}{2}\angle a$

同様に考えて　　$\angle y = 90° - \dfrac{1}{2}\angle b$

△ADE で，内角の和は 180° であり，$\angle EAD = 60°$ であるから

$60° + \angle x + \angle y = 180°$
$60° + (90° - \dfrac{1}{2}\angle a) + (90° - \dfrac{1}{2}\angle b) = 180°$

よって　$\angle a + \angle b = 120°$

三角形の内角の和 = 180°
$60° + \angle x + \angle y = 180°$
から
$60° + \left(90° - \dfrac{1}{2}\angle a\right)$
$+ \left(90° - \dfrac{1}{2}\angle b\right) = 180°$
$\dfrac{1}{2}\angle a + \dfrac{1}{2}\angle b = 60°$
$\dfrac{1}{2}(\angle a + \angle b) = 60°$
よって
$\angle a + \angle b = 120°$

練習 83

テープを，右の図のように線分 AB を折り目として折る。このとき

$\angle a = \angle b$

であることを証明しなさい。

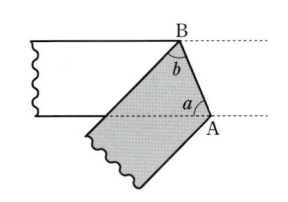

発展 例題 84　2つの正方形

右の図のように，△ABC の外側に，辺 AB，AC を1辺とする正方形 ABDE，ACFG をつくるとき
　　　BG＝EC
であることを証明しなさい。

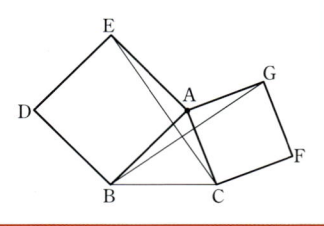

考え方　辺の＝は合同から，等辺，等角に注目

BG＝EC を示すには，BG，EC を辺にもつ三角形の合同を考える。

CHART　線分や角の＝は　三角形の合同　にもちこむ

正方形が2つ。　→　AB＝AE，AC＝AG
　　　　　　　　→　△ABG と △AEC の合同にもちこむ。

2辺が等しいことがわかったから，残りはその間の角 ∠BAG と ∠EAC を調べる。
正方形の4つの角はすべて 90° であるから　∠GAC＝∠EAB＝90°
よって，∠BAG＝∠BAC＋90°，∠EAC＝90°＋∠BAC であることに注目する。

解答

△ABG と △AEC において
正方形の2辺であるから
　　　AB＝AE ……①
　　　AG＝AC ……②
また，正方形の内角であるから
　　　∠GAC＝∠EAB＝90°
　　　∠BAG＝∠BAC＋∠GAC　　∠EAC＝∠EAB＋∠BAC
よって　　**∠BAG＝∠EAC** ……③
①，②，③より，**2辺とその間の角**がそれぞれ等しいから
　　　　△ABG≡△AEC
したがって　　BG＝EC

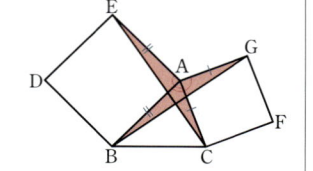

△ABG を点Aのまわりに 90° 回転すると △AEC に重なり BG＝EC

∠BAG＝∠BAC＋90°
∠EAC＝90°＋∠BAC
から ∠BAG＝∠EAC である。

練習 84　線分 AB 上の1点をCとし，線分 AC，BC をそれぞれ1辺とする正三角形 ACD，BCE をつくるとき，AE＝BD であることを証明しなさい。

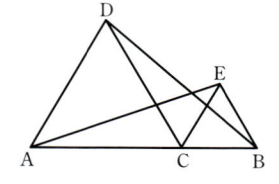

入試対策問題

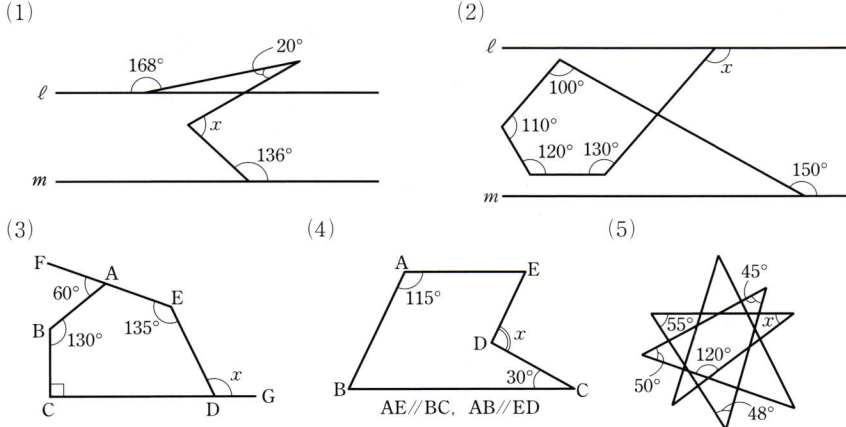

1 次の図で，∠x の大きさを求めなさい。ただし，(1), (2)は，$\ell \mathbin{/\mkern-5mu/} m$ である。

(1)   (2)

(3)   (4)   (5)
                   AE∥BC，AB∥ED

2 (1) 1つの外角の大きさが20°である正多角形は正何角形か求めなさい。
(2) 内角の和が1260°の多角形は何角形か求めなさい。
(3) 五角形があり，その5個の内角の大きさは5度ずつ大きくなっている。そのうち，もっとも大きい角の大きさを求めなさい。

3 右の図において，∠x の大きさを求めなさい。　〔海星高〕

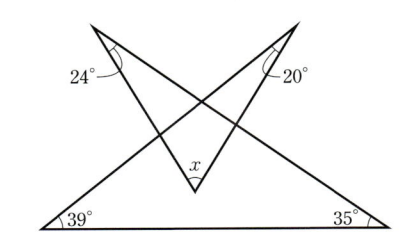

4 右の図のように，正五角形 ABCDE の辺 BC と，正六角形 FGHIJK の辺 FG は，点Pで交わっている。
また，平行な2つの直線 ℓ，m について，直線 ℓ は点Eを通り辺 AB と点Qで交わり，直線 m は点Hを通り辺 IJ と点Rで交わっている。
∠AEQ＝25°，∠IHR＝10° のとき，∠FPC の大きさを求めなさい。　〔東京〕

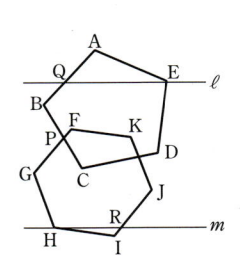

5 次の図で，同じ印がある角度が等しいとき，∠x の大きさを求めなさい。

(1)

(2)

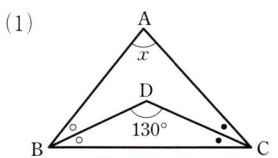

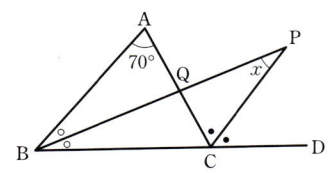

6 右の図の印がついた角の大きさをすべて加えると何度になるか求めなさい。　〔東大寺学園高〕

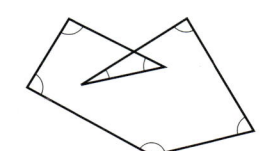

7 図Ⅰは円上の異なる7点を1つ飛ばしに結んだ星形の七角形である。図Ⅱは円上の異なる7点を2つ飛ばしに結んだ星形七角形である。
次の問いに答えなさい。

(1) 図Ⅰの点線で表された七角形 ABCDEFG の内角の和を求めなさい。

(2) 図Ⅰの斜線で表された三角形の内角の和を求めなさい。

(3) 図Ⅰの星形七角形の頂角①から⑦までの和を求めなさい。

(4) 図Ⅱの星形七角形の頂角①から⑦までの和を求めなさい。　〔常磐大学高〕

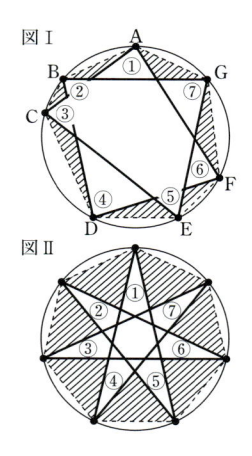

8 次の図のように，幅が一定の紙テープを何回か折った。紙テープで囲まれる部分が次の正多角形になるとき，∠x の大きさを求めなさい。

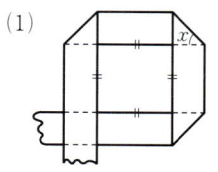

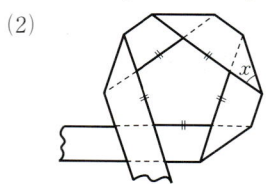

(1)

(2)

9 右の図の四角形 ABCD，DEFG は正方形である。図の ∠x の大きさを求めなさい。　〔智弁学園和歌山高〕

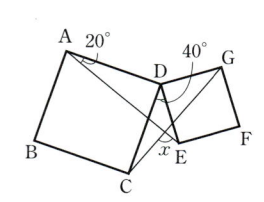

第5章
三角形と四角形

この章で学ぶ問題

二等辺三角形, 正三角形の性質の基本	例題 85, 87	しっかりつかもう。
ことがらの逆	例題 86	しっかりつかもう。
二等辺三角形, 正三角形の性質の利用	例題 88～91, 96	応用力をつけよう。
直角三角形の性質の基本	例題 92	しっかりつかもう。
直角三角形の性質の利用	例題 93～95	応用力をつけよう。
平行四辺形の性質の基本	例題 97, 99, 100	しっかりつかもう。
平行四辺形の性質の利用	例題 98, 101, 102	応用力をつけよう。
いろいろな四角形の性質	例題 103～105	しっかりつかもう。
三角形と等積変形, 面積比	例題 106～109	しっかりつかもう。
やや複雑な図形の問題	例題 110～112	発展問題にチャレンジしてみよう。

この項の要点整理　テスト対策 これだけはおさえておこう！

⑭ 三角形

1 定義と定理

① **定義** ことがらを証明するためには，使うことばの意味をはっきりさせておく必要がある。ことばの意味をはっきり述べたものを **定義** という。

② **定理** 証明されたことがらのうち，重要なものを **定理** という。

定義も証明の根拠として使われる。

2 二等辺三角形

定義 2つの辺が等しい三角形を **二等辺三角形** という。
AB＝AC である二等辺三角形 ABC において
　　等しい辺のつくる ∠A を　　　**頂角**
　　頂角に対する辺 BC を　　　　**底辺**
　　底辺の両端の角 ∠B，∠C を　　**底角**
という。

定理 1　二等辺三角形の2つの底角は等しい。
　　　2　二等辺三角形の頂角の二等分線は底辺を垂直に2等分する。

記号で表すと，△ABC において
　1　AB＝AC　ならば　∠B＝∠C
　2　AB＝AC，∠BAD＝∠CAD
　　ならば　AD⊥BC，BD＝CD

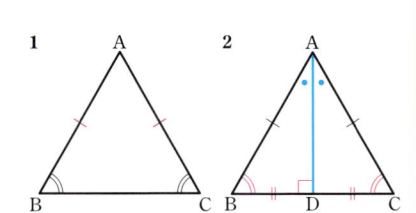

3 正三角形

定義 3辺が等しい三角形を **正三角形** という。

定理 正三角形の3つの内角は等しい。
記号で表すと，△ABC において
　　AB＝BC＝CA　ならば　∠A＝∠B＝∠C

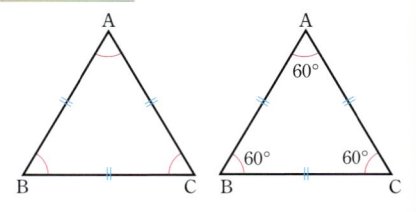

注意 1．正三角形は3辺が等しいから，二等辺三角形であり，その性質をもつ。
　　2．正三角形の内角はすべて 60° である。

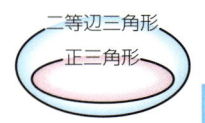

4 ことがらの逆

① 逆　㋐ ならば ㋑ の逆は　㋑ ならば ㋐
② 正しいことがらの逆 でも，正しいとは限らない。
③ あることがらが正しくないことを示すには，反例 を
　1つあげればよい。
　反例 とは，そのことがらが正しくない例である。

例
(1) 右の図のような2直線 ℓ，m と直線 n が交わって
　　できる $\angle a$，$\angle b$ について
　　「$\ell /\!/ m$　ならば　$\angle a = \angle b$」の逆
　　「$\angle a = \angle b$　ならば　$\ell /\!/ m$」は正しい。
(2) 「m，n が偶数ならば $m+n$ は偶数である」の逆
　　「$m+n$ が偶数ならば m と n は偶数である。」は正
　　しくない。
　　反例：$m=1$，$n=3$

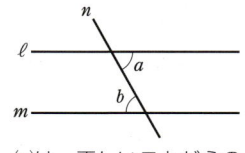

○ならば□ ┐
□ならば○ ┘ 逆

(2)は，正しいことがらの逆が，正しくない例である。

5 二等辺三角形になる条件

定理　2つの角が等しい三角形は二等辺三角形である。
記号で表すと，△ABC において
　　　　$\angle B = \angle C$　ならば　$AB = AC$

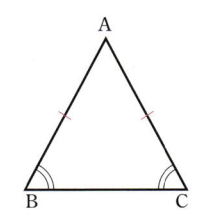

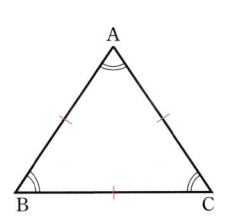

参考　二等辺三角形 ABC では頂角 $\angle A$ の 二等分線，頂点A
から底辺 BC への 垂線，A と辺 BC の中点を結ぶ直線
（中線），底辺 BC の 垂直二等分線 が一致する。逆に，
三角形 ABC で上の4本の直線のうち，2本が一致する と
$AB = AC$ の 二等辺三角形 になる。

6 正三角形になる条件

定理　3つの内角が等しい三角形は正三角形である。

7 直角三角形の合同条件

直角三角形 は，次の各場合も 合同 である。
　[4]　斜辺と1つの鋭角　　[5]　斜辺と他の1辺
がそれぞれ等しいとき。

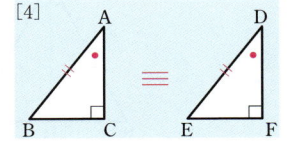

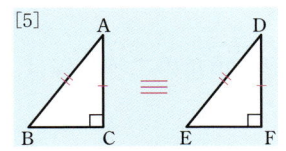

2つの直角三角形において，1つの鋭角が等しいとき，残りの鋭角も等しくなるから，[4]は，1辺とその両端の角の合同条件に導かれる。

例題 85 三角形の定理の証明 (1)

次の定理を証明しなさい。
(1) **定理 1** 二等辺三角形の2つの底角は等しい。
(2) **定理** 正三角形の3つの内角は等しい。

考え方 記号で表す，＝は合同で示す

CHART 証明　図をかき　仮定と結論　をはっきり　させる
線分や角の＝は　三角形の合同　にもちこむ

解答

(1) △ABC において，AB＝AC とする。
辺 BC の中点を M とする。
△ABM と △ACM において
仮定から　**AB＝AC**　…… ①
M は辺 BC の中点であるから
　　　　BM＝CM　…… ②
共通な辺であるから
　　　　AM＝AM　…… ③
①，②，③より，**3組の辺** がそれぞれ等しいから
　　　　△ABM≡△ACM
よって　　∠B＝∠C
したがって，二等辺三角形の2つの底角は等しい。

(2) △ABC が正三角形なら，(1)より
AB＝AC であるから　**∠B＝∠C**
CA＝CB であるから　**∠A＝∠B**
よって　　　　　∠A＝∠B＝∠C
したがって，正三角形の3つの内角は等しい。

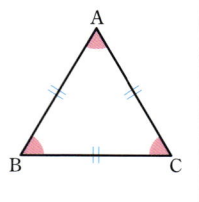

二等辺三角形の定義
2辺が等しい三角形
△ABC で **AB＝AC**

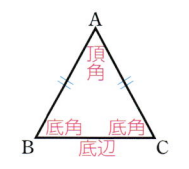

正三角形の定義
3辺が等しい三角形
△ABC で
AB＝BC＝CA

練習 85 二等辺三角形について，次の定理を証明しなさい。
　　定理 2 二等辺三角形の頂角の二等分線は，底辺を垂直に2等分する。

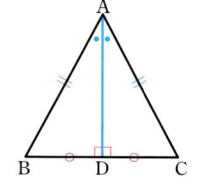

例題 86 ことがらの逆

次のことがらの逆を述べ，それが正しいかどうかを調べなさい。
(1) $a>0$, $b>0$ ならば $a+b>0$
(2) 正三角形ならば二等辺三角形である。
(3) △ABC と △DEF において
　△ABC≡△DEF ならば AB=DE, AC=DF, ∠B=∠E

考え方　逆は「仮定」と「結論」の入れかえ

逆 ことがら「P（仮定）ならばQ（結論）」の逆は「QならばP」
あることがらが正しくても，そのことがらの

　　「逆は正しいとは限らない」

逆「QならばP」について，Qを成り立たせるが，Pを成り立たせない例（**反例**）が1つでも見つかると，逆「QならばP」は正しくない。なお，(1)〜(3)のことがらはすべて正しい。

○ならば□
の逆は
□ならば○

解答

(1) 逆　$a+b>0$ ならば $a>0$, $b>0$
　$a=2$, $b=-1$ とすると，$a+b>0$ であるが，
　$a>0$, $b>0$ ではない。
　したがって，逆は **正しくない。** 答

(2) 逆　**二等辺三角形ならば正三角形である。**
　2辺が等しくても，第3辺がそれと異なる三角形がある。
　よって　　　　**正しくない** 答

(3) 逆　△ABC と △DEF において
　AB=DE, AC=DF, ∠B=∠E
　ならば　△ABC≡△DEF
　右の図のような場合があるから
　　　　正しくない 答

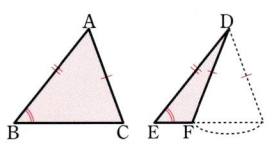

(1) 反例　$a+b>0$ であるが $a>0$, $b>0$ ではない例を見つける。
$a=2$, $b=-1$ とすると
　$a+b=1>0$,
しかし $b=-1$ は $b>0$
ではない。
$a=2$, $b=-1$ が反例。

(3) 「△ABC と △DEF において」
のように，全体にかかる前提となるものは，逆でも前においておく。

練習 86 次のことがらの逆を述べ，それが正しいかどうかを調べなさい。
(1) $a<0$, $b<0$ ならば $a+b<0$
(2) $a>0$, $b>0$ ならば $ab>0$
(3) △ABC と △DEF で
　△ABC≡△DEF ならば ∠A=∠D

例題 87　三角形の定理の証明（2）

次の定理を証明しなさい。
定理　2つの角が等しい三角形は，二等辺三角形である。

考え方　記号で表す，＝は合同で示す

この定理は，p.148 例題85の定理1「二等辺三角形の2つの底角は等しい」の逆である。
したがって，△ABC で ∠B＝∠C ならば AB＝AC を証明する。

CHART　証明　図をかき　仮定と結論　をはっきりさせる
　　　　　線分や角の＝は　三角形の合同　にもちこむ
　　　　　結論から　反対に導く　ことも考える

解答

△ABC で ∠B＝∠C ならば AB＝AC を証明する。
　証明　∠Aの二等分線をひき，辺BCとの交点をDとする。
△ABD と △ACD において
仮定から　∠B＝∠C　……①
AD は ∠A の二等分線であるから
　∠BAD＝∠CAD　……②
三角形の3つの内角の和が180°であることから
　∠ADB＝∠ADC　……③
共通な辺であるから　AD＝AD　……④
②，③，④より，**1組の辺とその両端の角**がそれぞれ等しいから　△ABD≡△ACD
よって　AB＝AC
したがって，2つの角が等しい三角形は，二等辺三角形である。

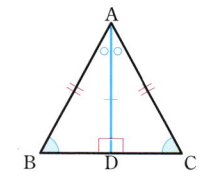

（＊）この段階では，まだ結論を AB＝AC とは断定できないが，左の説明から AB＝AC とした。

練習 87　次の定理（正三角形になる条件）を証明しなさい。
定理　3つの角が等しい三角形は，正三角形である。

等辺　なら　等角
等角　なら　等辺

例題 88 二等辺三角形の性質の利用

二等辺三角形の等辺 AB，AC 上に，それぞれ点 D，E を AD＝AE となるようにとり，BE と CD の交点をPとする。次のことを証明しなさい。
(1) BE＝CD
(2) PB＝PC

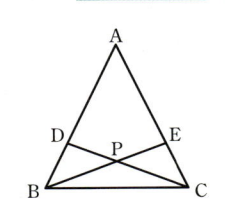

考え方　等辺 ⟺ 等角

二等辺三角形 ABC の等辺 AB，AC とは AB＝AC のこと。

CHART 　線分の＝は 三角形の合同に もちこむ

(1) BE，CD を辺にもつ三角形は
　　△ABE と △ACD　または　△DBC と △ECB
　下の解答は，△ABE≡△ACD に，別解は，△DBC≡△ECB にもちこんでいる。
(2) 二等辺三角形の性質　等辺 ⟺ 等角　を利用する。

解答

(1) △ABE と △ACD において
　　AB＝AC，AE＝AD，
　　∠BAE＝∠CAD（共通）
　2組の辺とその間の角 がそれぞれ等しい
　から　△ABE≡△ACD　……①
　よって　BE＝CD
(2) ①から　∠ABE＝∠ACD　……②
　AB＝AC から　∠B＝∠C　……③
　△PBC において，∠PBC＝∠B－∠ABE
　　　　　　　　　∠PCB＝∠C－∠ACD
　②，③から　∠PBC＝∠PCB
　したがって　PB＝PC

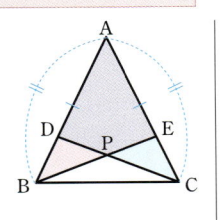

別解 (1) △DBC と △ECB において
　　BC＝CB（共通）
　　∠B＝∠C
　AB＝AC，AD＝AE から
　　DB＝EC
　2組の辺とその間の角が
　それぞれ等しいから
　　△DBC≡△ECB
　よって　BE＝CD
(2) (1)の△DBC≡△ECB
　から　∠DCB＝∠EBC
　△PBC は二等辺三角形
　となるから　PB＝PC

練習 88
AB＝AC の二等辺三角形 ABC で，∠C，∠B の二等分線と辺 AB，AC との交点をそれぞれ D，E とし，BE と CD の交点をPとする。次のことを証明しなさい。
(1) BD＝CE
(2) PD＝PE

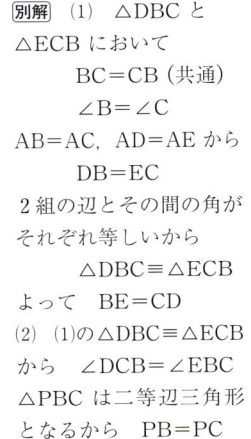

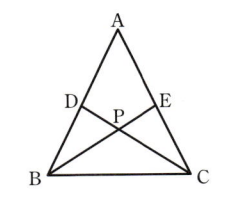

例題 89　二等辺三角形であることの証明

右の図のように，AB＝AC の二等辺三角形 ABC の辺 BC 上に，2点 D, E を BD＝CE となるようにとる。このとき，△ADE は二等辺三角形となることを証明しなさい。

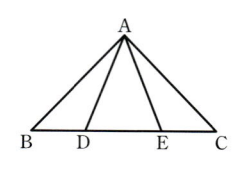

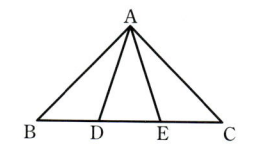

考え方　二等辺三角形　2辺, 2角が等しい

△ADE が二等辺三角形　定義により [1] **2辺が等しい。**
また，その性質として，　　　　　　[2] **2つの底角が等しい。**

　　　　　　　　　　等辺 ⇔ 等角

により，[1]または[2]のどちらかを示す。

CHART　線分や角の＝は **三角形の合同** にもちこむ

解答のように，AD＝AE を示すことにする。

解答

△ABD と △ACE において
△ABC は AB＝AC の二等辺三角形であるから

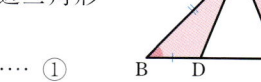

　　　　　AB＝AC　……①
　　　　　∠ABD＝∠ACE　……②

仮定から

　　　　　BD＝CE　……③

①, ②, ③より，**2組の辺とその間の角** がそれぞれ等しいから　　△ABD≡△ACE
よって　　AD＝AE
したがって，△ADE は AD＝AE の二等辺三角形である。

・二等辺三角形であることを証明するには
① 　2辺が等しい　こと
② 　2角が等しい　こと
のどちらかを示す。
・結論では AD＝AE のように，どの辺が等辺になるかを書くこと。

練習 89　右の図のように，AB＝AC の二等辺三角形 ABC の ∠A の3等分線と辺 BC との交点を D, E とするとき，△ADE は二等辺三角形となることを証明しなさい。

例題 90　正三角形であることの証明

正三角形 ABC の辺 BC，CA，AB 上に，それぞれ点 D，E，F をとって
$$BD=CE=AF$$
とすると，△DEF は正三角形であることを証明しなさい。

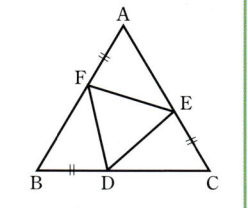

> **考え方**　正三角形　・3辺がすべて等しい　・3つの内角がすべて等しい
>
> 正三角形になることを示すには
> 　Ⓐ　**辺がすべて等しい（定義）**　　Ⓑ　**角がすべて等しい（定理）**
> のどちらを示すか，2つの基本的な方法がある。
> ここでは，△DEF のまわりの3つの三角形の合同がすぐいえるから，Ⓐを示すのがよい。

解　答

△BDF と △CED において
△ABC は正三角形であるから
　　∠B＝∠C　……①
　　AB＝BC　……②
また，仮定から
　　BD＝CE　……③
　　AF＝BD　……④
②，④から　FB＝DC　……⑤
①，③，⑤より，**2組の辺とその間の角** がそれぞれ等しいから
　　△BDF≡△CED　ゆえに　FD＝DE　……⑥
△BDF と △AFE においても同様に考えて
　　△BDF≡△AFE　よって　FD＝EF　……⑦
⑥，⑦から　FD＝DE＝EF
したがって，△DEF は正三角形である。

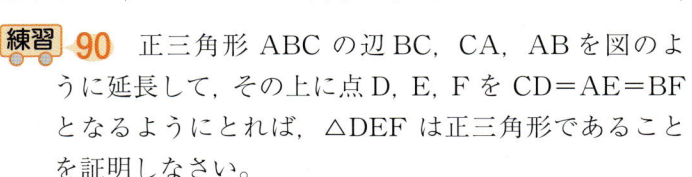

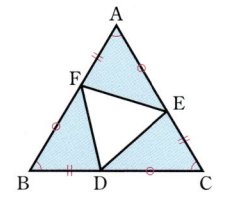

△BDF と △CED の合同を示すときの証明を，△CED のことを △AFE におきかえて対応する点を変えると △BDF と △AFE の合同を示す証明に使えるから「**同様に考えて**」という表現を用いて，いちいち証明の過程を示すことを省略してある。

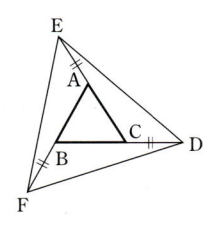

練習 90　正三角形 ABC の辺 BC，CA，AB を図のように延長して，その上に点 D，E，F を CD＝AE＝BF となるようにとれば，△DEF は正三角形であることを証明しなさい。

例題 91 二等辺三角形の性質と角の大きさ

右の図で
 ∠A＝15°,
 AB＝BC＝CD＝DE
である。このとき，∠CDE の大きさを求めなさい。

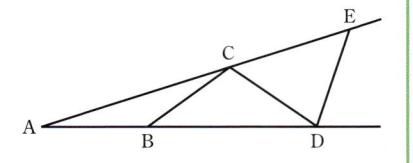

考え方　二等辺三角形　2辺，2角が等しい
△ABC ⟶ △CBD ⟶ △CAD ⟶ △CDE
の順に考えていく。
三角形の内角と外角の性質 も利用。
たとえば ∠CBD は △ABC の ∠B の外角で
　　∠CBD＝∠A＋∠BCA

解　答

△ABC において，AB＝BC であるから
　∠BCA＝∠A＝15°
三角形の内角と外角の性質から
　∠CBD＝15°＋15°＝30°
△CBD において，BC＝CD であるから
　∠CDB＝∠CBD＝30°
△CAD において，内角と外角の性質から
　∠ECD＝15°＋30°＝45°
△CDE において，CD＝DE であるから
　∠DEC＝∠ECD＝45°
よって
　∠CDE＝180°−(45°＋45°)＝**90°**　答

参考　問題の図は，実は正確ではない。分度器を使うとわかるが，∠A は 15° ではない。よって，∠CDE が直角になっていない。入試問題などでは，答を予想されないように，わざと図を不正確にかいて，提示することがあるので，図にたよりきりにならないように注意しよう。

練習 91　右の図のような
　AB＝AC
の △ABC があり
　AD＝DC＝BC
となっている。
このとき，∠A の大きさを求めなさい。

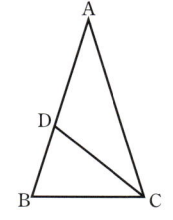

例題 92　直角三角形の合同の証明

直角三角形について，次の定理を証明しなさい。

定理　△ABC と △DEF で，次の各場合 △ABC≡△DEF である。
1. ∠C＝∠F＝90°，AB＝DE，∠A＝∠D　　[斜辺と１つの鋭角]
2. ∠C＝∠F＝90°，AB＝DE，AC＝DF　　[斜辺と他の１辺]

考え方　三角形の合同にもちこむ

1は，仮定として「１辺と２角」が与えられているから，
　　　　三角形の合同条件「１辺とその両端の角」にもちこむ。
2は，1の結果を利用する。

---解　答---

1　△ABC と △DEF において，AB＝DE，∠A＝∠D
　　∠B＝180°－∠C－∠A
　　　　＝180°－90°－∠A＝90°－∠A
　同じようにして　∠E＝90°－∠D
　∠A＝∠D であるから　∠B＝∠E
　△ABC と △DEF は，**１組の辺とその両端の角** がそれぞれ等しいから　△ABC≡△DEF

2　△ABC と △DEF を，右の図のように，AC と DF がぴったり重なるように重ねる。
　∠ACB＝∠DFE＝90° であるから，点 B，C(F)，E は一直線上に並び，△ABE がつくられる。
　　△ABE で AB＝AE であるから　∠B＝∠E
　斜辺と１つの鋭角 がそれぞれ等しいから，1により
　　　△ABC≡△DEF

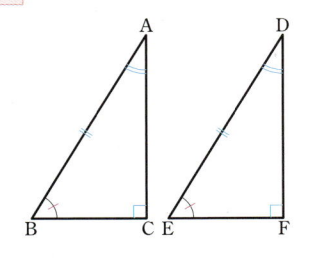

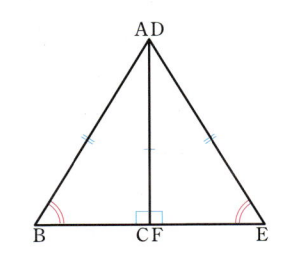

練習 92　次のような三角形がある。どれとどれが合同ですか。
長さの単位は cm とする。

① ∠C＝90°，AC＝3，BC＝4　　② ∠E＝90°，DE＝3，DF＝6
③ ∠I＝90°，∠H＝35°，HG＝5　④ JL＝3，KL＝6，∠J＝90°
⑤ MN＝5，∠M＝35°，∠O＝90°　⑥ PQ＝3，QR＝4，∠Q＝90°

例題 93　直角三角形の合同の利用

右の図のように，△ABC の頂点 B，C から，それぞれ辺 AC，AB に垂線 BD，CE をひく。このとき，BE＝CD ならば AB＝AC であることを証明しなさい。

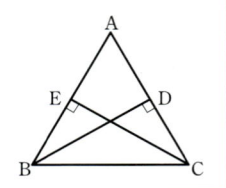

考え方　垂線は直角，直角三角形の合同

[1]　2つの **直角三角形** △BCD と △CBE がある。
　→ 直角三角形の合同条件
　　　　1　斜辺と1つの鋭角
　　または　2　斜辺と他の1辺
[2]　結論 は **AB＝AC**　このとき，△ABC は二等辺三角形となる。
　→ 二等辺三角形の性質　　等辺 ⇔ 等角
　→ ∠B＝∠C を導くことを考える。

解答

右の図で，△BCD と △CBE において
仮定から
　　CD＝BE
　　∠D＝∠E＝90°
　　BC＝CB（共通）
2つの直角三角形 BCD，CBE は，
斜辺と他の1辺 がそれぞれ等しいから
　　△BCD≡△CBE
よって　∠BCD＝∠CBE
△ABC は2つの角（∠C と ∠B）が等しいから，AB＝AC の二等辺三角形である。
したがって　AB＝AC

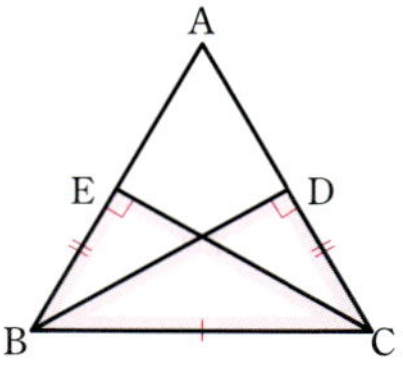

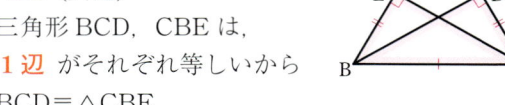

結論　AB＝AC は，△ABC が，AB＝AC の二等辺三角形であることを表している。
　　等辺 ⇔ 等角
から，∠C＝∠B を導く。

練習 93　右の図のように，∠XOY の二等分線上の1点 P から，2辺 OX，OY に垂線 PA，PB をひくと OA＝OB，PA＝PB であることを証明しなさい。

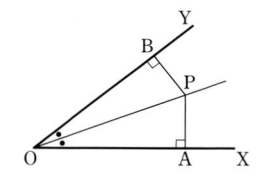

例題 94 直角三角形の性質

直角三角形 ABC において，斜辺 BC の中点を M とするとき
$$MA = MB = MC$$
であることを証明しなさい。

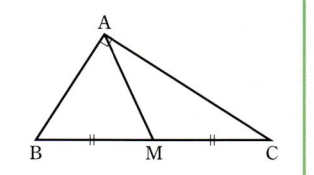

考え方　直角三角形の合同にもちこむ

中点 M から MB＝MC は明らか。そこで，MA＝MB を示す。

CHART　結論から　反対に導く　ことも考える

M から辺 AB，AC にそれぞれ垂線 MD，ME をひき，△DBM と △EMC が合同であることを示す。

解答

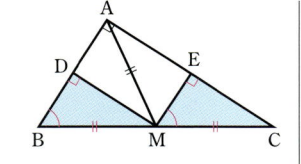

M から辺 AB，AC に垂線をひき，交点を，それぞれ D，E とする。
四角形 ADME は長方形であるから
$$AD = EM \quad \cdots\cdots ①$$
△DBM と △EMC において，仮定から
$$BM = MC$$
また，AB∥EM であるから　∠DBM＝∠EMC
直角三角形の **斜辺と1つの鋭角** がそれぞれ等しいから
$$\triangle DBM \equiv \triangle EMC \quad \text{よって} \quad DB = EM \quad \cdots\cdots ②$$
①，② から　AD＝DB
したがって，点 M は線分 AB の垂直二等分線上にあるから
$$MA = MB$$
すなわち　$MA = MB = MC$

参考 同一法 という証明。直角三角形 ABC において，斜辺 BC 上に点 N を
$$\angle BAN = \angle B$$
となるようにとる。
∠B＋∠C＝90° から
$$\angle C = 90° - \angle B \quad \cdots\cdots Ⓐ$$
また
∠NAC＝90°－∠BAN
＝90°－∠B＝∠C （Ⓐから）
よって，△NAB と △NAC はともに二等辺三角形となり
$$NB = NA = NC$$
辺 BC の中点はただ1つであるから，N と M は一致する。したがって
$$MA = MB = MC$$

練習 94

右の図のように，∠XOY の内部の点 P から，2辺 OX，OY にひいた垂線 PH，PK の長さが等しいとき，OP は ∠XOY を2等分することを証明しなさい。

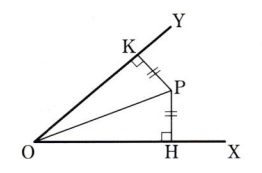

例題 95 三角形の内角の二等分線の交点

右の図のように，三角形 ABC の∠B と∠C の二等分線の交点を I とする。半直線 AI は∠A を 2 等分することを証明しなさい。

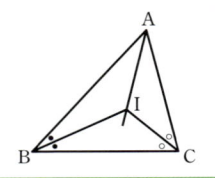

考え方 角の＝は 三角形の合同 にもちこむ

結論 AI が∠A を 2 等分する。 → ∠BAI＝∠CAI　∠BAI と∠CAI を内角にもつ **三角形の合同にもちこむ**。
→ I から 3 辺に垂線をひき，**直角三角形の合同にもちこむ**。

解答

I から辺 AB，BC，CA にそれぞれ垂線 ID，IE，IF をひく。
△IBD と △IBE において
　　∠IDB＝∠IEB＝90°
　　∠IBD＝∠IBE（角の二等分線）
　　IB＝IB（共通）
2 つの直角三角形 IBD，IBE は
斜辺と 1 つの鋭角 がそれぞれ等しいから
　　△IBD≡△IBE
よって　　ID＝IE　……①
同様にして，△ICE≡△ICF であるから　IE＝IF　……②
また，△IAD と △IAF において
　　∠IDA＝∠IFA＝90°，IA＝IA（共通）
①，②から　　ID＝IF
2 つの直角三角形 IAD，IAF は，**斜辺と他の 1 辺** がそれぞれ等しいから　　△IAD≡△IAF
よって　　∠IAD＝∠IAF
したがって，半直線 AI は∠A を 2 等分する。

△ABI と △ACI の合同はいえそうにない。そこで，解答のように，**I から各辺に垂線をひいて，直角三角形の合同にもちこむ**。

参考
この例題から，
三角形の 3 つの内角の二等分線は 1 点 I で交わり，I から各辺にひいた垂線の長さは等しい
ことがわかる。

練習 95 右の図のように，三角形 ABC の辺 AB と辺 BC の垂直二等分線の交点を O とする。O から辺 CA に垂線 ON をひくと，N は線分 CA の中点である。このことを証明しなさい。

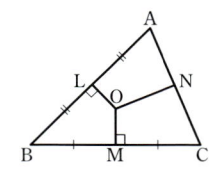

例題 96　線分の長さの和と証明

右の図で，△ABC と △ADE はともに正三角形である。このとき，
$$AB=DC+CE$$
であることを証明しなさい。

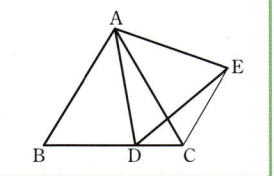

考え方　線分の和　線分をふくむ辺に注目

CHART　結論から　反対に導く　ことも考える

線分の和　DC+CE が辺 AB と等しいことを示す。→ 線分 DC をふくむ辺 BC に注目。
→ BD=CE がいえれば　DC+CE は BC と等しくなり，BC=AB から AB=DC+CE がいえる。
→ BD，CE をふくむ三角形 △ABD と △ACE の合同を考える。

解答

△ABD と △ACE において
正三角形の1つの内角は 60° であることから
　　∠DAB=**60°−∠CAD**，∠EAC=**60°−∠CAD**
よって　∠DAB=∠EAC　……①
△ABC，△ADE はともに正三角形であるから
　　AB=AC　……②
　　AD=AE　……③ 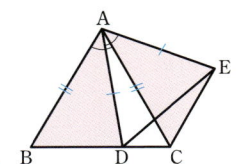
①，②，③より，**2組の辺とその間の角**
がそれぞれ等しいから　△ABD≡△ACE
よって　BD=CE
また，△ABC は正三角形であるから　AB=BC
よって　AB=BC=BD+DC=CE+DC
したがって　AB=DC+CE

AB=BC
　=BD+DC から
BD=CE を示せばよい。
∠DAB
　=∠CAB−∠CAD，
∠EAC
　=∠EAD−∠CAD
正三角形の1つの内角は 60° であるから
∠CAB=∠EAD=60°
よって ∠DAB=∠EAC

練習 96　右の図で，△ABC は ∠A=90° の直角二等辺三角形である。頂点Aを通る直線 ℓ に，頂点 B，C から，それぞれ垂線 BP，CQ をひくとき BP+CQ=PQ であることを証明しなさい。

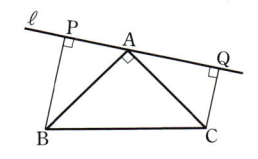

EXERCISES

75 次の図において，∠x の大きさを求めなさい。 …▶例題 85
(1) AB＝AC，AD＝CD
(2) △DEF は正三角形

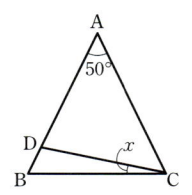

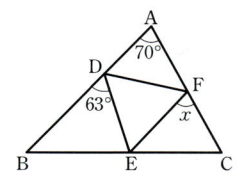

76 次のことがらの逆を述べ，それが正しいかどうかを調べなさい。 …▶例題 86
(1) △ABC で，∠A＝90° ならば ∠B＋∠C＝90° である。
(2) 2つの三角形が合同ならば，その面積は等しい。
(3) △ABC が頂角が 60° である二等辺三角形であるならば △ABC は正三角形である。

77 二等辺三角形 ABC の等辺 AB，AC の中点をそれぞれ D，E とし，BE と CD の交点を F とする。このとき，次のことを証明しなさい。 …▶例題 88, 89
(1) BE＝CD
(2) △FBC は二等辺三角形

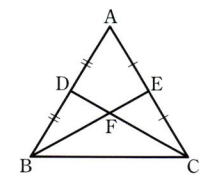

78 右の図のように，正三角形 ABC の辺 BC の C をこえる延長上に点 D をとる。また，C を通り，AB に平行な直線をひき，その線上に BD＝CE である点 E をとる。このとき，△ADE は正三角形となることを証明しなさい。
…▶例題 90

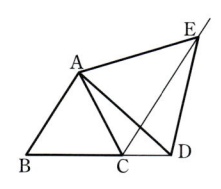

79 右図は正方形 ABCD を BE で折り曲げた図である。このとき，x の値を求めなさい。〔三田学園高〕 …▶例題 91

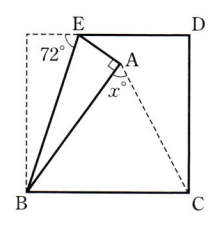

80 右の図のように，点CはABを直径とする半円Oの周上にあり，点EはODと半円Oとの交点である。OC＝CD，∠OAC＝54°のとき，弧の長さの比 $\stackrel{\frown}{AC} : \stackrel{\frown}{CE}$ を求めなさい。
ただし，点Oは線分ABの中点とする。　〔桐光学園高〕

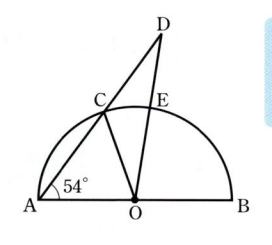

…▶例題91

81 右の図の△ABCと△DBCにおいて，∠A＝∠D＝90°である。ACとDBの交点をPとするとき，次のことがらを証明しなさい。　…▶例題92, 93

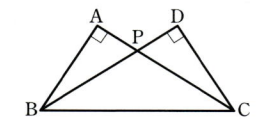

(1) PB＝PC ならば AB＝DC
(2) AC＝DB ならば △PBCは二等辺三角形

82 三角錐OABCで OA＝OB＝OC とする。
頂点Oから底面ABCに垂線OHをひくとき
　　AH＝BH＝CH
であることを証明しなさい。　…▶例題94

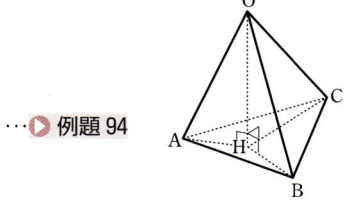

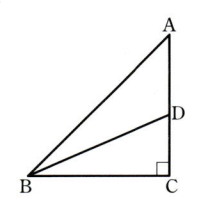

83 二等辺三角形について，次の定理を証明しなさい。　…▶例題88, 95

(1) 頂点と底辺の中点を通る直線（中線）は頂角の二等分線であり，底辺の垂線でもある。
(2) 頂点から底辺にひいた垂線は，頂角を2等分し，底辺の中点を通る。
(3) 底辺の垂直二等分線は，頂角の二等分線である。

84 ∠C＝90° である直角二等辺三角形ABCの ∠Bの二等分線と辺ACとの交点をDとする。このとき，
　　BC＋CD＝AB
であることを証明しなさい。　…▶例題96

この項の要点整理　テスト対策 これだけはおさえておこう！

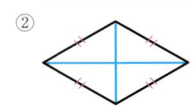

⑮ 四角形

1 平行四辺形の性質

定義　2組の向かい合う辺がそれぞれ平行な四角形を **平行四辺形** という。四角形の向かい合う辺を **対辺**，向かい合う角を **対角** という。平行四辺形 ABCD を **▱ABCD** と表すこともある。

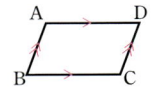

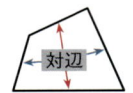

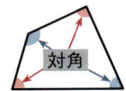

定理　平行四辺形では
1. 2組の対辺はそれぞれ等しい。
2. 2組の対角はそれぞれ等しい。
3. 対角線はそれぞれの中点で交わる。

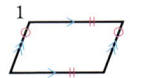

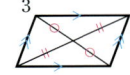

2 平行四辺形になる条件

定理　次のどれかの性質をもつ四角形は平行四辺形である。
1. 2組の対辺がそれぞれ平行である。…… 定義
2. 2組の対辺がそれぞれ等しい。
3. 2組の対角がそれぞれ等しい。
4. 対角線がそれぞれの中点で交わる。
5. 1組の対辺が平行でその長さが等しい。

1 は平行四辺形の定義
2，3，4 は，それぞれ上の定理 1，2，3 の **逆** である。
4 は **対角線が互いに他を2等分する** ともいう。

3 いろいろな四角形

① 定義　**4つの角が等しい四角形を 長方形** という。
　長方形の性質　[1] 長方形は平行四辺形
　　　　　　　　　[2] 1つの角が 90°
　　　　　　　　　[3] 対角線の長さが等しい。

② 定義　**4つの辺が等しい四角形を ひし形** という。
　ひし形の性質　[1] ひし形は平行四辺形
　　　　　　　　　[2] 対角線が垂直に交わる。

③ 定義　4つの角が等しく，4つの辺が等しい四角形を **正方形** という。
　正方形の性質　[1] 長方形とひし形の性質をもつ。
　　　　　　　　　[2] 対角線の長さが等しく垂直に交わる。

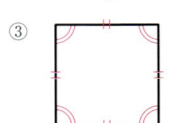

例題 97 平行四辺形の性質

平行四辺形について，次の定理を証明しなさい。
定理 1 平行四辺形の2組の対辺はそれぞれ等しい。
定理 2 平行四辺形の2組の対角はそれぞれ等しい。

考え方 仮定と結論をはっきりさせて，記号で表す

CHART 線分や角の＝は
三角形の合同 にもちこむ

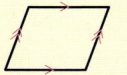

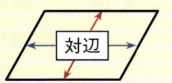

平行四辺形 ABCD で，対角線の交点を O とする。
結論　1　AB=DC，AD=BC
　　　2　∠A=∠C，∠B=∠D
　　　3　OA=OC，OB=OD（練習 97）

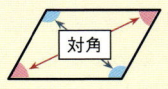

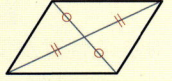

解 答

四角形 ABCD で，AB∥DC，AD∥BC ならば
1　AB=DC，AD=BC，
2　∠A=∠C，∠B=∠D
を証明する。

1の証明　△ABC と △CDA で，平行線の 錯角 は等しいから
AB∥DC より
　　∠BAC=∠DCA ……①
AD∥BC より
　　∠BCA=∠DAC ……②
　　AC=CA（共通）……③
①，②，③より，**1組の辺とその両端の角** がそれぞれ等しいから　　△ABC≡△CDA ……④
したがって　　AB=CD，BC=DA

2の証明　∠A=∠BAC+∠DAC，
∠C=∠DCA+∠BCA であるから
①，②より　∠A=∠C　　また ④から　∠B=∠D

> **平行四辺形**
> **（定義）** 対辺が平行
> **（性質）**
> 1　対辺が等しい
> 2　対角が等しい
> 3　対角線が中点で交わる

平行四辺形 ABCD を
▱ABCD と表すこともある。

練習 97 平行四辺形について，次の定理を証明しなさい。
定理 3 平行四辺形の対角線はそれぞれの中点で交わる。

例題 98 平行四辺形の性質の利用

右の図のように，▱ABCD の対角線 BD 上に，2点 E, F を BE＝DF となるようにとる。このとき，AE＝CF となることを証明しなさい。

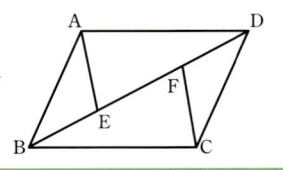

考え方 線分の＝は 三角形の合同 で示す

平行四辺形 が与えられたら，次の性質が利用できる。

> ① 対辺が平行（定義）　② 対辺が等しい
> ③ 対角が等しい　　　　④ 対角線が中点で交わる

使える性質が多くあるから，やみくもに取り出してはたいへん。何を証明したいか，それによって必要なものを取り出す。

目標を定めて条件を取り出す

AE＝CF を証明する。⟶ AE, CF を辺にもつ三角形に注目する。
⟶ △ABE と △CDF の合同を示す。

CHART 線分や角の＝は 三角形の合同 にもちこむ

解 答

△ABE と △CDF において
平行四辺形 ABCD の **対辺** は等しいから
　　　AB＝CD ……①
AB∥DC から
　　∠ABE＝∠CDF（錯角）……②
仮定から　BE＝DF ……③
①，②，③より，**2組の辺とその間の角** がそれぞれ等しいから，
　　　　△ABE≡△CDF
したがって　AE＝CF

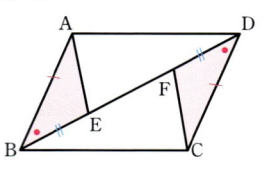

▱ABCD であるから
　AB∥DC，AB＝DC
下の図のように，対角線 BD 上で，2点 E, F の順が入れかわっても AE＝CF である。

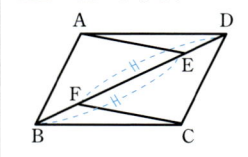

練習 98 右の図のように，平行四辺形 ABCD の対角線の交点Oを通る直線と辺 AD, BC との交点をそれぞれ P, Q とする。このとき，AP＝CQ であることを証明しなさい。

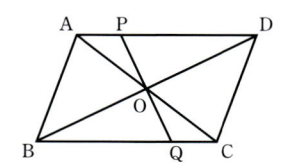

例題 99 平行四辺形になる条件 (1)

次の場合に，四角形は平行四辺形になることを証明しなさい。
(1) 2組の対辺がそれぞれ等しい。
(2) 2組の対角がそれぞれ等しい。

考え方 仮定と結論をはっきりさせて，記号で表す

平行四辺形である ことを示すためには，その定義である「2組の対辺が平行である。」ことを示す。すなわち，(1)，(2)とも仮定を利用して，四角形 ABCD で AB∥DC, AD∥BC を示す。

解 答

四角形 ABCD で
(1) AB=DC, AD=BC ならば AB∥DC, AD∥BC
(2) ∠A=∠C, ∠B=∠D ならば AB∥DC, AD∥BC
を示す。
(1) △ABC と △CDA において
 仮定から AB=CD, BC=DA
 また CA=AC（共通）
 3組の辺 がそれぞれ等しいから
  △ABC≡△CDA
 よって ∠BAC=∠DCA, ∠ACB=∠CAD
 錯角 が等しいから AB∥DC, AD∥BC
(2) 四角形の内角の和は 360° で
 あるから
  ∠A+∠B+∠C+∠D=360°
 仮定から ∠A=∠C,
    ∠B=∠D
 よって ∠A+∠B=180°
 ∠EBC+∠B=180° であるから ∠A=∠EBC
 同位角 が等しいから AD∥BC
 また，同様にして，∠B+∠C=180° から AB∥DC

平行四辺形になる条件
四角形は，次のどれかが成り立つとき平行四辺形である。
[1] 2組の対辺 がそれぞれ平行である。
 （定義）
[2] 2組の対辺 がそれぞれ等しい。
[3] 2組の対角 がそれぞれ等しい。
[4] 対角線 がそれぞれの中点で交わる。
[5] 1組の対辺 が平行でその長さが等しい。
[4], [5]は次ページで証明する。

練習 99 次の場合に，四角形 ABCD は，必ず平行四辺形になるか。ならない場合はならない例（反例）を1つあげなさい。
(1) AB=BC, CD=DA (2) ∠A=∠B, ∠C=∠D

例題 100 平行四辺形になる条件（2）

次の場合に，四角形は平行四辺形になることを証明しなさい。
(1) 対角線がそれぞれの中点で交わる。
(2) 1組の対辺が平行でその長さが等しい。

考え方 仮定と結論をはっきりさせて，記号で表す

前ページの例題と同様に，
仮定を利用して　四角形 ABCD で，(1) AB∥DC，AD∥BC を示す。
(2)はもう1組の対辺の平行を示す。

解 答

四角形 ABCD で，O は対角線の交点とする。
(1) OA=OC，OB=OD　ならば　AB∥DC，AD∥BC
(2) AB∥DC，AB=DC　ならば　AD∥BC
を証明する。

(1)の証明　△OAB と △OCD において
　　OA=OC，OB=OD
　　∠AOB=∠COD （対頂角）
2組の辺とその間の角 がそれぞれ等しいから　△OAB≡△OCD
よって　　∠ABO=∠CDO
錯角 が等しいから　　　　　　　AB∥DC
同様にして，△OAD≡△OCB から　AD∥BC

(2)の証明　△ABC と △CDA において
AB∥DC から　∠BAC=∠DCA
仮定から　　　AB=CD
また　　　　　AC=CA
2組の辺とその間の角 がそれぞれ等しいから
　　　　　△ABC≡△CDA
よって　　∠ACB=∠CAD
錯角 が等しいから　AD∥BC

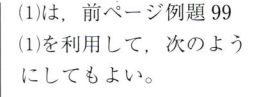

(1)は，前ページ例題 99 (1)を利用して，次のようにしてもよい。

　△OAB≡△OCD から
　　AB=CD …… ①
　同様にして
　△OAD≡△OCB から
　　AD=CB …… ②
　①，②より，2組の対辺がそれぞれ等しいから平行四辺形である。
(2)も同様。
　△ABC≡△CDA から
　　BC=AD
　となり，2組の対辺がそれぞれ等しい。

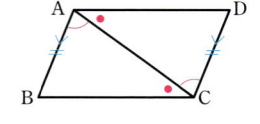

練習 100　AD∥BC，AB=CD である四角形 ABCD は平行四辺形であるといえますか。

例題 101 平行四辺形であることの証明 (1)

右の図の ▱ABCD で，辺 BC，AD の中点をそれぞれ E，F とする。このとき，次の四角形は平行四辺形であることを証明しなさい。
(1) 四角形 AECF　　(2) 四角形 GEHF

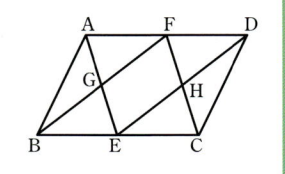

考え方　(1) 平行で等長，(2) 2組の対辺が平行　なら平行四辺形

165，166 ページの例題の結果が使える。すなわち，
四角形が平行四辺形であることの証明 は

① 2組の対辺が平行　　② 2組の対辺が等しい
③ 2組の対角が等しい　　④ 対角線が中点で交わる
⑤ 1組の対辺が平行でその長さが等しい

のどれかを示す。

解答

(1) 四角形 AECF において
$$AF = \frac{1}{2}AD, \quad EC = \frac{1}{2}BC$$
AD＝BC であるから　AF＝EC
また，AD∥BC から　AF∥EC
よって，**1組の対辺が平行でその長さが等しい** から，四角形 AECF は平行四辺形である。

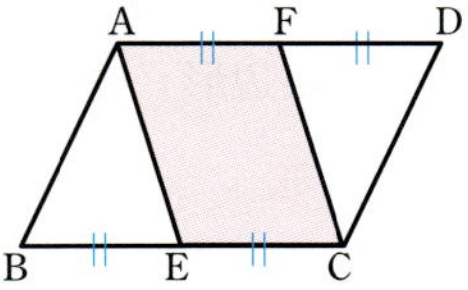

(2) (1)より，四角形 AECF が平行四辺形であるから
　　　GE∥FH
同様にして，四角形 FBED が **平行四辺形** であるから
　　　GF∥EH
よって，**2組の対辺がそれぞれ平行** であるから，四角形 GEHF は平行四辺形である。

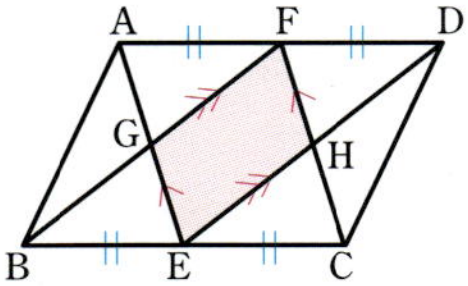

(1)では，⑤ 1組の対辺が平行でその長さが等しい を示した。
すなわち
AF＝EC，AF∥EC

(2)では，① 2組の対辺がそれぞれ平行 を示した。
すなわち
GE∥FH，GF∥EH

練習 101　1辺 BC を共有する2つの ▱ABCD，▱EBCF がある。このとき，四角形 AEFD は平行四辺形であることを証明しなさい。

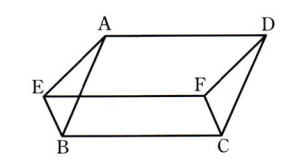

例題 102　平行四辺形であることの証明（2）

右の図のように，▱ABCD の対角線 AC 上に点 P と Q を，BD 上に点 R と S を
　　　AP＝CQ，BR＝DS
であるようにとる。
このとき，四角形 PRQS は平行四辺形であることを証明しなさい。

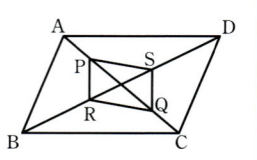

考え方　対角線が中点で交わるなら平行四辺形

平行四辺形の性質について，チャートにまとめておこう。

CHART　平行四辺形
① 対辺平行　　② 対辺等しい
③ 対角等しい　　④ 対角線が中点で交わる
⑤ 1 組の対辺が平行でその長さが等しい

「平行四辺形 ABCD で……」（仮定）と
「四角形 ABCD は平行四辺形」（結論）の証明の　〕違いをはっきりさせる

解 答

▱ABCD の対角線の交点を O とすると
　　　OA＝OC，OB＝OD
また　OP＝OA－AP，
　　　OQ＝OC－CQ
仮定から　AP＝CQ　であるから　OP＝OQ
同様にして　　OR＝OS
したがって，四角形 PRQS の **対角線はそれぞれの中点で交わる** から，四角形 PRQS は平行四辺形である。

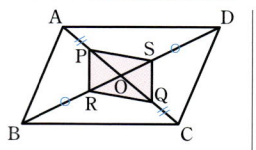

「対角線がそれぞれの中点で交わる。」ということは「対角線が互いに他を 2 等分する。」ことと同じである。

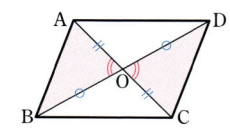

O は対角線 AC，BD を 2 等分する。

練習 102　右の図のように，▱ABCD の対角線の交点 O を通る 2 本の直線と辺 AB，BC，CD，DA との交点をそれぞれ P，Q，R，S とする。このとき，四角形 PQRS は平行四辺形であることを証明しなさい。

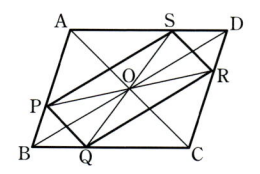

例題 103 長方形であることの証明

対角線の長さが等しい平行四辺形は長方形であることを証明しなさい。

考え方　長方形　4つの角が等しいことを示す

CHART　証明　図をかき　仮定と結論　をはっきりさせる
線分や角の＝は　三角形の合同　にもちこむ
結論から　反対に導く　ことも考える

長方形 の定義は，「**4つの角が等しい四角形**」
まず，仮定と結論をはっきりさせる。
四角形 ABCD で
　仮定　AC＝BD，四角形 ABCD は平行四辺形
　結論　∠A＝∠B＝∠C＝∠D
AC，BD を辺にもつ △ABC と △DCB に注目して，**三角形の合同** にもちこむ。
また，四角形 ABCD は平行四辺形であるから，**平行四辺形の性質「2 組の対角がそれぞれ等しい」** により，**角の関係に導く**。

解答

平行四辺形 ABCD で，AC＝BD とする。
△ABC と △DCB で
　　　　AC＝DB
平行四辺形であるから
　　　　AB＝DC
また　BC＝CB （共通）
3 組の辺 の長さがそれぞれ等しいから　△ABC≡△DCB
よって　∠ABC＝∠DCB
すなわち，平行四辺形 ABCD で　∠B＝∠C
また，**∠D＝∠B，∠C＝∠A** であるから
　　　　　∠A＝∠B＝∠C＝∠D
したがって，**4つの角** が等しいから，対角線の長さが等しい平行四辺形は長方形である。

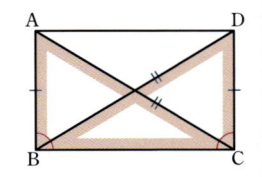

長方形
定義　4つの角が等しい
　　　四角形
平行四辺形の 2 組の対辺はそれぞれ等しい。
⟹ AB＝DC

平行四辺形の 2 組の対角はそれぞれ等しい。
⟹ ∠D＝∠B，
　　∠C＝∠A

練習 103　1つの内角が直角である平行四辺形は長方形である。このことを証明しなさい。

例題 104 ひし形であることの証明

対角線が垂直に交わる平行四辺形はひし形であることを証明しなさい。

考え方 ひし形　4つの辺が等しいことを示す

ひし形 の定義は「**4つの辺が等しい四角形**」
まず，仮定と結論をはっきりさせる。
四角形 ABCD で，対角線の交点をOとする。

　　仮定　AC⊥BD, 四角形 ABCD は平行四辺形
　　結論　AB＝BC＝CD＝DA

平行四辺形であるから，対角線は互いに中点で交わる。
　⟹　AC⊥BD から，AC は BD の垂直二等分線
　⟹　結論　AB＝BC＝CD＝DA を導く。

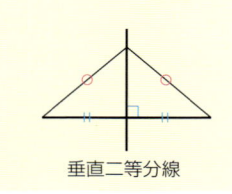

垂直二等分線

解　答

平行四辺形 ABCD で，対角線の交点をOとする。
対角線は，それぞれの **中点** で交わるから
　　　　　　　OB＝OD
仮定から　　　AC⊥BD
AC は BD の **垂直二等分線** である
から　　　AB＝AD
平行四辺形の2組の対辺はそれぞれ等しいから
　　　　　　　AB＝DC, AD＝BC
よって　　　AB＝BC＝CD＝DA
したがって，**4辺** が等しいから，対角線が垂直に交わる平行四辺形はひし形である。

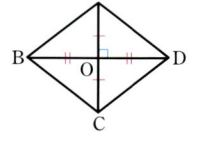

ひし形
定義　4つの辺が等しい
　　　　四角形
性質
①平行四辺形である
②対角線は垂直に交わる

参考 前ページと合わせて，次のようにいえる。

長方形	4つの角が等しい	対角線の長さが等しい
ひし形	4つの辺が等しい	対角線が垂直に交わる
正方形	4つの角と 4つの辺が等しい	対角線が等しく， 垂直に交わる

― 平行四辺形 ―
長方形　　ひし形
対角線　正方形　対角線
等しい　　　　垂直

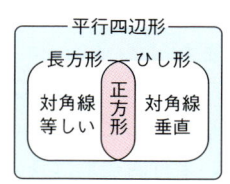

練習 104　1組のとなり合う2辺が等しい平行四辺形はひし形である。このことを証明しなさい。

例題 105　いろいろな四角形

四角形 ABCD の辺 AB，BC，CD，DA の中点をそれぞれ P，Q，R，S とする。四角形 ABCD が次の四角形であるとき，四角形 PQRS はそれぞれどんな四角形といえますか。

(1) 長方形　　　　　　　　(2) 正方形

考え方　どんな四角形かまず，図をかいて予想

(1) まず，**図を正確にかいてみる**。下の解答のように図をかくと，四角形 ABCD が長方形であることから，4 つの △APS，△BPQ，△CRQ，△DRS は，合同な三角形らしい。⇒ PQ=QR=RS=SP を導く。

(2) (1)と同様に考えて，さらに，四角形 PQRS の 4 つの角が等しいことを導く。

解答

(1) △APS と △BPQ で仮定から
　　　AP=BP，AS=BQ
長方形の性質から
　　　∠A=∠B=90°
2 組の辺とその間の角 がそれぞれ等しいから
　　　△APS≡△BPQ
よって　　PS=PQ
同様にして　　PQ=QR，RQ=RS
よって　　**PQ=QR=RS=SP**
したがって，四角形 PQRS は **ひし形** である。　答

(2) (1)と同様に考えて
　　PQ=QR=RS=SP
△APS，△BQP，△CRQ，△DSR は合同な直角二等辺三角形であるから
　　∠P=∠Q=∠R=∠S=90°
したがって，四角形 PQRS は
　　正方形 である。　答

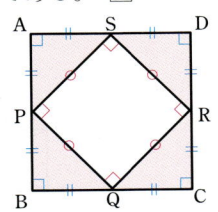

(2) △APS は直角二等辺三角形であるから
∠APS=∠ASP=45°
である。
同様に，∠BPQ=45°
であるから
∠SPQ
=180°−(45°+45°)
=90°
同様にして
∠Q=∠R=∠S=90°

練習 105

ひし形 ABCD の辺 AB，BC，CD，DA の中点をそれぞれ P，Q，R，S とするとき，四角形 PQRS はどんな四角形といえますか。

◆（まとめ）いろいろな四角形◆

1 四角形の性質

この項では，平行四辺形，長方形，ひし形，正方形の性質について学習した。これらの四角形の性質を表にまとめると，次のようになる。

その性質をもっているものを○，必ずしもそうでないものを×とする。

性質 四角形	2組の対辺		2組の対角	対　角　線		
	平行	等しい	等しい	等しい	中点で交わる	垂直に交わる
平行四辺形	○	○	○	×	○	×
長方形	○	○	○	○	○	×
ひし形	○	○	○	×	○	○
正方形	○	○	○	○	○	○

2 いろいろな四角形の関係

小学校で学習した台形は次のように定義される。

　　1組の対辺が平行な四角形を台形という。

台形もふくめて，いろいろな四角形の関係をまとめてみよう。

(1) **辺の長さ，角の大きさ，平行な辺に注目** すると

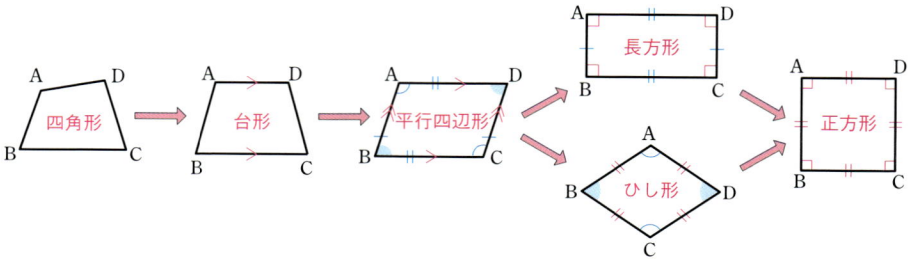

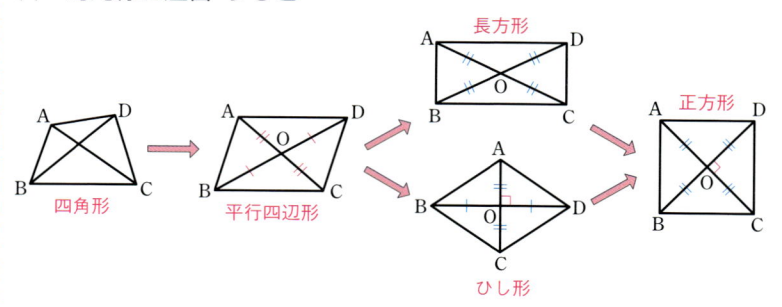

(2) **対角線に注目** すると

EXERCISES

85 ▱ABCD で，∠A の大きさは，∠B の大きさより 20°だけ大きい。このとき，∠A，∠B，∠C，∠D の大きさを求めなさい。　　　　　　　　　　　…▶ 例題 97, 98

86 次の図で，∠x，∠y の大きさと z の値を求めなさい。　　　…▶ 例題 97, 98
 (1) ▱ABCD，AB＝AE　　(2) ▱ABCD　　(3) ▱DEFG

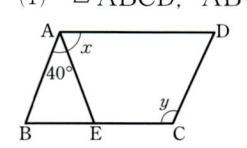

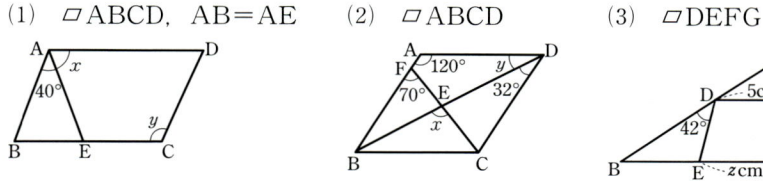

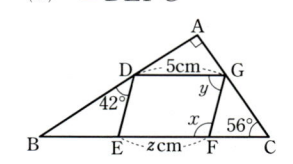

87 右の図のように，平行四辺形 ABCD があり，辺 BC を延長した直線上に，BE＝BD となる点Eをとる。∠BAD＝110°，∠DBC＝36° のとき，∠CDE＝□° である。□をうめなさい。　　〔専修大学松戸高〕
　　　　　　　　　　　…▶ 例題 97, 98

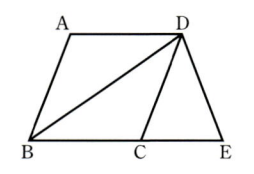

88 右の図のように，▱ABCD の ∠B と ∠D のそれぞれの二等分線と辺 AD，BC との交点をそれぞれ E，F とする。このとき，BE＝DF であることを証明しなさい。
　　　　　　　　　　　…▶ 例題 98

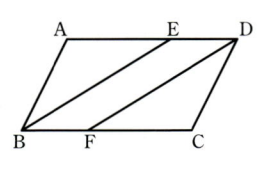

89 平行四辺形 ABCD の辺 AB，BC，CD，DA 上に，それぞれ E，F，G，H をとり AE＝CG，BF＝DH とする。このとき，四角形 EFGH は平行四辺形であることを証明しなさい。
　　　　　　　　　　　…▶ 例題 101, 102

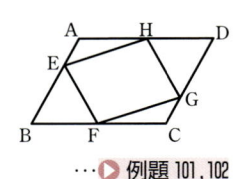

90 右の図のように，△ABC に対して，辺 BA，BC，CA をそれぞれ 1 辺とする正三角形 PBA，QBC，RAC をつくる。次の(1)，(2)を証明しなさい。
(1) △ABC と △PBQ は合同である。
(2) 四角形 PARQ は平行四辺形である。 …▶例題 101，102

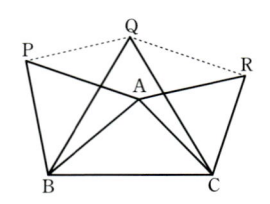

91 次の図で，∠x の大きさを求めなさい。 …▶例題 103，104
(1) 長方形 ABCD
(2) ひし形 ABCD，正三角形 EBC

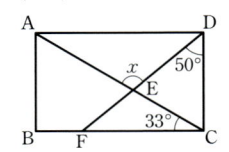

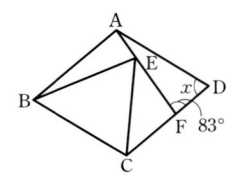

92 △ABC の ∠A の二等分線が，辺 BC と交わる点を D とする。D から AC と AB に平行な直線をひき，AB，AC との交点をそれぞれ E，F とすると，四角形 AEDF はひし形であることを証明しなさい。 …▶例題 104

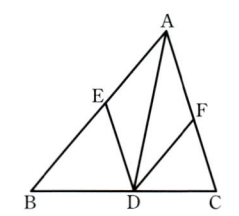

93 右の図において，四角形 ABCD は AD∥BC の台形で AD＝DC である。また，対角線 AC と BD の交点を E とする。∠EBC＝35°，∠EDC＝101° のとき，∠AEB の大きさを求めなさい。 〔東明館高〕
…▶例題 105

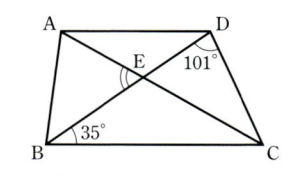

94 ひし形 ABCD を直線 EF で折り返すと右の図のようになった。∠x の大きさを求めなさい。 〔成城学園高〕 …▶例題 105

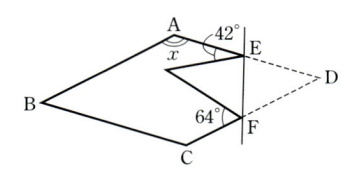

この項の要点整理　テスト対策 これだけはおさえておこう！

⑯ 平行線と面積

1　三角形の面積

右の図において　△ABC＝$\frac{1}{2}ah$

> 注意　△ABCの面積を，記号 △ABC で表すことがある。
> △ABC と △DEF の面積が等しいことを △ABC＝△DEF と表す。

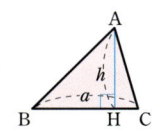

2　平行線と距離

直線 ℓ の同じ側にある2点 A，B から，ℓ にひいた垂線を AP，BQ とするとき
① **AB∥ℓ　ならば　AP＝BQ**
② **AP＝BQ　ならば　AB∥ℓ**

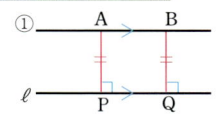

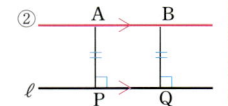

3　底辺が等しい三角形の面積

1つの直線上の2点 B，C とその直線の同じ側にある2点 A，P について
① **PA∥BC　ならば　△PBC＝△ABC**
② **△PBC＝△ABC　ならば　PA∥BC**

〔証明〕　右の図において
① 四角形 PKHA は長方形であるから　PK＝AH
　△PBC と △ABC の底辺 BC は共通であるから
　　　△PBC＝△ABC
② 底辺 BC は共通であるから　PK＝AH
　四角形 PKHA は長方形であるから　PA∥BC

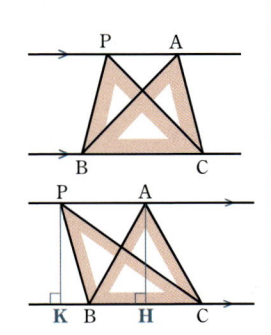

4　等積変形

上の3「底辺が等しい三角形の面積」を利用して，面積を変えずに図形の形を変えることができる。

例　右の図で，AC∥DE であるから
　　　△ADC＝△AEC
　よって，四角形 ABCD の面積は，△ABE の面積に等しい。

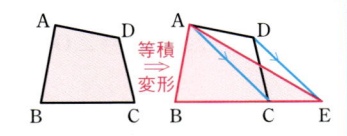

例題 106 面積が等しい三角形

右の図において，四角形 ABCD は，AD∥BC で，点Oは対角線の交点，点Mは辺 BC の中点とする。この図の中で，面積が等しい三角形の組をさがし，記号で答えなさい。

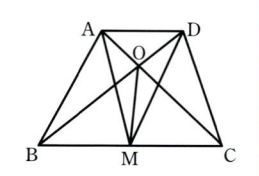

考え方 同底，等高ならば 三角形は等積

面積が等しい三角形 次の場合に，2つの三角形の面積は等しい。

① 辺 BC を共有する
AD∥BC ならば
△ABC＝△DBC

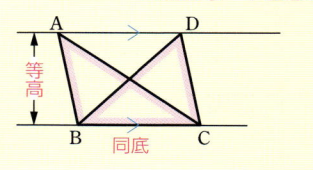

② 高さ AH を共有する
BD＝CD ならば
△ABD＝△ADC

解答

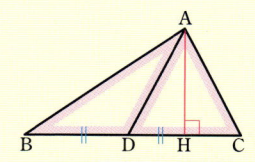

AD∥BC であるから
　△ABC＝△DBC …… ①
　△BDA＝△CDA＝△MDA
　△ABM＝△DBM
　△DMC＝△AMC
①の両辺から △OBC をひいて　△OAB＝△OCD
BM＝CM から，**底辺が等しく高さ**が等しいから
　　　　△ABM＝△DMC，△OBM＝△OMC

答 △ABC＝△DBC，△BDA＝△CDA＝△MDA
　　　△OAB＝△OCD，
　　　△ABM＝△DMC＝△DBM＝△AMC，
　　　△OBM＝△OMC

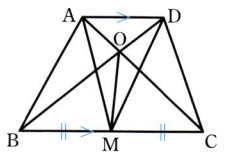

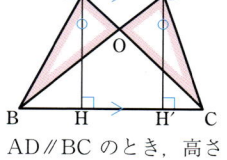

AD∥BC のとき，高さ AH と DH′ は等しい。
△OAB＝△ABC－△OBC
△OCD＝△DBC－△OBC
で，△ABC＝△DBC であるから
　△OAB＝△OCD

練習 106 右の図において，四角形 ABCD は AB∥DC で，点Eは辺 AB の中点とする。この図の中で，△AEC と面積が等しい三角形をすべて答えなさい。

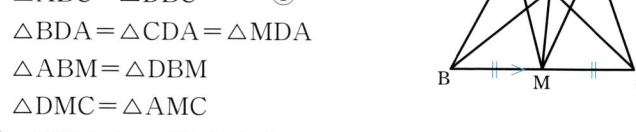

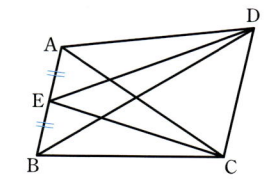

例題 107　等積変形

右の図の四角形 ABCD と面積が等しい三角形を作図しなさい。ただし，三角形の1辺は BC とする。

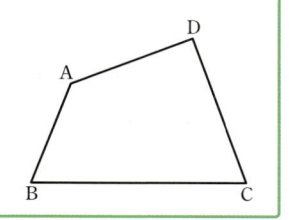

考え方　同底，等高なら　等積，平行線をひく

[1] まず，四角形と等しい三角形をつくってみる。
　→　辺 BC を1辺とするから，辺 CD（または BA）の延長上に点 E をとり，条件　△EBC＝四角形 ABCD　を満たすと考える。
　→　点 E の位置を求める。　←　結論から反対に導く　方針。

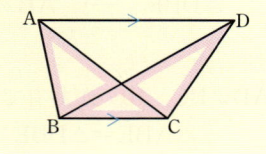

[2] **面積が等しい三角形**
　△ABC と △DBC において
　　AD∥BC　⇔　△ABC＝△DBC
　を利用する。

解　答

CD を延長して，その直線上に点 E をとり
　　△EBC＝四角形 ABCD
とする。両辺から △DBC をひくと
　　△EBD＝△ABD
辺 BD が共通であるから，AE と BD は **平行** である。
〔作図〕　A を通り，対角線 BD に平行な直線と直線 CD との交点を E とする。求める三角形は △EBC である。

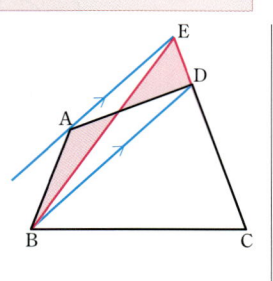

別解　D を通り，対角線 AC に平行な直線と直線 AB との交点を F とする。求める三角形は △FBC である。

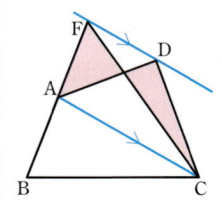

練習 107　右の図の五角形 ABCDE と面積が等しい三角形 APQ を作図しなさい。ただし，2点 P, Q は直線 CD 上の点とする。

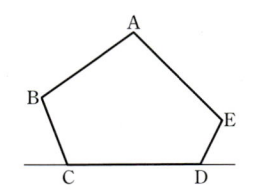

例題 108 等積であることの証明

▱ABCD の対角線 BD に平行な直線をひき，辺 BC，CD との交点を，それぞれ E，F とすると △ABE＝△AFD である。これを証明しなさい。

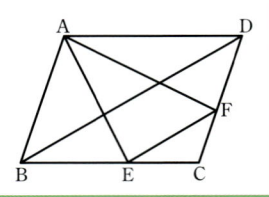

考え方　等積変形　平行線で移す

△ABE と △AFD は同底ではないし，はなれた位置にある。そこで，三角形を **平行線を利用** して，**等積のまま動かす** ことを考える。

△ABE　→　AD∥BC，BE に注目　→　△DBE
△DBE　→　BD∥EF，DB に注目　→　△DBF
△DBF　→　AB∥DC，DF に注目　→　△AFD

解答

AD∥BC，**BE** が共有であるから
　　△ABE＝△DBE
BD∥EF，**DB** が共有であるから
　　△DBE＝△DBF
AB∥DC，**DF** が共有であるから
　　△DBF＝△AFD
以上から　△ABE＝△AFD

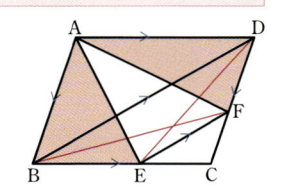

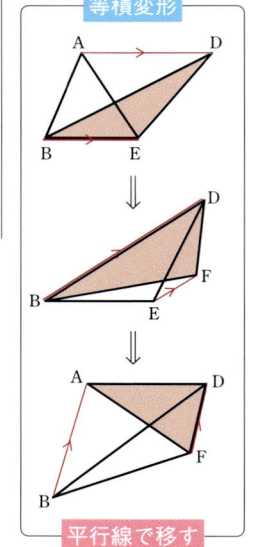

CHART

三角形の面積　平行線で移す
　　PA∥BC　⇔　△PBC＝△ABC
平行なら等高　　同底なら等積

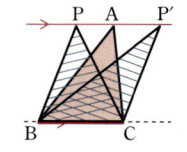

練習 108

右の図のように，▱ABCD の B を通る直線が，辺 CD と交わる点を E，辺 AD の延長と交わる点を F とする。
△AED＝△CFE であることを証明しなさい。

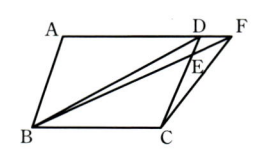

例題 109 三角形の面積の比

右の △ABC で，辺 AB の中点を D，辺 AC 上に AE＝2EC となる点 E をとり，線分 CD，BE の交点を F，直線 AF と辺 BC の交点を G とする。

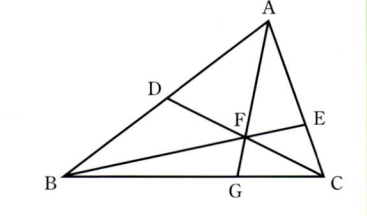

(1) △ABF の面積は △CBF の面積の 2 倍であることを証明しなさい。

(2) BG＝2GC であることを証明しなさい。

● 考え方 　三角形の面積比　等高なら底辺の比，等底なら高さの比

(1) △ABE＝2△CBE，△AFE＝2△CFE はすぐにわかる。これらの差を考える。
(2) (1)の考え方を利用する。

―――― 解　答 ――――

(1) △ABE と △CBE は，それぞれ線分 AE，CE を底辺とする三角形と考えると高さは同じであるから，AE＝2EC より
　　　△ABE＝2△CBE ……①
△AFE と △CFE についても同様に考えると
　　　△AFE＝2△CFE ……②
①，②から　△ABE－△AFE＝2(△CBE－△CFE)
△ABE－△AFE＝△ABF，△CBE－△CFE＝△CBF であるから
△ABF＝2△CBF，すなわち △ABF の面積は △CBF の面積の 2 倍である。

(2) AD＝BD であるから，線分 AD，BD を底辺とする三角形を考えて，(1)と同様にして **△ACF＝△CBF** となり，(1)より **△ABF＝2△ACF** ……③ である。
よって，△ABF と △ACF を線分 AF を底辺とする三角形と考えると，③から △ABF の高さは △ACF の高さの 2 倍である。
したがって，△FGB と △FGC についても同様に考えて，△FGB＝2△FGC となるから，線分 BG，GC を底辺と考えて BG＝2GC であることがわかる。

練習 109 右の図において
BD：DC＝3：4，AE：ED＝2：3
であるとき，△ABE の面積は △ABC の面積の何倍になるか答えなさい。

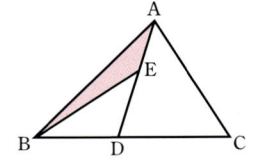

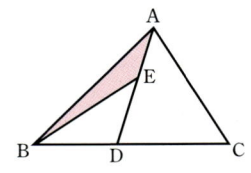

EXERCISES

95 右の図において，面積が等しい三角形の組をさがし，記号で答えなさい。 …▶例題 106

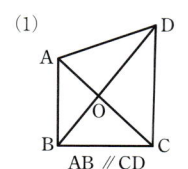

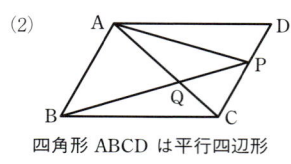

(1) 四角形 ABCD，AB∥CD
(2) 四角形 ABCD は平行四辺形

96 右の図において，四角形 ABCD は AD∥BC である。△ABC の面積を求めなさい。 …▶例題 106

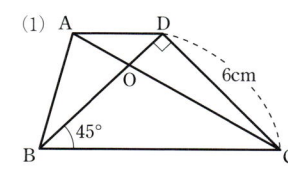

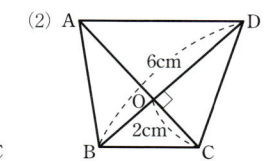

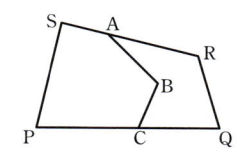

(1) ∠DBC=45°，DC=6cm，AC⊥BD の図
(2) OD=6cm，OC=2cm，AC⊥BD の図

97 右の図のように，四角形の土地が折れ線 ABC によって 2 つに分けられている。左右の部分の面積を変えないで，点 A を通る 1 本の直線で分けなおしたい。その直線を図にかきなさい。 …▶例題 107

98 図のような半径 1 cm の円 O に内接する正八角形がある。斜線部分の面積を求めなさい。〔鎌倉学園高〕 …▶例題 108

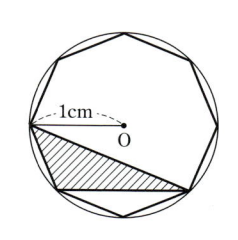

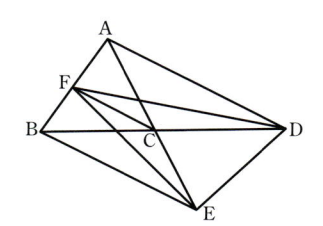

99 △ABC の頂点 A，B，C を通って互いに平行な 3 つの直線をひき，対辺またはその延長と交わる点をそれぞれ D，E，F とする。このとき，△DEF の面積は △ABC の面積の 2 倍であることを証明しなさい。 …▶例題 109

Column

◆四角形の各辺の中点◆

四角形 ABCD の辺 AB, BC, CD, DA の中点をそれぞれ P, Q, R, S とする。このとき，四角形には，次のようなおもしろい性質があります。

① **向かい合う 2 つの四角形の面積の和は等しい。**

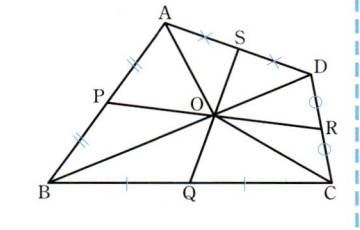

PR と QS の交点を O とする。
△OAB において
AP=PB であるから　△OAP=△OPB
同じようにして，　　△OBQ=△OQC,
　　　　　　　　　△OCR=△ORD,
　　　　　　　　　△ODS=△OSA
である。
したがって
　四角形 OSAP＋四角形 OQCR＝四角形 OPBQ＋四角形 ORDS
すなわち，向かい合う 2 つの四角形の面積の和は等しい。

② **線分 PR, SQ で 4 つの部分に分け，図のように合わせると平行四辺形となる。**

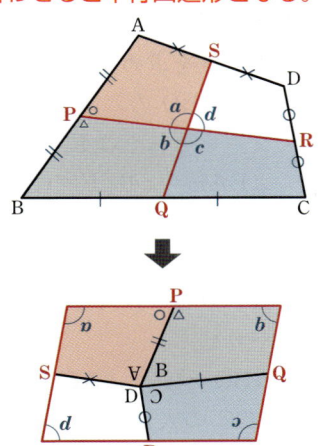

図のように，等しい線分 AP と BP, BQ と CQ, CR と DR, DS と AS が重なるように合わせる。
四角形 ABCD の 4 つの内角の和は 360° であるから，
　　　　∠A＋∠B＋∠C＋∠D＝360°
よって，4 つの頂点を 1 点に集めて，重ならないようにすると，すきまなくおくことができる。
また　∠a＋∠b＋∠c＋∠d＝360°
対頂角は等しいから
　　　　∠a＝∠c, ∠b＝∠d
右の図の点 P, Q, R, S を頂点とする 2 つの角の和（○＋△ など）は，2 つの図からわかるように 180° である。
よって，∠a, ∠b, ∠c, ∠d の頂点は四角形の頂点となり，2 組の対角がそれぞれ等しいから，平行四辺形となる。

定期試験対策問題

1 右の図で，∠x，∠y の大きさを求めなさい。　…▶例題 85

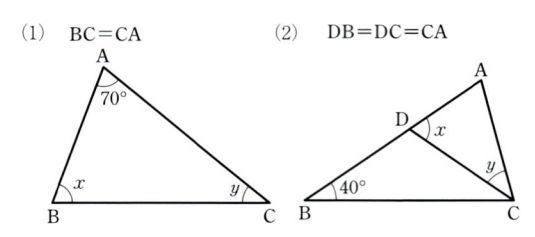

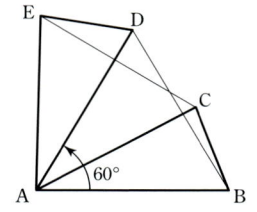

(1) BC=CA

(2) DB=DC=CA

2 右の図のように，△ABC を点 A を中心として 60° 回転させて △ADE をつくる。この図の中にある 2 つの正三角形を示し，それが正三角形であることを証明しなさい。　…▶例題 87

3 右の図のように，△ABC の辺 BC 上に点 D がある。

(1) ∠ADC=80°，DA=DB のとき，∠BAD の大きさを求めなさい。

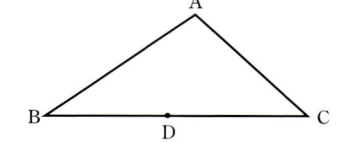

(2) ∠ABD の二等分線と線分 AD，辺 AC との交点をそれぞれ E，F とする。
　　∠BAE=∠BCF のとき，AE=AF を証明しなさい。〔北海道〕　…▶例題 88

4 右の図のように，円 O の周上に 3 点 A，B，C がある。点 A と点 B，点 A と点 C，点 O と点 B，点 O と点 C をそれぞれ結ぶ。
∠ABO=42°，∠ACO=26° のとき，x で示した∠BOC の大きさは何度になるか答えなさい。　〔東京〕
　…▶例題 91

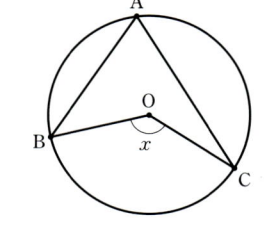

5 ∠A を直角とする二等辺三角形 ABC で，∠B の二等分線が辺 CA と交わる点を D とする。D から辺 BC にひいた垂線を DE とすると，AD=DE=EC であることを証明しなさい。　…▶例題 94

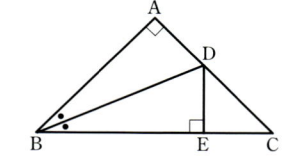

6 次の図において，∠x，∠y，∠z の大きさと a の値を求めなさい。

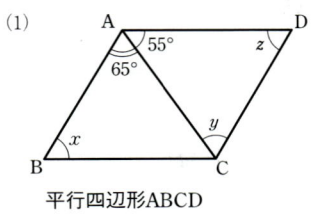

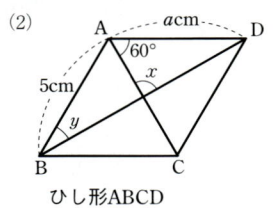

(1) 平行四辺形ABCD

(2) ひし形ABCD

…▶例題 97

7 右の図のように，▱ABCD を対角線 BD を折り目として折り返し，頂点Cが移る点をEとし，BE と AD の交点をFとする。このとき FA＝FE であることを証明しなさい。　…▶例題 98

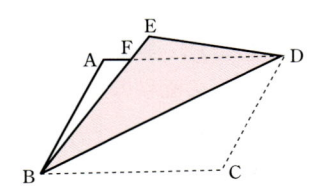

8 ▱ABCD の辺 BC の中点をMとし，AM の延長と DC の延長との交点をEとする。四角形 ABEC は平行四辺形であることを証明しなさい。　…▶例題 101, 102

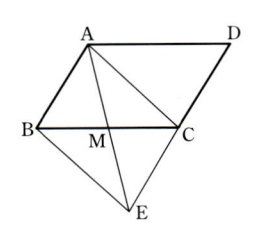

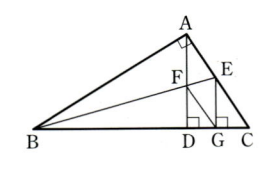

9 直角三角形 ABC の直角の頂点Aから斜辺 BC に垂線 AD をひき，∠B の二等分線と辺 AC，垂線 AD との交点を，それぞれ E，F とする。また，E から BC に垂線 EG をひく。四角形 AFGE はひし形であることを証明しなさい。　…▶例題 105

10 右の図で，△ABC の辺 BC の中点をMとし，辺 BC 上に図のように点Pが与えられている。直線 PQ をひいて，△ABC の面積を 2 等分したい。PQ のひき方と，それが正しいわけを説明しなさい。　…▶例題 107, 108

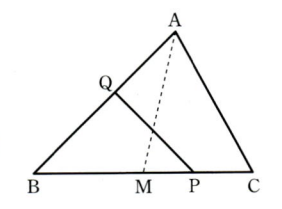

発展 例題 110 多角形の面積の比

右の図のように，AD∥BC，$BC=\dfrac{4}{3}AD$ である台形 ABCD がある。辺 BC 上に AD＝BE となる点 E をとり，線分 AE と線分 BD の交点を F とする。このとき，台形 ABCD の面積は，△ABF の面積の何倍か求めなさい。

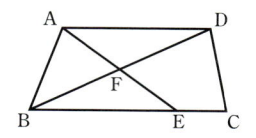

〔山口〕

考え方　等底なら高さの比，等高なら底辺の比

三角形の面積の比

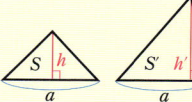

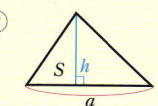

① 等底 ⇒ 高さの比　　$S:S'=h:h'$

② 等高 ⇒ 底辺の比　　$S:S'=a:a'$

解 答

AD∥BE，AD＝BE より，1組の対辺が平行でその長さが等しいから，四角形 ABED は **平行四辺形** である。

△ABF＝S とすると　　△ABE＝2S

▱ABED の面積は，△ABE の 2 倍であるから　$2S×2=4S$

$BC=\dfrac{4}{3}AD=\dfrac{4}{3}BE$ から　BE：EC＝3：1

$△DEC=\dfrac{1}{3}△ABE=\dfrac{1}{3}×2S=\dfrac{2}{3}S$

よって

（台形 ABCD）＝$4S+\dfrac{2}{3}S=\dfrac{14}{3}S$

したがって，台形 ABCD の面積は，△ABF の面積の $\dfrac{14}{3}$ 倍である。　**答**

△DEC と △ABE は高さが等しく，底辺の比が 1：3 であるから
△DEC：△ABE＝1：3

練習 110

右の図の ▱ABCD の辺 AB 上に点 P を AP：PB＝2：1 に，辺 AD 上に点 Q を AQ：QD＝3：2 となるようにとる。このとき，▱ABCD の面積は △PDQ の面積の何倍か求めなさい。

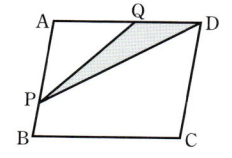

発展 例題 111 ＝の証明と平行四辺形

図のように，△ABC と △ADE が ∠A を共有しており，点Fは辺BCと辺DEの交点である。辺 AB 上に BP=AD となる点P，辺 AE 上に EQ=AC となる点Q，辺 DE 上に ER=DF となる点R，辺 BC 上に BS=CF となる点Sをそれぞれとり，PとQ，RとSをそれぞれ線分で結ぶ。このとき，PQ=SR であることを証明しなさい。

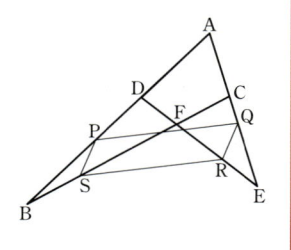

〔改 奈良学園高〕

考え方　平行四辺形を利用する

次の解答のように，平行四辺形の利用が有効である。

解答

Dを通り BC に平行な直線と，Cを通り ED に平行な直線をひき，それらの交点をTとする。また，線分 AT をひく。
△ATC と △QRE において，仮定から　AC=QE ……①
CT∥ED から　∠ACT=∠QER（同位角）……②
また，四角形 TDFC は **平行四辺形** であるから　TC=DF
　　　仮定から　DF=ER　よって　TC=RE ……③
①，②，③より，**2組の辺とその間の角** がそれぞれ等しいから　△ATC≡△QRE　よって　AT=QR ……④
さらに　∠TAC=∠RQE（同位角）から
　　　AT∥QR ……⑤
△ADT と △PBS において，同様にして
　　　AT=PS，AT∥PS ……⑥
したがって，④，⑤，⑥から　PS∥QR，PS=QR
よって，四角形 PSRQ は，1組の対辺が平行でその長さが等しいから，**平行四辺形** であり　PQ=SR

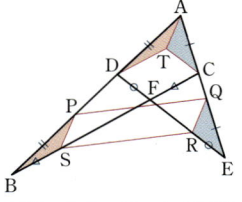

結論　PQ=SR から反対に考える。
PQ，SR を2辺にもつ四角形 PSRQ が平行四辺形ではないか。
→ PS と QR が平行かつ長さが等しい。
→ AT=QR，AT∥QR となる点Tをとる。

練習 111

右の図のように，△ABC の辺 AB，AC を1辺とする正方形 ADEB，ACFG をつくる。このとき，辺 BC の中点をMとすると，GD=2AM が成り立つことを証明しなさい。

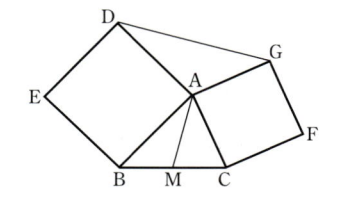

発展 例題 112 平行四辺形・垂直の証明

図において，四角形 ABCD は平行四辺形，△AEB は AB=AE の直角二等辺三角形，△ADF は AD=AF の直角二等辺三角形である。直線 DB と FE, 直線 CA と FE の交点をそれぞれ G, H とし，線分 EF の中点を I とするとき，次の(1), (2)を証明しなさい。

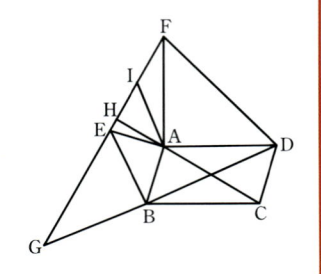

(1) AH⊥EF (2) ∠BGE=∠HAI 〔灘高〕

考え方　合同な三角形を見つける

平行四辺形と直角二等辺三角形が 2 つ。複雑な図形の問題である。合同な三角形を見つけて，角の関係にもちこむ。

解答

(1) 点 A のまわりの角を考えて
∠EAF+90°+∠BAD+90°=360° であるから
∠EAF+∠BAD=360°−2×90°=180° ……①
四角形 ABCD は平行四辺形であるから
∠ABC+∠BAD=180° ……②
①，②から　∠EAF=∠ABC ……③
△ABC と △EAF において
仮定から　AB=EA, BC=AD=AF ……④
③，④より　**2 組の辺とその間の角**　がそれぞれ等しいから
△ABC≡△EAF ……⑤
したがって　∠AEH=∠BAC　このとき
∠AEH+∠EAH=∠BAC+(180°−90°−∠BAC)=90°
であるから　∠AHE=90°　したがって　AH⊥EF

(2) [解答の方針]　[1]　AC と BD の交点を M とし，(1)の⑤から　△AFI≡△BCM　を導く。

[2]　△MHG において，∠BGE を △BCM の角，すなわち △AFI の角に結びつける。

[3]　△AHI で，∠HIA は △AFI の外角であることから，∠HAI を △AFI の角に結びつける。

(1) 平行四辺形 ABCD では ∠A+∠B=180°
すなわち
∠BAD+∠ABC=180°
直線のつくる角は 180° であるから
∠EAH=180°−90°−∠BAC

⑤から
∠BAC=∠AEF
すなわち
∠AEH=∠BAC

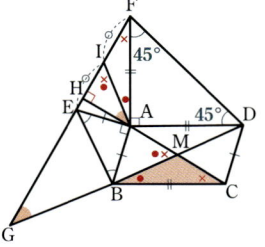

練習 112　上の解答(2)をまとめなさい。

入試対策問題

1 次の図において，∠x，∠y の大きさを求めなさい。
(1) AB＝AC
(2) AB∥DC，AD∥BC

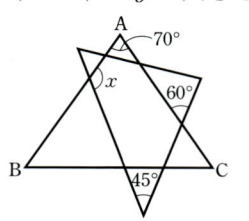

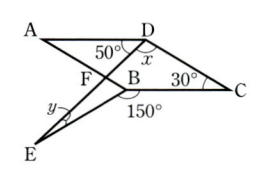

2 右の図は，AB＝4.8 cm，AD＝3 cm の □ABCD である。∠A の二等分線が辺 CD と交わる点を E，∠B の二等分線が辺 CD と交わる点を F とする。このとき，線分 EF の長さを求めなさい。　〔山形〕

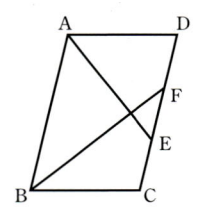

3 右の図のように，∠ABC の二等分線と ∠ACB の二等分線の交点を I とし，点 I を通り辺 BC に平行な直線と，辺 AB，辺 AC との交点をそれぞれ D，E とする。AB＝5 cm，BC＝4 cm，AC＝6 cm である。このとき，△ADE の周の長さは，☐ cm である。☐ をうめなさい。　〔専修大学松戸高〕

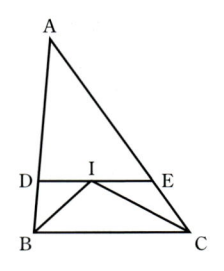

4 右の図において，△ABC の辺 AB，BC，CA 上にそれぞれ点 D，E，F をとり，ひし形 ADEF を作図しなさい。
ただし，作図には定規とコンパスを用い，作図に使った線は消さないこと。　〔大分〕

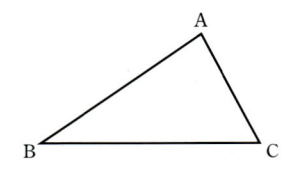

5 △ABC の ∠B の外角の二等分線と ∠C の外角の二等分線の交点を I とする。半直線 AI は ∠A を 2 等分することを証明しなさい。

6 右の図のように AB=AC, ∠BAC=30° の二等辺三角形 ABC の辺 AC 上に点 D をとり, BD を 1 辺とする正三角形 BDP をつくる。同様に辺 AB 上に点 E をとり, CE を 1 辺とする正三角形 CEQ をつくる。辺 PD と辺 EQ の交点を R とする。
∠DBC=30°, ∠ECB=40° のとき
(1) ∠ABC の大きさを求めなさい。
(2) ∠PRQ の大きさを求めなさい。　〔滝川高〕

7 ∠B=60°, ∠C=45° である △ABC を頂点 B を中心に時計回りに回転させる。頂点 A, C の移った先をそれぞれ D, E とし, D が辺 AC 上にあるとき, 辺 DE と辺 BC との交点を F とする。このとき, △CDE が二等辺三角形であることを証明しなさい。　〔関西学院高〕

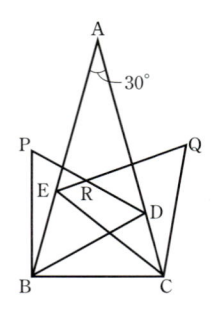

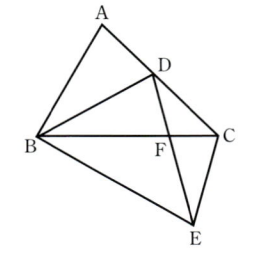

8 右の図の正三角形 ABC で, 辺 AB, CA の中点をそれぞれ E, F とし, 辺 BC 上に点 G, H を GH=AE となるようにとる。点 F, G から線分 EH にひいた垂線と, 線分 EH との交点をそれぞれ I, J とする。このとき, 四角形 FJGI は平行四辺形であることを証明しなさい。

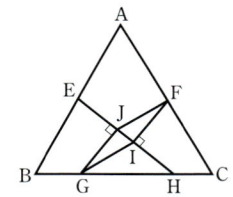

9 右の図のように, 長方形 ABCD の内部に点 E があり, AB=5 cm, BC=9 cm, AE=7 cm である。
このとき, △ABE と △CDE の 2 つの三角形の面積の和は ☐ cm² である。
☐ をうめなさい。　〔日本大学東北高〕

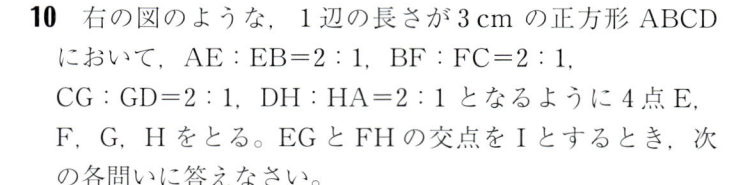

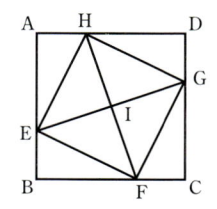

10 右の図のような, 1 辺の長さが 3 cm の正方形 ABCD において, AE:EB=2:1, BF:FC=2:1, CG:GD=2:1, DH:HA=2:1 となるように 4 点 E, F, G, H をとる。EG と FH の交点を I とするとき, 次の各問いに答えなさい。
(1) △EHI の面積を求めなさい。
(2) 台形 ADGE と四角形 AEIH の面積比を, もっとも簡単な整数の比で表しなさい。　〔広陵高〕

第6章

確　率

この章で学ぶ問題

場合の数の基本	例題 113〜115	しっかりつかもう。
確率の基本	例題 116, 117	基本をおさえよう。
いろいろな確率	例題 118〜122	しっかりつかもう。
確率の性質の利用	例題 123	応用力をつけよう。
やや複雑な確率の問題	例題 124, 125	発展問題にチャレンジしてみよう。

この項の要点整理　テスト対策　これだけはおさえておこう！

⑰ 場合の数

1 場合の数

あることがらの起こり方が全部で n 通りあるとき，そのことがらの起こる **場合の数** は n 通りであるという。

2 場合の数の数え方

起こりうる場合の全部を **もれなく，重複なく** 数えあげる。それには，すべての場合を **順序よく整理して並べる。**
順序よく整理する方法には，次のようなものがある。
① **樹形図をかく**　例のような枝わかれしていく図をかく。
② **表にする**　辞書の単語の配列のようにして表をつくる。
　　なお，表にせずに abc, acb, …… のようにアルファベット順に書き並べることを **辞書式配列法** という。

> すべての場合を数え上げるために，重なりがないか整理して並べる。

例

3人を1列に並べる方法
3人を a, b, c とする。
a, b, c　　a, c, b
b, a, c　　b, c, a
c, a, b　　c, b, a
6通り

樹形図

```
a < b—c
    c—b
b < a—c
    c—a
c < a—b
    b—a
```

表

	1番目	2番目	3番目
	a	b	c
	a	c	b
	b	a	c
	b	c	a
	c	a	b
	c	b	a

3 場合の数の数え方の法則

① ことがら A, B は **同時に起こらない** とする。A, B の起こる場合の数がそれぞれ m 通り，n 通りのとき
　　AまたはBの起こる場合の数 は，$m+n$ 通り。

> ①の法則を **和の法則** という。

② ことがら A, B があって，
　Aの起こる場合の数が m 通り，**そのおのおのに対して** Bの起こる場合の数が n 通りのとき，
　　AとBがともに起こる場合の数 は，$m×n$ 通り。

> ②の法則を **積の法則** という。

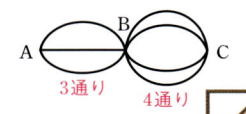

例

A町からB町をへてC町へ行くのに，A町からB町へは3本，B町からC町へは4本の道がある。
A町からC町へ行く行き方は　　$3×4=12$（通り）

A　3通り　B　4通り　C

例題 113 樹形図

(1) a, b, c, d の4人の中から2人を選んで並べる方法は何通りありますか。

(2) a, b, c, d, e の5人の中から2人を選ぶ方法は何通りありますか。

考え方 樹形図，もれなく重複なく

(1) **樹形図** をかくとはっきりする。
樹形図は，**順序正しく，もれなく重複なく** かく。

(2) たとえば，X, Y, Z の3文字から2文字を選ぶ方法を考えるとき，X-Y, Y-X は異なる並べ方であるが同じ選び方（組）である。右の樹形図から，その選び方は全部で3通りである。つまり，樹形図の最初はa, b, c, d の4人でよい。

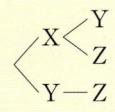

$$X\begin{cases}Y\\Z\end{cases}$$
$$Y - Z$$

解答

樹形図をかくと，右の図のようになる。

(1) **12通り** 答

(2) **10通り** 答

別解

(1) 1番目の人の並び方は，4人から1人であるから4通り。そのおのおのに対して，2番目の人の並び方は残り3人のうちの1人であるから3通り。
よって，並び方は 4×3＝12（通り）

(2) (1)と同じように，2人を選んで並べるとすると，その並び方は 5×4通り。同じ組が2通りずつあるから，2人を選ぶ方法は 5×4÷2＝10（通り）

答 (1) **12通り** (2) **10通り**

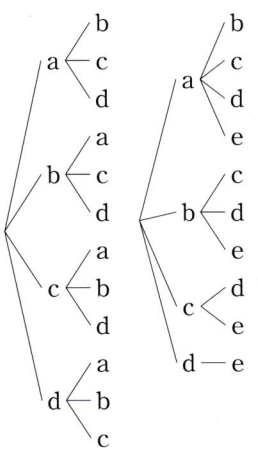

別解 (1) 樹形図からわかるように，2人を並べるとき
1人目の並び方は4通り，2人目の並び方はそれぞれ3通り
→ 全体で 4×3通り
「並べ方」は **かける**。

(2) 1人目 → 5通り
2人目 → 4通り
並べ方は 5×4通り
これを同じになる個数2でわる。→「組」は「並べ方」を個数2で **わる**。
かける，わる を用いると **樹形図** より早いが，考え方のもとになるのは樹形図である。

練習 113 次のような方法は，それぞれ何通りありますか。

(1) 4人が長いすに1列にすわる方法，4人の中から2人選ぶ方法

(2) a, b, c, d の4人の順を決めるとき，最後はaかdにする方法

(3) 6人から2人の委員を選ぶ方法

例題 114　場合の数 (1)

0, 1, 2, 3 の数字を1つずつ書いた4枚のカードがある。このうち，3枚を並べて3けたの整数をつくる。
(1) 全部で何個つくれますか。
(2) 偶数は全部で何個ありますか。

考え方　樹形図，もれなく重複なく，かけるも活用

(1) **樹形図** をかいてみる。
　　3けたの整数 ⇒ 百の位は0でない ことに注意。
(2) **偶数　一の位は0または2** と考える。

解答

樹形図をかくと右の図のようになる。
(1) **18個**　答
(2) **10個**　答

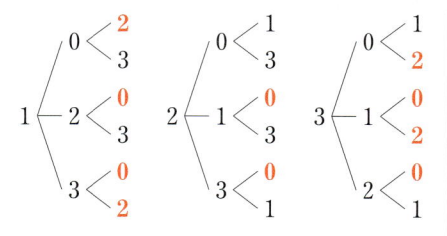

別解
(1) 百の位は **0を除く1, 2, 3** の3通り。そのおのおのに対して，十の位は **0をふくむ残り** の3通り。さらに，おのおのに対して，一の位は残りの **2通り**。
　　したがって　3×3×2=18(個)　　答　**18個**
(2) 偶数になるのは，一の位が **0のときと2のとき** である。
　　一の位が **0** のとき，百の位は **1, 2, 3** の3通り。そのおのおのに対して十の位は2通り。
　　また，一の位が **2** のとき，百の位は1, 3の2通り。そのおのおのに対して十の位は2通り。
　　したがって　3×2+2×2=10(個)　　答　**10個**

---3けたの整数---
百の位は **0でない**

(1)の**別解** 2
012, 013 など百の位に0がくるものもふくめた数の個数を求めると
　　4×3×2=24(個)
百の位に0がくるものは，0を除く1, 2, 3の3つの数字のカードで2けたの数をつくる数と同じで
　　3×2=6(個)
求める個数は
　　24-6=**18(個)**

練習 114　0, 1, 2, 3, 4 の数字を1つずつ書いた5枚のカードがある。このうち，2枚を並べて2けたの整数をつくる。
(1) 全部で何個つくれますか。
(2) 偶数は全部で何個ありますか。

例題 115　場合の数 (2)

10円，50円，100円の硬貨を使って300円にする方法は，全部で何通りありますか。1枚も使わない硬貨があってもよいものとする。

考え方　樹形図や表を活用

[1] 10円，50円，100円硬貨で300円にする。
　　最大で，すべて10円 なら30枚，
　　　　　　　　50円 なら6枚，
　　　　　　　 100円 なら3枚。

[2] 100円，50円，10円硬貨のそれぞれの枚数に注目して樹形図をかくと右のようになる。また，解答のように，表をつくってもよい。その際は，100円 → 50円 → 10円　の順にかく。

```
100円 50円 10円     100円 50円 10円           100円 50円 10円
 3 ── 0 ── 0         ┌ 4 ── 0                ┌ 6 ── 0
                     │ 3 ── 5                │ 5 ── 5
         ┌ 2 ── 0   1┤ 2 ── 10              │ 4 ── 10
       2 ┤ 1 ── 5    │ 1 ── 15            0 ┤ 3 ── 15
         └ 0 ── 10   └ 0 ── 20              │ 2 ── 20
                                             │ 1 ── 25
                                             └ 0 ── 30
```

解答

使う硬貨の枚数を表で示すと，次のようになる。

100円	3	2			1					0						
50円	0	2	1	0	4	3	2	1	0	6	5	4	3	2	1	0
10円	0	0	5	10	0	5	10	15	20	0	5	10	15	20	25	30

答　**16通り**

参考　どの硬貨も少なくとも1枚は使うとすると0をふくむ組を除いて4通りとなる。

CHART　場合の数　もれなく重複なく
　1　樹形図や表が基本
　2　かける，わる　も活用

練習 115　100円硬貨が3枚，50円硬貨が5枚，10円硬貨が10枚あるとき，これらの硬貨を使って400円にする方法は，全部で何通りありますか。1枚も使わない硬貨があってもよいものとする。

EXERCISES

100 次のような方法は、それぞれ何通りあるか求めなさい。　…▶例題 113, 115
(1) A, B, C, D, E の 5 人の生徒の中から、班長と副班長を選ぶ方法
(2) りんご 3 個, みかん 2 個, もも 1 個の中から、3 個を選ぶ方法

101 3 人の男子生徒 A, B, C と 2 人の女子生徒 a, b がいる。男子の中から 2 人、女子の中から 1 人を選ぶ。
(1) 選び方は全部で何通りあるか求めなさい。
(2) C をふくむ選び方は何通りあるか求めなさい。　…▶例題 113

102 LETTER の 6 文字の中から 2 文字を選んで並べる方法は何通りあるか求めなさい。ただし、同じ文字を並べてもよいものとする。　…▶例題 113

103 区別のつかない 10 個の玉を 3 つの組に分ける方法は何通りあるか求めなさい。　〔改 城西大川越高〕　…▶例題 113

104 4 枚のカード ①, ②, ③, ④ から、1 枚ずつ 3 枚取り出し、取り出した順に並べて 3 けたの整数をつくる。321 より小さい数は全部で何通りあるかを答えなさい。　〔東北学院高〕　…▶例題 114

105 4 つの数 0, 1, 2, 2 を用いてできる 4 けたの整数は全部で何通りできるかを答えなさい。　〔立命館高〕　…▶例題 114

106 50 円, 100 円, 500 円の硬貨を使って 1300 円にする方法は、全部で何通りあるか求めなさい。どの硬貨も少なくとも 1 枚は使うものとする。　…▶例題 115

この項の要点整理　テスト対策 これだけはおさえておこう！

18　確率

1　確率
あることがらの起こることが期待される程度を表す数を，そのことがらの起こる **確率** という。

2　確率の求め方
① すべての場合の起こり方が同じ程度に期待されるとき，**同様に確からしい** という。

② **ことがらAの起こる確率**　起こる場合が全部で n 通りあり，そのどれが起こることも **同様に確からしい** とする。

そのうち，ことがらAの起こる場合が a 通り であるとき

　　ことがらAの起こる確率 p は　$p = \dfrac{a}{n}$

$$確率 = \dfrac{ことがらAの場合の数}{全体の場合の数}$$

③ **確率の性質**

一般に，$0 \leq a \leq n$ であるから，確率 $p = \dfrac{a}{n}$ の範囲 は

$0 \leq p \leq 1$ 　$\begin{cases} p=0 & ことがらAは \ \textbf{決して起こらない。} \\ p=1 & ことがらAは \ \textbf{必ず起こる。} \end{cases}$

$a=0$ のとき $\dfrac{0}{n}=0$

$a=n$ のとき $\dfrac{n}{n}=1$

3　いろいろな確率

① **ことがらAの起こらない確率**　起こる場合が全部で n 通りあり，そのどれが起こることも **同様に確からしい** とする。そのうち，ことがらAの起こる場合が a 通りであるとき，ことがらAの起こらない場合の数 は $n-a$ 通りであるから

　　ことがらAの起こらない確率 q は　$q = \dfrac{n-a}{n} = 1-p$

すなわち

　　（Aの起こらない確率）＝ 1 －（Aの起こる確率）

② **少なくとも**　「少なくとも～である確率」は，①の起こらない確率の考えを用いると簡単に求められる場合がある。

例　（少なくとも1本当たる確率）＝ 1 －（すべてはずれる確率）
　　　（少なくとも1枚裏が出る確率）＝ 1 －（すべて表が出る確率）

例題 116　確率の意味

1つの王冠を投げたときに表向きになる確率を求める実験をしたところ，次のような結果になった。空らんを小数第2位まで求めてうめ，表向きになる確率を求めなさい。

投げた回数	100	200	300	400	500	600	700	800	900	1000
表向きの回数	48	76	117	162	198	230	288	337	367	408
表向きの割合										

考え方　確率　割合が近づく値

表向きの割合 = $\dfrac{\text{表向きの回数}}{\text{投げた回数}}$ で計算する。

小数第2位まで求める場合は，小数第3位まで計算し，その小数第3位を四捨五入する。

実験や観察を行うとき，あることがらの起こりやすさの程度を表す数を，そのことがらの起こる **確率** という。

投げた回数が多くなるにつれて，表向きになる割合はある一定の値に近づいていく。その割合が近づく一定の値を表向きになる確率とする。

解　答

表向きの割合は，順次 $\dfrac{48}{100}$, $\dfrac{76}{200}$, ……, $\dfrac{408}{1000}$ であり

0.48, 0.38, 0.39, 0.405, 0.396, 0.383…, 0.411…, 0.421…, 0.407…, 0.408

小数第3位を四捨五入すると，順に

0.48, 0.38, 0.39, 0.41, 0.40, 0.38, 0.41, 0.42, 0.41, 0.41　答

上の割合は，投げた回数を多くすると 0.41 に近づく。
したがって，表向きになる確率は　　**0.41**　答

小数第3位まで計算し，その小数第3位を四捨五入して，小数第2位まで求める。

投げた回数が少ないと，0.48 から 0.38 までばらついている。回数が多くなると，0.41 と 0.42 に近づきばらつきが小さい。

練習 116

下の表は，1つのさいころを投げて，1の目が出た回数を調べたものである。1の目が出る割合を小数第2位まで求め，1の目が出る確率を求めなさい。

投げた回数	100	200	300	400	500	600	700	800	900	1000
1の目の回数	12	27	38	59	73	90	109	133	149	166

例題 117　確率の基本

次の確率を求めなさい。
(1) 1つのさいころを投げるとき，3以上の目が出る確率
(2) 赤玉4個，白玉3個，青玉2個が入った袋から玉を1個取り出すとき，それが白玉である確率
(3) ジョーカーを除く52枚のトランプから1枚を引くとき，そのカードがダイヤである確率

考え方　同様に確からしい，確率は $a \div n$

確率の求め方
[1] 起こる場合が全部で n 通り で，すべて 同様に確からしい。
[2] ことがらAが起こる場合が a 通り

→ Aが起こる確率 $p = \dfrac{a}{n}$

確率 $= \dfrac{\text{ことがらAの数}}{\text{全体の数}}$

解答

(1) 目の出方は全部で **6通り** で，どの目が出ることも，**同様に確からしい。** 3以上の目が出る場合は **4通り**。

3以上の目が出る確率は $\dfrac{4}{6} = \dfrac{2}{3}$　**答**

(2) 玉の取り出し方は全部で **9通り** で，どの玉の取り出し方も **同様に確からしい。** 白玉が出る場合は **3通り**。

白玉が出る確率は $\dfrac{3}{9} = \dfrac{1}{3}$　**答**

(3) カードの出方は全部で **52通り** で，どのカードが出ることも **同様に確からしい。** ダイヤのカードが出る場合は **13通り**。カードがダイヤである確率は $\dfrac{13}{52} = \dfrac{1}{4}$　**答**

(1) n は 1，2，3，4，5，6 の 6通り。
a は 3，4，5，6 の 4通り。

(2) n は 赤，赤，赤，赤，白，白，白，青，青 の 9通り。これを赤，白，青の3通りとしては **誤り**。

赤玉が出る確率は $\dfrac{4}{9}$

青玉が出る確率は $\dfrac{2}{9}$

練習 117

次の確率を求めなさい。
(1) 1つのさいころを投げるとき，3の倍数の目が出る確率
(2) 黒玉5個，白玉3個，赤玉2個が入った袋から玉を1個取り出すとき，それが赤玉である確率
(3) ジョーカーを除く52枚のトランプから1枚引くとき，そのカードが絵札である確率

例題 118　確率　硬貨

3枚の硬貨を同時に投げるとき，次の確率を求めなさい。
(1) 3枚とも表になる確率
(2) 1枚が表で2枚が裏になる確率

考え方　確率では，同じ硬貨も区別する　表・裏の出方は3枚なら 2^3 通り

3枚の硬貨を a，b，c と区別し，起こるすべての場合を，表を○，裏を×とし，**樹形図** をかくと右のようになる。
　→ すべての場合は8通り。**n は 8**
(1) 3枚とも表になる場合は　○○○　の1通り。**a は 1**
(2) 1枚が表で2枚が裏になる場合は
　　○××，×○×，××○　の3通り。**a は 3**

$$確率\ p = \frac{ことがら A の数\ a}{全体の数\ n}$$

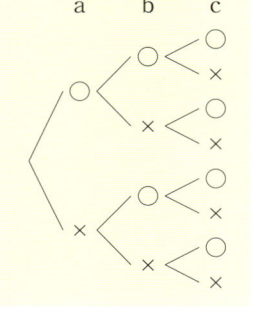

解　答

3枚の硬貨を同時に投げるとき，すべての出方は
　$2 \times 2 \times 2 = 8$（通り）　これらの出方は同様に確からしい。
(1) 3枚とも表の場合は1通り。
　よって　求める確率は　$\dfrac{1}{8}$　**答**
(2) 表を○，裏を×で表すと，1枚が表，2枚が裏の場合は，
　○××，×○×，××○　の3通り。
　よって　求める確率は　$\dfrac{3}{8}$　**答**

> n は **かけるを活用** して計算する。
> 硬貨 a は表裏の2通り。
> それに対して b も表裏の2通りあるから
> 　2×2 通り。
> さらに，c も2通りあるから，全部で
> 　$2 \times 2 \times 2 = 2^3$（通り）

注意
(1)で，表・裏の出方の組み合わせは
　　　（表，表，表），（表，表，裏），（表，裏，裏），（裏，裏，裏）
の4通りであるから，表が3枚出る確率は $\dfrac{1}{4}$ としては **誤り！** これは3枚の硬貨を区別していないことが原因である。→ 確率の計算では，起こるすべての場合について **同様に確からしい** ことが前提になる。そのためには，硬貨1枚1枚を **区別しなければならない**。

練習 118
4枚の硬貨を同時に投げるとき，次の確率を求めなさい。
(1) 表と裏が同じ枚数である確率
(2) 表も裏も出ている確率

例題 119　確率　2個のさいころ

2個のさいころを同時に投げるとき，次の確率を求めなさい。
(1) 出る目の和が9になる確率
(2) 出る目の積が12の倍数になる確率

考え方　確率では，2個のさいころの出方は全部で　6^2通り

(1) 2個のさいころをa，bと区別する。この2個のさいころを同時に投げるとき，目の和について，起こるすべての場合を表で表すと，右のようになる。

n は 6×6 通り　　a は 4 通り

$$\text{確率} = \frac{\text{ことがらAの数 } a}{\text{全体の数 } n}$$

※以後，本書では，確率における全体の数nの出し方は「すべて同様に確からしい」ものとし，その断りを省略する。

2個の目の和

a\b	1	2	3	4	5	6
1	2	3	4	5	6	7
2	3	4	5	6	7	8
3	4	5	6	7	8	9
4	5	6	7	8	9	10
5	6	7	8	9	10	11
6	7	8	9	10	11	12

解答

2個のさいころを同時に投げるとき，目の出方は全部で
$$6 \times 6 = 36 \text{(通り)}$$
2個のさいころの出る目 x，y を (x, y) で表す。

(1) 目の和が9になる場合は
　$(3, 6)$，$(4, 5)$，$(5, 4)$，$(6, 3)$　の4通り。

　よって，求める確率は　$\dfrac{4}{36} = \dfrac{1}{9}$　**答**

(2) 目の積が12の倍数になるのは，次の場合である。
　12の場合　$(2, 6)$，$(3, 4)$，$(4, 3)$，$(6, 2)$
　24の場合　$(4, 6)$，$(6, 4)$
　36の場合　$(6, 6)$
　全部で　$4 + 2 + 1 = 7 \text{(通り)}$

　よって，求める確率は　$\dfrac{7}{36}$　**答**

←「同様に確からしい」は省略した。

(2) 12の倍数は
　12×1，12×2，12×3
　より 12，24，36
　の3通り。

2個の目の積

a\b	1	2	3	4	5	6
1	1	2	3	4	5	6
2	2	4	6	8	10	⑫
3	3	6	9	⑫	15	18
4	4	8	⑫	16	20	㉔
5	5	10	15	20	25	30
6	6	⑫	18	㉔	30	㊱

練習 119
2個のさいころを同時に投げるとき，次の確率を求めなさい。
(1) 目の数の和が4以下になる確率
(2) 目の数の積が15以上になる確率
(3) 同じ目が出る確率

例題 120　確率　2けたの整数

4つの数字1，2，3，4の中から，2つの数字を使って2けたの整数をつくる。次のときに，その整数が3の倍数となる確率を求めなさい。
(1) 同じ数字を2度使ってもよいとき
(2) 異なる2つの数字を使うとき

考え方　重複してもよい（4×4），重複しない（4×3）

[1] **樹形図** をかくと，右のようになる。

全体の数 n
3の倍数の数 a 　をかぞえて　確率 $p = \dfrac{a}{n}$

[2] 全体の数 n は，**かけるを活用** すると
　(1) 2度使ってもよい場合
　　十の位が4通り，そのそれぞれに一の位が4通りあるから **4×4通り**
　(2) 異なる2つの数の場合
　　十の位が4通り，そのそれぞれに一の位が3通りあるから **4×3通り**

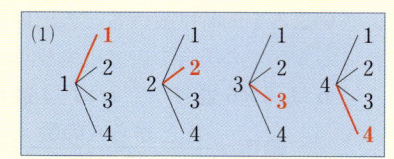

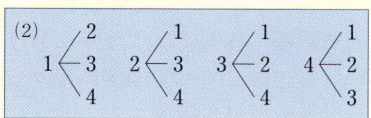

解答

(1) 2けたの整数は，全部で　**4×4＝16**（通り）
　このうち，3の倍数は **12，21，24，33，42** の5通り。
　よって，求める確率は　$\dfrac{5}{16}$　**答**

(2) 2けたの整数は，全部で　**4×3＝12**（通り）
　このうち，3の倍数は **12，21，24，42** の4通り。
　よって，求める確率は　$\dfrac{4}{12} = \dfrac{1}{3}$　**答**

(1) 十の位は1，2，3，4から1つであるから4通り。そのおのおのに対して一の位も1，2，3，4の4通り
→ 4×4通り

(2) 十の位は4通り。そのおのおのに対して一の位は十の位以外の3通り　→ 4×3通り

練習 120　1から5までの数字を書いたカードが1枚ずつある。
(1) この5枚のカードから1枚ずつ続けて2回引くとき，引いた2枚のカードがともに奇数である確率を求めなさい。
(2) 2回目は1回目のカードをもどしてから引くとすると，引いた2枚のカードがともに奇数である確率を求めなさい。

例題 121　確率　色玉の取り出し

赤玉2個，青玉3個が入った袋から，同時に2個の玉を取り出すとき，少なくとも1個は赤玉である確率を求めなさい。

考え方　同時に取り出す　組として考える

赤玉を①，②，青玉を③，④，⑤として，樹形図をかくと右のようになる。

n は　4+3+2+1 通り。

少なくとも1個は赤玉
　→ ①または②をふくむ

a は　4+3 通り。

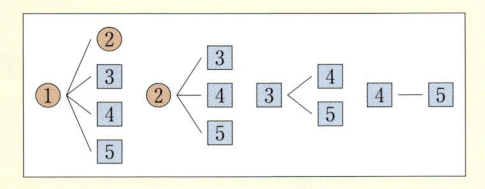

解　答

赤玉を①，②，青玉を③，④，⑤とする。
2個の取り出し方は

(①, ②), (①, ③), (①, ④), (①, ⑤)
(②, ③), (②, ④), (②, ⑤)
(③, ④), (③, ⑤)
(④, ⑤)

全部で 10 通り。

少なくとも1個は赤玉である場合は，①または②をふくむ組で 7 通り。

よって，求める確率は　$\dfrac{7}{10}$　答

取り出し方は，すべて同様に確からしい。
同時に取り出すから，たとえば
①と②を選ぶことと
②と①を選ぶことは同じ。
これを (①, ②) で表す。

参考　「少なくとも1個は赤玉」とは「2個とも青玉」ではないということである。2個とも青玉である場合は，上記より (③, ④), (③, ⑤), (④, ⑤) の3通りであるから2個とも青玉でない場合は　10-3=7(通り)

これから少なくとも1個は赤玉である確率は $\dfrac{7}{10}$ と求めてもよい。「～でない」場合の数を数える方が速いときには有効である(例題 123 を参照)。

CHART　確率　n(全体)，a を求めて　$\dfrac{a}{n}$

練習 121　赤玉3個，青玉2個，黄玉1個が入った袋から，同時に2個の玉を取り出すとき，次の確率を求めなさい。

(1)　1個が青玉で，1個が黄玉である確率

(2)　少なくとも1個は青玉である確率

例題 122　確率　くじを引く順番

6本のうち2本の当たりくじが入っているくじがある。このくじを，Aが先に1本引き，続いてBが1本引くとき，それぞれが当たる確率を求めなさい。引いたくじはもとにもどさないものとする。

考え方　確率は $a \div n$

[1]　当たりくじを ①，②，はずれくじを ③，④，⑤，⑥，当たったときを○，はずれたときを×として **表** にすると，右のようになる。

　　n は 30 通り。

　　a は，A，Bが当たる場合を数える。

[2]　**かけるを活用** すると，A，Bが続けて引く場合の数は　$6 \times 5 = 30$（通り）

　　Bが当たる場合は　① 2人とも当たる場合
　　と　② Bだけが当たる場合
　　に分けて考える。

B A	①	②	3	4	5	6
①		○	○×	○×	○×	○×
②	○○		○×	○×	○×	○×
3	×○	×○		××	××	××
4	×○	×○	××		××	××
5	×○	×○	××	××		××
6	×○	×○	××	××	××	

解答

（Aが当たる確率）

　くじは全部で6本あるから，Aの引き方は　6 通り。
　そのうち当たりの引き方は　2 通り。
　したがって，Aが当たる確率は　$\dfrac{2}{6} = \dfrac{1}{3}$　**答**

（Bが当たる確率）

　A，Bの順にくじを引くから，すべての場合の数は
　　　$6 \times 5 = 30$（通り）
　Aが当たり，Bも当たる場合は　$2 \times 1 = 2$（通り）
　Aがはずれ，Bが当たる場合は　$4 \times 2 = 8$（通り）
　Bが当たるすべての場合は　$2 + 8 = 10$（通り）
　したがって，Bが当たる確率は　$\dfrac{10}{30} = \dfrac{1}{3}$　**答**

Aが引いた6本のくじのそれぞれに対し，Bは5通りのくじの引き方があり，それらは同様に確からしい。よって全体の場合の数は
　$6 \times 5 = 30$（通り）

この結果から，先に引いてもあとに引いても，くじの当たる確率は変わらないことがわかる。
確率が同じだからくじ引きが成り立っていると考えよう。

練習 122　5本のうち3本の当たりくじが入っているくじがある。このくじを，Aが先に1本引き，続いてBが1本引くとき，それぞれの当たる確率を求めなさい。引いたくじはもとにもどさないものとする。

例題 123　起こらない確率

1から9までの数字を書いたカードが1枚ずつある。この9枚のカードから続いて2枚を引き，左から順に並べて2けたの整数をつくる。この整数が9でわり切れない確率を求めなさい。

考え方　（Aの起こらない確率）＝1－（Aの起こる確率）

起こるすべての場合は
　　[1]　ことがらAが起こる場合
　　[2]　ことがらAが起こらない場合
の2つに分けられるから，一般に，ことがらAについて
　　　（Aの起こる確率）＋（Aの起こらない確率）＝1
が成り立ち，次のことがいえる。
　　（Aの起こらない確率）＝1－（Aの起こる確率）
2けたの整数が9でわり切れない場合の数の方が9でわり切れる場合の数よりはるかに多いから，次の方針で求めよう（p.201 参考 参照）。
　　（9でわり切れない確率）＝1－（9でわり切れる確率）

解答

2けたの整数は全部で
　　　$9 \times 8 = 72$（通り）
この2けたの整数が9の倍数となるのは
　18，27，36，45，54，63，72，81　の8通り。
よって，この整数が9でわり切れる確率は　$\dfrac{8}{72} = \dfrac{1}{9}$
したがって，求める確率は　$1 - \dfrac{1}{9} = \dfrac{8}{9}$　答

別解（左の解答の4行目までは同じ）
よって，この整数が9でわり切れない場合は
　　　$72 - 8 = 64$（通り）
したがって，求める確率は　$\dfrac{64}{72} = \dfrac{8}{9}$　答

CHART　Aでない確率
　　（Aでない確率）＝1－（Aである確率）
　　…でない，少なくとも1つに有効

練習 123　大中小3個のさいころを同時に投げるとき，大のさいころの目を百の位，中のさいころの目を十の位，小のさいころの目を一の位として，3けたの整数をつくる。このとき，この整数が5でわり切れない確率を求めなさい。

EXERCISES

107 右の表は，2種類の押しピンA，Bを何回か投げて，表と裏の出た回数を示したものである。AとBでは，どちらの方が，表が出やすいといえるか求めなさい。　…▶例題116

ピン	表	裏	合計
A	365	635	1000
B	416	784	1200

108 男子3人，女子2人の計5人の中から，くじ引きで2人の委員を選ぶとき
(1) 選び方は全部で何通りあるか答えなさい。
(2) 男子2人が選ばれる確率を求めなさい。〔仙台育英高〕　…▶例題117

109 ジョーカーを除く，1組52枚のトランプから1枚を取り出すとき，次の確率を求めなさい。　…▶例題117
(1) ♣の札が出る確率
(2) 2またはJの札が出る確率
(3) ♥または絵札(J, Q, K)の出る確率

110 大小2つのさいころをそれぞれ1回投げる。大きいさいころの出た目の数をa，小さいさいころの出た目の数をbとするとき，$\dfrac{2a}{b}$の値が整数になる確率を求めなさい。〔日本大学第三高〕　…▶例題119

111 2つのさいころを同時に投げるとき，次の確率を求めなさい。
(1) 2つの目の差が4になる確率
(2) 2つの目の積が4の倍数になる確率
(3) 4の目が出ない確率　…▶例題119, 123

112 1，2，3，4，5 の数字を1つずつ書いたカードがある。このカードから1枚ずつ3回引く。引いたカードはそのつどもどすとき，引いた順に左から数字を1列に並べて3けたの整数をつくる。このとき，できる整数が300より大きい偶数である確率を求めなさい。　　　　　　　　　　　　　　　　　…▶例題 120

113 当たりくじ2本，はずれくじ2本のくじ4本がある。このくじをA，B，Cの順に引くものとする。引いたくじをそのつどもどすと，A，B，Cが当たる確率はともに $\frac{2}{4} = \frac{1}{2}$ である。引いたくじをもとにもどさないものとするとき，A，B，Cの当たる確率を，それぞれ求めなさい。　…▶例題 122

114 袋の中に，白玉，黒玉，赤玉が1個ずつ入っている。この袋の中から玉を1つずつ3回続けて取り出し，取り出した順に1列に並べる。このとき，赤玉と白玉がとなり合って並ぶ確率を求めなさい。〔清真学園高〕…▶例題 121，122

115 袋の中に，1から9の数字を1つずつ書いたカードがある。この袋の中から1枚を引き，その数字を十の位とし，カードをもとにもどし，もう1枚を引き，その数を一の位とする2けたの整数をつくる。このとき，次の確率を求めなさい。
(1) この整数が10でわり切れる確率
(2) この整数が11でわり切れない確率　　　　　　　　　　…▶例題 123

116 じゃんけんをするとき，次の確率を求めなさい。
(1) 2人がじゃんけんをする。あいこになる確率
(2) 3人がじゃんけんをする。
　(ア) 1人だけが勝つ確率　　(イ) あいこになる確率
　　　　　　　　　　　　　　　　　　　　　　…▶例題 122，123

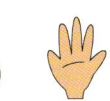

117 4枚の硬貨を同時に投げるとき，少なくとも2枚は表となる確率を求めなさい。〔日本大学第二高〕…▶例題 123

Column

◆じゃんけん……あいこになる確率◆

じゃんけんをするとき,人数が多いとなかなか勝負がつかないで,何回もじゃんけんを繰り返したことがありませんか。4人,5人と人数が多くなると,あいこになる割合が高くなってくるような印象があります。実際に,1回のじゃんけんであいこになる確率を計算してみましょう。

2人,3人であいこになる確率は,p.205 EXERCISES 116 で求めましたが,ここでは CHART かける,わるも活用 して求めてみましょう。

(1) **2人の場合** 手の出し方は全部で $3 \times 3 = 3^2 = 9$ (通り)

パーとグー で勝負がつく出し方は,2人のパーとグーの出し方は全部で
$$2 \times 2 = 2^2 = 4 \text{ (通り)}$$
そのうち,2人ともパー,グーのときをのぞくから $2^2 - 2 = 2$ (通り)

グーとチョキ,チョキとパー も同じように考えられるから,勝負がつく場合の数は全部で $3(2^2 - 2) = 3 \times 2 = 6$ (通り)

よって,あいこになる確率は $1 - \dfrac{3(2^2 - 2)}{3^2} = 1 - \dfrac{6}{9} = \dfrac{1}{3}$

(2) **3人の場合** 手の出し方は全部で $3 \times 3 \times 3 = 3^3 = 27$ (通り)

(1)と同様に **パーとグー** で勝負がつく出し方は $2^3 - 2 = 6$ (通り)

グーとチョキ,チョキとパー も同じように考えて,勝負がつく場合の数は
$$3(2^3 - 2) = 3 \times 6 = 18 \text{ (通り)}$$

よって,あいこになる確率は $1 - \dfrac{3(2^3 - 2)}{3^3} = 1 - \dfrac{18}{27} = \dfrac{1}{3}$

(3) **4人の場合** 手の出し方は全部で $3 \times 3 \times 3 \times 3 = 3^4 = 81$ (通り)

(1),(2)と同様に **パーとグー** で勝負がつく出し方は $2^4 - 2 = 14$ (通り)

グーとチョキ,チョキとパー も同じように考えて,勝負がつく場合の数は
$$3(2^4 - 2) = 3 \times 14 = 42 \text{ (通り)}$$

よって,あいこになる確率は $1 - \dfrac{3(2^4 - 2)}{3^4} = 1 - \dfrac{42}{81} = \dfrac{13}{27}$

以下,同じようにあいこになる確率を求めてみると

5人の場合 $1 - \dfrac{3(2^5 - 2)}{3^5} = \dfrac{17}{27}$ 6人の場合 $1 - \dfrac{3(2^6 - 2)}{3^6} = \dfrac{181}{243}$, ……

7人の場合 $1 - \dfrac{3(2^7 - 2)}{3^7} = \dfrac{67}{81}$ $\left(n \text{人の場合} \quad 1 - \dfrac{3(2^n - 2)}{3^n} \text{ となります。}\right)$

となり,あいことなる確率がかなり大きくなることがわかります。

定期試験対策問題

1 正五角形の頂点の中から異なる三つの頂点を選んで三角形をつくるとき，頂点の選び方は全部で何通りあるか答えなさい。〔愛知〕 …▶例題114

2 2つのさいころを同時に投げるとき
(1) 和が5の倍数になる場合は何通りあるか答えなさい。
(2) 積が偶数になる場合は何通りあるか答えなさい。 …▶例題114

3 0，1，1，2，3から3つの数字を選んでつくられる3けたの整数のうち，奇数は何個あるか答えなさい。 …▶例題114

4 右の図のように，1から10までの数を1つずつ書いた10個のボールがある。この10個のボールを袋に入れ，袋の中から1個のボールを取り出すとき，そのボールに書かれた数が10の約数である確率を求めなさい。〔北海道〕 …▶例題117

①②③④⑤
⑥⑦⑧⑨⑩

5 10円1枚，50円2枚，100円1枚で合計4枚の硬貨を同時に投げるとき，表が出た硬貨の合計金額が110円以上である確率を求めなさい。 …▶例題118

6 袋の中に0，1，2，3，4，5の数字を1つずつ書いた6枚のカード⓪，①，②，③，④，⑤が入っている。
この袋の中からもとにもどすことなく1枚ずつ2回続けてカードを取り出し，取り出した順に左から右に並べて整数をつくる。たとえば，⓪②のように並んだ場合は1けたの整数2を表すものとする。
並べてできた整数が，2けたの整数で3の倍数になる確率を求めなさい。
〔東京〕 …▶例題120

7 袋の中に,赤玉が2個と白玉が1個の合計3個の玉が入っている。この袋の中から1個の玉を取り出し,その玉を袋にもどしてから,また1個の玉を取り出すとき,2回とも赤玉が出る確率を求めなさい。　〔岐阜〕　…▶例題121

8 1等1本,2等2本,はずれ7本の入っているくじがある。このくじをAが先に1本引き,続いてBが1本引くとき,次のそれぞれの確率を求めなさい。引いたくじはもとにもどさないものとする。
(1) Aが1等,Bが2等を当てる確率
(2) Aが2等,Bが1等を当てる確率
(3) 2人ともはずれる確率　　…▶例題122

9 (1) a,b,c,A,Bの文字を1つずつ書いた5枚のカードがある。この5枚のカードの中から同時に2枚を取り出す。取り出した2枚のカードの文字が小文字だけ,または大文字だけになる確率を求めなさい。
(2) 数字を書いた5枚のカード$\boxed{1}$,$\boxed{1}$,$\boxed{1}$,$\boxed{2}$,$\boxed{2}$がある。このカードをよくきって,その中から同時に2枚を取り出す。取り出した2枚のカードに書いてある数字が同じになる確率を求めなさい。　…▶例題121,122

10 大小2つのさいころを投げて,大きいさいころの目をa,小さいさいころの目をbとする。このとき,$a^2+b^2 \geqq 4^2$である確率を求めなさい。　…▶例題123

11 右の図のような3つの正方形を赤,青,緑の3色のうち2色を使ってぬり分けるとき,
(1) ぬり方は何通りあるか答えなさい。
(2) 中央の正方形が赤でぬられる確率を求めなさい。

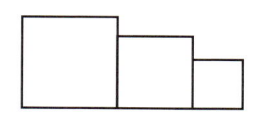

…▶例題113,117

発展 例題 124 動点と確率

右の図において，2点 P, Q は，それぞれ正五角形 ABCDE の頂点を，さいころの出た目の数だけ左回りに1つずつ順に動く点である。いま，大小2つのさいころを同時に1回だけ投げて，大きいさいころの出た目の数だけ点Pは頂点Aから動き，小さいさいころの出た目の数だけ点Qは頂点Bから動くものとする。このとき，2点P, Q がともに正五角形の同じ頂点で止まる確率を求めなさい。〔高知〕

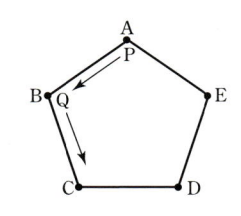

考え方　同じ頂点で止まる　もれなく，重複なく

同じ頂点で止まる ⟶ 大のさいころの目 − 小のさいころの目 = 1 または
小のさいころの目 − 大のさいころの目 = 4 ⟶ 全部書き出す。

解答

さいころの目の出方の総数は　6×6 = 36（通り）
大小のさいころの目がそれぞれ a, b のとき，(a, b) で表す。
P, Q がともにAで止まる場合は (5, 4) の1通り
同様に
Bで止まる場合は (1, 5), (6, 5) の　　　2通り
Cで止まる場合は (2, 1), (2, 6) の　　　2通り
Dで止まる場合は (3, 2) の　　　　　　1通り
Eで止まる場合は (4, 3) の　　　　　　1通り
よって，P, Q が同じ頂点で止まる場合は，全部で
　　　1+2+2+1+1 = 7（通り）
したがって，求める確率は $\dfrac{7}{36}$　答

同じ頂点で止まるのは $a-b$ が1または $b-a$ が4のときである。目の出方とP, Qの位置は次のようになる。

目	1	2	3	4	5	6
P	B	C	D	E	A	B
Q	C	D	E	A	B	C

表から，たとえば，Bに止まるのは (1, 5), (6, 5) のときであることがわかる。

練習 124

右の図のように，正方形 ABCD がある。大小2つのさいころを同時に1回投げ，点Pは頂点Aを出発して大きいさいころの出た目の数だけ，点Qは頂点Cを出発して小さいさいころの出た目の数だけ，正方形 ABCD の各頂点を矢印の方向に1つずつ進む。

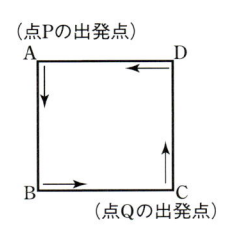

(1) 点Pと点Qが同じ頂点に止まる確率を求めなさい。
(2) 線分 PQ が正方形 ABCD の対角線になる確率を求めなさい。〔改 三重〕

発展 例題 125　座標と確率

1つのさいころを2回投げ，1回目に出た目の数を a，2回目に出た目の数を b とし，3点 $A(a, 0)$，$B(0, b)$，$C(3, 3)$ を考える。
3点 A，B，C が，AC=BC の二等辺三角形の頂点となる確率を求めなさい。　〔愛知高〕

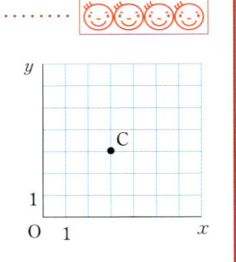

考え方　図をかいて，具体的に考える

3点 A，B，C が，AC=BC の二等辺三角形の頂点となる。
→ $a=1$ から順に点Aを固定して，条件を満たす b の値をそれぞれ求める。
→ 図をかいて考える。
点Cは直線 $y=x$ 上の点であるから，**対称性** や **三角形の合同** に注目する。

解答

さいころの目の出方の総数は，**6×6=36**（通り）
$a=1$ のとき，AC=BC となるのは，$y=x$ に対称な $b=1$ と，右の図のように，**合同な三角形** ACH と BCH′ ができる $b=5$ がある。
同様にして
　$a=2$ のとき　$b=$**2，4**
　$a=3$ のとき　$b=$**3**
　$a=4$ のとき　$b=$**2，4**
　$a=5$ のとき　$b=$**1，5**
　$a=6$ のとき，条件を満たす b はない。
よって，条件を満たす場合は 9 通りである。
したがって，求める確率は　$\dfrac{9}{36}=\dfrac{1}{4}$　**答**

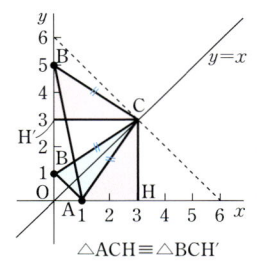

△ACH≡△BCH′ の証明
∠AHC=∠BH′C=90°
AH=BH′　CH=CH′
よって
△ACH≡△BCH′
したがって　AC=BC

$a=3$ のときは，$y=x$ に対称な $b=3$ のみ。

$a=6$ のとき，$b=6$ とすると，A，C，B は1直線上にあるから，三角形ができない。

練習 125　1つのさいころを2回投げ，1回目に出た目の数を a，2回目に出た目の数を b とし，3点 $A(a, 0)$，$B(0, b)$，$C(6, 6)$ を考える。△ACB が二等辺三角形となる確率を求めなさい。　〔改 東京〕

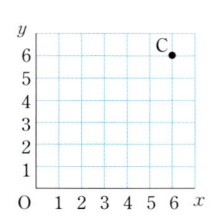

入試対策問題

1 4段の階段を1歩で1段か2段で登るものとする。異なる登り方は何通りですか。〔れいめい高〕

2 A，B，C，Dの男子4人と，X，Yの女子2人の計6人の中から，くじ引きで議長と書記を1人ずつ選ぶ。このとき，男子と女子が選ばれる確率を求めなさい。〔専修大学松戸高〕

3 A，B，C，D，Eの5人がいる。
(1) この5人が1列に並ぶとき，並び方は全部で何通りあるか答えなさい。また，A，Eがとなりどうしになる場合は何通りあるか答えなさい。
(2) この5人がそれぞれ1回ずつ対戦するように試合をする。試合数は全部で何試合になるか答えなさい。

4 赤玉と白玉の2種類の玉を袋に入れ，玉を1個取り出すとき，赤玉が出る確率を $\frac{1}{5}$ としたい。この袋に白玉を120個入れるとき，赤玉は何個入れればよいか，その赤玉の個数を求めなさい。〔埼玉〕

5 外から中の見えない袋の中に赤色の球が2個，黄色の球が1個，青色の球が1個入っている。この袋の中から球を取り出すとき，次の各問いに答えなさい。ただし，球の形と大きさはすべて同じであるとする。
(1) 袋の中から球を1個取り出すとき，黄色の球が出る確率を求めなさい。
(2) 袋の中から2個同時に取り出すとき，同じ色の球が出る確率を求めなさい。
1個ずつ球を取り出し，球の色を確認してもとにもどすという操作を行う。この操作を3回行うとき，次の各問いに答えなさい。
(3) すべて異なる色の球が出る確率を求めなさい。
(4) 青色の球が少なくとも1回は出る確率を求めなさい。〔育英高〕

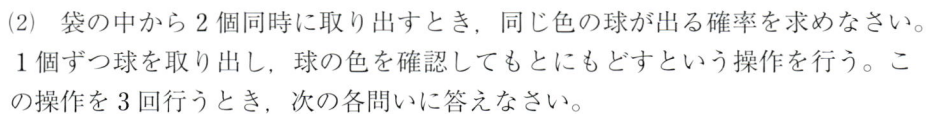

6 箱の中に，$\frac{1}{6}$, $\frac{1}{4}$, $\frac{1}{3}$, $\frac{1}{2}$ と書かれたカードが1枚ずつ入っている。この箱の中からカードを1枚取り出した後，1個のさいころを1回投げ，カードの数とさいころの目との積を求める。このとき，次の確率を求めなさい。
(1) 積が2以上となる確率を求めなさい。
(2) 積が整数となる確率を求めなさい。　　　　　　　　　　　〔改 福井〕

7 右の図のように，1辺の長さが1の正五角形 ABCDE がある。点Pは最初，頂点Aにあって，1個のさいころを投げて出た目の数だけ，正五角形の辺にそって矢印の向きに進み，頂点の上で止まる。さいころを2回以上投げたときは，出た目の数の和だけ進むものとする。
次の各問いに答えなさい。 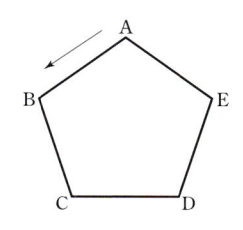
(1) さいころを1回投げたとき，点Pが頂点Bにある確率を求めなさい。
(2) さいころを2回投げたとき，点Pが頂点Bにある確率を求めなさい。
〔熊本マリスト学園高〕

8 図のような立方体と，その頂点を表す文字 A～H を1つずつ書いた8枚のカードがある。このうち，太郎君はA～Dの4枚，花子さんはE～Hの4枚から，よくきってそれぞれ1枚取り出す。取り出した2枚のカードが表す頂点を結んだ直線について，次の確率を求めなさい。 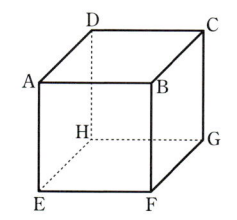
(1) この直線が，平面 ABCD に垂直となる確率
(2) この直線が，直線 BC と交わる確率　　　　　　　　〔石川〕

9 右の図において，点 A, B, C, D, E, F は，1つの円の円周を6等分した点である。次の問いに答えなさい。 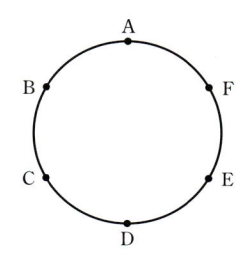
(1) これらの点を結んでできる弦は何本あるか求めなさい。
(2) これらの点を頂点とする三角形をつくるとき，直角三角形となる確率を求めなさい。　　〔関西大学第一高〕

答と解説

1 練習, EXERCISES, 定期試験対策問題, 入試対策問題 の順に，答と解説を示した。
2 答は，まず答の数値や図など，説明問題ではその説明を示した。それに続いて，解説を示した。
3 解説は，計算問題の途中の式，あるいは解き方や考え方などを示した。やさしい問題は解説を省略したものもある。

練習の答と解説

【1】(1) (ア) 係数 6　次数 2
　　　(イ) 係数 -3　次数 3
　　　(ウ) 係数 1　次数 5
　　　(エ) 係数 $-\dfrac{3}{2}$　次数 3

(2) (ア) 項 $-3x$, y　次数 1
　　(イ) 項 $2x^2$, $-6x$, 5　次数 2
　　(ウ) 項 ab^2, $-a^2b$, $-2a$　次数 3
　　(エ) 項 ax, b　次数 1

解説 (1) (ウ) $a^2x^3=1\times a^2x^3$ であるから，係数は 1 となる。
(2) (エ) 「a, b は数」という断り書きがないと，ax は 2 次，b は 1 次であるから，$ax+b$ は 2 次式となる。

【2】(1) a　(2) $4x^2$　(3) xy
　　(4) $4a-2b$　(5) $-2x+5y$
　　(6) $3x^2-2x-3$　(7) $4ab$
　　(8) $\dfrac{1}{2}x-\dfrac{1}{5}y$　(9) $\dfrac{7}{6}a-\dfrac{1}{4}b$

解説 (1) $-6a+7a=(-6+7)a=a$
(2) $x^2+3x^2=(1+3)x^2=4x^2$
(3) $3xy-2xy=(3-2)xy=xy$
(4) $7a-6b-3a+4b$
　　$=7a-3a-6b+4b$
　　$=(7-3)a+(-6+4)b=4a-2b$
(5) $x+y-3x+4y$
　　$=x-3x+y+4y$
　　$=(1-3)x+(1+4)y=-2x+5y$
(6) $x^2+3x-4+2x^2-5x+1$
　　$=x^2+2x^2+3x-5x-4+1$
　　$=(1+2)x^2+(3-5)x-4+1$
　　$=3x^2-2x-3$
(7) $5ab-3a-ab+3a$
　　$=5ab-ab-3a+3a$
　　$=(5-1)ab+(-3+3)a=4ab$
(8) $\dfrac{3}{4}x+\dfrac{2}{5}y-\dfrac{1}{4}x-\dfrac{3}{5}y$
　　$=\dfrac{3}{4}x-\dfrac{1}{4}x+\dfrac{2}{5}y-\dfrac{3}{5}y$
　　$=\left(\dfrac{3}{4}-\dfrac{1}{4}\right)x+\left(\dfrac{2}{5}-\dfrac{3}{5}\right)y=\dfrac{1}{2}x-\dfrac{1}{5}y$
(9) $\dfrac{1}{2}a-\dfrac{3}{4}b+\dfrac{2}{3}a+\dfrac{1}{2}b$
　　$=\dfrac{1}{2}a+\dfrac{2}{3}a-\dfrac{3}{4}b+\dfrac{1}{2}b$
　　$=\left(\dfrac{1}{2}+\dfrac{2}{3}\right)a+\left(-\dfrac{3}{4}+\dfrac{1}{2}\right)b$
　　$=\dfrac{7}{6}a-\dfrac{1}{4}b$

【3】(1) $7x-2y$　(2) $-2a+7b$
　　(3) $5x+1$　(4) $-14x^2+7x-8$
　　(5) x^2+x-4　(6) $19x^2-19x$

解説 (1) $(8x-7y)+(-x+5y)$
　　$=8x-7y-x+5y$
　　$=(8-1)x+(-7+5)y$
　　$=7x-2y$
(2) $(7a+2b)-(9a-5b)$
　　$=7a+2b-9a+5b$
　　$=(7-9)a+(2+5)b$
　　$=-2a+7b$

(3) $(4x+8y-2)-(-x+8y-3)$
$=4x+8y-2+x-8y+3$
$=(4+1)x+(8-8)y-2+3$
$=5x+1$

(4) $(-9x^2+4x-1)-(5x^2-3x+7)$
$=-9x^2+4x-1-5x^2+3x-7$
$=(-9-5)x^2+(4+3)x-1-7$
$=-14x^2+7x-8$

(5) $(10x^2-9x-2)+(10x-9x^2-2)$
$=10x^2-9x-2+10x-9x^2-2$
$=(10-9)x^2+(-9+10)x-2-2$
$=x^2+x-4$

(6) $(10x^2-9x-2)-(10x-9x^2-2)$
$=10x^2-9x-2-10x+9x^2+2$
$=(10+9)x^2+(-9-10)x-2+2$
$=19x^2-19x$

注意 次のように縦書きで計算してもよい。

(1) $\quad\;\; 8x-7y$
　　$+)\;-x+5y$
　　$\quad\;\; 7x-2y$

(2) $\quad\;\; 7a+2b$
　　$-)\;\;\; 9a-5b$
　　$\quad\;\; -2a+7b$

(3) $\quad\;\; 4x+8y-2$
　　$-)\;-x+8y-3$
　　$\quad\;\; 5x\quad\;\;+1$

(4) $\quad\;\; -9x^2+4x-1$
　　$-)\;\;\; 5x^2-3x+7$
　　$\quad\;\; -14x^2+7x-8$

(5) $\quad\;\; 10x^2-\;\;9x-2$
　　$+)\;-9x^2+10x-2$
　　$\quad\;\; x^2+\;\;x-4$

(6) $\quad\;\; 10x^2-\;\;9x-2$
　　$-)\;-9x^2+10x-2$
　　$\quad\;\; 19x^2-19x$

【4】 (1) $3x-15y+21$ (2) $-2x+5y$
　　　(3) $6x+10y$ (4) $-8x+6y-1$

解説 (2) $(10x-25y)\div(-5)$
$=(10x-25y)\times\left(-\dfrac{1}{5}\right)$
$=10x\times\left(-\dfrac{1}{5}\right)-25y\times\left(-\dfrac{1}{5}\right)$
$=-2x+5y$

(3) $\dfrac{3}{4}(12x+8y)-6\left(\dfrac{1}{2}x-\dfrac{2}{3}y\right)$
$=\dfrac{3}{4}\times 12x+\dfrac{3}{4}\times 8y$
$\quad\quad\quad -6\times\dfrac{1}{2}x-6\times\left(-\dfrac{2}{3}y\right)$

$=9x+6y-3x+4y$
$=(9-3)x+(6+4)y$
$=6x+10y$

(4) $-3(2x-3y+2)-(2x+3y-5)$
$=-6x+9y-6-2x-3y+5$
$=(-6-2)x+(9-3)y-6+5$
$=-8x+6y-1$

【5】 (1) $\dfrac{5}{12}x$ (2) $-\dfrac{a+9b}{4}$

解説 (1) $\dfrac{3x-2y}{4}-\dfrac{2x-3y}{6}$
$=\dfrac{3(3x-2y)-2(2x-3y)}{12}$
$=\dfrac{9x-6y-4x+6y}{12}=\dfrac{5}{12}x$

別解 $\dfrac{3x-2y}{4}-\dfrac{2x-3y}{6}$
$=\dfrac{3}{4}x-\dfrac{1}{2}y-\dfrac{1}{3}x+\dfrac{1}{2}y$
$=\left(\dfrac{3}{4}-\dfrac{1}{3}\right)x+\left(-\dfrac{1}{2}+\dfrac{1}{2}\right)y=\dfrac{5}{12}x$

(2) $\dfrac{a-17b}{6}-\dfrac{5a-7b}{12}$
$=\dfrac{2(a-17b)-(5a-7b)}{12}$
$=\dfrac{2a-34b-5a+7b}{12}$
$=\dfrac{-3a-27b}{12}$
$=\dfrac{-3(a+9b)}{12}=-\dfrac{a+9b}{4}$

別解 $\dfrac{a-17b}{6}-\dfrac{5a-7b}{12}$
$=\dfrac{1}{6}a-\dfrac{17}{6}b-\dfrac{5}{12}a+\dfrac{7}{12}b$
$=\left(\dfrac{1}{6}-\dfrac{5}{12}\right)a+\left(-\dfrac{17}{6}+\dfrac{7}{12}\right)b$
$=-\dfrac{1}{4}a-\dfrac{9}{4}b$

【6】 (1) $-12xy^3$ (2) $54x^4$
　　　(3) $-6a^2b^2$ (4) $-\dfrac{4}{3}a^7b^3$

解説 (1) $4xy\times(-3y^2)$

$=4\times(-3)\times xy\times y^2=-12xy^3$

(2) $-2x\times(-3x)^3=-2x\times(-27x^3)$
$=(-2)\times(-27)\times x\times x^3=54x^4$

(3) $15ab^2\times\left(-\dfrac{2}{5}a\right)$
$=15\times\left(-\dfrac{2}{5}\right)\times ab^2\times a$
$=-6a^2b^2$

(4) $\left(-\dfrac{1}{3}ab\right)^3\times(6a^2)^2$
$=\left(-\dfrac{1}{27}a^3b^3\right)\times(36a^4)$
$=\left(-\dfrac{1}{27}\right)\times36\times a^3b^3\times a^4$
$=-\dfrac{4}{3}a^7b^3$

【7】 (1) $-3a$ (2) $3xy^2$ (3) $3a^2$
(4) $2y$ (5) $256x^3$ (6) 9

解説 (1) $-9a^2b\div3ab=\dfrac{-9a^2b}{3ab}=-3a$

(2) $\dfrac{1}{3}xy\times9y=\dfrac{1}{3}\times9\times xy\times y=3xy^2$

(3) $12a^3b^2\div4ab^2=\dfrac{12a^3b^2}{4ab^2}=3a^2$

(4) $\dfrac{xy^2}{3}\div\dfrac{xy}{6}=\dfrac{xy^2}{3}\times\dfrac{6}{xy}=2y$

(5) $(-2x)^4\div\dfrac{x}{16}=16x^4\div\dfrac{x}{16}$
$=16x^4\times\dfrac{16}{x}=256x^3$

(6) $(-3x)^3\div(-3x^3)=-27x^3\div(-3x^3)$
$=\dfrac{27x^3}{3x^3}=9$

【8】 (1) $4b^2$ (2) $-16ab$
(3) $12xy^3$ (4) $-\dfrac{4x}{3y}$

解説 (1) $12ab\times(-2ab^2)\div(-6a^2b)$
$=\dfrac{12ab\times2ab^2}{6a^2b}$
$=4b^2$

(2) $8a^2\div(-2ab)\times4b^2=-\dfrac{8a^2\times4b^2}{2ab}$
$=-16ab$

(3) $(-3xy)^2\div\dfrac{1}{2}xy^2\times\dfrac{2}{3}y^3$
$=9x^2y^2\times\dfrac{2}{xy^2}\times\dfrac{2y^3}{3}$
$=12xy^3$

(4) $(-x^2y)^3\div\dfrac{1}{3}x^3y^2\div\dfrac{9}{4}x^2y^2$
$=-x^6y^3\times\dfrac{3}{x^3y^2}\times\dfrac{4}{9x^2y^2}$
$=-\dfrac{4x}{3y}$

【9】 (1) -8 (2) -12 (3) 1

解説 (1) $2(3a-4b)-4(a-3b)$
$=6a-8b-4a+12b$
$=2a+4b$
$a=2,\ b=-3$ を代入して
$2\times2+4\times(-3)=4-12=-8$

(2) $x^3y^4\div x^4y^3\times x^2$
$=\dfrac{x^3y^4\times x^2}{x^4y^3}=xy$
$x=3,\ y=-4$ を代入して
$3\times(-4)=-12$

(3) $15x^2y^2\times(-x^3)\div8x^4y$
$=-\dfrac{15x^2y^2\times x^3}{8x^4y}=-\dfrac{15}{8}xy$
$x=-\dfrac{4}{5},\ y=\dfrac{2}{3}$ を代入して
$-\dfrac{15}{8}\times\left(-\dfrac{4}{5}\right)\times\dfrac{2}{3}=1$

【10】 (1) n を整数とする。連続する 3 つの偶数の和 P は
$P=(2n-2)+2n+(2n+2)=6n$
と表される。
n は整数であるから、P は 6 の倍数となる。

(2) n を整数とする。連続する 4 つの整数の和 P は
$P=(n-1)+n+(n+1)+(n+2)$
$=4n+2$
と表される。n は整数であるから、P を 4 でわると 2 余る。

解説 (1) 連続する 3 つの偶数の和 P を
$P=2n+(2n+2)+(2n+4)$

215

$$=6n+6=6(n+1)$$
と表し，$n+1$ が整数であることから，P は 6 の倍数であると，説明してもよい。
(2) 連続する 4 つの整数の和 P を
$$P=n+(n+1)+(n+2)+(n+3)$$
$$=4(n+1)+2$$
と表し，$n+1$ が整数であることから，P を 4 でわると 2 余ると，説明してもよい。

【11】 もとの自然数の百の位の数を a，十の位の数を b，一の位の数を c とすると
もとの自然数は　　$100a+10b+c$
移動させた自然数は　$100b+10c+a$
と表される。このとき，これらの差は
$$(100a+10b+c)-(100b+10c+a)$$
$$=99a-90b-9c$$
$$=9(11a-10b-c)$$
$11a-10b-c$ は整数であるから，$9(11a-10b-c)$ は 9 の倍数になる。
よって，問題の 2 つの自然数の差は 9 の倍数になる。

【12】 周の長さは等しい。面積は上側の方が下側より直径 AB の円の面積の分だけ大きい。

解説 AB=$2r$ とする。
BE=$6r$，AC=CE=$4r$
周の長さについて　上側の半円の和は
$$2\pi r\times\frac{1}{2}+2\pi\times 3r\times\frac{1}{2}$$
$$=\pi r+3\pi r=4\pi r$$
下側の半円の和は
$$\left(2\pi\times 2r\times\frac{1}{2}\right)\times 2=4\pi r$$
よって，周の長さは等しい。
面積について　上側の半円の和は
$$\pi r^2\times\frac{1}{2}+\pi\times(3r)^2\times\frac{1}{2}$$
$$=\frac{1}{2}\pi r^2+\frac{9}{2}\pi r^2=5\pi r^2$$
下側の半円の和は
$$\left\{\pi\times(2r)^2\times\frac{1}{2}\right\}\times 2=4\pi r^2$$

したがって，面積は，上側の方が下側より πr^2，すなわち直径 AB の円の面積の分だけ大きい。

【13】 (1) $y=\dfrac{30-5x}{6}$　(2) $a=\dfrac{2(y-b)}{x}$
　　(3) $h=\dfrac{V}{\pi r^2}$

解説 (1) $5x$ を移項すると　$6y=30-5x$
両辺を 6 でわると　$y=\dfrac{30-5x}{6}$

(2) 両辺を入れかえると　$\dfrac{1}{2}ax+b=y$
b を移項すると　$\dfrac{1}{2}ax=y-b$
両辺を $\dfrac{1}{2}x$ でわると　$a=\dfrac{2(y-b)}{x}$

(3) 両辺を入れかえると　$\pi r^2 h=V$
両辺を πr^2 でわると　$h=\dfrac{V}{\pi r^2}$

【14】 3 けたの整数の百の位の数を a，下 2 けたの数を b とすると，3 けたの整数は $100a+b$ と表される。
b は 4 の倍数であるから，$b=4n$ （n は整数）とおくと
$$100a+b=100a+4n=4(25a+n)$$
$25a+n$ は整数であるから，$100a+b$ は，4 の倍数である。
すなわち，下 2 けたの数が 4 の倍数である 3 けたの整数は 4 の倍数である。

【15】 (1) $249+250+251+252+253+254$
　　$+255+256$
(2) n を整数とする。連続する 10 個の整数 $n-4$，$n-3$，$n-2$，$n-1$，n，$n+1$，$n+2$，$n+3$，$n+4$，$n+5$ の和は，$10n+5$ と表される。
$10n+5=2020$ とすると　$10n=2015$
$n=\dfrac{403}{2}$　これは問題に適していない。
よって，2020 は連続する 10 個の整数の和として表すことができない。

解説 (1) n を整数とする。連続する 8 個

の整数 $n-3$, $n-2$, $n-1$, n, $n+1$, $n+2$, $n+3$, $n+4$ の和は $8n+4$ と表される。よって
$$8n+4=2020 \quad 8n=2016 \quad n=252$$

【16】 $(2n+2)$ 本

解説 $n=1$, 2, 3, 4, …… のとき支柱の本数は 4, 6, 8, 10, …… となる。
1区画増えるごとに 2 本ずつ増えるから，n 区画に分けるのに必要な支柱は
$$4+2(n-1)=2n+2 \text{（本）}$$

【17】 $(x, y)=(3, 4)$

解説 $2x+y=10$ …… ① の解は，$y=10-2x$ から

x	0	1	2	3	4
y	10	8	6	4	2

$x+y=7$ …… ② の解は，$y=7-x$ から

x	0	1	2	3	4
y	7	6	5	4	3

①，②の共通な解を求めて
$(x, y)=(3, 4)$

参考 連立2元1次方程式の解は，特別なものを除いて，ただ1つであるから，これ以外にはない。
また，$x=5$, 6, …… とすると，
① $y=10-2x$ は 2 ずつ減少し，
② $y=7-x$ は 1 ずつ減少するから，①と②の差は開く一方で等しくなることはない。
よって，$(x, y)=(3, 4)$ 以外に解がないことがわかる。

【18】 (1) $(x, y)=\left(-\dfrac{3}{2}, \dfrac{9}{2}\right)$
(2) $(x, y)=(1, 2)$
(3) $(x, y)=(1, 1)$

解説 (1) $\begin{cases} x+y=3 & \cdots\cdots ① \\ 3x-y=-9 & \cdots\cdots ② \end{cases}$

①＋② $4x=-6 \quad x=-\dfrac{3}{2}$

$x=-\dfrac{3}{2}$ を①に代入して

$-\dfrac{3}{2}+y=3 \quad y=\dfrac{9}{2}$

(2) $\begin{cases} 3x-2y=-1 & \cdots\cdots ① \\ 3x+4y=11 & \cdots\cdots ② \end{cases}$

①－② $-6y=-12$
$y=2$

$y=2$ を①に代入して
$3x-2\times 2=-1 \quad 3x=3 \quad x=1$

(3) $\begin{cases} 5x-3y=2 & \cdots\cdots ① \\ 7x-4y=3 & \cdots\cdots ② \end{cases}$

$①\times 4 \quad 20x-12y=8$
$②\times 3 -) 21x-12y=9$
$-x=-1 \quad x=1$

$x=1$ を①に代入して
$5-3y=2 \quad 3y=3 \quad y=1$

【19】 (1) $(x, y)=(5, -3)$
(2) $(a, b)=\left(\dfrac{1}{2}, \dfrac{5}{2}\right)$
(3) $(x, y)=(1, 6)$

解説 (1) $\begin{cases} x=y+8 & \cdots\cdots ① \\ 2x+y=7 & \cdots\cdots ② \end{cases}$

①を②に代入して $2(y+8)+y=7$
$2y+16+y=7 \quad 3y=-9 \quad y=-3$
$y=-3$ を①に代入して $x=-3+8=5$

(2) $\begin{cases} b=7a-1 & \cdots\cdots ① \\ b=-3a+4 & \cdots\cdots ② \end{cases}$

①を②に代入して
$7a-1=-3a+4 \quad 10a=5 \quad a=\dfrac{1}{2}$

$a=\dfrac{1}{2}$ を①に代入して $b=7\times\dfrac{1}{2}-1=\dfrac{5}{2}$

(3) $\begin{cases} 2x-y=-4 & \cdots\cdots ① \\ 3x+2y=15 & \cdots\cdots ② \end{cases}$

①から $y=2x+4$ …… ③
③を②に代入すると $3x+2(2x+4)=15$
$3x+4x+8=15 \quad 7x=7 \quad x=1$
$x=1$ を③に代入して
$y=2\times 1+4=6$

【20】 (1) $(x, y)=(7, 4)$
(2) $(x, y)=\left(\dfrac{24}{19}, \dfrac{16}{19}\right)$

217

解説 (1) 第1式のかっこをはずすと
$5x+5=4y+24$　　$5x-4y=19$
$\begin{cases} 5x-4y=19 \quad\cdots\cdots ① \\ x-2y=-1 \quad\cdots\cdots ② \end{cases}$
①　　　　　$5x-4y=19$
②×2　$-)\ 2x-4y=-2$
　　　　　　$3x=21$　　$x=7$
$x=7$ を②に代入して　$7-2y=-1$
　　　　　$-2y=-8$　　$y=4$

(2) かっこをはずして整理すると
第1式は　$2x-3y=0$ ……①
第2式は　$5x+2y=8$ ……②
①×2　　　　$4x-6y=0$
②×3　$+)\ 15x+6y=24$
　　　　　　$19x=24$　　$x=\dfrac{24}{19}$

$x=\dfrac{24}{19}$ を①に代入して
　　　$\dfrac{48}{19}-3y=0$　　$y=\dfrac{16}{19}$

【21】 (1) $(x, y)=(12, 2)$
　　　 (2) $(x, y)=\left(2, \dfrac{1}{3}\right)$

解説 (1) 第1式の両辺に18をかけて
$3x+2(y-2)=36$
$3x+2y-4=36$　　$3x+2y=40$
$\begin{cases} 3x+2y=40 \quad\cdots\cdots ① \\ 2x-7y=10 \quad\cdots\cdots ② \end{cases}$
①×2　　　$6x+4y=80$
②×3　$-)\ 6x-21y=30$
　　　　　　$25y=50$　　$y=2$
$y=2$ を①に代入して　$3x+4=40$
　　　　$3x=36$　　$x=12$

(2) 第2式の両辺に100をかけて
$\begin{cases} x-3y=1 \quad\cdots\cdots ① \\ 7x-3y=13 \quad\cdots\cdots ② \end{cases}$
②−①から　$6x=12$　　$x=2$
$x=2$ を①に代入すると
　　　$2-3y=1$　　$-3y=-1$　　$y=\dfrac{1}{3}$

【22】 $(x, y)=\left(\dfrac{6}{11}, \dfrac{18}{11}\right)$

解説 $2x+3y=5x+2y=6$ より
$\begin{cases} 2x+3y=6 \quad\cdots\cdots ① \\ 5x+2y=6 \quad\cdots\cdots ② \end{cases}$
①×2　　　　$4x+6y=12$
②×3　$-)\ 15x+6y=18$
　　　　　　$-11x=-6$　　$x=\dfrac{6}{11}$

$x=\dfrac{6}{11}$ を①に代入して　$2\times\dfrac{6}{11}+3y=6$
　　$3y=6-\dfrac{12}{11}=\dfrac{54}{11}$　　$y=\dfrac{18}{11}$

【23】 $(x, y)=\left(\dfrac{1}{2}, \dfrac{1}{3}\right)$

解説 $\dfrac{1}{x}=X$, $\dfrac{1}{y}=Y$ とおくと
$\begin{cases} X+Y=5 \quad\cdots\cdots ① \\ 2X-5Y=-11 \quad\cdots\cdots ② \end{cases}$
①×2　　　$2X+2Y=10$
②　　$-)\ 2X-5Y=-11$
　　　　　　$7Y=21$　　$Y=3$
$Y=3$ を①に代入して
　　$X+3=5$　　$X=2$
$X=2$ から　$\dfrac{1}{x}=2$　　$x=\dfrac{1}{2}$
$Y=3$ から　$\dfrac{1}{y}=3$　　$y=\dfrac{1}{3}$

【24】 $a=-3$, $b=1$

解説 $x=1$, $y=-1$ を連立方程式に代入すると　$\begin{cases} 2-a=5b \\ b-4=a \end{cases}$ から
$\begin{cases} a+5b=2 \quad\cdots\cdots ① \\ a-b=-4 \quad\cdots\cdots ② \end{cases}$
①−②から　$6b=6$　　$b=1$
$b=1$ を①に代入して
　　$a+5=2$　　$a=-3$

【25】 美術館の入場券　128枚,
　　　 博物館の入場券　72枚

解説 美術館と博物館の入場券がそれぞれ x 枚, y 枚売れたとする。問題から
枚数について　$x+y=200$
金額について　$350x+250y=62800$

よって $\begin{cases} x+y=200 & \cdots\cdots ① \\ 350x+250y=62800 & \cdots\cdots ② \end{cases}$

②の両辺を50でわると
$\qquad 7x+5y=1256 \qquad \cdots\cdots ③$

①×5　　$5x+5y=1000$
③　　$-)\ 7x+5y=1256$
$\qquad\qquad -2x=-256 \quad x=128$

$x=128$ を①に代入すると
$\qquad\qquad 128+y=200 \qquad y=72$
$x=128$, $y=72$ は問題に適している。

【26】　歩いた時間 12分,
　　　　走った時間 8分

解説　A君が歩いた時間を x 分, 走った時間を y 分とする。
時間について　$x+y=20$ ……①
道のりについて　$80x+230y=2800$
$\qquad\qquad\qquad\quad 8x+23y=280 \cdots\cdots ②$

①×8　　$8x+8y=160$
②　　$-)\ 8x+23y=280$
$\qquad\qquad -15y=-120 \qquad y=8$

$y=8$ を①に代入すると
$\qquad\qquad x+8=20 \qquad x=12$
$x=12$, $y=8$ は問題に適している。

【27】　今年の男子生徒の入学者数 49人,
　　　　今年の女子生徒の入学者数 159人

解説　昨年の男子生徒の入学者数を x 人, 女子生徒の入学者数を y 人とする。男子が2%減少し, 女子が6%増加したため, 全体の入学者数は4%増加していたから
$\qquad -\dfrac{2}{100}x+\dfrac{6}{100}y=\dfrac{4}{100}(x+y) \cdots\cdots ①$

今年の入学者は昨年より8人多かったから
$\qquad \dfrac{4}{100}(x+y)=8 \cdots\cdots ②$

①, ②を整理すると $\begin{cases} y=3x & \cdots\cdots ③ \\ x+y=200 & \cdots\cdots ④ \end{cases}$

③を④に代入して
$\qquad x+3x=200 \quad 4x=200 \quad x=50$
$x=50$ を③に代入して $y=3\times 50=150$
$x=50$, $y=150$ は問題に適している。

よって, 今年の男子生徒の入学者数は
$\qquad 50\times\left(1-\dfrac{2}{100}\right)=49$ (人)

今年の女子生徒の入学者数は
$\qquad 150\times\left(1+\dfrac{6}{100}\right)=159$ (人)

【28】　10%の食塩水 30 g,
　　　　6%の食塩水 90 g

解説　10%の食塩水を x g, 6%の食塩水を y g 混ぜるとする。問題から, 食塩水の重さ, 食塩の重さについて
$\begin{cases} x+y=120 & \cdots\cdots ① \\ \dfrac{10}{100}x+\dfrac{6}{100}y=120\times\dfrac{7}{100} & \cdots\cdots ② \end{cases}$

①から　$y=120-x$ $\qquad\cdots\cdots ③$
②×50　$5x+3y=420$ $\qquad\cdots\cdots ④$
③を④に代入して
$\qquad 5x+3(120-x)=420$
$\qquad 5x+360-3x=420$
$\qquad 2x=60 \qquad x=30$
$x=30$ を③に代入して　$y=120-30=90$
$x=30$, $y=90$ は問題に適している。

【29】　95

解説　もとの2けたの正の整数の十の位の数を x, 一の位の数を y とする。問題から
$\begin{cases} 10x+y=7(x+y)-3 \\ 10y+x=10x+y-36 \end{cases}$

第1式から　$x-2y=-1$ ……①
第2式から　$x-y=4$ ……②
①-②　　$-y=-5 \qquad y=5$
$y=5$ を②に代入して　$x-5=4 \qquad x=9$
$x=9$, $y=5$ は問題に適している。

【30】　250 m

解説　列車の速さを秒速 x m, 列車の長さを y m とする。問題より, トンネル, 鉄橋を走る時間から, それぞれの道のりについて
$\begin{cases} y+2630=120x & \cdots\cdots ① \\ y+806=55\times 0.8x & \cdots\cdots ② \end{cases}$

②から　$y+806=44x$ ……③

①－③から　$1824=76x$　$x=24$
$x=24$ を③に代入して
　　　$y+806=44×24$　$y=250$
$x=24$, $y=250$ は問題に適している。

【31】 このような買い方はできない。

解説 ケーキを x 個, シュークリームを y 個買うとする。問題から
$$\begin{cases} x+y=13 & \cdots\cdots ① \\ 200x+80y=2100 & \cdots\cdots ② \end{cases}$$
②の両辺を 20 でわると
　　　$10x+4y=105$ …… ③
①から　$y=13-x$
これを③に代入して
　　　$10x+4(13-x)=105$
　　　$6x=53$　$x=\dfrac{53}{6}$
これは整数ではない。
よって，問題に適する解はない。

【32】 $x=3$, $y=2$

解説 40 人の生徒が受験したので
　　　$y+2x+2y+x+7+5+3y+7=40$
　　　$3x+6y=21$
両辺を 3 でわって
　　　$x+2y=7$ …… ①
40 人の平均点が 5.775 点であるから
$0×y+1×2x+3×2y+4×x+6×7$
　　$+7×5+9×3y+10×7=5.775×40$
　　　$6x+33y=84$
両辺を 3 でわって
　　　$2x+11y=28$ …… ②

①×2　　　$2x+4y=14$
②　　$-\big)\ 2x+11y=28$
　　　　　　　　$-7y=-14$　$y=2$

$y=2$ を①に代入して
　　　$x+2×2=7$　$x=3$
$x=3$, $y=2$ は問題に適している。

【33】 A 58　B 4

解説 A に書かれた数を a，B に書かれた数を b とする。問題から
　　　$a=14b+2$ …… ①

BA と並べた数は AB と並べた整数より 126 小さくなるから
　　　$100b+a=10a+b-126$
　　　$9a-99b=126$
両辺を 9 でわると
　　　$a-11b=14$ …… ②
①を②に代入して
　　　$14b+2-11b=14$　$3b=12$　$b=4$
$b=4$ を①に代入して
　　　$a=14×4+2=58$
これらは問題に適している。

【34】 (A の菓子，B の菓子)
　　　$=$ (4 個, 7 個), (8 個, 4 個),
　　　　(12 個, 1 個)

解説 A の菓子を x 個，B の菓子を y 個買うとする。問題から
　　　$30x+40y=400$
両辺を 10 でわって　$3x+4y=40$
y について解くと　$y=-\dfrac{3}{4}x+10$ …… ①
x, y は個数であるから，自然数である。
①で，y が自然数であるから，x は 4 の倍数である。
　$x=4$ のとき $y=7$，$x=8$ のとき $y=4$，
$x=12$ のとき $y=1$，$x=16$ のとき $y=-2$
x が 16 以上の 4 の倍数のときは y は負の整数になる。
よって　$(x, y)=(4, 7)$, $(8, 4)$, $(12, 1)$
これらは問題に適している。

【35】 (1)　$(x, y, z)=(1, -1, 2)$
　　(2)　$(x, y, z)=(4, -7, 6)$

解説 (1) $\begin{cases} 2x-3y-z=3 & \cdots\cdots ① \\ 5x+2y-3z=-3 & \cdots\cdots ② \\ 2x-4y-5z=-4 & \cdots\cdots ③ \end{cases}$

①×3　　　$6x-9y-3z=9$
②　　$-\big)\ 5x+2y-3z=-3$
　　　　　　$x-11y=12$ …… ④

①×5　　　$10x-15y-5z=15$
③　　$-\big)\ 2x-4y-5z=-4$
　　　　　　$8x-11y=19$ …… ⑤

⑤-④　$7x=7$　$x=1$
$x=1$ を④に代入して　$y=-1$
$x=1$, $y=-1$ を①に代入して
　　$2\times 1-3\times(-1)-z=3$　$z=2$

(2) $\begin{cases} x+y=-3 & \cdots\cdots ① \\ y+z=-1 & \cdots\cdots ② \\ z+x=10 & \cdots\cdots ③ \end{cases}$

①-②　$x-z=-2$ ……④
③+④　$2x=8$　$x=4$
$x=4$ を①に代入して　$y=-7$
$x=4$ を③に代入して　$z=6$

別解　①+②+③　$2x+2y+2z=6$
両辺を2でわると　$x+y+z=3$ ……④
④-②　$x=4$
④-③　$y=-7$
④-①　$z=6$

【36】　(1) $y=1000-60x$　(2) $y=2\pi x$

(3) $y=\dfrac{20}{x}$　(4) $y=\dfrac{x}{30}$

(5) $y=\dfrac{10}{x}$

y が x の1次関数であるもの　(1), (2), (4)

解説　(3) 問題から　$10=\dfrac{1}{2}xy$

これを y について解く。

(4), (5) 時間=$\dfrac{\text{道のり}}{\text{速さ}}$ から求める。

【37】　(1) y の増加量　2, 変化の割合　$\dfrac{2}{3}$

(2) y の増加量　-12,
　　変化の割合　-4

解説　(1) $x=-5$ のとき
　　$y=\dfrac{2}{3}\times(-5)-4=-\dfrac{22}{3}$

$x=-2$ のとき
　　$y=\dfrac{2}{3}\times(-2)-4=-\dfrac{16}{3}$

y の増加量は　$-\dfrac{16}{3}-\left(-\dfrac{22}{3}\right)=\dfrac{6}{3}=2$

変化の割合は　$\dfrac{2}{-2-(-5)}=\dfrac{2}{3}$

(2) $x=-5$ のとき
　　$y=-4\times(-5)+1=21$
$x=-2$ のとき
　　$y=-4\times(-2)+1=9$
y の増加量は　$9-21=-12$
変化の割合は　$\dfrac{-12}{-2-(-5)}=\dfrac{-12}{3}=-4$

【38】　(1) $-\dfrac{1}{3}$　(2) 6

解説　変化の割合は $\dfrac{4}{3}$ である。

x, y の増加量をそれぞれ p, q とする。

(1) $\dfrac{q}{-\dfrac{1}{4}}=\dfrac{4}{3}$　$q=\dfrac{4}{3}\times\left(-\dfrac{1}{4}\right)=-\dfrac{1}{3}$

(2) $\dfrac{8}{p}=\dfrac{4}{3}$　$8=\dfrac{4}{3}p$　$p=8\times\dfrac{3}{4}=6$

【39】　①のグラフ　　②のグラフ

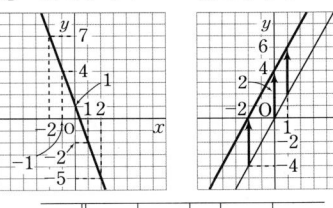

①の値	x	-2	-1	0	1	2
	y	7	4	1	-2	-5

【40】
(1)　　　　　　　　(2)

(3)

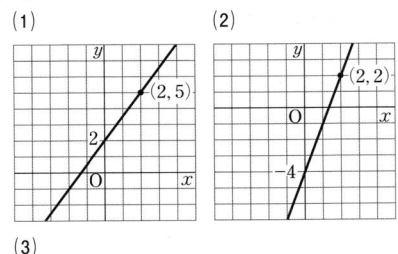

解説　(1) $y=\dfrac{3}{2}x$ のグラフ [原点と点

(2, 3) を通る直線] に平行で, y 軸上の点 (0, 2) を通る直線。[2 点 (0, 2), (2, 5) を通る]

(2) $y=3x$ のグラフ [原点と点 (2, 6) を通る直線] に平行で, y 軸上の点 (0, -4) を通る直線。[2 点 (0, -4), (2, 2) を通る]

(3) $y=-\dfrac{4}{3}x$ のグラフ [原点と点 (3, -4) を通る直線] に平行で, y 軸上の点 (0, 5) を通る直線。[2 点 (0, 5), (3, 1) を通る]

【41】(1) 傾き 3, 切片 -1, 上へ 12 進む

(2) 傾き $-\dfrac{3}{2}$, 切片 5, 下へ 6 進む

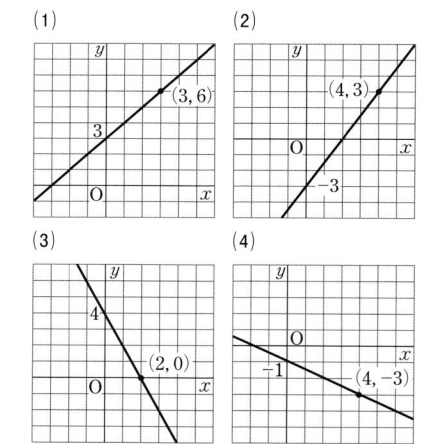

【42】
(1) (2)
(3) (4)

解説 (1) 傾き 1, 切片 3 の直線。
2 点 (0, 3), (3, 6) を通る。

(2) 傾き $\dfrac{3}{2}$, 切片 -3 の直線。
2 点 (0, -3), (4, 3) を通る。

(3) 傾き -2, 切片 4 の直線。
2 点 (0, 4), (2, 0) を通る。

(4) 傾き $-\dfrac{1}{2}$, 切片 -1 の直線。
2 点 (0, -1), (4, -3) を通る。

【43】

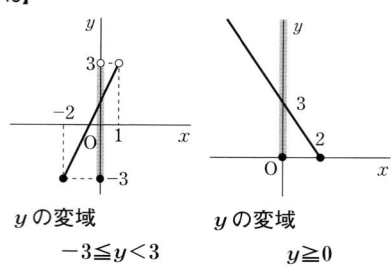

y の変域　　　　　y の変域
$-3 \leqq y < 3$　　　　$y \geqq 0$

解説 (1) $x=-2$ のとき
$y=2\times(-2)+1=-3$
$x=1$ のとき $y=2\times 1+1=3$
グラフは 2 点 (-2, -3), (1, 3) を通る直線の $-2 \leqq x < 1$ の部分。

(2) $x=2$ のとき
$y=-\dfrac{3}{2}\times 2+3=-3+3=0$
グラフは 2 点 (0, 3), (2, 0) を通る直線の $x \leqq 2$ の部分。

【44】① $y=x+2$ ② $y=3x-6$
③ $y=-\dfrac{4}{3}x+5$ ④ $y=-\dfrac{1}{2}x-3$

解説 ① 点 (0, 2) を通るから, 切片は 2
右に 1, 上に 1 進むから, 傾きは 1
よって $y=x+2$

② 点 (0, -6) を通るから, 切片は -6
右に 1, 上に 3 進むから, 傾きは 3
よって $y=3x-6$

③ 点 (0, 5) を通るから, 切片は 5
右に 3, 下に 4 進むから, 傾きは $-\dfrac{4}{3}$
よって $y=-\dfrac{4}{3}x+5$

④ 点 (0, -3) を通るから, 切片は -3
右に 2, 下に 1 進むから, 傾きは $-\dfrac{1}{2}$
よって $y=-\dfrac{1}{2}x-3$

【45】(1) $y=2x-2$ (2) $y=-\dfrac{2}{3}x+3$

解説 (1) 変化の割合が 2 であるから
$y=2x+b$ と表される。

$x=3$ のとき $y=4$ であるから
$$4=2\times 3+b \quad b=-2$$
よって $y=2x-2$

(2) $y=-\dfrac{2}{3}x+b$ と表される。

点 $(-3, 5)$ を通るから
$$5=-\dfrac{2}{3}\times(-3)+b \quad b=3$$
よって $y=-\dfrac{2}{3}x+3$

【46】(1) $y=3x+9$

(2) $y=-\dfrac{5}{2}x+\dfrac{5}{2}$

(3) $a=-4$

解説 (1) 2点 $(-3, 0)$, $(2, 15)$ を通る直線の傾きは
$$\dfrac{15-0}{2-(-3)}=\dfrac{15}{5}=3$$
よって, $y=3x+b$ と表される。
点 $(-3, 0)$ を通るから
$$0=3\times(-3)+b \quad b=9$$
したがって $y=3x+9$

(2) (解法1)

直線の傾きは $\dfrac{-5-5}{3-(-1)}=\dfrac{-10}{4}=-\dfrac{5}{2}$

求める直線の式を $y=-\dfrac{5}{2}x+b$ とする。

点 $(-1, 5)$ を通るから
$$5=-\dfrac{5}{2}\times(-1)+b \quad b=\dfrac{5}{2}$$
よって $y=-\dfrac{5}{2}x+\dfrac{5}{2}$

(解法2)

求める直線の式を $y=ax+b$ とする。
2点 $(-1, 5)$, $(3, -5)$ を通るから
$$\begin{cases} 5=a\times(-1)+b \\ -5=a\times 3+b \end{cases}$$
整理して $\begin{cases} -a+b=5 & \cdots\cdots ① \\ 3a+b=-5 & \cdots\cdots ② \end{cases}$

①−② $-4a=10 \quad a=-\dfrac{5}{2}$

$a=-\dfrac{5}{2}$ を①に代入して
$$\dfrac{5}{2}+b=5 \quad b=\dfrac{5}{2}$$
よって $y=-\dfrac{5}{2}x+\dfrac{5}{2}$

(3) 2点 $(-1, 2)$, $(1, 6)$ を通る直線の傾きは
$$\dfrac{6-2}{1-(-1)}=2$$
2点 $(-1, 2)$, $(-4, a)$ を通る直線の傾きも 2 であるから $\dfrac{a-2}{-4-(-1)}=2$
$$a-2=2\times(-3)$$
よって $a=-4$

【47】

(1)

(2)

(3)

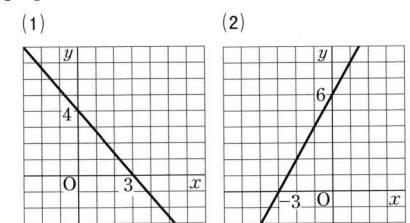

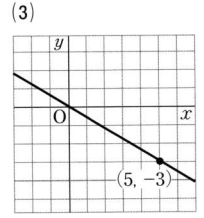

解説 (1) $4x+3y=12$ から $y=-\dfrac{4}{3}x+4$

傾き $-\dfrac{4}{3}$, 切片 4 の直線。

点 $(0, 4)$ を通り, 右に 3, 下に 4 進む点 $(3, 0)$ も通る。

別解 $x=0$ のとき $3y=12 \quad y=4$
$y=0$ のとき $4x=12 \quad x=3$
2点 $(0, 4)$, $(3, 0)$ を通る直線。

(2) $2x-y+6=0$ から $y=2x+6$
傾き 2, 切片 6 の直線。
点 $(0, 6)$ を通り, 左に 3, 下に 6 進む点

223

(−3, 0) も通る。

別解 $x=0$ のとき $-y+6=0$ $y=6$
$y=0$ のとき $2x+6=0$ $x=-3$
2点 (0, 6), (−3, 0) を通る直線。

(3) $\dfrac{x}{5}+\dfrac{y}{3}=0$ から $y=-\dfrac{3}{5}x$

傾き $-\dfrac{3}{5}$, 切片 0 の直線。

原点 (0, 0) を通り, 右に 5, 下に 3 進む
点 (5, −3) も通る。

【48】

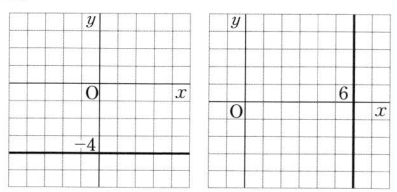

解説 (1) $5y+20=0$ から $y=-4$
点 (0, −4) を通り, x 軸に平行な直線。

(2) $\dfrac{x}{3}=2$ から $x=6$

点 (6, 0) を通り, y 軸に平行な直線。

【49】 (1) $(x, y)=(2, 1)$
(2) $(x, y)=(1, -1)$

解説 方程式を上から順に①, ②とする。

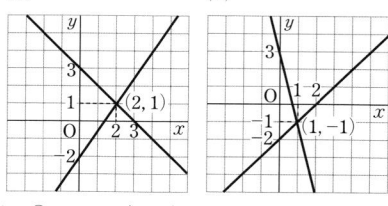

(1) ①は 2点 (0, 3), (3, 0) を通る直線。
②は 2点 (0, −2), (2, 1) を通る直線。
点 (2, 1) は①の上にもある。

(2) ①は 2点 (0, −2), (2, 0) を通る直線。
②は 2点 (0, 3), (1, −1) を通る直線。
点 (1, −1) は①の上にもある。

【50】 (1) (5, −5)   (2) $\left(-\dfrac{5}{3}, -\dfrac{19}{3}\right)$

(3) $\left(\dfrac{2}{3}, -\dfrac{5}{2}\right)$

解説 (1) $\begin{cases} y=-x & \cdots\cdots ① \\ y=-2x+5 & \cdots\cdots ② \end{cases}$

この連立方程式を解く。
①, ②から y を消去して
$-x=-2x+5$ $x=5$
$x=5$ を①に代入して $y=-5$
交点の座標は (5, −5)

(2) $\begin{cases} y=2x-3 & \cdots\cdots ① \\ y=5x+2 & \cdots\cdots ② \end{cases}$

この連立方程式を解く。
①−② $0=-3x-5$ $x=-\dfrac{5}{3}$

$x=-\dfrac{5}{3}$ を①に代入して

$y=-\dfrac{10}{3}-3=-\dfrac{19}{3}$

交点の座標は $\left(-\dfrac{5}{3}, -\dfrac{19}{3}\right)$

(3) $\begin{cases} 3x+2y=-3 & \cdots\cdots ① \\ 9x-4y=16 & \cdots\cdots ② \end{cases}$

この連立方程式を解く。
①×2 $6x+4y=-6$
② $\underline{+)\ 9x-4y=\ 16}$
       $15x\ \ \ \ \ \ \ =10$ $x=\dfrac{2}{3}$

$x=\dfrac{2}{3}$ を①に代入して

$2+2y=-3$ $y=-\dfrac{5}{2}$

交点の座標は $\left(\dfrac{2}{3}, -\dfrac{5}{2}\right)$

【51】 (1) $y=3x-1$
(2) $a=-3$, $b=7$

解説 (1) $x+y=3$ ……①
$4x-y=2$ ……②
①+②から $5x=5$ $x=1$
①に代入して $1+y=3$ $y=2$
交点の座標は (1, 2)
求める直線の式は $y=3x+b$ とおける。
点 (1, 2) を通るから
$2=3\times1+b$ $b=-1$
よって $y=3x-1$

(2) $a<0$ より右下がりの直線であるから
$x=1$ のとき $y=4$, $x=3$ のとき $y=-2$
よって, $y=ax+b$ において
$\begin{cases} 4=a+b & \cdots\cdots ① \\ -2=3a+b & \cdots\cdots ② \end{cases}$
①−②から $6=-2a$ $a=-3$
①に代入して $4=-3+b$ $b=7$

【52】 $a=19$

解説 $3x-y=9$ ……①
$x+2y=-4$ ……②
$2x-5y=a$ ……③
3直線①, ②, ③が1点で交わるとき, 2直線①, ②の交点が直線③上にある。
まず, 2直線①, ②の交点の座標を求める。
①から $y=3x-9$ ……④
④を②に代入して $x+2(3x-9)=-4$
$x+6x-18=-4$ $7x=14$ $x=2$
$x=2$ を④に代入して $y=3×2-9=-3$
2直線①, ②の交点の座標は $(2, -3)$
この点が直線③上にあるから
$2×2-5×(-3)=a$ $a=19$

【53】 (ア) 6 (イ) $y=-2x+8$

解説 $x=1$, $y=6$ を $y=\dfrac{a}{x}$ に代入すると
$6=\dfrac{a}{1}$ ア $a=6$
$x=3$ を $y=\dfrac{6}{x}$ に代入すると $y=\dfrac{6}{3}=2$
点Bの座標は $(3, 2)$
直線ABの傾きは $\dfrac{2-6}{3-1}=-2$
直線ABの式は $y=-2x+b$ とおける。
$x=1$ のとき $y=6$ であるから
$6=-2+b$ $b=8$
よって, 求める式は イ $y=-2x+8$

【54】 (1) $y=-\dfrac{3}{2}x+20$ (2) $\dfrac{19}{2}$ cm

解説 (1) 線香は一定の速さで短くなるように燃えているから, y は x の1次関数で, $y=ax+b$ と表される。
$x=4$ のとき $y=14$, $x=10$ のとき $y=5$ で

あるから
$\begin{cases} 14=4a+b & \cdots\cdots ① \\ 5=10a+b & \cdots\cdots ② \end{cases}$
①−②から $9=-6a$ $a=-\dfrac{3}{2}$
$a=-\dfrac{3}{2}$ を①に代入して
$14=4×\left(-\dfrac{3}{2}\right)+b$
よって $b=20$
したがって $y=-\dfrac{3}{2}x+20$

(2) $y=-\dfrac{3}{2}x+20$ に $x=7$ を代入して
$y=-\dfrac{3}{2}×7+20$
$=-\dfrac{21}{2}+\dfrac{40}{2}=\dfrac{19}{2}$

【55】 A中学校から $\dfrac{15}{2}$ km のところ,
P君の出発から2時間30分後

解説 PがA中学校を出発してから x 時間後に, A中学校から y km の距離にいるものとする。問題から
P $x=0$ のとき $y=0$
$x=5$ のとき $y=15$
グラフの直線は $y=3x$ ……①
Q $x=1$ のとき $y=15$
$x=4$ のとき $y=0$
グラフの直線は
$y=-5x+20$ ……②
2直線①, ②の交点の座標を求める。
①, ②から y を消去して
$3x=-5x+20$ $8x=20$ $x=\dfrac{5}{2}$
①から $y=\dfrac{15}{2}$

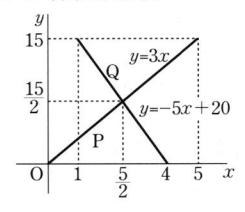

【56】 (1) 9時52分30秒
(2) 9時47分30秒

225

(3) 10 時 45 分

解説 (1) この列車は $\frac{1}{2}$ 時間に 40 km 走るから，時速は $40 \div \frac{1}{2} = 80$ (km)

BC 間は 30 km であるから，BC 間を走るのに要する時間は $30 \div 80 = \frac{3}{8}$ (時間)

分にすると $\frac{3}{8} \times 60 = \frac{45}{2}$ (分)

よって 9 時 52 分 30 秒

別解 この列車は 30 分間に 40 km 走るから 30 km 走るのに要する時間は

$30 \div \frac{40}{30} = 30 \times \frac{30}{40} = \frac{45}{2}$ (分)

よって，9 時 52 分 30 秒

(2) グラフから，BC 間で，9 時 45 分と 9 時 50 分の中間の時刻ですれちがう。

よって 9 時 47 分 30 秒

(3) C 駅を 10 時 25 分に出発する列車のグラフを右のように延長してみると，グラフから 10 時 30 分と 11 時の中間の時刻で追い抜く。

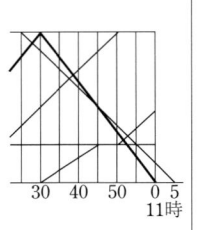

よって 10 時 45 分

【57】 $0 \leq x \leq 4$ のとき $y = 3x$

$4 \leq x \leq 10$ のとき $y = 12$

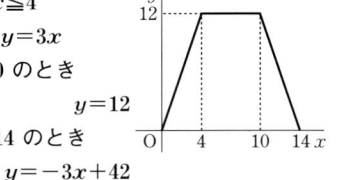

$10 \leq x \leq 14$ のとき $y = -3x + 42$

解説 P が辺 AB 上にあるとき $0 \leq x \leq 4$

底辺 AD = 6，高さ AP = x

$y = \frac{1}{2} \times 6 \times x = 3x$

P が辺 BC 上にあるとき $4 \leq x \leq 10$

底辺 AD = 6，高さ AB = 4

$y = \frac{1}{2} \times 6 \times 4 = 12$

P が辺 CD 上にあるとき $10 \leq x \leq 14$

底辺 AD = 6，高さ PD = $14 - x$

$y = \frac{1}{2} \times 6 \times (14 - x) = -3x + 42$

【58】 $a = -1$, $b = 2$, $c = 8$
残りの頂点 $(3, 8)$

解説 ①，③ の切片の値から点 B$(0, 2)$ は ① 上にあるが，③ 上にはない。

よって，① と ② の交点が B$(0, 2)$ である。

B の座標を ② に代入して $b = 2$

したがって，② は $y = 2x + 2$

A は ② 上にはないから，① と ③ の交点が A$(2, 0)$ である。

A の座標を①，③ に代入して

$2a + 2 = 0$ $a = -1$

$2c - 16 = 0$ $c = 8$

よって ① は $y = -x + 2$

③ は $y = 8x - 16$

②，③ の交点が残りの頂点であるから，

②，③ から y を消去して

$2x + 2 = 8x - 16$ $-6x = -18$

$x = 3$

$x = 3$ を ② に代入して

$y = 2 \times 3 + 2 = 8$

残りの頂点の座標は $(3, 8)$

【59】 $a = -\frac{20}{3}$, $\frac{8}{3}$

解説 右の図から，A, B の座標は A$(0, 4)$, B$(-2, 0)$ であることがわかる。

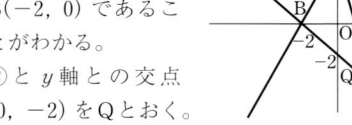

② と y 軸との交点 $(0, -2)$ を Q とおく。

$a > -2$ のとき，△ABQ $= \frac{1}{2} \times 6 \times 2 = 6$ であるから $a > 0$

△ABP $=$ △ABQ $+$ △APQ，△ABP $= 14$ から

$6 + \frac{1}{2} \times 6 \times a = 14$ $a = \frac{8}{3}$

$a < -2$ のとき

△ABP＝△APQ－△ABQ，　△ABP＝14
から
$$\frac{1}{2}\times 6\times(-a)-\frac{1}{2}\times 6\times 2=14$$
$$a=-\frac{20}{3}$$
よって，求める a の値は　$-\dfrac{20}{3}$，$\dfrac{8}{3}$

【60】 $y=-\dfrac{7}{20}x+2$

解説　直線 ℓ は $(0, 5)$ を通るから，直線 ℓ の式は $y=ax+5$ と表せる。
点 $(-4, 10)$ を通るから
$$10=-4a+5\quad\text{よって}\quad a=-\frac{5}{4}$$
直線 ℓ の式は　$y=-\dfrac{5}{4}x+5$

右の図から 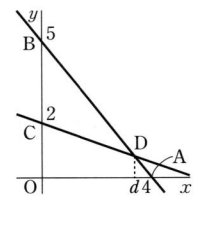
$$\triangle OAB=\frac{1}{2}\times 4\times 5=10$$
点 $(0, 2)$ を C，求める直線と直線 ℓ の交点を D，D の x 座標を d とする。
$d>0$ であるから
$$\triangle BCD=\frac{1}{2}\times(5-2)\times d=\frac{3}{2}d$$
これが5となるから
$$\frac{3}{2}d=5\quad d=\frac{10}{3}$$
点 D の y 座標は
$$y=-\frac{5}{4}\times\frac{10}{3}+5=\frac{5}{6}$$
よって，D $\left(\dfrac{10}{3}, \dfrac{5}{6}\right)$

求める直線の式は $y=mx+2$ と表せる。
点 $\left(\dfrac{10}{3}, \dfrac{5}{6}\right)$ を通るから
$$\frac{5}{6}=\frac{10}{3}m+2\quad m=-\frac{7}{20}$$
したがって　$y=-\dfrac{7}{20}x+2$

【61】 $\left(0, \dfrac{13}{4}\right)$

解説　y 軸に関して，点 B と対称な点を C とすると，点 C の座標は $(-3, 1)$ である。 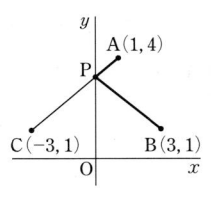
このとき，y 軸上の点 P について
PB＝PC であるから
$$AP+PB=AP+PC$$
すなわち，AP＋PB の長さがもっとも短くなるのは，点 P が直線 AC と y 軸との交点の位置にあるときである。
直線 AC の式を $y=ax+b$ とすると
2点 A$(1, 4)$，C$(-3, 1)$ を通るから
$$\begin{cases}4=a+b & \cdots\cdots ①\\1=-3a+b & \cdots\cdots ②\end{cases}$$
①－②から　$3=4a$　$a=\dfrac{3}{4}$

$a=\dfrac{3}{4}$ を①に代入して　$b=\dfrac{13}{4}$

よって　$y=\dfrac{3}{4}x+\dfrac{13}{4}$

したがって　求める点 P の座標は $\left(0, \dfrac{13}{4}\right)$

【62】 $\angle a=45°$，$\angle b=28°$，$\angle c=72°$

解説　$\angle a=45°$（対頂角），$\angle b=28°$（対頂角）
直線のつくる角は $180°$ であるから
$$\angle a+35°+\angle b+\angle c=180°$$
$$45°+35°+28°+\angle c=180°$$
$$\angle c=180°-(45°+35°+28°)=72°$$

【63】 $\angle a$ の同位角　$\angle d$，その大きさ　$115°$
　　　　$\angle f$ の同位角　$\angle c$，その大きさ　$100°$
　　　　$\angle b$ の錯角　　$\angle e$，その大きさ　$65°$

解説　$\angle d+65°=180°$　$\angle d=115°$
$\angle c+80°=180°$　$\angle c=100°$
$\angle e=65°$（対頂角）

【64】 2 直線 ℓ，m と交わる直線 a で，同位角である2つの角が $65°$ で等しいから
$$\ell /\!/ m$$
$\angle x=135°$，$\angle y=70°$

解説　$\ell /\!/ m$ より

ℓ, m と交わる直線 c で，同位角が等しいことと，直線のつくる角が $180°$ であることから
$$45°+\angle x=180° \quad \angle x=135°$$
ℓ, m と交わる直線 b で，同位角が等しいことと，対頂角が等しいことから
$$\angle y+45°=115° \quad \angle y=70°$$

【65】 2直線 a, b と交わる直線 ℓ で，錯角である2つの角が $70°$ で等しいから　$a \mathbin{/\mkern-5mu/} b$
2直線 b, c と交わる直線 ℓ で，同位角である2つの角が $70°$ で等しいから　$b \mathbin{/\mkern-5mu/} c$
$\angle x=95°$, $\angle y=85°$

解説 $\angle x=95°$（錯角）
2直線 b, c と交わる直線 m で，同位角が等しいことと，直線のつくる角が $180°$ であることから
$$95°+\angle y=180° \quad \angle y=85°$$

【66】 $\angle x=241°$

解説 右の図のように，$\angle x$ の頂点を通り，ℓ, m に平行な直線 n をひき，$\angle a$, $\angle b$, $\angle c$ を定める。
$$\angle a=180°-52°=128°$$
$\ell \mathbin{/\mkern-5mu/} n$ より，錯角は等しいから
$$\angle b=\angle a=128°$$
$n \mathbin{/\mkern-5mu/} m$ より，錯角は等しいから
$$\angle c=113°$$
$$\angle x=128°+113°=241°$$

【67】 $15°$

解説 $m \mathbin{/\mkern-5mu/} \mathrm{BD}$ より，錯角は等しいから
$$\angle \mathrm{DBC}=45°$$
$\mathrm{AD} \mathbin{/\mkern-5mu/} \mathrm{BC}$ より，錯角は等しいから
$$\angle \mathrm{ADB}=\angle \mathrm{DBC}=45°$$
よって，$\triangle \mathrm{ABD}$ において
$$\angle \mathrm{ABD}=180°-(120°+45°)=15°$$
$\ell \mathbin{/\mkern-5mu/} \mathrm{BD}$ より，錯角は等しいから
$$\angle \mathrm{BAE}=\angle \mathrm{ABD}=15°$$

【68】 $\mathrm{AD} \mathbin{/\mkern-5mu/} \mathrm{BC}$ で，錯角が等しいから
$$\angle \mathrm{APQ}=\angle \mathrm{PQC} \quad \cdots\cdots ①$$
PM, QN はそれぞれ $\angle \mathrm{APQ}$, $\angle \mathrm{PQC}$ の二等分線であるから
$$\angle \mathrm{MPQ}=\frac{1}{2}\angle \mathrm{APQ} \quad \cdots\cdots ②$$
$$\angle \mathrm{PQN}=\frac{1}{2}\angle \mathrm{PQC} \quad \cdots\cdots ③$$
①，②，③から
$$\angle \mathrm{MPQ}=\angle \mathrm{PQN}$$
錯角が等しいから
$$\mathrm{PM} \mathbin{/\mkern-5mu/} \mathrm{QN}$$
よって，$\angle \mathrm{APQ}$ の二等分線 PM と $\angle \mathrm{PQC}$ の二等分線 QN は平行である。

【69】 $\mathrm{PQ} \mathbin{/\mkern-5mu/} \mathrm{BC}$ より，錯角が等しいから
$$\angle \mathrm{PAB}=\angle \mathrm{B} \quad \cdots\cdots ①$$
$$\angle \mathrm{QAC}=\angle \mathrm{C} \quad \cdots\cdots ②$$
①，②から
$$\angle \mathrm{A}+\angle \mathrm{B}+\angle \mathrm{C}$$
$$=\angle \mathrm{BAC}+\angle \mathrm{PAB}+\angle \mathrm{QAC}$$
$$=180°$$
よって　$\angle \mathrm{A}+\angle \mathrm{B}+\angle \mathrm{C}=180°$

【70】 (1) $\angle x=50°$　　(2) $\angle x=72°$
(3) $\angle x=63°$

解説 (1) $\angle x+(\angle x+20°)+60°=180°$
$$2\times \angle x=180°-(20°+60°)$$
$$\angle x=100\div 2=50°$$
(2) $\angle x=140°-68°=72°$
(3) $\angle \mathrm{A}$ の外角は
$$360°-(115°+128°)=117°$$
$$\angle x=180°-117°=63°$$

【71】 (1) $\angle x=45°$
(2) $\angle x=65°$

解説 (1) 右の図のように $\angle a$ を定める。
$$\angle a=30°+55°$$
$$=85°$$
$$\angle x=\angle a-40°$$
$$=85°-40°=45°$$

(2) 右の図のように
$\angle a$ を定める。
$\angle a + 38° = 128°$
$\angle a = 128° - 38°$
$\quad = 90°$
$\angle x + 25° = 90°$
$\angle x = 90° - 25° = 65°$

【72】 (1) **鋭角三角形** (2) **直角三角形**
　　　(3) **鈍角三角形** (4) **鋭角三角形**

解説 (1) 残りの角は
　　　$180° - (60° + 70°) = 50°$
　　3つの内角がすべて鋭角
(2) 残りの角は　$180° - (45° + 45°) = 90°$
　　内角の1つが $90°$
(3) 残りの角は　$180° - (18° + 62°) = 100°$
　　内角の1つが $100°$ で鈍角
(4) 残りの角は　$180° - (75° + 35°) = 70°$
　　3つの内角がすべて鋭角

【73】 (1) **内角の和　2520°,**
　　　　　外角の和　360°
　　　　　1つの内角　157.5°,
　　　　　1つの外角　22.5°
　　　(2) **十角形, 正八角形**

解説 (1) 十六角形の内角の和は
$180° \times (16 - 2) = 2520°$, 外角の和は $360°$
正十六角形の1つの内角の大きさは
　　　$2520° \div 16 = 157.5°$
1つの外角の大きさは
　　　$360° \div 16 = 22.5°$
(2) $180° \times (n - 2) = 1440°$
　　　$n - 2 = 8$　$n = 10$　十角形
また, $360° \div 45° = 8$ から　正八角形

【74】 (1) $\angle x = 130°$　(2) $\angle x = 58°$

解説 (1) 多角形の外角の和は $360°$ であるから
$85° + (180° - \angle x) + 65°$
　$+ (180° - 110°) + 90°$
　$= 360°$
$\angle x = 130°$

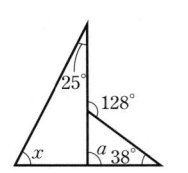

(2) 右の図のように
A, B, C, D, E,
F を定める。
△CDE において
$\angle DCE + \angle DEC$
$= 180° - 81° = 99°$
五角形 ABCEF において
$124° + 70° + \angle x + (\angle DCE + \angle DEC)$
$\quad + 79° + 110° = 180° \times (5 - 2)$
$\angle x + 482° = 540°$　$\angle x = 58°$

【75】 $\angle x = 40°$

解説 右の図において
$\angle EJI = 60°$
$\angle JIE = \angle A + \angle C$
$\quad = 30° + 50°$
$\quad = 80°$
よって, △EJI において
$\angle x = 180° - (\angle EJI + \angle JIE)$
$\quad = 180° - (60° + 80°)$
$\quad = 180° - 140° = 40°$

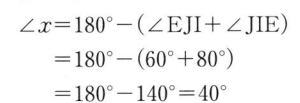

【76】 $x = 7$, $\angle y = 72°$, $\angle z = 48°$

解説　AB = DC から　$x = 7$
$\angle FCB = \angle EBC$ から　$\angle EBC = 54°$
$\angle y = 180° - 2 \times 54° = 72°$
$\angle y$ の外角は $108°$ であり,
$\angle F = \angle E = 110°$ であるから,
$94° + \angle z + 108° + 110° = 360°$　$\angle z = 48°$

【77】 △ABC ≡ △ONM　（3組の辺）
　　　△DEF ≡ △IHG　（2組の辺とその間
　　　　　　　　　　　　　の角）
　　　△JKL ≡ △RPQ　（1組の辺とその
　　　　　　　　　　　　両端の角）

【78】 (1) （仮定）△ABC ≡ △DEF
　　　　　（結論）AB = DE
(2) （仮定）四角形 ABCD ≡ 四角形 EFGH
　　　（結論）四角形 ABCD = 四角形 EFGH
(3) 3直線 ℓ, m, n について
　　　（仮定）$\ell \mathbin{/\mkern-5mu/} m$, $m \mathbin{/\mkern-5mu/} n$

(結論) $\ell /\!/ n$

(4) (仮定) 線分 AB と線分 CD がそれぞれの中点 M で交わる

(結論) 線分 AC と BD は平行である。

解説 (4)は記号で書くと
(仮定) AM=BM, CM=DM
(結論) AC$/\!/$BD である。

【79】(1) △OAC と △OBD において
仮定から　OA=OB　…… ①
　　　　　∠C=∠D　…… ②
対頂角が等しいから
　　　　　∠AOC=∠BOD　…… ③
三角形の内角の和は $180°$ であるから
　　∠A=$180°$－∠C－∠AOC
　　∠B=$180°$－∠D－∠BOD
②,③から　∠A=∠B　…… ④
①,③,④より, 1組の辺とその両端の角がそれぞれ等しいから　△OAC≡△OBD
よって　OC=OD

(2) △OAC と △OBD において
仮定から　OA=OB　…… ①
対頂角は等しいから
　　　　　∠AOC=∠BOD　…… ②
AC$/\!/$BD より, 錯角が等しいから
　　　　　∠OAC=∠OBD　…… ③
①,②,③より, 1組の辺とその両端の角がそれぞれ等しいから　△OAC≡△OBD
よって　OC=OD

【80】△OAP と △OBQ で
仮定から　OA=OB　…… ①
仮定 $\ell /\!/ m$ より, 錯角が等しいから
　　　　　∠PAO=∠QBO　…… ②
また, 対頂角は等しいから
　　　　　∠AOP=∠BOQ　…… ③
①,②,③より, 1組の辺とその両端の角がそれぞれ等しいから　△OAP≡△OBQ
よって　AP=BQ

【81】△CAB と △POQ で
　　　AB=OQ, AC=OP, CB=PQ
3組の辺がそれぞれ等しいから
　　　△CAB≡△POQ
よって　∠CAB=∠POQ
すなわち　∠CAB=∠XOY

解説 作図　① O を中心とし, 半径 AB の円をかき, OX, OY との交点を P, Q とする。
② A を中心とし, 半径 AB の円をかく。
③ B を中心とし, 半径 PQ の円をかく。
②と③の交点がCである。
④ 線分 AC をひくと ∠CAB=∠XOY である。

【82】頂点 B における外角について
　　∠CBD=∠A+∠BCA
頂点 C における外角について
　　∠ECB=∠A+∠ABC
また, 三角形の内角の和は $180°$ であるから
　　∠A+∠ABC+∠BCA=$180°$
　　∠CBI+∠BCI=$\dfrac{1}{2}$(∠CBD+∠ECB)
　　=$\dfrac{1}{2}$(∠A+∠BCA+∠A+∠ABC)
　　=$\dfrac{1}{2}${(∠A+∠ABC+∠BCA)+∠A}
　　=$\dfrac{1}{2}$($180°$+∠a)=$90°$+$\dfrac{∠a}{2}$
∠BIC=$180°$－(∠CBI+∠BCI) から
∠x=$180°$－$\left(90°+\dfrac{∠a}{2}\right)$=$90°$－$\dfrac{∠a}{2}$
よって　∠x=$90°$－$\dfrac{∠a}{2}$

【83】右の図のように, ℓ, m, ∠x を定める。
テープを線分 AB を折り目として折ったから
　　∠b=∠x
$\ell /\!/ m$ であるから　∠a=∠x (錯角)
よって　∠a=∠b

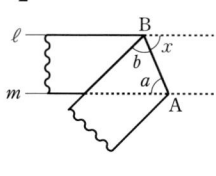

【84】 △ACE と △DCB において
正三角形の2辺であるから
　　　AC=DC,
　　　CE=CB
正三角形の内角から
　　　∠DCA=∠ECB=60°
∠ACE=60°+∠DCE,
∠DCB=∠DCE+60° から
　　　∠ACE=∠DCB
2組の辺とその間の角がそれぞれ等しいから　△ACE≡△DCB
よって　　AE=DB
すなわち　　AE=BD

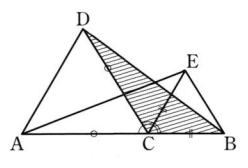

【85】　△ABC で AB=AC,∠A の二等分線と辺 BC の交点をDとする。このとき,AD⊥BC,BD=CD を証明する。
△ABD と △ACD において
　　　AB=AC ……①　　AD=AD ……②
　　　∠BAD=∠CAD ……③
①,②,③より,2組の辺とその間の角がそれぞれ等しいから　△ABD≡△ACD
よって,BD=CD
また,∠ADB=∠ADC,
∠ADB+∠ADC=180° であるから
　　　∠ADB=90°
したがって　AD⊥BC

【86】　(1)　逆　$a+b<0$ ならば $a<0$,$b<0$
正しくない
(2)　逆　$ab>0$ ならば $a>0$,$b>0$
正しくない
(3)　逆　△ABC と △DEF で ∠A=∠D ならば △ABC≡△DEF　正しくない

解説　(1)　(反例)　$a=2$,$b=-3$
(2)　(反例)　$a=b=-1$
(3)　∠A=∠D であっても,合同でない △ABC と △DEF があるから,逆は正しくない。

(反例) ∠A=∠D,AB=DE,AC=2DF のとき

【87】　△ABC で,∠A=∠B=∠C ならば AB=BC=CA を証明する。
∠A=∠B から　　CA=CB,
また,∠B=∠C から　　AB=AC
よって　AB=BC=CA

【88】　(1)　△DBC と △ECB において
AB=AC から　∠DBC=∠ECB ……①
BE と CD はそれぞれ ∠B,∠C の二等分線であるから,①より
∠DCB=$\frac{1}{2}$∠ECB=$\frac{1}{2}$∠DBC=∠EBC
すなわち　∠DCB=∠EBC ……②
　　　　　BC=CB（共通）……③
①,②,③より,1組の辺とその両端の角がそれぞれ等しいから　△DBC≡△ECB
よって　BD=CE

(2)　△PDB と △PEC において
BE と CD はそれぞれ ∠B,∠C の二等分線であるから
∠DBP=$\frac{1}{2}$∠DBC,∠ECP=$\frac{1}{2}$∠ECB
①から　∠DBP=∠ECP ……④
(1)から　∠PDB=∠PEC ……⑤
　　　　　BD=CE　……⑥
④,⑤,⑥より,1組の辺とその両端の角がそれぞれ等しいから　△PDB≡△PEC
よって　PD=PE

解説　(2)　(1)から DC=EB ……④',②から △PBC は PB=PC の二等辺三角形。
PD=DC-PC,PE=EB-PB
であるから,④' と PB=PC より,
PD=PE としてもよい。

【89】　△ABD と △ACE において
仮定から　AB=AC ……①
　　　　　∠ABD=∠ACE ……②
　　　　　∠BAD=∠CAE $\left(=\frac{1}{3}∠A\right)$ ……③
①,②,③より,1組の辺とその両端の角

がそれぞれ等しいから　△ABD≡△ACE
よって　AD=AE
よって，△ADE は AD=AE の二等辺三角形である。

【90】　△AEF と △BFD において
仮定から　AE=BF
△ABC は正三角形であるから
　　　AF=AB+BF=BC+CD=BD，
　　　∠EAF=∠FBD=120°
2組の辺とその間の角がそれぞれ等しいから　△AEF≡△BFD
よって　EF=FD　……　①
△BFD と △CDE においても同じようにして　△BFD≡△CDE
よって　FD=DE　……　②
①，②から　EF=FD=DE
したがって，△DEF は正三角形である。

【91】　36°

解説　∠A=$a°$ とする。
△ADC は DA=DC の二等辺三角形であるから　∠DCA=$a°$
△ADC の内角と外角の性質より
　　　∠BDC=∠DAC+∠DCA=$2a°$
△CDB は CB=CD の二等辺三角形であるから　∠DBC=$2a°$
△ABC は AB=AC の二等辺三角形であるから　∠ACB=∠DBC=$2a°$
△ABC の内角の和は 180° であるから
　　　$a°+2a°+2a°=180°$
　　　　　　　　$5a°=180°$　　$a°=36°$

【92】　①と⑥，②と④，③と⑤

解説　どれも1つの角が 90° であるから直角三角形。
斜辺と1つの鋭角　③と⑤
　　　　　　　△HGI≡△MNO
斜辺と他の1辺　②と④
　　　　　　　△DFE≡△LKJ
①と⑥は，2組の辺とその間の角
△ACB≡△PQR

【93】　右の図で，△POA と △POB において，仮定から
　　　∠POA=∠POB
　　　∠A=∠B=90°
　　　OP=OP（共通）
直角三角形の斜辺と1つの鋭角がそれぞれ等しいから
　　　△POA≡△POB
よって　OA=OB，PA=PB

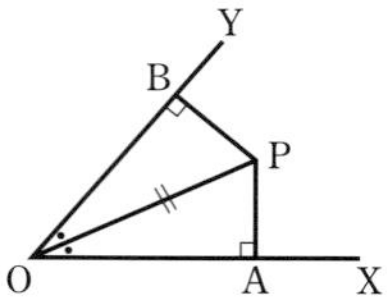

【94】　△POK と △POH において
∠K=∠H=90°，PK=PH，PO は共通
直角三角形 POK，POH において，斜辺と他の1辺がそれぞれ等しいから
　　　△POK≡△POH
よって　∠POK=∠POH
すなわち，OP は ∠XOY を2等分する。

【95】　△OAL と △OBL において
AL=BL，∠OLA=∠OLB=90°，
OL は共通
2組の辺とその間の角がそれぞれ等しいから　△OAL≡△OBL
よって　OA=OB　……　①
同じようにして　△OBM≡△OCM から
　　　OB=OC　……　②
①，②から　OA=OC
したがって，△OCA は二等辺三角形であり，O から底辺にひいた垂線は底辺を2等分するから　AN=CN
すなわち，N は線分 CA の中点である。

別解　OL⊥AB，AL=LB から，△OAB は二等辺三角形。
よって　OA=OB　……　①
同じようにして，△OBC は二等辺三角形であるから　OB=OC　……　②
①，②から　OC=OA
したがって，△OCA は二等辺三角形。
ON⊥AC から　AN=CN

参考　この問題から
三角形の3辺の垂直二等分線は1点Oで交

わり，Oから各頂点へひいた線分の長さは等しいことがわかる。

【96】右の図について考える。 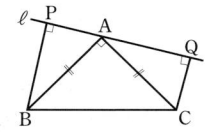
△BAP と △ACQ において
　　∠BPA＝∠AQC＝90° ……①
　　BA＝AC ……②
また ∠PBA＝90°－∠PAB
　　∠QAC＝90°－∠PAB
よって ∠PBA＝∠QAC ……③
①，②，③より，直角三角形 BAP，ACQ において，斜辺と1つの鋭角がそれぞれ等しいから △BAP≡△ACQ
よって BP＝AQ，AP＝CQ
したがって BP＋CQ＝AQ＋AP＝PQ

【97】平行四辺形 ABCD で，対角線の交点をOとすると OA＝OC，OB＝OD を証明する。 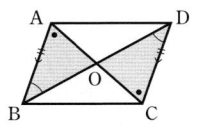
△OAB と △OCD で，
AB∥DC から
　　∠OAB＝∠OCD
　　∠OBA＝∠ODC
平行四辺形の対辺は等しいから
　　AB＝CD
1組の辺とその両端の角がそれぞれ等しいから
　　△OAB≡△OCD
よって，OA＝OC，OB＝OD

【98】△OAP と △OCQ において
平行四辺形の対角線はそれぞれの中点で交わるから OA＝OC
対頂角は等しいから
　　∠AOP＝∠COQ
AD∥BC より，錯角は等しいから
　　∠OAP＝∠OCQ
1組の辺とその両端の角がそれぞれ等しいから △OAP≡△OCQ
よって AP＝CQ

【99】(1) 反例 CD＝DA＝2AB

(2) 反例 ∠A＝∠B＝80°，
　　　　∠C＝∠D＝100°

解説 (1) 対辺が等しくならない場合がある。
(2) 対角が等しくならない場合がある。

【100】平行四辺形であるとはいえない。

解説 AD∥BC とし，点Cを中心とし，半径 AB の円をかくと，右の図のように辺 AD と 2 点で交わることがある。図の四角形 ABCD′ は平行四辺形ではない。

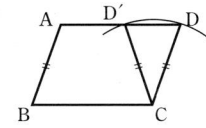

【101】▱ABCD において
　　$\begin{cases} AD∥BC \\ AD＝BC \end{cases}$ ……①
また，▱EBCF において
　　$\begin{cases} EF∥BC \\ EF＝BC \end{cases}$ ……②
①，②から AD∥EF，AD＝EF
よって，1組の対辺が平行でその長さが等しいから四角形 AEFD は平行四辺形である。

【102】△OAP と △OCR において
四角形 ABCD は平行四辺形であるから
　　OA＝OC
AB∥DC から ∠OAP＝∠OCR
また，∠AOP＝∠COR（対頂角）
1組の辺とその両端の角がそれぞれ等しいから △OAP≡△OCR
よって OP＝OR ……①
同様にして △OSA≡△OQC から
　　OS＝OQ ……②
①，②より，四角形 PQRS の対角線は互いに他を2等分するから，四角形 PQRS は平行四辺形である。

【103】▱ABCD において，∠A＝90° とする。
平行四辺形の対角は等しいから
　　∠C＝∠A＝90°
また，平行四辺形では ∠A＋∠B＝180° であるから
　　∠B＝90° よって ∠D＝∠B＝90°

233

したがって，□ABCD は長方形である。
【104】 □ABCD において，AB=BC とする。
平行四辺形の対辺はそれぞれ等しいから
　　　　AB=CD, BC=DA
よって　AB=BC=CD=DA
したがって，□ABCD はひし形である。
【105】　長方形
解説　AC と BD の交点をOとする。
仮定から
　　AP∥CR，
　　AP=CR
対辺が平行でその長さが等しいから，四角形 APCR は平行四辺形である。
同様にして，四角形 AQCS も平行四辺形である。
よって，PR，SQ は AC の中点Oで交わり，
　　　OP=OR, OS=OQ
対角線がそれぞれの中点で交わるから，四角形 PQRS は平行四辺形である。
△OAB と △OAD は，仮定から 3 組の辺がそれぞれ等しいから　△OAB≡△OAD
よって　∠OAB=∠OAD　……①
△OAP と △OAS で
　　　OA=OA　……②
　　　AP=AS　……③
①，②，③より，2 組の辺とその間の角がそれぞれ等しいから　△OAP≡△OAS
よって　OP=OS
したがって，PR=QS
平行四辺形 PQRS の対角線が等しいから，長方形である。
別解　AC と BD の交点をOとする。
△APS と △CQR で，
仮定から　AP=CQ, AS=CR,
　　　∠PAS=∠QCR
2 組の辺とその間の角がそれぞれ等しいから　△APS≡△CQR
よって　PS=QR　……①
△BPQ と △DSR で，同様にして

　　　PQ=SR　……②
①，②より，2 組の対辺がそれぞれ等しいから，四角形 PQRS は平行四辺形である。
△OAB と △OAD で，仮定から
　　　AB=AD, OB=OD, AO は共通
3 組の辺がそれぞれ等しいから
　　　　△OAB≡△OAD
よって　∠OAB=∠OAD
△APS は，AP=AS の二等辺三角形で，
AC は頂角の二等分線になるから
　　　　AC⊥PS
ひし形の対角線は垂直に交わるから
　　　　AC⊥BD　……③
よって　PS∥BD　……④
同様にして　PQ∥AC　……⑤
③，④，⑤から　PS⊥PQ
したがって，平行四辺形 PQRS で
∠P=90° であるから，長方形である。
【106】　△AED，△EBC，△EBD
解説　AE=EB, AB∥DC から
△AEC=△AED=△EBC=△EBD
【107】　（作図）
点Bを通り，線分
AC に平行な直線と
直線 CD との交点を
P，点Eを通り，線
分 AD に平行な直線と直線 CD との交点をQとする。
求める三角形は △APQ である。
解説　BP∥AC から　△ABC=△APC
EQ∥AD から　△ADE=△ADQ
五角形 ABCDE
　　=△ABC+△ADE+△ACD
　　=△APC+△ADQ+△ACD
　　=△APQ
【108】　AB∥DC, DE が共通であることから
　　　　△AED=△BED　……①
また，DF∥BC, DF が共通であることから
　　　　△BFD=△CFD
△BFD−△EFD=△CFD−△EFD

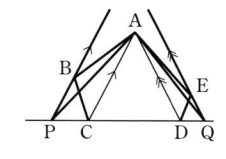

よって　△BED＝△CFE　……②
①，②から　△AED＝△CFE

【109】$\dfrac{6}{35}$ 倍

解説　△ABC の面積を S とする。
BD：DC＝3：4 であるから
$$\triangle ABD = \dfrac{3}{3+4}\triangle ABC = \dfrac{3}{7}S$$
AE：ED＝2：3 であるから
$$\triangle ABE = \dfrac{2}{2+3}\triangle ABD = \dfrac{2}{5}\times\dfrac{3}{7}S = \dfrac{6}{35}S$$
よって　$\dfrac{6}{35}$ 倍

【110】$\dfrac{15}{2}$ 倍

解説　AQ：QD＝3：2 から 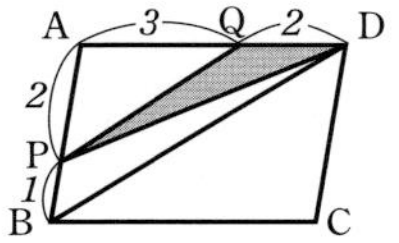
$$\triangle PDQ = \dfrac{2}{5}\triangle APD$$
AP：PB＝2：1 から
$$\triangle APD = \dfrac{2}{3}\triangle ABD$$
四角形 ABCD は平行四辺形であるから
$$\triangle ABD = \dfrac{1}{2}\square ABCD$$
よって
$$\triangle PDQ = \dfrac{2}{5}\triangle APD = \dfrac{2}{5}\cdot\dfrac{2}{3}\triangle ABD$$
$$= \dfrac{2}{5}\cdot\dfrac{2}{3}\cdot\dfrac{1}{2}\square ABCD = \dfrac{2}{15}\square ABCD$$
したがって　$\square ABCD = \dfrac{15}{2}\triangle PDQ$

【111】線分 AM の延長上に AM＝HM となる点 H をとる。このとき，対角線がそれぞれの中点で交わるから，四角形 ABHC は平行四辺形となる。△AHC と △GDA において
仮定から　AC＝GA
また，仮定と □ABHC から
　　CH＝AB＝AD

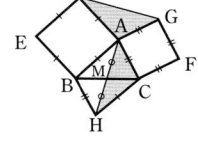

□ABHC から　∠HCA＝180°－∠BAC
また，
　　∠DAG＝360°－(90°＋∠BAC＋90°)
　　　　　＝180°－∠BAC
よって　∠HCA＝∠DAG
2 組の辺とその間の角がそれぞれ等しいから
　　△AHC≡△GDA
よって　AH＝GD
AH＝2AM であるから　GD＝2AM

【112】AC と BD の交点を M とすると
　　AM＝CM
(1)の⑤から　EF＝AC
△AFI と △BCM において，I は EF，M は AC の中点であるから
　　FI＝CM　……⑥
また，⑤から　∠MCB＝∠IFA　……⑦
　　　　　　　AF＝BC　　　　……⑧
⑥，⑦，⑧より，2 組の辺とその間の角がそれぞれ等しいから
　　△AFI≡△BCM
よって　∠FAI＝∠CBM
△MHG において
∠BGE＝180°－∠MHG－∠GMH
　　　＝180°－90°－(∠CBM＋∠MCB)
　　　＝90°－(∠FAI＋∠IFA)　……⑨
△AHI において，∠HIA は △AFI の外角であるから
∠HAI＝90°－∠HIA
　　　＝90°－(∠FAI＋∠IFA)　……⑩
⑨，⑩から　∠BGE＝∠HAI

【113】(1) 順に　24 通り，6 通り
　　　(2) 12 通り　　(3) 15 通り

解説　(1) 4 人が長いすに 1 列に座る方法
4 人を a，b，c，d とする。

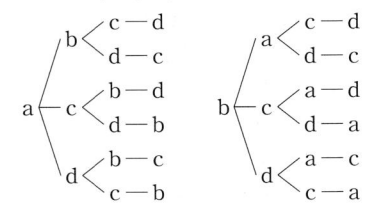

（樹形図）

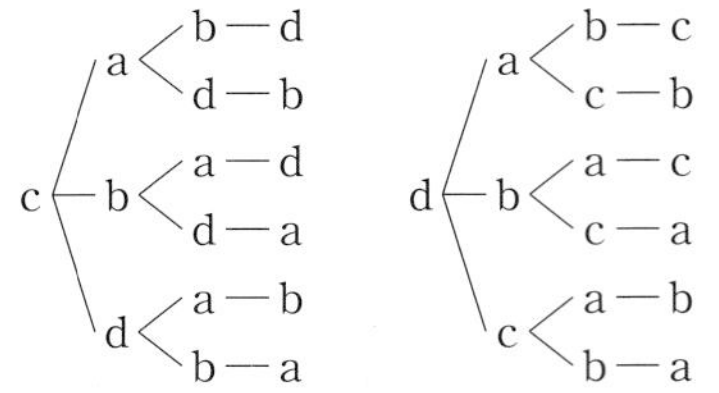

樹形図は上のようになり 24通り。

別解 $4×3×2=24$(通り)
4人の中から2人選ぶ方法
4人をa, b, c, dとする。

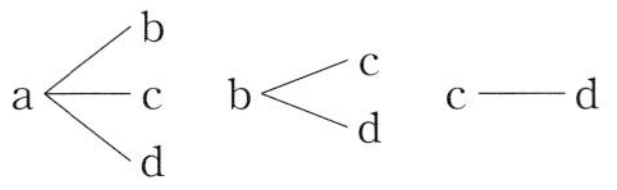

6通り。

別解 $(4×3)÷2=6$(通り)

(2) 樹形図は，最後がaの場合とdの場合に分けてかくと，次のようになり 12通り。

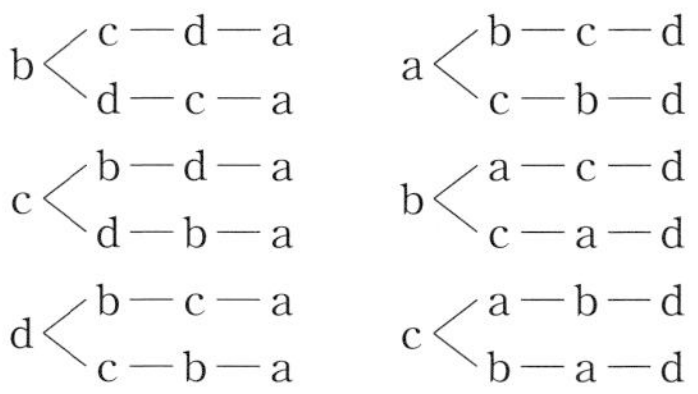

別解 $(3×2)×2=12$(通り)

(3) 6人をa, b, c, d, e, fとする。

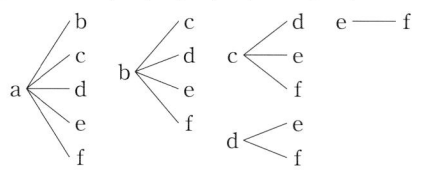

樹形図は上のようになり 15通り。

別解 $(6×5)÷2=15$(通り)

【114】 (1) **16個** (2) **10個**

解説

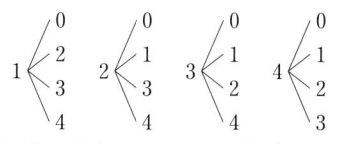

樹形図をかくと，上の図のようになる。

別解 (1) 十の位は0を除く1, 2, 3, 4の4通り。そのおのおのに対して，一の位は0をふくめて残り4通り。

$4×4=16$(個)

(2) 偶数になるのは，一の位が0, 2, 4のときである。
一の位が0のとき 十の位は4通り。
一の位が2または4のとき 十の位は3通り。
よって $4+2×3=10$(個)

別解2 (1) 01, 02など十の位に0がくるものもふくめた数の個数は $5×4=20$(個)
十の位に0がくるものは，一の位が1, 2, 3, 4の4個あるから，求める個数は
$20-4=16$(個)

【115】 **8通り**

解説 使う硬貨の枚数を表で示すと次のようになる。

100円	3			2			1	
50円	2	1	0	4	3	2	5	4
10円	0	5	10	0	5	10	5	10

したがって，400円にする方法は，全部で8通り。

注意 100円を0枚とすると，残り全部を使っても $50×5+10×10=350$(円) で400円にならない。

参考 どの硬貨も必ず1枚は使うものとすると，まず，1枚ずつで
$100円+50円+10円=160円$ であるから，残り $400-160=240$(円) を100円2枚，50円4枚，10円9枚で払うことになる。
5通りになる。

【116】 **0.17**

解説 1の目が出る割合は，順に $\frac{12}{100}$, $\frac{27}{200}$, $\frac{38}{300}$, ……, $\frac{166}{1000}$ であり，小数第2位まで求める（小数第3位を四捨五入）と次のようになる。
0.12, 0.14, 0.13, 0.15, 0.15, 0.15, 0.16, 0.17, 0.17, 0.17
これらの値は0.17に近づく。

【117】 (1) $\dfrac{1}{3}$ (2) $\dfrac{1}{5}$ (3) $\dfrac{3}{13}$

解説 (1) 目の出方は，全部で 6 通り。
どの目が出ることも，同様に確からしい。
3 の倍数の目は 3, 6，その出方は 2 通り。
3 の倍数の目が出る確率は $\dfrac{2}{6}=\dfrac{1}{3}$

(2) 玉は全部で 10 個。その取り出し方は，全部で 10 通り。
どの玉の取り出し方も，同様に確からしい。
赤玉が出る場合は 2 通り。
赤玉が出る確率は $\dfrac{2}{10}=\dfrac{1}{5}$

(3) 52 枚のトランプから 1 枚引く引き方は 52 通り。どのカードが出ることも，同様に確からしい。
絵札のカードは $3\times 4=12$ (枚)，その出方は 12 通り。
カードが絵札である確率は $\dfrac{12}{52}=\dfrac{3}{13}$

【118】 (1) $\dfrac{3}{8}$ (2) $\dfrac{7}{8}$

解説 すべての出方は
$$2\times 2\times 2\times 2=16\,(通り)$$
表を○，裏を×で表す。
(1) 表が 2 枚，裏が 2 枚の場合は
○○××，○×○×，○××○，××○○，
×○×○，×○○× の 6 通り。
求める確率は $\dfrac{6}{16}=\dfrac{3}{8}$

(2) 表が 3 枚，裏が 1 枚の場合は
○○○×，○○×○，○×○○，×○○○
の 4 通り。
表が 1 枚，裏が 3 枚の場合も 4 通り。(1)の場合も考えて，表も裏も出ている場合は
$$4+4+6=14\,(通り)$$
求める確率は $\dfrac{14}{16}=\dfrac{7}{8}$

参考 (2) 表が出ない出方は×××× の 1 通り。裏が出ない出方は○○○○の 1 通り。
表または裏しか出ない確率は $\dfrac{2}{16}=\dfrac{1}{8}$ で

あるから，表も裏も出ている確率は
$1-\dfrac{1}{8}=\dfrac{7}{8}$ として求めることもできる。

【119】 (1) $\dfrac{1}{6}$ (2) $\dfrac{13}{36}$ (3) $\dfrac{1}{6}$

解説 2 つのさいころを同時に投げるとき，目の出方は全部で $6\times 6=36$(通り)
(1) 目の数の和が 4 以下になる場合は
(1, 1), (1, 2), (1, 3), (2, 1), (2, 2), (3, 1) の 6 通り。
求める確率は $\dfrac{6}{36}=\dfrac{1}{6}$

(2) 目の数の積が 15 以上になる場合は
(3, 5), (3, 6), (4, 4), (4, 5), (4, 6),
(5, 3), (5, 4), (5, 5), (5, 6), (6, 3),
(6, 4), (6, 5), (6, 6) の 13 通り。
求める確率は $\dfrac{13}{36}$

(3) 同じ目が出る場合は，その目が 1, 2, ……, 6 の 6 通り。
求める確率は $\dfrac{6}{36}=\dfrac{1}{6}$

【120】 (1) $\dfrac{3}{10}$ (2) $\dfrac{9}{25}$

解説 (1) カードの引き方は全部で
$$5\times 4=20\,(通り)$$
このうち，引いた 2 枚のカードがともに奇数である引き方は (1, 3), (1, 5), (3, 1), (3, 5), (5, 1), (5, 3) の 6 通り。
求める確率は $\dfrac{6}{20}=\dfrac{3}{10}$

(2) カードの引き方は全部で
$$5\times 5=25\,(通り)$$
このうち，引いた 2 枚のカードがともに奇数である引き方は (1, 1), (1, 3), (1, 5),
(3, 1), (3, 3), (3, 5), (5, 1), (5, 3),
(5, 5) の 9 通り。
求める確率は $\dfrac{9}{25}$

【121】 (1) $\dfrac{2}{15}$ (2) $\dfrac{3}{5}$

解説 赤玉を①，②，③，青玉を △, △,

237

黄玉を④とする。2個の取り出し方は
(①, ②), (①, ③), (①, ④), (①, ⑤), (①, ④),
(②, ③), (②, ④), (②, ⑤), (②, ④),
(③, ④), (③, ⑤), (③, ④),
(④, ⑤), (④, ④),
(⑤, ④)

となり，全部で15通り。

(1) 1個が青玉，1個が黄玉の場合は〜〜〜の2通り。求める確率は $\dfrac{2}{15}$

(2) 少なくとも1個は青玉である場合は＿＿と〜〜〜を合わせた9通り。
求める確率は $\dfrac{9}{15}=\dfrac{3}{5}$

【122】 A $\dfrac{3}{5}$ ， B $\dfrac{3}{5}$

解説 Aが当たる確率は，5本のうち3本が当たりであるから $\dfrac{3}{5}$

当たりくじを①，②，③，はずれくじを④，⑤とすると，A，Bの順にくじを引く引き方は，次の樹形図のようになる。

A B A B A B
①〈②③④⑤ ②〈①③④⑤ ③〈①②④⑤

A B A B
④〈①②③⑤ ⑤〈①②③④

Bがくじを引く引き方は 20通り。
そのうち，Bが当たりくじを引く引き方は12通り。
Bが当たる確率 $\dfrac{12}{20}=\dfrac{3}{5}$

【123】 $\dfrac{5}{6}$

解説 3けたの整数は全部で
$6\times6\times6=216$（通り）
この3けたの整数が5の倍数となるのは一の位が5となる場合で，百の位と十の位は何でもよいから $6\times6=36$（通り）
よって，この整数が5でわり切れる確率は
$\dfrac{36}{216}=\dfrac{1}{6}$
求める確率は $1-\dfrac{1}{6}=\dfrac{5}{6}$

【124】 (1) $\dfrac{2}{9}$ (2) $\dfrac{5}{18}$

解説 さいころの目の出方の総数は
$6\times6=36$（通り）
大小のさいころの目がそれぞれ a，b のとき，(a, b) で表す。

(1) 点Pと点Qが同じ頂点に止まるような目の出方は (1, 3), (2, 4), (3, 1), (3, 5), (4, 2), (4, 6), (5, 3), (6, 4) の8通り。
求める確率は $\dfrac{8}{36}=\dfrac{2}{9}$

(2) 線分PQが正方形ABCDの対角線になるような目の出方は (1, 1), (1, 5), (2, 2), (2, 6), (3, 3), (4, 4), (5, 1), (5, 5), (6, 2), (6, 6) の10通り。
求める確率は $\dfrac{10}{36}=\dfrac{5}{18}$

【125】 $\dfrac{2}{9}$

解説 さいころの目の出方の総数は
$6\times6=36$（通り）
△ACBが二等辺三角形となる a と b の組 (a, b) は，以下の8通りである。
$(a, b)=(1, 1), (2, 2), (3, 3), (4, 4),$
$(5, 5), (6, 6), (3, 6), (6, 3)$
求める確率は $\dfrac{8}{36}=\dfrac{2}{9}$

EXERCISES の答と解説

1 (1) 係数，次数の順に
  (ア) -7, 4 (イ) 0.1, 4
  (ウ) $\dfrac{1}{4}$, 1

(2) (ア)

項	$3a^2$	$-2ab$	$-6b^2$
係数	3	-2	-6
次数	2	2	2

2次式

(イ)

項	$7x^2$	$5x$	$-3x^4$	-5
係数	7	5	-3	-5
次数	2	1	4	0

4次式

解説 (1) (ウ) $\dfrac{x}{4} = \dfrac{1}{4}x$

(2) (イ) 式を次数の高い順から低い順に整理すると $-3x^4 + 7x^2 + 5x - 5$
定数項の次数は0次と考える。また，0の次数は考えない。

2 (1) $5x+y$ (2) $-3x+2y$
(3) $-0.7x+6y$ (4) $6x-9y$
(5) $-\dfrac{4}{3}a-b$ (6) $3x-5y$
(7) $-x^2-1$ (8) $8x-1$

解説 (1) $3x+4y+2x-3y$
$=(3+2)x+(4-3)y=5x+y$

(2) $(2x-y)+(-5x+3y)$
$=2x-y-5x+3y$
$=(2-5)x+(-1+3)y=-3x+2y$

(3) $0.6x+2y-(1.3x-4y)$
$=0.6x+2y-1.3x+4y$
$=(0.6-1.3)x+(2+4)y=-0.7x+6y$

(4) $3(2x-3y)=3\times 2x+3\times(-3y)$
$=6x-9y$

(5) $-\dfrac{2}{3}\left(2a+\dfrac{3}{2}b\right)$
$=\left(-\dfrac{2}{3}\right)\times 2a+\left(-\dfrac{2}{3}\right)\times\dfrac{3}{2}b$

$=-\dfrac{4}{3}a-b$

(6) $(-9x+15y)\div(-3)$
$=(-9x+15y)\times\left(-\dfrac{1}{3}\right)$
$=(-9x)\times\left(-\dfrac{1}{3}\right)+15y\times\left(-\dfrac{1}{3}\right)$
$=3x-5y$

(7) $x^2+3x+1+(-2x^2-3x-2)$
$=x^2+3x+1-2x^2-3x-2$
$=(1-2)x^2+(3-3)x+1-2$
$=-x^2-1$

(8) $(-x^2+4x)-(-x^2-4x+1)$
$=-x^2+4x+x^2+4x-1$
$=(-1+1)x^2+(4+4)x-1$
$=8x-1$

3 たし算，ひき算の順に
(1) $8x-4y-18$, $10x-12y+4$
(2) $\dfrac{11}{6}x^2-\dfrac{7}{4}x-4$, $\dfrac{7}{6}x^2-\dfrac{1}{4}x$

解説 (1) $(9x-8y-7)+(-x+4y-11)$
$=9x-8y-7-x+4y-11$
$=(9-1)x+(-8+4)y-7-11$
$=8x-4y-18$

$(9x-8y-7)-(-x+4y-11)$
$=9x-8y-7+x-4y+11$
$=(9+1)x+(-8-4)y-7+11$
$=10x-12y+4$

(2) $\left(\dfrac{3}{2}x^2-x-2\right)+\left(\dfrac{1}{3}x^2-\dfrac{3}{4}x-2\right)$
$=\dfrac{3}{2}x^2-x-2+\dfrac{1}{3}x^2-\dfrac{3}{4}x-2$
$=\left(\dfrac{3}{2}+\dfrac{1}{3}\right)x^2+\left(-1-\dfrac{3}{4}\right)x-2-2$
$=\dfrac{11}{6}x^2-\dfrac{7}{4}x-4$

$\left(\dfrac{3}{2}x^2-x-2\right)-\left(\dfrac{1}{3}x^2-\dfrac{3}{4}x-2\right)$
$=\dfrac{3}{2}x^2-x-2-\dfrac{1}{3}x^2+\dfrac{3}{4}x+2$

$$=\left(\frac{3}{2}-\frac{1}{3}\right)x^2+\left(-1+\frac{3}{4}\right)x-2+2$$
$$=\frac{9-2}{6}x^2-\frac{1}{4}x=\frac{7}{6}x^2-\frac{1}{4}x$$

4 (1) $-5x$ (2) $x+11y$

(3) $\dfrac{2x+15y}{12}$ または $\dfrac{1}{6}x+\dfrac{5}{4}y$

(4) $\dfrac{27x+y}{15}$ または $\dfrac{9}{5}x+\dfrac{1}{15}y$

解説 (1) $3(x-2y)-2(4x-3y)$
$=3x-6y-8x+6y$
$=(3-8)x+(-6+6)y=-5x$

(2) $-2(-3x+2y)+5(3y-x)$
$=6x-4y+15y-5x$
$=(6-5)x+(-4+15)y$
$=x+11y$

(3) $\dfrac{2x+y}{4}-\dfrac{x-3y}{3}=\dfrac{3(2x+y)-4(x-3y)}{4\times 3}$
$=\dfrac{6x+3y-4x+12y}{12}$
$=\dfrac{(6-4)x+(3+12)y}{12}=\dfrac{2x+15y}{12}$

別解 $=\left(\dfrac{1}{2}x+\dfrac{1}{4}y\right)-\left(\dfrac{1}{3}x-y\right)$
$=\left(\dfrac{1}{2}-\dfrac{1}{3}\right)x+\left(\dfrac{1}{4}+1\right)y$
$=\dfrac{3-2}{6}x+\dfrac{5}{4}y=\dfrac{1}{6}x+\dfrac{5}{4}y$

(4) $2x-\dfrac{y}{3}-\dfrac{x-2y}{5}$
$=\dfrac{15\times 2x-5y-3(x-2y)}{3\times 5}$
$=\dfrac{30x-5y-3x+6y}{15}$
$=\dfrac{(30-3)x+(-5+6)y}{15}$
$=\dfrac{27x+y}{15}$

別解 $=2x-\dfrac{y}{3}-\left(\dfrac{x}{5}-\dfrac{2}{5}y\right)$
$=\left(2-\dfrac{1}{5}\right)x+\left(-\dfrac{1}{3}+\dfrac{2}{5}\right)y$
$=\dfrac{10-1}{5}x+\dfrac{-5+6}{15}y$

$=\dfrac{9}{5}x+\dfrac{1}{15}y$

5 (1) $3x+4y$

(2) $\dfrac{2x+y}{3}$ (3) $\dfrac{-9a+2b}{12}$

解説 (1) $2(x-3y)-\{x-2y-2(x+4y)\}$
$=2x-6y-(x-2y-2x-8y)$
$=2x-6y-(-x-10y)$
$=2x-6y+x+10y$
$=3x+4y$

(2) $\dfrac{4x-y}{3}-\dfrac{7x-y}{15}-\dfrac{x-3y}{5}$
$=\dfrac{5(4x-y)-(7x-y)-3(x-3y)}{15}$
$=\dfrac{20x-5y-7x+y-3x+9y}{15}$
$=\dfrac{(20-7-3)x+(-5+1+9)y}{15}$
$=\dfrac{10x+5y}{15}=\dfrac{2x+y}{3}$

(3) $\dfrac{2a-b}{3}-\dfrac{3a+2b}{4}-2\left(\dfrac{a}{3}-\dfrac{b}{2}\right)$
$=\dfrac{2a-b}{3}-\dfrac{3a+2b}{4}-2\times\dfrac{2a-3b}{6}$
$=\dfrac{4(2a-b)-3(3a+2b)-4(2a-3b)}{12}$
$=\dfrac{8a-4b-9a-6b-8a+12b}{12}$
$=\dfrac{(8-9-8)a+(-4-6+12)b}{12}$
$=\dfrac{-9a+2b}{12}$

6 (1) $6ab$ (2) $-15xy$

(3) $4mn$ (4) $-\dfrac{3}{8}x^3$

(5) $6x^3$ (6) $\dfrac{1}{6}abc$

(7) $-\dfrac{a^3b^9}{1000}$ (8) $-3x^3y^5$

((6) $\dfrac{abc}{6}$ (7) $-\dfrac{1}{1000}a^3b^9$ としてもよい。)

解説 (1) $3a\times 2b=(3\times 2)ab=6ab$

(2) $5x \times (-3y) = 5 \times (-3).xy = -15xy$

(3) $(-4m) \times (-n) = (-4) \times (-1)mn = 4mn$

(4) $\dfrac{1}{2}x \times \left(-\dfrac{3}{4}x^2\right) = \dfrac{1}{2} \times \left(-\dfrac{3}{4}\right) \times x \times x^2$

$= -\dfrac{3}{8}x^3$

(5) $\dfrac{2}{3}x \times (-3x)^2 = \dfrac{2}{3}x \times 9x^2$

$= \dfrac{2}{3} \times 9 \times x \times x^2 = 6x^3$

(6) $\dfrac{2}{3}ab \times \dfrac{1}{4}c = \dfrac{2}{3} \times \dfrac{1}{4} \times ab \times c = \dfrac{1}{6}abc$

(7) $\left(-\dfrac{ab^3}{10}\right)^3$

$= \left(-\dfrac{ab^3}{10}\right) \times \left(-\dfrac{ab^3}{10}\right) \times \left(-\dfrac{ab^3}{10}\right)$

$= \left(-\dfrac{1}{10}\right)^3 \times (ab^3)^3 = -\dfrac{a^3b^9}{1000}$

(8) $(2xy^2)^2 \times \left(-\dfrac{3}{4}xy\right) = 4x^2y^4 \times \left(-\dfrac{3}{4}xy\right)$

$= 4 \times \left(-\dfrac{3}{4}\right) \times x^2y^4 \times xy = -3x^3y^5$

7 (1) $9a$ (2) $-3xy^2$

(3) $-\dfrac{1}{2}x$ (4) $\dfrac{1}{4}a^2b$

(5) $-\dfrac{1}{4}x$ (6) $2a$

(7) $\dfrac{1}{3}x$ (8) $16a^2$

解説 (1) $36ab^2 \div 4b^2 = \dfrac{36ab^2}{4b^2} = 9a$

(2) $-21x^2y^3 \div 7xy = \dfrac{-21x^2y^3}{7xy} = -3xy^2$

(3) $-\dfrac{2}{3}x^2 \div \dfrac{4}{3}x = -\dfrac{2}{3}x^2 \times \dfrac{3}{4x}$

$= -\dfrac{2}{3} \times \dfrac{3}{4} \times \dfrac{x^2}{x} = -\dfrac{1}{2}x$

(4) $-\dfrac{5}{18}a^3b \div \left(-\dfrac{10}{9}a\right)$

$= -\dfrac{5}{18}a^3b \times \left(-\dfrac{9}{10a}\right)$

$= -\dfrac{5}{18} \times \left(-\dfrac{9}{10}\right) \times \dfrac{a^3b}{a} = \dfrac{1}{4}a^2b$

(5) $\dfrac{5}{6}x^2 \div \left(-\dfrac{10}{3}x\right) = \dfrac{5}{6}x^2 \times \left(-\dfrac{3}{10x}\right)$

$= \dfrac{5}{6} \times \left(-\dfrac{3}{10}\right) \times \dfrac{x^2}{x} = -\dfrac{1}{4}x$

(6) $-12a^2b \div (-6ab) = \dfrac{-12a^2b}{-6ab} = 2a$

(7) $\left(-\dfrac{1}{3}x^2\right)^2 \div \dfrac{1}{3}x^3 = \dfrac{1}{9}x^4 \div \dfrac{1}{3}x^3$

$= \dfrac{x^4}{9} \times \dfrac{3}{x^3}$

$= \dfrac{1}{9} \times 3 \times \dfrac{x^4}{x^3} = \dfrac{1}{3}x$

(8) $\left(\dfrac{2}{3}a^2b\right)^2 \div \left(-\dfrac{1}{6}ab\right)^2$

$= \dfrac{4a^4b^2}{9} \div \dfrac{a^2b^2}{36}$

$= \dfrac{4a^4b^2}{9} \times \dfrac{36}{a^2b^2}$

$= \dfrac{4}{9} \times 36 \times \dfrac{a^4b^2}{a^2b^2} = 16a^2$

8 (1) $6ab$ (2) $2xy^2$

(3) $-140x^3y^2$ (4) a

(5) $-8x^2y^4$ (6) $12ab$

(7) $-12xy^5$ (8) $\dfrac{2}{9}a^2$

解説 (1) $4a^2 \div 2ab \times 3b^2 = \dfrac{4a^2 \times 3b^2}{2ab}$

$= \dfrac{4 \times 3 \times a^2b^2}{2ab} = 6ab$

(2) $18xy \times x^2y \div (-3x)^2$

$= 18xy \times x^2y \div 9x^2$

$= \dfrac{18xy \times x^2y}{9x^2} = \dfrac{18x^3y^2}{9x^2} = 2xy^2$

(3) $-5xy \times 7y \times (-2x)^2 = -5xy \times 7y \times 4x^2$

$= -5 \times 7 \times 4 \times xy \times y \times x^2 = -140x^3y^2$

(4) $-12a^2b^3 \div (-6ab) \div 2b^2 = \dfrac{-12a^2b^3}{-6ab \times 2b^2}$

$= \dfrac{-12a^2b^3}{-6 \times 2 \times ab^3} = a$

(5) $(-4x^2y^3)^2 \div 2x^3y^4 \times (-xy^2)$

$= 16x^4y^6 \div 2x^3y^4 \times (-xy^2)$

$= -\dfrac{16x^4y^6 \times xy^2}{2x^3y^4} = -8x^2y^4$

(6) $(-2a)^3 \times (3b)^2 \div (-6a^2b)$

$= (-8a^3) \times 9b^2 \div (-6a^2b)$

241

$$= \frac{-8a^3 \times 9b^2}{-6a^2b} = \frac{-8 \times 9 a^3 b^2}{-6a^2b} = 12ab$$

(7) $(-3xy^2)^3 \div 9x^4y^3 \times (-2xy)^2$

$= -27x^3y^6 \div 9x^4y^3 \times 4x^2y^2$

$= \dfrac{-27x^3y^6 \times 4x^2y^2}{9x^4y^3}$

$= \dfrac{-3y^3 \times 4x^2y^2}{x} = -12xy^5$

または $= \dfrac{-27x^3y^6 \times 4x^2y^2}{9x^4y^3}$

$ = \dfrac{-27 \times 4 \times x^5 y^8}{9x^4y^3} = -12xy^5$

参考 $(-3xy^2)^3 = (-3)^3 x^3 (y^2)^3 = -27x^3y^6$

(8) $\dfrac{8a^3b^2}{3} \times \left(-\dfrac{3}{2}ab^2\right)^2 \div (3ab^2)^3$

$= \dfrac{8a^3b^2}{3} \times \dfrac{9}{4}a^2b^4 \div 27a^3b^6$

$= \dfrac{8}{3}a^3b^2 \times \dfrac{9}{4}a^2b^4 \times \dfrac{1}{27a^3b^6}$

$= \dfrac{8}{3} \times \dfrac{9}{4} \times \dfrac{1}{27} \times \dfrac{a^3b^2 \times a^2b^4}{a^3b^6} = \dfrac{2}{9}a^2$

参考 $\left(-\dfrac{3}{2}ab^2\right)^2 = \left(-\dfrac{3}{2}\right)^2 a^2 (b^2)^2 = \dfrac{9}{4}a^2b^4$

9 (1) $-\dfrac{1}{2}$　　(2) 24　　(3) -1

解説 (1) $\dfrac{3x-2y-3}{2} - \dfrac{3x-2y-2}{4}$

$= \dfrac{2(3x-2y-3)-(3x-2y-2)}{4}$

$= \dfrac{6x-4y-6-3x+2y+2}{4}$

$= \dfrac{3x-2y-4}{4} = \dfrac{3}{4}x - \dfrac{1}{2}y - 1$

$x = -\dfrac{1}{3},\ y = -\dfrac{3}{2}$ を代入して

$\dfrac{3}{4} \times \left(-\dfrac{1}{3}\right) - \dfrac{1}{2} \times \left(-\dfrac{3}{2}\right) - 1$

$= -\dfrac{1}{4} + \dfrac{3}{4} - 1 = \dfrac{1}{2} - 1 = -\dfrac{1}{2}$

(2) $8a^2b \div 6ab \times (-3b) = -\dfrac{8a^2b \times 3b}{6ab}$

$= -4ab$

$a=2,\ b=-3$ を代入して

$-4 \times 2 \times (-3) = 24$

(3) $(5xy^2)^2 \div (-10xy^2)^3 \times 4x^2y^4$

$= 25x^2y^4 \div (-1000x^3y^6) \times 4x^2y^4$

$= -\dfrac{25x^2y^4 \times 4x^2y^4}{1000x^3y^6}$

$= -\dfrac{1}{10}xy^2$

$x = \dfrac{1}{10},\ y = 10$ を代入して

$-\dfrac{1}{10} \times \dfrac{1}{10} \times 10^2 = -1$

10 n を整数とする。連続する2つの奇数は $2n-1,\ 2n+1$ と表されるから、その和は

$$(2n-1)+(2n+1) = 4n$$

n は整数であるから、この和は4の倍数である。

解説 連続する2つの奇数を $2n+1,\ 2n+3$ と表し

$(2n+1)+(2n+3) = 4n+4 = 4(n+1)$

$n+1$ は整数であるから、この和は4の倍数としてもよい。

11 縦に並んだ3つの数は、中央の数を n とすると、$n-7,\ n,\ n+7$ と表されるから、その和は

$$(n-7)+n+(n+7) = 3n$$

n は自然数で中央の数であるから、和は中央の数の3倍である。

解説 縦に並んだ3つの数のうち、上にある数を n とすると、$n,\ n+7,\ n+14$ と表される。その和は

$n+(n+7)+(n+14) = 3n+21$
$ = 3(n+7)$

$n+7$ は自然数であるから、和は中央の数の3倍であるとしてもよい。

12 一の位、十の位、百の位の数字がすべて等しい3けたの自然数 P は、各位の数字を a とすると $P = 100a+10a+a = 111a$ と表される。

$111a = 37 \times 3a$ で、$3a$ は自然数であるから、P は37の倍数である。

13 S と S' は等しい。

解説 中央の白い部分の面積を A とする。
S は，半径 r の半円の面積から A をひいたものであるから
$$S = \frac{1}{2}\pi r^2 - A$$
S' は，半径 $2r$，中心角 $45°$ のおうぎ形の面積から A をひいたものであるから
$$S' = \pi(2r)^2 \times \frac{45}{360} - A$$
$$= \frac{1}{2}\pi r^2 - A$$
よって，面積 S と S' は等しい。

14 (1) $n = \dfrac{xy}{a} + 2$

(2) $b = \dfrac{n - 100a - c}{10}$

解説 (1) 両辺を入れかえると
$$\frac{a(n-2)}{y} = x \qquad a(n-2) = xy$$
$$n - 2 = \frac{xy}{a} \qquad n = \frac{xy}{a} + 2$$

(2) 両辺を入れかえると
$$100a + 10b + c = n$$
$$10b = n - 100a - c$$
$$b = \frac{n - 100a - c}{10}$$

15 (1) $\ell = \dfrac{\pi}{180}rx$, $S = \dfrac{\pi}{360}r^2x$

(2) $S = \dfrac{1}{2}\ell r$ (3) $r = \dfrac{2S}{\ell}$ (4) 5

解説 $x° = 360°$ のときは $\ell = 2\pi r$, $S = \pi r^2$
$x°$ のときは，その $\dfrac{x}{360}$

(1) $\ell = 2\pi r \times \dfrac{x}{360} = \dfrac{\pi}{180}rx$

$S = \pi r^2 \times \dfrac{x}{360} = \dfrac{\pi}{360}r^2x$

(2) $S = \dfrac{\pi}{360}r^2x$ と $\ell = \dfrac{\pi}{180}rx$ を見くらべて $S = \dfrac{\pi}{180}rx \times \dfrac{1}{2}r = \dfrac{1}{2}\ell r$

参考 $S = \dfrac{\pi}{360}r^2x$ と $\ell = \dfrac{\pi}{180}rx$ から，x を消去するつもりで変形を考えると，次のようになる。

$\ell = \dfrac{\pi}{180}rx$ から $x = \dfrac{180\ell}{\pi r}$

$S = \dfrac{\pi}{360}r^2x$ に代入して
$$S = \frac{\pi}{360}r^2 \times \frac{180\ell}{\pi r} = \frac{1}{2}r\ell = \frac{1}{2}\ell r$$

(3) 両辺を入れかえると $\dfrac{1}{2}\ell r = S$

両辺を $\dfrac{1}{2}\ell$ でわると $r = \dfrac{2S}{\ell}$

(4) (3)の等式に，$\ell = 4\pi$, $S = 10\pi$ を代入すると $r = \dfrac{2 \times 10\pi}{4\pi} = 5$

16 (ア), (ウ), (エ)

解説 x, y の値を $3x - 4y$ に代入して，その値が 12 になるかどうかを調べる。

(ア) $3 \times 0 - 4 \times (-3) = 0 + 12 = 12$ 解である。

(イ) $3 \times 2 - 4 \times 1 = 6 - 4 = 2$ 解でない。

(ウ) $3 \times \dfrac{5}{3} - 4 \times \left(-\dfrac{7}{4}\right) = 5 + 7 = 12$

解である。

(エ) $3 \times (-4) - 4 \times (-6) = -12 + 24 = 12$

解である。

17 (1) $(x, y) = (3, 4)$

(2) $(x, y) = \left(-\dfrac{1}{2}, \dfrac{9}{2}\right)$

(3) $(a, b) = (5, -4)$

解説 (1) $\begin{cases} 3x - y = 5 & \cdots\cdots ① \\ 2x - 3y = -6 & \cdots\cdots ② \end{cases}$

① $\times 3$ $\qquad 9x - 3y = 15$
② $\qquad -)\ 2x - 3y = -6$
$\qquad\qquad\qquad 7x\quad = 21 \qquad x = 3$

$x = 3$ を①に代入して $9 - y = 5$ $y = 4$
したがって $(x, y) = (3, 4)$

(2) $\begin{cases} 3x + y = 3 & \cdots\cdots ① \\ x - y = -5 & \cdots\cdots ② \end{cases}$

① + ② $\quad 4x = -2 \qquad x = -\dfrac{1}{2}$

$x=-\dfrac{1}{2}$ を①に代入して

$$-\dfrac{3}{2}+y=3 \qquad y=\dfrac{9}{2}$$

したがって $(x,\ y)=\left(-\dfrac{1}{2},\ \dfrac{9}{2}\right)$

(3) $\begin{cases} 3a+2b=7 & \cdots\cdots ① \\ 2a-3b=22 & \cdots\cdots ② \end{cases}$

①×3　　$9a+6b=21$
②×2　$\underline{+)\ 4a-6b=44}$
　　　　$13a=65 \qquad a=5$

$a=5$ を①に代入して

　　$15+2b=7 \qquad 2b=-8 \qquad b=-4$

よって $(a,\ b)=(5,\ -4)$

18 (1) $(x,\ y)=(6,\ 2)$

(2) $(x,\ y)=\left(\dfrac{46}{3},\ \dfrac{11}{3}\right)$

(3) $(x,\ y)=(3,\ -2)$

解説 (1) $\begin{cases} x=3y & \cdots\cdots ① \\ 3x-5y=8 & \cdots\cdots ② \end{cases}$

①を②に代入して

　　$9y-5y=8 \qquad 4y=8 \qquad y=2$

$y=2$ を①に代入して $x=6$

よって $(x,\ y)=(6,\ 2)$

(2) $\begin{cases} x=2y+8 & \cdots\cdots ① \\ x=5y-3 & \cdots\cdots ② \end{cases}$

①を②に代入して $2y+8=5y-3$

$$-3y=-11 \qquad y=\dfrac{11}{3}$$

$y=\dfrac{11}{3}$ を①に代入して

$$x=2\times\dfrac{11}{3}+8=\dfrac{46}{3}$$

よって $(x,\ y)=\left(\dfrac{46}{3},\ \dfrac{11}{3}\right)$

(3) $\begin{cases} 5x-3y=21 & \cdots\cdots ① \\ 2x+y=4 & \cdots\cdots ② \end{cases}$

②から $y=-2x+4 \cdots\cdots ③$

③を①に代入して $5x-3(-2x+4)=21$

　　$5x+6x-12=21 \qquad 11x=33 \qquad x=3$

$x=3$ を③に代入して

　　$y=-6+4=-2$

よって $(x,\ y)=(3,\ -2)$

19 (1) $(x,\ y)=(4,\ 1)$

(2) $(x,\ y)=(5,\ -2)$

(3) $(x,\ y)=(8,\ 6)$

(4) $(x,\ y)=\left(\dfrac{3}{2},\ -3\right)$

(5) $(x,\ y)=(3,\ 4)$

(6) $(x,\ y)=(5,\ 3)$

(7) $(x,\ y)=\left(-\dfrac{1}{8},\ \dfrac{1}{6}\right)$

解説 (1) $\begin{cases} 2(x+y)-y=9 \\ x-3(x-y)=-5 \end{cases}$

かっこをはずして整理すると

$$\begin{cases} 2x+y=9 & \cdots\cdots ① \\ -2x+3y=-5 & \cdots\cdots ② \end{cases}$$

①+② から $4y=4 \qquad y=1$

$y=1$ を①に代入して

　　$2x+1=9 \qquad 2x=8 \qquad x=4$

よって $(x,\ y)=(4,\ 1)$

(2) $\begin{cases} 4(x+2y)+x=9 \\ 3x=5(y+5) \end{cases}$

かっこをはずして整理すると

$$\begin{cases} 5x+8y=9 & \cdots\cdots ① \\ 3x-5y=25 & \cdots\cdots ② \end{cases}$$

①×5　　$25x+40y=45$
②×8　$\underline{+)\ 24x-40y=200}$
　　　　$49x=245 \qquad x=5$

$x=5$ を①に代入して $25+8y=9$

　　$8y=-16 \qquad y=-2$

よって $(x,\ y)=(5,\ -2)$

(3) $\begin{cases} 4x-3y=14 \\ \dfrac{x}{2}-\dfrac{y}{3}=2 \end{cases}$

第2式の両辺に 6 をかけると

$$\begin{cases} 4x-3y=14 & \cdots\cdots ① \\ 3x-2y=12 & \cdots\cdots ② \end{cases}$$

①×2　　$8x-6y=28$
②×3　$\underline{-)\ 9x-6y=36}$
　　　　$-x=-8 \qquad x=8$

$x=8$ を①に代入して $32-3y=14$

$$-3y=-18 \quad y=6$$
よって $(x, y)=(8, 6)$

(4) $\begin{cases} \dfrac{4x-3}{6}-\dfrac{y-3}{4}=2 \\ 6x-4y=21 \end{cases}$

第1式の両辺に 12 をかけて
$\begin{cases} 8x-3y=21 \quad \cdots\cdots ① \\ 6x-4y=21 \quad \cdots\cdots ② \end{cases}$

①×4 　$32x-12y=84$
②×3 　$-)\ 18x-12y=63$
　　　　　$14x\ \ \ \ =21$ 　$x=\dfrac{3}{2}$

$x=\dfrac{3}{2}$ を②に代入して　$6\times\dfrac{3}{2}-4y=21$
　　　　$-4y=12 \quad y=-3$
よって $(x, y)=\left(\dfrac{3}{2},\ -3\right)$

(5) $\begin{cases} 3x-2y=1 \\ 2.5x+0.5y=9.5 \end{cases}$

第2式の両辺に 2 をかけると
$\begin{cases} 3x-2y=1 \quad \cdots\cdots ① \\ 5x+y=19 \quad \cdots\cdots ② \end{cases}$

②から　$y=-5x+19 \quad \cdots\cdots ③$
③を①に代入して　$3x-2(-5x+19)=1$
　$3x+10x-38=1 \quad 13x=39 \quad x=3$
$x=3$ を③に代入して　$y=-15+19=4$
よって $(x, y)=(3, 4)$

注意 第2式は小数第1位が5であるから，2倍すると係数はすべて整数になる。

(6) $\begin{cases} \dfrac{2}{5}x-\dfrac{1}{3}y=1 \quad \cdots\cdots ① \\ 0.5y=0.1x+1 \quad \cdots\cdots ② \end{cases}$

①×15　$6x-5y=15 \quad \cdots\cdots ③$
②×10　$5y=x+10 \quad \cdots\cdots ④$
④+③ から
　　　　$6x=x+10+15$
　$5x=25 \quad x=5$
$x=5$ を④に代入して
　$5y=5+10 \quad y=3$
よって $(x, y)=(5, 3)$

(7) $\dfrac{2}{x}+\dfrac{3}{y}=2,\ \dfrac{3}{x}+\dfrac{2}{y}=-12$ において，

$\dfrac{1}{x}=X,\ \dfrac{1}{y}=Y$ とおくと
$\begin{cases} 2X+3Y=2 \quad \cdots\cdots ① \\ 3X+2Y=-12 \quad \cdots\cdots ② \end{cases}$

①×2　　$4X+6Y=\ \ 4$
②×3　$-)\ 9X+6Y=-36$
　　　　$-5X\ \ \ \ =40 \quad X=-8$

$X=-8$ を①に代入して
　　$2\times(-8)+3Y=2$
　　$3Y=18 \quad Y=6$
$X=-8$ から　$\dfrac{1}{x}=-8 \quad x=-\dfrac{1}{8}$
$Y=6$ から　$\dfrac{1}{y}=6 \quad y=\dfrac{1}{6}$
よって $(x, y)=\left(-\dfrac{1}{8},\ \dfrac{1}{6}\right)$

20 $(x, y)=(3, -1)$

解説 $2x+y-4=x+2y=1$ から
$\begin{cases} 2x+y=5 \quad \cdots\cdots ① \\ x+2y=1 \quad \cdots\cdots ② \end{cases}$

①×2　$4x+2y=10$
② 　$-)\ x+2y=\ \ 1$
　　　$3x\ \ \ \ =9 \quad x=3$

$x=3$ を①に代入して
　　$6+y=5 \quad y=-1$
よって $(x, y)=(3, -1)$

21 $a=3,\ b=2$

解説 $x=1,\ y=-2$ を $ax-by=7$ と $bx+ay=-4$ に代入して
$\begin{cases} a+2b=7 \quad \cdots\cdots ① \\ -2a+b=-4 \quad \cdots\cdots ② \end{cases}$

①　　　　　$a+2b=\ \ 7$
②×2　$-)\ -4a+2b=-8$
　　　　$5a\ \ \ \ =15 \quad a=3$

$a=3$ を②に代入して
　　$-6+b=-4 \quad b=2$

22 ケーキ13個，アイスクリーム19個

解説 ケーキの個数を x 個，アイスクリームの個数を y 個とすると
問題から　$x+y=32 \quad \cdots\cdots ①$
　　　　$360x+250y=250x+360y-660$

よって　$110x-110y=-660$
両辺を 110 でわると
$$x-y=-6 \quad \cdots\cdots ②$$
①＋②　$2x=26$　　$x=13$
$x=13$ を①に代入して　$13+y=32$
$$y=19$$
$x=13$, $y=19$ は問題に適している。

23　カップケーキ 48 個,
　　シュークリーム 160 個

解説　カップケーキを x 個, シュークリームを y 個とする。問題から
$$\begin{cases} \dfrac{50}{4}x+\dfrac{70}{8}y=2000 & \cdots\cdots ① \\ x+y=208 & \cdots\cdots ② \end{cases}$$
①×$\dfrac{4}{5}$ から　$10x+7y=1600$ …③
②から　　　　　$x=208-y$　　…④
④を③に代入して
　　$10(208-y)+7y=1600$
　　　　$-3y=-480$　　$y=160$
④から　$x=208-160=48$
$x=48$, $y=160$ は問題に適している。

24　自転車 1 時間 30 分, 自動車 30 分

解説　自転車で進んだ時間を x 時間, 自動車で進んだ時間を y 時間とする。問題から
$$\begin{aligned} x+y&=2 & \cdots\cdots ① \\ 20x+40y&=50 & \cdots\cdots ② \end{aligned}$$
①から　$y=2-x$　　…③
②÷10　$2x+4y=5$　…④
③を④に代入すると
　　$2x+4(2-x)=5$　　$2x+8-4x=5$
　　　$-2x=-3$　　$x=\dfrac{3}{2}$
$x=\dfrac{3}{2}$ を③に代入して　$y=2-\dfrac{3}{2}=\dfrac{1}{2}$
$x=\dfrac{3}{2}$, $y=\dfrac{1}{2}$ は問題に適している。

25　(ア)　90
　　(イ)　60

解説　A 君の歩く速さを分速 x m, B 君の歩く速さを分速 y m とする。

反対向きに歩いたときの関係について
$$14x+14y=21$$
よって　　$x+y=150$　…①
同じ向きに歩いたときの関係について
$$70x-70y=2100$$
よって　　$x-y=30$　…②
①＋②より　$2x=180$　　$x=90$
①－②から　$2y=120$
　　　　　　$y=60$
$x=90$, $y=60$ は問題に適している。

26　475

解説　昨年度の市内から通学する生徒を x 人, 市外から通学する生徒を y 人とすると
$$\begin{cases} x+y=1400 & \cdots\cdots ① \\ -0.05x+0.04y=11 & \cdots\cdots ② \end{cases}$$
①×4　　　　$4x+4y=5600$
②×100　$-)\ -5x+4y=1100$
　　　　　　　$9x=4500$　　$x=500$
$x=500$ を①に代入すると
　　$500+y=1400$　　$y=900$
$x=500$, $y=900$ は問題に適している。
よって, 今年度の市内から通学する生徒は
$$500\times(1-0.05)=475 \text{（人）}$$

27　96 個

解説　実際に 60 円で x 個, 50 円で y 個売ったとする。売上高について
$$\begin{cases} 60x+60y=9600\times1.25 & \cdots\cdots ① \\ 60x+50y=9600\times1.15 & \cdots\cdots ② \end{cases}$$
①－②から　$10y=9600\times0.1$　　$y=96$
$y=96$ を②に代入すると
　　$60x+50\times96=11040$
　　$60x=6240$　　$x=104$
$x=104$, $y=96$ は問題に適している。

28　A　300 g, B　400 g

解説　初めに食塩水が容器 A に x g, 容器 B に y g あったとする。

濃度	9%	3%	5%
食塩水(g)	$\dfrac{2}{3}x$	y	600
食塩(g)	$\dfrac{9}{100}x \times \dfrac{2}{3}$	$\dfrac{3}{100}y$	$\dfrac{5}{100} \times 600$

$\begin{cases} \dfrac{2}{3}x+y=600 & \cdots\cdots ① \\ \dfrac{9}{100}x \times \dfrac{2}{3}+\dfrac{3}{100}y=\dfrac{5}{100} \times 600 & \cdots\cdots ② \end{cases}$

①×3 $2x+3y=1800$ ……③

②×$\dfrac{100}{3}$ $-)\ 2x+\ \ y=1000$ ……④

$\qquad\qquad\qquad 2y=\ 800\quad y=400$

$y=400$ を④に代入して $2x+400=1000$
$\qquad\qquad 2x=600\quad x=300$
$x=300,\ y=400$ は問題に適している。

29 $M=52$

解説 M の十の位の数を x, 一の位の数を y とすると $M=10x+y,\ N=10y+x$

よって $\begin{cases} 10x+y=10y+x+27 & \cdots\cdots ① \\ 10y+x=\dfrac{10x+y}{2}-1 & \cdots\cdots ② \end{cases}$

①から $x=y+3$ ……③
②から $8x-19y=2$ ……④
③を④に代入すると $8(y+3)-19y=2$
$\qquad -11y=-22\quad y=2$
$y=2$ を③に代入すると $x=2+3=5$
$x=5,\ y=2$ は問題に適している。
したがって, M の値は $M=52$

30 貨物列車の速さは 秒速 **12 m**

   鉄橋の長さは **486 m**

解説 貨物列車の速さを秒速 x m, 鉄橋の長さを y m とする。渡り始めてから渡り終わるまでに列車が走る距離について

[図: 貨物列車 67x, 鉄橋 ym, 急行列車 318m, ym 27×2x 162m]

$\begin{cases} y+318=67x & \cdots\cdots ① \\ y+162=27 \times 2x & \cdots\cdots ② \end{cases}$

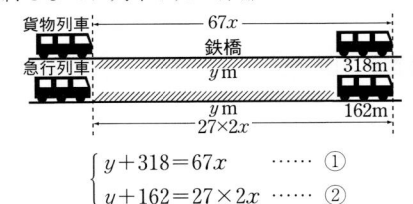

①-② $156=13x\quad x=12$
$x=12$ を②に代入して
$\qquad\qquad y+162=648\quad y=486$
$x=12,\ y=486$ は問題に適している。

31 このような買い方はできない。

解説 120 円切手を x 枚, 140 円切手を y 枚買うとする。問題から

$\begin{cases} x+y=25 & \cdots\cdots ① \\ 120x+140y=3600 & \cdots\cdots ② \end{cases}$

①×6 $6x+6y=\ 150$
②÷20 $-)\ 6x+7y=\ 180$
$\qquad\qquad\qquad -y=-30\quad y=30$
$y=30$ を①に代入すると
$\qquad x+30=25\quad x=-5$
$x,\ y$ は 25 より小さい自然数でなくてはならないから, 問題に適する解はない。
よって, このような買い方はできない。

32 (1) $y=450x$　(2) $y=x^3$
　　(3) $y=-3x+300$　(4) $y=-x+155$
  y が x の1次関数であるもの (1), (3), (4)

解説 (2) (立方体の体積)＝(1辺の長さ)³

(3) $y=300 \times \left(1-\dfrac{x}{100}\right)=-3x+300$

(4) 3教科の平均点が 75 点であるから

$\dfrac{x+y+70}{3}=75$

y について解くと $y=-x+155$

33 (1) -3
　　(2) -9

解説 (1) $\dfrac{(-3 \times 2+5)-\{(-3) \times (-2)+5\}}{2-(-2)}$

$=\dfrac{-1-11}{4}=\dfrac{-12}{4}=-3$

(2) (変化の割合)×(x の増加量)
$\qquad (-3) \times 3=-9$

34 (ア) $-\dfrac{2}{3}x$　(イ) 6
　　(ウ) -2　(エ) 6
　　(オ) 4

解説 (ウ) $y=-\dfrac{2}{3}x$ に $x=3$ を代入すると
$$y=-\dfrac{2}{3}\times 3=-2$$
(エ) $0+6=6$ (オ) $-2+6=4$

35 (1) ②, ③ (2) ②
(3) ② (4) ①, ④

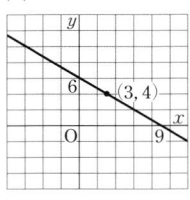

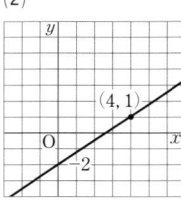

36
(1)

(2)

(3)

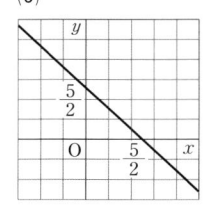

解説 (1) 傾き $-\dfrac{2}{3}$, 切片 6 の直線。
2 点 $(0, 6)$, $(3, 4)$ を通る。

(2) 傾き $0.75=\dfrac{3}{4}$, 切片 -2 の直線。
2 点 $(0, -2)$, $(4, 1)$ を通る。

(3) 傾き -1, 切片 $\dfrac{5}{2}$ の直線。
2 点 $\left(0, \dfrac{5}{2}\right)$, $\left(\dfrac{5}{2}, 0\right)$ を通る。

37 (1) $-1 \leqq y \leqq 2$ (2) $3 < y \leqq 12$

解説 (1) $x=-5$ のとき

$$y=-\dfrac{1}{5}\times(-5)+1=2$$

$x=10$ のとき $y=-\dfrac{1}{5}\times 10+1=-1$

であり, y の変域は $-1 \leqq y \leqq 2$

(2) $x=0$ のとき $y=3$

$x=\dfrac{9}{4}$ のとき $y=4\times\dfrac{9}{4}+3=12$

であり, y の変域は $3 < y \leqq 12$

38 ① $y=\dfrac{1}{2}x-3$ ② $y=\dfrac{2}{3}x+2$
③ $y=-x+5$ ④ $y=-\dfrac{5}{3}x-4$

解説 ① 点 $(0, -3)$ を通るから, 切片は -3
また, 右に 2, 上に 1 進むから, 傾きは
$\dfrac{1}{2}$

② 点 $(0, 2)$ を通るから, 切片は 2
また, 右に 3, 上に 2 進むから, 傾きは
$\dfrac{2}{3}$

③ 点 $(0, 5)$ を通るから, 切片は 5
また, 右に 1, 下に 1 進むから, 傾きは
-1

④ 点 $(0, -4)$ を通るから, 切片は -4
また, 右に 3, 下に 5 進むから, 傾きは
$-\dfrac{5}{3}$

39 (1) $y=-\dfrac{4}{5}x-\dfrac{8}{5}$

(2) $y=\dfrac{2}{3}x+\dfrac{4}{3}$

(3) $y=-\dfrac{5}{3}x+4$

(4) $y=-\dfrac{1}{2}x+4$

解説 (1) 傾き $-\dfrac{4}{5}$, 切片 $-\dfrac{8}{5}$ であるから,
$$y=-\dfrac{4}{5}x-\dfrac{8}{5}$$

(2) 傾きが $\dfrac{2}{3}$ であるから, $y=\dfrac{2}{3}x+b$ と表

248

される。

点 $(1, 2)$ を通るから，$x=1$, $y=2$ を代入して

$$2=\frac{2}{3}+b \qquad b=\frac{4}{3}$$

したがって　$y=\frac{2}{3}x+\frac{4}{3}$

(3) x の値が 3 増加すると y の値は 5 減少するから　傾き $-\frac{5}{3}$

$x=0$ のとき $y=4$ であるから，切片 4

したがって　$y=-\frac{5}{3}x+4$

(4) 切片が 4 であるから，$y=ax+4$ と表される。

点 $(2, 3)$ を通るから，$x=2$, $y=3$ を代入して

$$3=2a+4 \qquad a=-\frac{1}{2}$$

したがって　$y=-\frac{1}{2}x+4$

40 (1) $y=\frac{2}{3}x+2$　(2) $y=-2x+1$

解説 (1) 直線 $y=\frac{2}{3}x$ に平行であるから，$y=\frac{2}{3}x+b$ と表される。点 $(3, 4)$ を通るから　$4=\frac{2}{3}\times 3+b \qquad b=2$

したがって　$y=\frac{2}{3}x+2$

(2) 直線 $y=-2x+3$ に平行であるから，$y=-2x+b$ と表される。

点 $(-1, 3)$ を通るから

$$3=-2\times(-1)+b \qquad b=1$$

したがって　$y=-2x+1$

41 (1) $y=\frac{8}{3}x-\frac{14}{3}$

　　(2) $y=\frac{4}{3}x+1$

　　(3) $y=-2x+4$

解説 (1) $y=ax+b$ と表される。

$x=1$ のとき $y=-2$，$x=4$ のとき $y=6$ で

あるから

$$\begin{cases} -2=a\times 1+b \\ 6=a\times 4+b \end{cases}$$

整理して　$\begin{cases} a+b=-2 & \cdots\cdots ① \\ 4a+b=6 & \cdots\cdots ② \end{cases}$

①，②を解くと　$a=\frac{8}{3}$, $b=\frac{-14}{3}$

したがって　$y=\frac{8}{3}x-\frac{14}{3}$

別解　$y=ax+b$　$a=\frac{6-(-2)}{4-1}=\frac{8}{3}$

$y=\frac{8}{3}x+b$ が点 $(1, -2)$ を通るから

$$-2=\frac{8}{3}+b \qquad b=-\frac{14}{3}$$

したがって　$y=\frac{8}{3}x-\frac{14}{3}$

(2) 点 $(0, 1)$ を通るから　$y=ax+1$ と表される。点 $(3, 5)$ を通るから

$$5=a\times 3+1 \qquad 4=3a \qquad a=\frac{4}{3}$$

したがって　$y=\frac{4}{3}x+1$

(3) $y=ax+b$ と表される。2 点 $(-1, 6)$，$(3, -2)$ を通るから

$$\begin{cases} 6=a\times(-1)+b \\ -2=a\times 3+b \end{cases}$$

整理して　$\begin{cases} -a+b=6 & \cdots\cdots ① \\ 3a+b=-2 & \cdots\cdots ② \end{cases}$

①，②を解くと　$a=-2$, $b=4$

したがって　$y=-2x+4$

別解　$y=ax+b$　$a=\frac{-2-6}{3-(-1)}=\frac{-8}{4}=-2$

$y=-2x+b$　点 $(-1, 6)$ を通るから

$$6=-2\times(-1)+b \qquad b=4$$

したがって　$y=-2x+4$

42　$a=-\frac{3}{2}$

解説　2 点 $(-4, 7)$, $(1, -1)$ を通る直線の傾きは　$\frac{-1-7}{1-(-4)}=-\frac{8}{5}$

2 点 $(1, -1)$, $(a, 3)$ を通る直線の傾きも

$-\dfrac{8}{5}$ であるから

$\dfrac{3-(-1)}{a-1}=-\dfrac{8}{5}$　　$4=(a-1)\times\left(-\dfrac{8}{5}\right)$

よって $a-1=4\div\left(-\dfrac{8}{5}\right)$ から

$$a=-\dfrac{5}{2}+1=-\dfrac{3}{2}$$

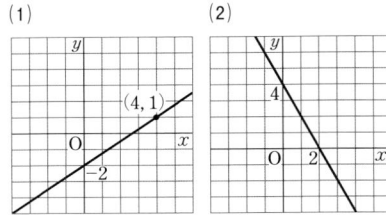

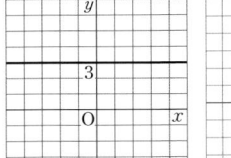

43

(1) (2)

(3) (4)

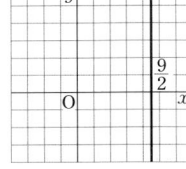

解説 (1) $3x-4y=8$ から

$y=\dfrac{3}{4}x-2$　傾き $\dfrac{3}{4}$, 切片 -2 の直線。

点 $(0,-2)$ を通り, 右に 4, 上に 3 進む点 $(4,1)$ も通る。

別解 $x=0$ のとき $y=-2$

$y=1$ のとき $x=4$

よって, 2 点 $(0,-2)$, $(4,1)$ を通る。

(2) 両辺に 4 をかけて $2x+y=4$

$y=-2x+4$　傾き -2, 切片 4 の直線。

点 $(0,4)$ を通り, 右に 2, 下に 4 進む点 $(2,0)$ も通る。

別解 $x=0$ のとき $y=4$

$y=0$ のとき $x=2$

2 点 $(0,4)$, $(2,0)$ を通る。

(3) $2y-6=0$ から $y=3$

点 $(0,3)$ を通り, x 軸に平行な直線。

(4) $2x=9$ から $x=\dfrac{9}{2}$

点 $\left(\dfrac{9}{2},0\right)$ を通り, y 軸に平行な直線。

44 (1) $(x,y)=(2,2)$
　　(2) $(x,y)=(4,2)$

解説 (1) $\begin{cases} x+2y=6 & \cdots\cdots ① \\ 2x+y=6 & \cdots\cdots ② \end{cases}$

①は 2 点 $(6,0)$, $(0,3)$ を通る直線。

②は 2 点 $(3,0)$, $(0,6)$ を通る直線。

このグラフから, 交点の座標を読みとると

$(2,2)$

点 $(2,2)$ は直線①の上にも, 直線②の上にもあり, これが①, ②の交点である。

連立方程式の解は $(x,y)=(2,2)$

(2) $\begin{cases} 2x-3y-2=0 & \cdots\cdots ① \\ 3x+5y-22=0 & \cdots\cdots ② \end{cases}$

①から $y=\dfrac{2}{3}x-\dfrac{2}{3}$

①は傾き $\dfrac{2}{3}$, 切片 $-\dfrac{2}{3}$ の直線。

②から $y=-\dfrac{3}{5}x+\dfrac{22}{5}$

②は傾き $-\dfrac{3}{5}$, 切片 $\dfrac{22}{5}$ の直線。

グラフから, 交点の座標を読みとると

$(4,2)$

点 $(4,2)$ は直線①上にも, 直線②上にもあり, これが①, ②の交点である。

連立方程式の解は $(x,y)=(4,2)$

(1) (2)

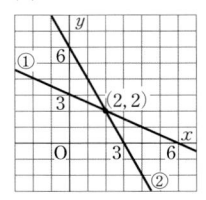

45 (1) $(x,y)=\left(\dfrac{1}{2},\dfrac{7}{2}\right)$
　　(2) $(x,y)=(-1,-2)$
　　(3) $(x,y)=(-2,3)$
　　(4) $(x,y)=(2,-5)$

解説 (1) $y=11x-2$ $\cdots$ ①,

$y=-x+4$ …… ②
①,②から y を消去して
$11x-2=-x+4$　　$12x=6$　　$x=\dfrac{1}{2}$
$x=\dfrac{1}{2}$ を②に代入して　$y=-\dfrac{1}{2}+4=\dfrac{7}{2}$
交点の座標は　$\left(\dfrac{1}{2},\ \dfrac{7}{2}\right)$

(2)　$2x-3y=4$ …… ①,　$3x-4y=5$ …… ②
　　①×3　　　　$6x-9y=12$
　　②×2　　$-)\ 6x-8y=10$
　　　　　　　　　　$-y=2$　　$y=-2$
　　$y=-2$ を①に代入して　$2x+6=4$
　　　　　　$2x=-2$　　$x=-1$
　　交点の座標は　$(-1,\ -2)$

(3)　$2x-y=-7$ …… ①,　$3x+4y=6$ …… ②
　　①から　$y=2x+7$ …… ③
　　③を②に代入して　$3x+4(2x+7)=6$
　　$3x+8x+28=6$　　$11x=-22$　　$x=-2$
　　$x=-2$ を③に代入して
　　　　　　$y=2\times(-2)+7=3$
　　交点の座標は　$(-2,\ 3)$

(4)　$5x-10=0$ …… ①,　$6y+30=0$ …… ②
　　①から　$x=2$　　②から　$y=-5$
　　交点の座標は　$(2,\ -5)$

参考　①,②のグラフは右のようになる。
2直線の交点の座標は $(2,\ -5)$ であることがわかる。
すなわち，2直線 $x=p$, $y=q$ の交点の座標は $(p,\ q)$ である。

46 (1)　①　$y=-\dfrac{1}{2}x+2$　②　$y=\dfrac{5}{2}x+5$

(2)　$\left(-1,\ \dfrac{5}{2}\right)$　　(3)　$y=\dfrac{1}{2}x+3$

解説　(1)　①　点 (0, 2) を通るから，切片は 2
右へ 2，下へ 1 進むから，傾きは $-\dfrac{1}{2}$

したがって　$y=-\dfrac{1}{2}x+2$ …… ①

②　点 (0, 5) を通るから，切片は 5
右へ 2，上へ 5 進むから，傾きは $\dfrac{5}{2}$

したがって　$y=\dfrac{5}{2}x+5$ …… ②

(2)　①,②から y を消去すると
$-\dfrac{1}{2}x+2=\dfrac{5}{2}x+5$
$-3x=3$　　$x=-1$
$x=-1$ を①に代入して
$y=-\dfrac{1}{2}\times(-1)+2=\dfrac{5}{2}$

交点の座標は　$\left(-1,\ \dfrac{5}{2}\right)$

(3)　直線 $y=\dfrac{1}{2}x-3$ に平行な直線の式は
$y=\dfrac{1}{2}x+b$ と表される。点 $\left(-1,\ \dfrac{5}{2}\right)$ を通るから　$\dfrac{5}{2}=-\dfrac{1}{2}+b$　　$b=3$

したがって　$y=\dfrac{1}{2}x+3$

47　$a=-\dfrac{3}{2},\ b=2$

解説　$a<0$ のとき，グラフは右下がりの直線であるから　$x=-4$ のとき　$y=7$,
$x=b$ のとき　$y=-2$
$\begin{cases} 7=-4a+1 \ \cdots\cdots\ ① \\ -2=ab+1\ \cdots\cdots\ ② \end{cases}$

①から　$4a=-6$　　$a=-\dfrac{3}{2}$

$a=-\dfrac{3}{2}$ を②に代入して
$-2=-\dfrac{3}{2}b+1$
$-4=-3b+2$　　$3b=6$　　$b=2$

48　$a=-3,\ b=2,\ c=7$

解説　点 P は 3 直線の交点であるから
$x=5,\ y=c$ を 3 直線に代入して
$c=10+a$ …… ①　　$c=-5-4a$ …… ②
$c=5b-3$ …… ③

251

①, ②から, c を消去すると
$$10+a=-5-4a$$
$$5a=-15 \quad a=-3$$
$a=-3$ を①に代入して $c=10-3=7$
$c=7$ を③に代入して $7=5b-3$
$$5b=10 \quad b=2$$
したがって $a=-3, b=2, c=7$

49 (1) $y=\dfrac{9}{x}$ (2) $y=-x+10$

解説 (1) y が x に反比例するから, グラフ C の式は $y=\dfrac{a}{x}$ とおける。

点 $(3, 3)$ を通るから $3=\dfrac{a}{3}$ $a=9$

よって, グラフ C の式は $y=\dfrac{9}{x}$

(2) 点 A はグラフ C 上にあるから, その y 座標は(1)より $y=\dfrac{9}{1}=9$

点 A の座標は $(1, 9)$

よって, 点 B の座標は $(9, 1)$

直線 AB の式を $y=px+q$ とすると
$$\begin{cases} 9=p+q \\ 1=9p+q \end{cases}$$

この連立方程式を解くと
$$p=-1, \quad q=10$$

したがって $y=-x+10$

50 $y=0.6x+40 \ (0 \leqq x \leqq 60)$
54.4 g 溶ける。

解説 2 点 $(0, 40)$, $(60, 76)$ を通るから, 切片は 40

傾きは $\dfrac{76-40}{60-0}=\dfrac{36}{60}=0.6$

したがって $y=0.6x+40$

また $x=24$ を代入して
$$y=0.6 \times 24+40=54.4$$

したがって, 54.4 g 溶ける。

51 (1) 分速 80 m (2) 10 分

(3) 兄 $\begin{cases} y=120x \ (0 \leqq x \leqq 15 \text{ のとき}) \\ y=1800 \ (15 \leqq x \leqq 25 \text{ のとき}) \\ y=120x-1200 \ (25 \leqq x \leqq 50 \text{ のとき}) \end{cases}$

弟 $y=4800-80x \ (0 \leqq x \leqq 60 \text{ のとき})$

(4) 9 時 30 分

解説 (1) 60 分間で 4800 m 移動したから, 分速 $4800 \div 60=80$ (m)

(2) 兄は, 15 分間で, 1800 m 移動したから 分速 $1800 \div 15=120$ (m)

4800 m 移動するのに要する時間は
$$4800 \div 120=40 \ (分)$$

よって, 店にいた時間は
$$50-40=10 \ (分)$$

(3) 兄 $0 \leqq x \leqq 15$ のとき $y=120x$
$15 \leqq x \leqq 25$ のとき $y=1800$
$25 \leqq x \leqq 50$ のとき
店からは $(x-25)$ 分間, 移動しているから $y=120(x-25)+1800=120x-1200$
弟 $0 \leqq x \leqq 60$ のとき $y=4800-80x$

(4) グラフから, 出会うのは $25 \leqq x \leqq 50$ のときであるから

連立方程式 $\begin{cases} y=120x-1200 & \cdots\cdots ① \\ y=4800-80x & \cdots\cdots ② \end{cases}$ を

解くと, ①, ②から y を消去して
$$120x-1200=4800-80x$$
$$200x=6000 \quad x=30$$

これは問題に適している。
よって 9 時 30 分

52 (1) 時速 60 km

(2) 9 時 5 分, 17 分 30 秒, 30 分, 42 分 30 秒, 55 分

解説 (1) 10 分すなわち $\dfrac{1}{6}$ 時間で 10 km 走るから, 時速は
$$10 \div \dfrac{1}{6}=60 \ (\text{km})$$

(2) 9 時に A 駅, B 駅を同時に出発する電車は, グラフから, 0 分と 10 分の中間の 5 分に出会う。9 時 25 分, 9 時 50 分に同時に出発する電車についても同様。

よって, 9 時 5 分, 30 分, 55 分

また, A 駅を 9 時 15 分, B 駅を 9 時 10 分に出発する電車は, グラフから 15 分と 20

分の中間の 17 分 30 秒に出会う。A 駅を 9 時 40 分，B 駅を 9 時 35 分に出発する電車についても同様。

したがって　9 時 17 分 30 秒，42 分 30 秒

53 (1)　560

(2)　4 分後

(3)　$0 \leqq x \leqq 4$ のとき　$y = 280x$
　　　$4 \leqq x \leqq 10$ のとき　$y = 80x + 800$

解説　(1)　$y = 280 \times 2 = 560$ (m)

(2)　兄が出発してから t 分後に弟に追いつくとする。追いついた地点までの道のりについて　$80 \times (t + 10) = 280 \times t$

これを解くと　$t = 4$

$t = 4$ のとき，追いついた地点までの道のりは $280 \times 4 = 1120$ (m) であるから，問題に適している。

(3)　兄が弟に追いついてから一緒に歩いた距離は　$1600 - 1120 = 480$ (m)

歩いた時間は　$480 \div 80 = 6$ (分)

よって，求める x と y の関係を表す式は

$0 \leqq x \leqq 4$ のとき　$y = 280x$
$4 \leqq x \leqq 10$ のとき　$y = 80(x - 4) + 1120$
$\qquad\qquad\qquad\qquad = 80x + 800$

54 (1)　$y = 1080$，$y = 180x - 2160$

(2)　1620 m

解説　(1)　毎分 60 m の速さで 18 分間歩いたから

$y = 60 \times 18 = 1080$

$18 \leqq x \leqq 27$ のとき，y は x の 1 次関数で，変化の割合は 180 である。

求める式は $y = 180x + b$ とおける。

$x = 27$ のとき $y = 2700$ であるから

$2700 = 180 \times 27 + b$　　$b = -2160$

よって　$y = 180x - 2160$

(2)　弟が，家から博物館まで進むのにかかった時間は　$27 - 17 = 10$ (分間)

弟が自転車で進む速さは

毎分 $2700 \div 10 = 270$ (m)

A さんが家を出発してから t 分後に郵便局の前を通過するとすると $18 < t < 27$ であ

り，家から郵便局までの道のりについて

$270(t - 17 + 2) = 180t - 2160$

両辺を 90 でわると　$3(t - 15) = 2t - 24$
$\qquad\qquad\qquad\qquad 3t - 45 = 2t - 24 \quad t = 21$

$t = 21$ は問題に適している。

よって，求める道のりは

$270 \times (21 - 15) = 1620$ (m)

55　$-\dfrac{1}{2}x + \dfrac{9}{2}$

解説　点 P が点 C を出発してから x 秒後の $\triangle$BCP と $\triangle$ADP の面積を求めると，

PC $= x$ cm, DP $= (3 - x)$ cm であるから

$\triangle$BCP $= \dfrac{1}{2} \times x \times 3 = \dfrac{3}{2}x$ (cm²)

$\triangle$ADP $= \dfrac{1}{2} \times (3 - x) \times 2 = 3 - x$ (cm²)

台形 ABCD の面積は

$\dfrac{1}{2} \times (2 + 3) \times 3 = \dfrac{15}{2}$ (cm²)

よって，$\triangle$ABP の面積 y は

$y = \dfrac{15}{2} - \dfrac{3}{2}x - (3 - x) = -\dfrac{1}{2}x + \dfrac{9}{2}$

56 (1)　$\angle a = 36°$，$\angle b = 50°$，$\angle c = 41°$

(2)　$\angle a = 38°$，$\angle b = 72°$，$\angle c = 70°$

解説　(1)　$\angle a = 36°$ (対頂角)，
　　　　$\angle b = 50°$ (対頂角)

直線のつくる角は 180° であるから

$53° + \angle b + 36° + \angle c = 180°$
$53° + 50° + 36° + \angle c = 180°$
$\angle c = 180° - (53° + 50° + 36°) = 41°$

(2)　$\angle a = 38°$ (同位角)　$\angle b = 72°$ (錯角)

対頂角が等しいことと，直線のつくる角が 180° であることから

$\angle a + \angle b + \angle c = 180°$
$38° + 72° + \angle c = 180°$
$\angle c = 180° - (38° + 72°) = 70°$

57　a と c

理由：2 直線 a，c と交わる直線 ℓ で，錯角である 2 つの 58° の角が等しい。

b と d　理由：2 直線 b，d と交わる直線 m で，同位角である 2 つの 75° の角が等しい。

ℓ と m 理由：2直線 ℓ，m と交わる直線 e で，同位角である2つの $70°$ の角が等しい。

58 (1) $\angle x=65°$ (2) $\angle x=65°$

解説 (1) 右の図において，$k/\!/m$ から
$\angle a=65°$ （同位角）
$\ell/\!/n$ から
$\angle x=\angle a=65°$ （同位角）

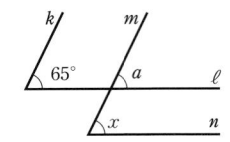

(2) 右の図において，$k/\!/m$ から
$\angle x=\angle a$ （同位角）
$\ell/\!/n$ から
$\angle b=115°$
$\angle a+115°=180°$
よって $\angle a=65°$
したがって $\angle x=\angle a=65°$

59 (1) $\angle x=88°$ (2) $\angle x=52°$

解説 (1) 右の図のようにA，B，C，Dを定め，直線BCと ℓ，m との交点を，それぞれE，Fとする。
△ABE において
$\angle ABE=180°-52°=128°$
$\angle BEA=180°-(128°+31°)=21°$
$\ell/\!/m$ より，錯角は等しいから
$\angle CFD=\angle BEA=21°$
△CFD において
$\angle DCF=180°-(67°+21°)=92°$
$\angle x=180°-92°=88°$

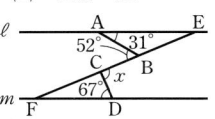

(2) 右の図のように，点Bを通り ℓ に平行な直線 n をひき，n と辺DEとの交点をFとする。
また，図のように $\angle y$ をとる。

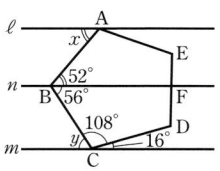

$\angle BCD=108°$ であるから
$\angle y=180°-(108°+16°)=56°$
平行線の錯角は等しいから
$\angle FBC=\angle y=56°$
よって $\angle ABF=108°-56°=52°$
$\ell/\!/m$ より錯角は等しいから
$\angle x=\angle ABF=52°$

60 右の図のように $\angle a$，$\angle b$ を定めると
$\angle BDA=2\angle BFE$
$=2\angle b$
AD$/\!/$BC より，錯角が等しいから
$\angle DBC=\angle BDA$
$2\angle a=2\angle b$ $\angle a=\angle b$
$\angle BFE=\angle b$，$\angle FBC=\angle a$ であるから
$\angle FBC=\angle BFE$
錯角が等しいから EF$/\!/$BC

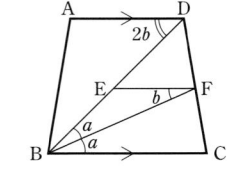

61 (1) $\angle x=57°$ (2) $\angle x=18°$
 (3) $\angle x=25°$

解説 (1) $\angle x=105°-48°=57°$
(2) 内角と外角の性質から
$58°+50°=\angle x+90°$ $\angle x=18°$
(3) 右の図のように $\angle a$ を定める。
$\angle a=90°+35°=125°$
$\angle x+\angle a=150°$ から
$\angle x=150°-\angle a$
$=150°-125°=25°$

62 (1) $\angle A=30°$，直角三角形
 (2) 十五角形
 (3) 正二十四角形

解説 (1) $\angle A=180°\div(1+2+3)=30°$
$\angle B=60°$，$\angle C=90°$ であるから
△ABC は直角三角形
(2) $180°\times(n-2)=2340°$
$n-2=13$ $n=15$
(3) 1つの外角は $180°-165°=15°$
$360°\div15°=24$

63 (1) $\angle x = 120°$ (2) $\angle x = 105°$
 (3) $\angle x = 225°$

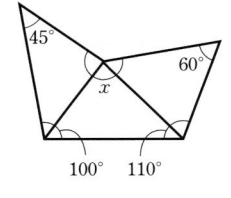

解説 (1) $\angle x = 360° - (65° + 75° + 100°) = 120°$

(2) 五角形の内角で与えられていない大きさの角を $a°$ とすると，五角形の内角の和は $180° \times (5-2) = 540°$ であるから
$\angle a = 540° - (120° + 100° + 135° + 110°)$
$\quad = 540° - 465° = 75°$
$\angle x = 180° - \angle a = 180° - 75° = 105°$

(3) 右の図のように，3つの三角形に分ける。その内角の和について
$45° + 100° + 110°$
$\quad + 60° + \angle x$
$= 180° \times 3$
$315° + \angle x = 540°$
$\quad \angle x = 225°$

64 105

解説 右の図のように A，B，C，D を定める。△ABC の外角の和は 360° であるから
$\angle ACD = 360° - (115° + 140°) = 105°$
$\ell \mathbin{/\mkern-3mu/} m$ より，同位角は等しいから
$\angle x = \angle ACD = 105°$

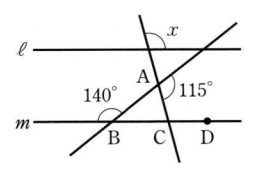

65 360°

解説 右の図で
△AHE の外角
$\angle EHC$ は
$\angle a + \angle e$ に等しい。
△FBI の外角
$\angle DIB$ は
$\angle b + \angle f$ に等しい。
よって
$\angle a + \angle b + \angle c + \angle d + \angle e + \angle f$
$= \angle EHC + \angle HCD + \angle CDI + \angle DIB$
$= 360°$

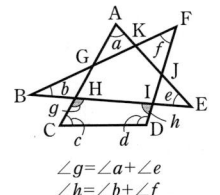

別解 右の図のように，$\angle x$，$\angle y$ をおく。
△AKF と △KBE において，
$\angle x + \angle y = \angle b + \angle e$
四角形 ACDF の内角の和は 360° であるから
$\angle a + \angle b + \angle c + \angle d + \angle e + \angle f$
$= (\angle a + \angle x) + \angle c + \angle d + (\angle y + \angle f)$
$= \angle A + \angle C + \angle D + \angle F = 360°$

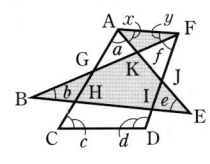

66 $x = 1$, $\angle y = 74°$, $\angle z = 66°$

解説 四角形 ABCD ≡ 四角形 FBEG であるから   AB = FB
$\quad 8 = 7 + x \quad x = 1$
$\angle BCD = \angle BEG$ から $\angle y = 74°$
四角形の内角の和は 360° であるから
$\angle HEB + \angle EBC + \angle BCH + \angle CHE$
$\qquad\qquad\qquad\qquad = 360°$
$74° + 98° + 74° + \angle CHE = 360°$
$\angle CHE = 360° - (74° + 98° + 74°) = 114°$
$\angle z = 180° - \angle CHE = 180° - 114° = 66°$

67 △ABC ≡ △WVX（2組の辺とその間の角）
 △GHI ≡ △NMO（1組の辺とその両端の角）
 △JKL ≡ △UTS（3組の辺）

解説 [1] 3組の辺 …… △JKL，△STU
 JK = UT，KL = TS，LJ = SU
したがって △JKL ≡ △UTS

[2] 2組の辺とその間の角 …… △ABC，△VWX
 AB = WV，BC = VX，$\angle B = \angle V$
よって △ABC ≡ △WVX

[3] 1組の辺とその両端の角 …… △DEF，△GHI，△MNO，
関連あるものとして △PQR
$[\angle R = 180° - (60° + 50°) = 70°]$
EF = QR，$\angle E = \angle Q$ であるが $\angle F \neq \angle R$
であるから，△DEF と △PQR は合同で

ない。
　　HI=MO, ∠H=∠M, ∠I=∠O
よって　△GHI≡△NMO
また，△DEF，△PQR はどれとも合同でない。
なお，△JKL ([1])，△ABC ([2])，△GHI ([3]) は互いに合同でない。

68 (1)　△ABD≡△CDB
　　(2)　△ABO≡△CDO
　　(3)　△AOD≡△COB

解説　(1)　△ABD と △CDB において
　　AB=CD，AD=CB，BD=DB
3組の辺がそれぞれ等しいから
　　　　△ABD≡△CDB
(2)　△ABO と △CDO において
　　OA=OC，OB=OD，
　　∠AOB=∠COD（対頂角）
2組の辺とその間の角がそれぞれ等しいから　△ABO≡△CDO
(3)　△AOD と △COB において
　　OA=OC，∠OAD=∠OCB，
　　∠AOD=∠COB（対頂角）
1組の辺とその両端の角がそれぞれ等しいから　△AOD≡△COB

69 (A)，(D)

解説　(A)　2つの三角形は3辺の長さが5cm で3辺の長さがそれぞれ等しい。
(B)　残りの1辺が，たとえば，6cm，7cm の三角形は合同でない。
(C)　50°と 60°を両端とする辺が，たとえば，6cm，7cm の三角形は合同でない。
(D)　3組の辺の長さがそれぞれ等しい。
(E)　5cm の辺の両端が 50°，60°である三角形と，5cm の辺の両端が 50°，70°（180°−50°−60°）である三角形は合同でない。

70 (1)　（仮定）$m/\!/\ell$，$n/\!/\ell$　（結論）$m/\!/n$

証明　右の図において，$m/\!/\ell$，$n/\!/\ell$ とする。 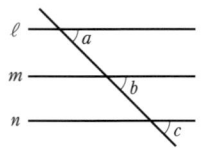
$m/\!/\ell$ で，同位角が等しいから
　　∠b=∠a ……①
$n/\!/\ell$ で，同位角が等しいから
　　∠c=∠a ……②
①，②から　∠b=∠c
同位角が等しいから　$m/\!/n$

(2)　（仮定）$m/\!/\ell$，$n\perp\ell$
　　（結論）$m\perp n$

証明　右の図において，$m/\!/\ell$，$n\perp\ell$ とする。 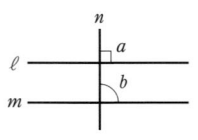
$n\perp\ell$ であるから
　　∠a=90°
$m/\!/\ell$ で，同位角が等しいから
　　∠b=∠a=90°
よって　$m\perp n$

71　△ABC と △ADE において
　AB=AD ……①
　AC=AD+DC
　AE=AB+BE
①と BE=DC から
　AC=AE ……②
また　∠CAB=∠EAD（共通）
2組の辺とその間の角がそれぞれ等しいから　△ABC≡△ADE
よって　BC=DE

72　△ABC と △DCB で
　AB=DC，AC=DB，BC は共通
3組の辺がそれぞれ等しいから
　　　　△ABC≡△DCB
よって　∠BAC=∠CDB

73　△ABC と △CDA で
　AC=CA（共通）……①
　AB//DC で錯角が等しいから
　　∠BAC=∠DCA ……②
　AD//BC で，錯角が等しいから
　　∠BCA=∠DAC ……③
①，②，③より，1組の辺とその両端の角

がそれぞれ等しいから
　　　　△ABC≡△CDA
よって　AB=CD，CB=AD
すなわち　AD=CB

74 △APQ と △QBA で
　　AP=QB，PQ=BA，AQ は共通
　3組の辺がそれぞれ等しいから
　　　　△APQ≡△QBA
　よって　∠AQP=∠QAB
　錯角が等しいから　ℓ∥AB
　したがって，直線 AB は ℓ に平行である。

解説 作図　① Aを中心とし適切な半径の円をかき，ℓ との交点の1つをPとする。
② Pを中心とし適切な半径の円をかき，ℓ との交点をQとする。
③ Qを中心とし，半径 AP の円と，Aを中心とし半径 PQ の円との交点をBとする。
④ 直線 AB をひくと，ℓ∥AB となる。

75 (1) $\angle x=15°$　　(2) $\angle x=67°$

解説 (1) AB=AC から
$\angle B=\angle C=(180°-50°)\div 2=65°$
AD=CD から　∠DCA=∠A=50°
$\angle x=65°-50°=15°$

(2) △DEF は正三角形であるから
∠EDF=∠EFD=60°
∠ADF=180°−60°−63°=57°
△ADF の外角から
∠DFC=∠FAD+∠ADF=70°+57°
　　　=127°
よって　$60°+\angle x=127°$　$\angle x=67°$

76 (1) 逆　△ABC で，∠B+∠C=90° ならば ∠A=90° である。正しい
(2) 逆　面積が等しい2つの三角形は合同である。正しくない
(3) 逆　△ABC が正三角形であるならば △ABC は頂角が 60° の二等辺三角形である。正しい

解説 (1) ∠B+∠C=90°，
∠A+∠B+∠C=180° から
∠A+90°=180°　よって　∠A=90°
(2) 底辺が 3 cm，高さが 2 cm の三角形と，底辺が 6 cm，高さが 1 cm の三角形は面積がともに 3cm² で等しいが合同ではない。
(3) △ABC が正三角形であるとき，
∠A=60°，AB=AC であるから，
△ABC は頂角が 60° である二等辺三角形である。

77 (1) △BCE と △CBD において，
仮定から　AB=AC
$CE=\dfrac{1}{2}AC$，$BD=\dfrac{1}{2}AB$
よって　CE=BD，
　∠BCE=∠CBD，BC は共通
2組の辺とその間の角がそれぞれ等しいから　△BCE≡△CBD …… ①
したがって　BE=CD

(2) ① から　∠CBE=∠BCD
△FBC は，2つの内角が等しいから，
FB=FC の二等辺三角形である。

解説 (1) △ABE≡△ACD から示してもよい。

78 △ABD と △ACE において，仮定から
　　AB=AC …… ①
　　BD=CE …… ②
∠B=∠BAC=60°
∠BAC=∠ACE=60°（AB∥CE）から
　　∠ABD=∠ACE …… ③
①，②，③より，2組の辺とその間の角がそれぞれ等しいから
　　　　△ABD≡△ACE
よって　AD=AE
また，∠BAD=∠CAE であるから
∠DAE=∠CAE−∠CAD
　　　=∠BAD−∠CAD
　　　=∠BAC=60°
△ADE は頂角が 60° の二等辺三角形であるから正三角形である。

79 $x=63$

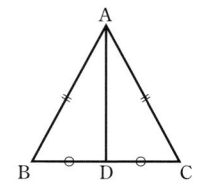

解説 正方形を折り曲げる前に頂点Aがある点をA'とすると
$\angle AEB = \angle A'EB = 72°$
$\angle ABE = \angle A'BE$
$= 180° - (90° + 72°) = 18°$
よって $\angle ABC = 90° - \angle A'BA$
$= 90° - 2 \times 18° = 54°$
正方形の辺であるから $AB = BC$
よって，△ABCは$\angle BAC = \angle BCA$の二等辺三角形であるから
$x° = (180° - 54°) \div 2 = 63°$

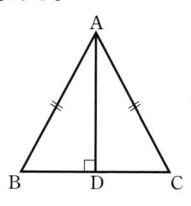

80 $8:3$

解説 OA, OCは半円Oの半径であるから
$OA = OC$
よって $\angle OCA = \angle OAC = 54°$
$\angle AOC = 180° - 54° \times 2 = 72°$
また，CO=CD より，△CODの内角と外角の性質から
$\angle COE = 54° \div 2 = 27°$
弧の長さは中心角の大きさに比例するから
$\stackrel{\frown}{AC} : \stackrel{\frown}{CE} = \angle AOC : \angle COE$
$= 72° : 27° = 8 : 3$

81 (1) △PABと△PDCにおいて
仮定から $PB = PC$,
$\angle PAB = \angle PDC = 90°$
また，対頂角は等しいから
$\angle APB = \angle DPC$
よって，直角三角形PABとPDCは斜辺と1つの鋭角がそれぞれ等しいから
△PAB≡△PDC
したがって $AB = DC$

(2) △ABCと△DCBにおいて
仮定から $AC = DB$, $\angle A = \angle D = 90°$
また $BC = CB$（共通）
よって，直角三角形ABCとDCBは斜辺と他の1辺がそれぞれ等しいから
△ABC≡△DCB
よって $\angle ACB = \angle DBC$
したがって，△PBCはPB=PCの二等辺三角形である。

82 $\angle OHA = \angle OHB = \angle OHC = 90°$
直角三角形OAH, OBH, OCHにおいて
$OA = OB = OC$　OHは共通
斜辺と他の1辺がそれぞれ等しいから
△OAH≡△OBH
△OBH≡△OCH
よって $AH = BH$, $BH = CH$
したがって $AH = BH = CH$

83 △ABCで$AB = AC$とする。

(1) 辺BCの中点をDとする。△ABDと△ACDで
$AB = AC$,
$BD = CD$,
$AD = AD$（共通）
3組の辺がそれぞれ等しいから
△ABD≡△ACD
よって $\angle BAD = \angle CAD$
また $\angle ADB = \angle ADC$,
$\angle ADB + \angle ADC = 180°$
であるから $\angle ADB = \angle ADC = 90°$
したがって，二等辺三角形の頂点と底辺の中点を通る直線（中線）は頂角の二等分線であり，底辺の垂線でもある。

(2) 頂点Aから辺BCに垂線ADをひく。
△ABDと△ACDで
$AB = AC$,
$\angle B = \angle C$,
$\angle BAD = 90° - \angle B$
$= 90° - \angle C = \angle CAD$ …… ①
1組の辺とその両端の角がそれぞれ等しいから
△ABD≡△ACD
よって $BD = CD$ …… ②
①，②から，二等辺三角形の頂点から底辺にひいた垂線は頂角を2等分し，底辺の中点を通る。

(3) 辺 BC の中点を D とする。(1)により，AD は底辺の垂線であるから，AD が辺 BC の垂直二等分線である。 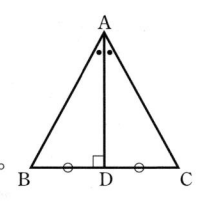
(1)により，AD は頂角の二等分線である。
よって，二等辺三角形の底辺の垂直二等分線は頂角の二等分線である。

84 ∠D から辺 AB に垂線 DE をひく。 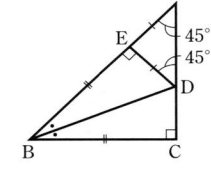
△ABC は直角二等辺三角形であるから
△ADE で
∠A+∠D+∠E =180°
∠A=45°，∠E=90° から
　　　∠D=45°
∠A=∠D=45° であるから
　　　EA=ED …… ①
また，△DEB と △DCB において
　　　∠DEB=∠DCB=90°
　　　∠DBE=∠DBC　BD は共通
よって　直角三角形 DEB，DCB は斜辺と1つの鋭角がそれぞれ等しいから
　　　△DEB≡△DCB
したがって　ED=CD …… ②
　　　　　　BE=BC …… ③
①，②，③から
　　BC+CD=BE+ED
　　　　　　=BE+EA=AB

85 ∠A=100°，∠B=80°，∠C=100°，∠D=80°

解説　∠B=x° とすると　∠A=x°+20°
対角は等しいから　∠A=∠C，∠B=∠D
四角形の内角の和は 360° であるから
　　∠A+∠B+∠C+∠D=360°
　　(x+20)+x+(x+20)+x=360
　　　　　　　4x=320　　x=80
よって　∠A=100°，∠B=80°，

∠C=100°，∠D=80°

86 (1) ∠x=70°，∠y=110°
(2) ∠x=102°，∠y=28°
(3) ∠x=104°，∠y=76°，z=5

解説　(1) △ABE で AB=AE から
　　　　∠ABE=∠AEB
よって　∠AEB=$\frac{180°-40°}{2}$=70°
AD∥BC から　∠x=70°（錯角）
また　∠y=40°+70°=110°

(2) AB∥DC から
　　　∠FBE=∠CDB=32°（錯角）
△FBE で ∠BEF の外角から
　　　∠x=70°+32°=102°
また，△ABD で
　　　∠y=180°−∠DAB−∠ABD
　　　　=180°−120°−32°=28°

(3) ∠B=90°−∠C
　　　=90°−56°=34°
∠x=∠BED
　　=180°−42°−34°=104°
∠y=180°−∠x=180°−104°=76°
また，EF=DG から　z=5

87 38

解説　△BDE は BE=BD の二等辺三角形であるから
　　　∠BDE=(180°−36°)÷2=72°
四角形 ABCD は平行四辺形であるから
　　　∠ABC=180°−110°=70°
よって　∠ABD=70°−36°=34°
AB∥DC より，錯角は等しいから
　　　∠BDC=∠ABD=34°
よって　∠CDE=∠BDE−∠BDC
　　　　　　=72°−34°
　　　　　　=38°

88 △ABE と △CDF において 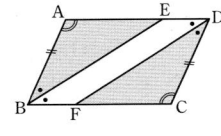
平行四辺形の対辺，対角は等しいから
　　　AB=CD …… ①

∠A＝∠C …… ②
BE, DF はそれぞれ ∠B, ∠D の二等分線であるから
$\angle ABE = \dfrac{1}{2}\angle B$, $\angle CDF = \dfrac{1}{2}\angle D$
また, ∠B＝∠D であるから
∠ABE＝∠CDF …… ③
①, ②, ③ より, 1組の辺とその両端の角がそれぞれ等しいから
　　△ABE≡△CDF
よって　BE＝DF

89 △AEH と △CGF において
仮定から　AE＝CG
平行四辺形の対角は等しいから
　　∠A＝∠C
また, AD＝BC, DH＝BF
AH＝AD－DH, CF＝BC－BF であるから　AH＝CF
2組の辺とその間の角がそれぞれ等しいから　△AEH≡△CGF
よって　EH＝GF
同様にして, EF＝GH
したがって, 2組の対辺がそれぞれ等しいから, 四角形 EFGH は平行四辺形である。

90 (1) △ABC と △PBQ において
△PBA, △QBC は正三角形であるから
　　AB＝PB, BC＝BQ
　　∠ABC＝60°－∠ABQ＝∠PBQ
2組の辺とその間の角がそれぞれ等しいから
　　△ABC≡△PBQ
(2) (1)から　PQ＝AC＝AR …… ①
(1)と同じように　△ABC≡△RQC
よって　QR＝BA＝PA …… ②
①, ②より, 2組の対辺がそれぞれ等しいから四角形 PARQ は平行四辺形である。

91 (1) $\angle x = 107°$　(2) $\angle x = 74°$
解説 (1) ∠ADE＝90°－50°＝40°
AD∥BC から
　　∠DAE＝∠ACB＝33°

$\angle x = \angle AED = 180° - \angle ADE - \angle DAE$
$= 180° - 40° - 33° = 107°$

(2) 四角形 ABCD はひし形であるから
　　AB＝BC
△EBC は正三角形であるから　BC＝EB
よって, △ABE は AB＝EB の二等辺三角形である。
AB∥DC から
　　∠BAE＝∠AFD＝83°
よって　∠ABE＝180°－83°×2＝14°
したがって　∠ABC＝14°＋60°＝74°
ひし形の対角は等しいから
　　$\angle x = 74°$

92 AE∥FD, ED∥AF から, 四角形 AEDF は平行四辺形で
　　ED＝AF, AE＝FD …… ①
△AED において
　　∠EDA＝∠DAF（錯角）
　　　　　＝∠EAD
よって, △AED は二等辺三角形で
　　EA＝ED
①から　AE＝ED＝DF＝FA
したがって, 四角形 AEDF は, ひし形である。

93 57°
解説 AD∥BC より, 錯角は等しいから
　　∠ADB＝∠EBC＝35°
　　∠DAC＝∠ACB …… ①
DA＝DC より, △DAC は二等辺三角形であるから
　　∠DAC＝(180°－101°－35°)÷2＝22°
①から　∠ACB＝22°
△EBC において, 内角と外角の性質により
　　∠AEB＝35°＋22°＝57°

94 $\angle x = 127°$
解説 D が移る点を D′ とすると, 折り返した図形であるから
　　∠D′EF＝∠DEF,
　　∠D′FE＝∠DFE
よって　∠DEF＝(180°－42°)÷2＝69°

$\angle$DFE$=(180°-64°)\div 2=58°$
△DEF において
$\angle$EDF$=180°-(69°+58°)=53°$
四角形 ABCD はひし形であるから
$\angle x=180°-53°=127°$

95 (1) △ABC＝△ABD，△ACD＝△BCD，
△AOD＝△BCO
(2) △ABP＝△ABC＝△DCA，
△PBC＝△PAC，
△AQP＝△CQB

解説 (1) AB∥DC，AB は共通であることから △ABC＝△ABD
AB∥DC，CD は共通であることから
△ACD＝△BCD
また，△ACD－△OCD＝△BCD－△OCD
から △AOD＝△BCO
(2) AB∥DC，AB は共通であることと，
AB＝DC であることから
△ABP＝△ABC＝△DCA
AB∥DC，PC は共通であることから
△PBC＝△PAC

96 (1) 18 cm² (2) 6 cm²
解説 AD∥BC，BC は共通であるから
△ABC＝△DBC
(1) △DBC は DB＝DC の直角二等辺三角形である。
△DBC$=\frac{1}{2}$DB×DC$=\frac{1}{2}×6×6=18$
(2) △DBC$=\frac{1}{2}$×DB×OC$=\frac{1}{2}×6×2=6$

97 (作図)
点 B を通り，線分 AC に平行な直線と底辺 PQ との交点を D とする。
求める直線は直線 AD である。 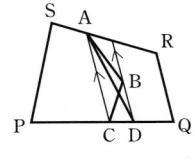
解説 BD∥AC，AC は共通であるから
△ACB＝△ACD
図において
五角形 PCBAS＝四角形 PCAS＋△ACB
＝四角形 PCAS＋△ACD

98 $\frac{1}{2}$ cm²
解説 右の図のように点 A，B，C を定める。 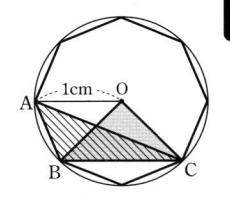
$\angle$AOB$=360°\div 8$
$=45°$ …… ①
$\angle$BOC$=45°×2$
$=90°$
$\angle$OBC$=(180°-90°)\div 2=45°$ …… ②
①，②より，錯角が等しいから AO∥BC
よって △ABC＝△OBC
$=\frac{1}{2}×$OB$×$OC
$=\frac{1}{2}×1×1=\frac{1}{2}$ (cm²)

99 AD∥FC，FC は共通であるから
△DFC＝△AFC …… ①
BE∥FC，FC は共通であるから
△EFC＝△BFC …… ②
また，AD∥BE，BE は共通であるから
△DBE＝△ABE
△DBE＝△ABE の両辺から，共通の
△CBE をひいて
△DEC＝△ABC …… ③
①＋②＋③から △DEF＝2△ABC

100 (1) 20 通り (2) 6 通り
解説 (1) 班長，副班長の順にかく。
樹形図をかくと，次のようになる。

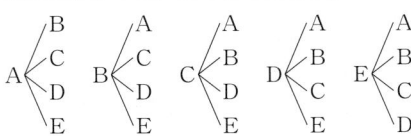

りんご	3	2	1	0
みかん	0	1	0	2	1	0
もも	0	0	1	0	1	1

101 (1) 6 通り (2) 4 通り

解説 樹形図をかくと，次のようになる。

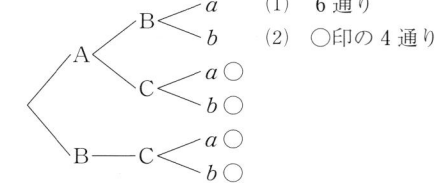

```
        B < a      (1)  6通り
A <     C < a○     (2)  ○印の4通り
               b○
    B — C < a○
            b○
```

102 14通り

解説 樹形図をかくと，次のようになる。

```
    E        L       L       L
L<T     E<E    E<E    R<E
    R        R       R       T
             T       T
```

103 8通り

解説 区別のつかない10個の玉を3つの組に分ける方法は (1, 1, 8), (1, 2, 7), (1, 3, 6), (1, 4, 5), (2, 2, 6), (2, 3, 5), (2, 4, 4), (3, 3, 4) の8通り。

参考 「3つの組に分ける」というときは，1つも入っていない組は考えない。しかし，「A, B, Cの組に分ける」というときは，1つも入っていない組があってもよい場合がある。

104 14通り

解説 321より小さい数は
123, 124, 132, 134, 142, 143, 213, 214, 231, 234, 241, 243, 312, 314
の14通り。

105 9通り

解説 4けたの整数であるから，千の位の数字は1または2である。

[1] 千の位の数字が1のとき
1022, 1202, 1220 の3通り。

[2] 千の位の数字が2のとき
2012, 2021, 2102, 2120, 2201, 2210
の6通り。

[1], [2]から，全部で 3+6=9 (通り)

106 9通り

解説 表をかくと，次のようになる。

500円	2		1					
100円	2	1	7	6	5	4	3	2	1
50円	2	4	2	4	6	8	10	12	14

107 Aの方が出やすい

解説 A, Bの表の出る割合を，それぞれ p, q とすると
$$p=\frac{365}{1000}=0.365, \quad q=\frac{416}{1200}=0.346\cdots\cdots$$
よって $p>q$
Aの方が，表が出やすいといえる。

108 (1) 10通り (2) $\dfrac{3}{10}$

解説 (1) 男子3人をA, B, C，女子2人をD, Eとする。
2人の委員の選び方は
(A, B), (A, C), (A, D), (A, E),
(B, C), (B, D), (B, E),
(C, D), (C, E), (D, E)
の10通りある。

(2) 男子2人が選ばれるのは，(A, B), (A, C), (B, C) の3通りある。

よって，求める確率は $\dfrac{3}{10}$

109 (1) $\dfrac{1}{4}$ (2) $\dfrac{2}{13}$ (3) $\dfrac{11}{26}$

解説 札の取り出し方は，全部で 52通り。

(1) ♣の札が出る場合は 13通り。

求める確率は $\dfrac{13}{52}=\dfrac{1}{4}$

(2) 2またはJの札が出る場合は
4+4=8 (通り)

求める確率は $\dfrac{8}{52}=\dfrac{2}{13}$

(3) ♥または絵札 (J, Q, K) の出る場合は
13+3×3=22 (通り)

求める確率は $\dfrac{22}{52}=\dfrac{11}{26}$

110 $\dfrac{5}{9}$

解説 大小2つのさいころをそれぞれ1回投げたとき，その目の出方は全部で

$\dfrac{2a}{b}$ の値が整数になるような目の出方
(a, b) は $(1, 1)$, $(1, 2)$, $(2, 1)$, $(2, 2)$,
$(2, 4)$, $(3, 1)$, $(3, 2)$, $(3, 3)$, $(3, 6)$,
$(4, 1)$, $(4, 2)$, $(4, 4)$, $(5, 1)$, $(5, 2)$,
$(5, 5)$, $(6, 1)$, $(6, 2)$, $(6, 3)$, $(6, 4)$,
$(6, 6)$ の20通りある。

求める確率は $\dfrac{20}{36}=\dfrac{5}{9}$

111 (1) $\dfrac{1}{9}$ (2) $\dfrac{5}{12}$ (3) $\dfrac{25}{36}$

解説 すべての目の出方は
$6×6=36$(通り)

(1) 差が4になる目の出方は
$(1, 5)$, $(2, 6)$, $(5, 1)$, $(6, 2)$ の4通り。

求める確率は $\dfrac{4}{36}=\dfrac{1}{9}$

(2) 積が4の倍数となるのは,
$4, 8, 12, 16, 20, 24, 36$
となるときである。
積が4　$(1, 4)$, $(2, 2)$, $(4, 1)$
積が8　$(2, 4)$, $(4, 2)$
積が12　$(2, 6)$, $(3, 4)$, $(4, 3)$, $(6, 2)$
積が16　$(4, 4)$
積が20　$(4, 5)$, $(5, 4)$
積が24　$(4, 6)$, $(6, 4)$
積が36　$(6, 6)$

求める確率は $\dfrac{15}{36}=\dfrac{5}{12}$

(3) 4の目が出る場合は
$(1, 4)$, $(2, 4)$, $(3, 4)$, $(4, 4)$, $(5, 4)$,
$(6, 4)$, $(4, 1)$, $(4, 2)$, $(4, 3)$, $(4, 5)$,
$(4, 6)$ の11通り。

4の目が出る確率は $\dfrac{11}{36}$

求める確率は $1-\dfrac{11}{36}=\dfrac{25}{36}$

112 $\dfrac{3}{25}$

解説 5枚のカードの中から1枚ずつ3回引く引き方は, そのつどもどすから

$5×5×5=125$(通り)

引いた順に1列に並べて3けたの整数をつくるとき, できる整数が300より大きい偶数となる場合は

[1] 一の位の数字が2のとき, 百の位は3, 4, 5の3通り, 十の位は残りの2個と1の3通りあるから $3×3=9$(通り)

[2] 一の位の数字が4のとき, 百の位は3, 5の2通り, 十の位は残りの1個と1, 2の3通りあるから $2×3=6$通り

[1], [2] から, 300より大きい3けたの偶数は $9+6=15$(通り)

求める確率は $\dfrac{15}{125}=\dfrac{3}{25}$

113 A $\dfrac{1}{2}$, B $\dfrac{1}{2}$, C $\dfrac{1}{2}$

解説 当たりくじを①, ②, はずれくじを ③, ④ とする。

A, B, C の順に引くとき, 樹形図は次のようになる。この図から

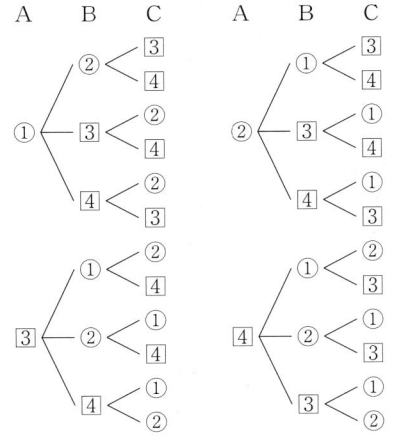

Aの当たる確率は $\dfrac{2}{4}=\dfrac{1}{2}$

Bの当たる確率は $\dfrac{6}{12}=\dfrac{1}{2}$

Cの当たる確率は $\dfrac{12}{24}=\dfrac{1}{2}$

別解 Bのくじの引き方は $4×3=12$(通り)
Bが当たる場合は, ○を当たり, □をはず

れとして
○○または□○
$2×1+2×2=6$ (通り)
Bが当たる確率は $\dfrac{6}{12}=\dfrac{1}{2}$
Cのくじの引き方は $4×3×2=24$ (通り)
Cが当たる場合は
○□○, □○○, □□○
$2×2×1+2×2×1+2×1×2=12$ (通り)
Cが当たる確率は $\dfrac{12}{24}=\dfrac{1}{2}$

114 $\dfrac{2}{3}$

解説 右の樹形図より,取り出し方は全部で6通りある。
このうち赤玉と白玉がとなり合って並ぶのは4通りある。

	1回	2回	3回

白〈黒—赤 ×
　　赤—黒 ○
黒〈白—赤 ○
　　赤—白 ○
赤〈白—黒 ○
　　黒—白 ×

求める確率は $\dfrac{4}{6}=\dfrac{2}{3}$

115 (1) 0　(2) $\dfrac{8}{9}$

解説 2けたの整数は全部で
$9×9=81$ (通り)
(1) これらの整数のうち,10でわり切れる数はない。
求める確率は $\dfrac{0}{81}=0$
(2) これらの整数のうち,11の倍数となるのは 11, 22, 33, 44, 55, 66, 77, 88, 99 の9通り。
「この整数」が11でわり切れる確率は
$\dfrac{9}{81}=\dfrac{1}{9}$
求める確率は $1-\dfrac{1}{9}=\dfrac{8}{9}$

116 (1) $\dfrac{1}{3}$　(2) (ア) $\dfrac{1}{3}$　(イ) $\dfrac{1}{3}$

解説 グー,チョキ,パーをそれぞれグ,チ,パと表す。

(1) A, B 2人がじゃんけんをするとき,手の出し方の樹形図は右のようになる。
△はあいことする。
樹形図から,あいことなる確率は $\dfrac{3}{9}=\dfrac{1}{3}$

参考 Aが勝つ確率も,Bが勝つ確率も $\dfrac{3}{9}=\dfrac{1}{3}$

(2) A, B, C 3人がじゃんけんをするとき,Aがグを出したとき,B, Cの手の出し方の樹形図は右のようになる。
Aがチ,パを出したときも同じようになる。
3人がじゃんけんをするとき,手の出し方は全部で
$3×3×3=27$ (通り)

(ア) 1人だけ勝つ場合は $3×3=9$ (通り)
1人だけ勝つ確率は $\dfrac{9}{27}=\dfrac{1}{3}$

(イ) あいこになる場合も $3×3=9$ (通り)
あいこになる確率も $\dfrac{9}{27}=\dfrac{1}{3}$

参考 2人が勝ち,1人だけ負ける確率も
$\dfrac{9}{27}=\dfrac{1}{3}$

117 $\dfrac{11}{16}$

解説 4枚の硬貨をA, B, C, Dと区別し,表を○,裏を×で表す。
4枚の硬貨を同時に投げたときの,表・裏の出方は全部で
$2×2×2×2=16$ (通り)
4枚の硬貨を同時に投げて「少なくとも2枚は表」とはならない場合は,1枚だけ

表が出るか，4枚とも裏が出る場合である。
4枚の硬貨を同時に投げて1枚だけ表が出る場合は (A, B, C, D) として
　　(○, ×, ×, ×), (×, ○, ×, ×),
　　(×, ×, ○, ×), (×, ×, ×, ○)
の4通り。

4枚とも裏が出るのは，同様にして
(×, ×, ×, ×) の1通り。
よって，4枚の硬貨を同時に投げて少なくとも2枚は表となる場合は
$$16-(4+1)=11 \text{（通り）}$$
求める確率は $\dfrac{11}{16}$

定期試験対策問題 の答と解説

第1章 式の計算 (p. 28, 29)

1 (1) $-2a-1$ (2) $3x+2y$
(3) $8a-3b$ (4) $-x+2y$
(5) $-\dfrac{2}{3}x^2-x+4$ (6) $3a^2-9a+4$
(7) $6x+2y$ (8) $-8x+8y$

解説 (1) $3a-5a-1=(3-5)a-1=-2a-1$
(2) $-2x-4y+5x+6y$
$=(-2+5)x+(-4+6)y=3x+2y$
(3) $(5a+2b)+(3a-5b)$
$=(5+3)a+(2-5)b=8a-3b$
(4) $(6x-3y)-(7x-5y)$
$=(6-7)x+(-3+5)y=-x+2y$
(5) $\dfrac{1}{3}x^2+x+1-2x-x^2+3$
$=\left(\dfrac{1}{3}-1\right)x^2+(1-2)x+1+3$
$=-\dfrac{2}{3}x^2-x+4$
(6) $a^2-2a+4-(7a-2a^2)$
$=(1+2)a^2+(-2-7)a+4$
$=3a^2-9a+4$
(7) $\begin{array}{r}8x-3y\\+)-2x+5y\\\hline 6x+2y\end{array}$ (8) $\begin{array}{r}-7x+5y\\-)x-3y\\\hline -8x+8y\end{array}$

2 (1) $-2a+9b$ (2) $-8x+15y$
(3) $-\dfrac{2}{7}x^2+\dfrac{1}{6}x-\dfrac{1}{7}$
(4) $3x^2+\dfrac{2}{3}$
(5) $\dfrac{7x-8y}{6}$ (6) $\dfrac{5x-14y}{20}$

解説 (1) $3(a-2b)+5(-a+3b)$
$=3a-6b-5a+15b$
$=(3-5)a+(-6+15)b=-2a+9b$
(2) $2(2x-3y)-3(4x-7y)$
$=4x-6y-12x+21y$
$=(4-12)x+(-6+21)y=-8x+15y$
(3) $(12x^2-7x+6)\div(-42)$
$=(12x^2-7x+6)\times\left(-\dfrac{1}{42}\right)$
$=-\dfrac{2}{7}x^2+\dfrac{1}{6}x-\dfrac{1}{7}$
(4) $\dfrac{1}{3}(15x^2+9x-1)-6\left(\dfrac{1}{3}x^2+\dfrac{1}{2}x-\dfrac{1}{6}\right)$
$=5x^2+3x-\dfrac{1}{3}-2x^2-3x+1$
$=(5-2)x^2+(3-3)x-\dfrac{1}{3}+1=3x^2+\dfrac{2}{3}$
(5) $\dfrac{2x-3y}{3}+\dfrac{3x-2y}{6}$
$=\dfrac{2(2x-3y)+(3x-2y)}{6}=\dfrac{7x-8y}{6}$
(6) $\dfrac{3x-2y}{4}-\dfrac{5x+2y}{10}$
$=\dfrac{5(3x-2y)-2(5x+2y)}{20}=\dfrac{5x-14y}{20}$

3 (1) $-20x^2y^2$ (2) $-4xy$
(3) $8a^9$ (4) $-2a^2b$
(5) $-\dfrac{1}{2}x^2y$ (6) $-\dfrac{8}{3}y$
(7) $-2x$ (8) $7x^7$

解説 まず，符号を決める。
(1) $(-4x^2y)\times 5y=-4\times 5\times x^2y\times y$
$=-20x^2y^2$
(2) $24x^2y\div(-6x)=-\dfrac{24x^2y}{6x}=-4xy$
(3) $(-a^3)^2\times(2a)^3=a^6\times 8a^3=8a^9$
(4) $(4ab^2)^2\div(-2b)^3$
$=16a^2b^4\div(-8b^3)$
$=-\dfrac{16a^2b^4}{8b^3}=-2a^2b$
(5) $-\dfrac{3}{4}x\times\dfrac{2}{3}xy=-\dfrac{3}{4}\times\dfrac{2}{3}\times x\times xy$
$=-\dfrac{1}{2}x^2y$
(6) $\dfrac{4}{5}x^2y\div\left(-\dfrac{3}{10}x^2\right)=-\dfrac{4}{5}x^2y\times\dfrac{10}{3x^2}$
$=-\dfrac{4}{5}\times\dfrac{10}{3}\times\dfrac{x^2y}{x^2}=-\dfrac{8}{3}y$

(7) $12x^2y \div 3y \div (-2x) = -\dfrac{12x^2y}{3y \times 2x} = -2x$

(8) $(-4x^2)^3 \div (8x)^2 \times (-7x^3)$
$= (-64x^6) \div 64x^2 \times (-7x^3)$
$= \dfrac{64x^6 \times 7x^3}{64x^2} = 7x^7$

4 (1) 次数は 1，係数は -4
(2) $3x^2 + 2x - 1$

解説 等式の変形の要領で考える。

(1) $(\quad) = -4x^2 \div \dfrac{1}{3x} \div 3x^2 = -4x$

(2) $(\quad) = x^2 + 3x - 4 - (-2x^2 + x - 3)$
$= 3x^2 + 2x - 1$

5 (1) -2　　(2) 4

解説 (1) $2(x-3y) + 3(x+2y)$
$= 2x - 6y + 3x + 6y = 5x$
$x = -\dfrac{2}{5}$ を代入して $5 \times \left(-\dfrac{2}{5}\right) = -2$

(2) $\left(\dfrac{3}{2}a^2b\right)^3 \times \left(-\dfrac{1}{9}ab\right)^2 \div \left(-\dfrac{5}{12}a^5b^4\right)$
$= \dfrac{27}{8}a^6b^3 \times \dfrac{1}{81}a^2b^2 \times \left(-\dfrac{12}{5a^5b^4}\right)$
$= -\dfrac{1}{10}a^3b$
$a = -2,\ b = 5$ を代入して
$-\dfrac{1}{10} \times (-2)^3 \times 5 = 4$

6 12個

解説 n を整数として，7でわると2余る数は，$7n+2$ と表される。$7 \times 2 + 2 = 16$，$7 \times 13 + 2 = 93$ であるから，2けたの自然数 $7n+2$ は全部で $13 - 2 + 1 = 12$（個）

7 4けたの自然数 A は，k を1けたの自然数，N を3けた以下の負でない整数として，$A = 1000k + N$ と表される。N は8の倍数であるから，m を負でない整数として，$8m$ と表される。
よって　$A = 8(125k + m)$
$125k + m$ は自然数であるから，A は8の倍数になる。

8 体積は n 倍になる。

解説 もとの円柱の底面の半径を r，高さを h，体積を V とする。
新しくつくられた円柱の底面の半径は nr，高さは $\dfrac{h}{n}$ であり，その体積を U とすると
$V = \pi r^2 h$
$U = \pi \times (nr)^2 \times \dfrac{h}{n} = n\pi r^2 h$
よって　$U = nV$
したがって，体積は n 倍になる。

9 周の長さ $2\pi a$，面積 $\dfrac{1}{4}\pi a^2$

解説 $AO = a$, $OO' = O'B = \dfrac{a}{2}$ から
$\dfrac{1}{2}AO = \dfrac{a}{2}$, $\dfrac{1}{2}AO' = \dfrac{3}{4}a$,
$\dfrac{1}{2}OB = \dfrac{a}{2}$, $\dfrac{1}{2}O'B = \dfrac{a}{4}$

求める周の長さは，半円 OA＋半円 O'A ＋半円 OB＋半円 O'B で
$\dfrac{1}{2}\left(2\pi \times \dfrac{a}{2} + 2\pi \times \dfrac{3}{4}a + 2\pi \times \dfrac{a}{2} + 2\pi \times \dfrac{a}{4}\right)$
$= \dfrac{1}{2}\pi a + \dfrac{3}{4}\pi a + \dfrac{1}{2}\pi a + \dfrac{1}{4}\pi a = 2\pi a$

面積は，半円 O'A－半円 OA＋半円 OB－半円 O'B で
$\dfrac{1}{2}\left\{\pi\left(\dfrac{3}{4}a\right)^2 - \pi\left(\dfrac{a}{2}\right)^2\right\}$
$\qquad + \dfrac{1}{2}\left\{\pi\left(\dfrac{a}{2}\right)^2 - \pi\left(\dfrac{a}{4}\right)^2\right\}$
$= \dfrac{1}{2}\pi\left(\dfrac{3}{4}a\right)^2 - \dfrac{1}{2}\pi\left(\dfrac{a}{4}\right)^2$
$= \dfrac{9}{32}\pi a^2 - \dfrac{1}{32}\pi a^2 = \dfrac{8}{32}\pi a^2 = \dfrac{1}{4}\pi a^2$

10 (1) $y = \dfrac{8}{3}x - 4$

(2) $b = \dfrac{\ell - ad + 3cd}{2d}$

解説 (1) $8x - 3y = 12$　　$-3y = 12 - 8x$
$3y = 8x - 12$　よって　$y = \dfrac{8}{3}x - 4$

(2) $\ell = (a + 2b - 3c)d$
$(a + 2b - 3c)d = \ell$

$$ad+2bd-3cd=\ell$$
$$2bd=\ell-ad+3cd$$
$$b=\frac{\ell-ad+3cd}{2d}$$

11 $y=-\frac{2}{3}x+10$

x, y の組み合わせは
(0, 10), (3, 8), (6, 6), (9, 4),
(12, 2), (15, 0)

解説 問題から $100x+150y=1500$
この式を y について解く。
$$2x+3y=30 \qquad 3y=-2x+30$$
$$y=-\frac{2}{3}x+10$$

また，x と y は 0 または自然数であるから，x は 3 の倍数であり，x と y の組み合わせ (x, y) は

(0, 10), (3, 8), (6, 6), (9, 4),
(12, 2), (15, 0)

第2章 連立方程式
(p. 57, 58)

1 (1) $(x, y)=(5, 2)$
(2) $(x, y)=(2, -1)$
(3) $(x, y)=\left(\frac{1}{2}, -1\right)$
(4) $(x, y)=(5, -6)$
(5) $(x, y)=(-5, 2)$
(6) $(x, y)=(0, -2)$

解説 (1) $\begin{cases} x=3y-1 & \cdots\cdots ① \\ 5x-4y=17 & \cdots\cdots ② \end{cases}$

①を②に代入して $5(3y-1)-4y=17$
$15y-5-4y=17 \quad 11y=22 \quad y=2$
$y=2$ を①に代入して $x=3\times 2-1=5$

(2) $\begin{cases} 3x+5y=1 & \cdots\cdots ① \\ 2y=3x-8 & \cdots\cdots ② \end{cases}$

①×2 $\quad 6x+5\times 2y=2$
これに②を代入して
$6x+5(3x-8)=2 \quad 6x+15x-40=2$
$21x=42 \qquad x=2$

$x=2$ を②に代入して $2y=3\times 2-8$
$2y=-2 \quad y=-1$

(3) $\begin{cases} 6x-4y=7 & \cdots\cdots ① \\ 4x-3y=5 & \cdots\cdots ② \end{cases}$

①×3 $\quad 18x-12y=21$
②×4 $\underline{-)\ 16x-12y=20}$
$\quad\quad\quad 2x\quad=1 \qquad x=\frac{1}{2}$

これを②に代入すると $2-3y=5$
$-3y=3 \quad y=-1$

(4) $\begin{cases} 0.8x+1.5y=-5 & \cdots\cdots ① \\ 1.4x-0.5y=10 & \cdots\cdots ② \end{cases}$

① $\quad\quad 0.8x+1.5y=-5$
②×3 $\underline{+)\ 4.2x-1.5y=\ \ 30}$
$\quad\quad\quad 5x\quad=25 \qquad x=5$

$x=5$ を②に代入して $7-0.5y=10$
$-0.5y=3 \quad y=-6$

(5) $\begin{cases} x+2y-2(x-y)=13 & \cdots\cdots ① \\ 3(4x-3y)=2(3x-5y)-28 & \cdots\cdots ② \end{cases}$

①から $x+2y-2x+2y=13$
よって $x-4y=-13$ $\cdots\cdots ③$
②から $12x-9y=6x-10y-28$
よって $6x+y=-28$ $\cdots\cdots ④$

③×6 $\quad 6x-24y=-78$
④ $\underline{-)\ 6x+\ \ y=-28}$
$\quad\quad\quad -25y=-50 \qquad y=2$

$y=2$ を③に代入して
$x-4\times 2=-13 \qquad x=-5$

(6) $\begin{cases} \frac{2}{3}x+\frac{y}{4}=-\frac{1}{2} & \cdots\cdots ① \\ \frac{5x-y}{4}=\frac{1}{2} & \cdots\cdots ② \end{cases}$

①×12 $\quad 8x+3y=-6$ $\cdots\cdots ③$
②×4 $\quad 5x-y=2$ $\cdots\cdots ④$
③ $\quad\quad 8x+3y=-6$
④×3 $\underline{+)\ 15x-3y=\ \ 6}$
$\quad\quad\quad 23x\quad=0 \qquad x=0$

$x=0$ を④に代入して
$-y=2 \quad y=-2$

2 (1) $(x, y)=\left(-\frac{29}{9}, \frac{1}{9}\right)$

(2) $(x, y) = \left(5, \dfrac{10}{3}\right)$

(3) $(x, y) = \left(\dfrac{3}{2}, -1\right)$

解説 (1) $\begin{cases} 2(x+2y) - 3(x-y) = 4 & \cdots\cdots ① \\ 3(x+2y) - 3(x-y) = 1 & \cdots\cdots ② \end{cases}$

①, ②のかっこをはずして整理すると

$\begin{cases} -x + 7y = 4 & \cdots\cdots ③ \\ 9y = 1 & \cdots\cdots ④ \end{cases}$

④から $y = \dfrac{1}{9}$ $y = \dfrac{1}{9}$ を③に代入して

$-x + \dfrac{7}{9} = 4$ $-x = \dfrac{29}{9}$ $x = -\dfrac{29}{9}$

別解 まず $x + 2y$, $x - y$ の値を求める。

① − ② $-(x + 2y) = 3$ $x + 2y = -3$

$x + 2y = -3$ を①に代入して

$-6 - 3(x - y) = 4$

$-3(x - y) = 10$ $x - y = -\dfrac{10}{3}$

$\begin{cases} x + 2y = -3 & \cdots\cdots ③ \\ x - y = -\dfrac{10}{3} & \cdots\cdots ④ \end{cases}$

③ − ④ $3y = -3 + \dfrac{10}{3}$

$3y = \dfrac{1}{3}$ $y = \dfrac{1}{9}$

$y = \dfrac{1}{9}$ を③に代入して $x + \dfrac{2}{9} = -3$

$x = -3 - \dfrac{2}{9} = -\dfrac{29}{9}$

(2) $\begin{cases} 4x + 3y = 30 & \cdots\cdots ① \\ x : y = 3 : 2 & \cdots\cdots ② \end{cases}$

②から $2x = 3y$ $\cdots\cdots ③$

③を①に代入して $4x + 2x = 30$

$6x = 30$ $x = 5$

$x = 5$ を③に代入して

$2 \times 5 = 3y$ $y = \dfrac{10}{3}$

別解 $x : y = 3 : 2$ であるから

$x = 3k$, $y = 2k$ $(k \neq 0)$ と表される。

これを①に代入して k の値を求める。

$12k + 6k = 30$ $18k = 30$ $k = \dfrac{5}{3}$

$x = 3k = 3 \times \dfrac{5}{3} = 5$, $y = 2k = 2 \times \dfrac{5}{3} = \dfrac{10}{3}$

(3) $\begin{cases} \dfrac{4}{x-1} + \dfrac{7}{y} = 1 & \cdots\cdots ① \\ \dfrac{5}{x-1} - \dfrac{2}{y} = 12 & \cdots\cdots ② \end{cases}$

$\dfrac{1}{x-1} = X$, $\dfrac{1}{y} = Y$ とおくと

$\begin{cases} 4X + 7Y = 1 & \cdots\cdots ③ \\ 5X - 2Y = 12 & \cdots\cdots ④ \end{cases}$

③ × 2 $8X + 14Y = 2$
④ × 7 +) $35X - 14Y = 84$
          $43X = 86$ $X = 2$

$X = 2$ を④に代入して $5 \times 2 - 2Y = 12$

$-2Y = 2$ $Y = -1$

$X = 2$ から $\dfrac{1}{x-1} = 2$

$x - 1 = \dfrac{1}{2}$ $x = \dfrac{3}{2}$

$Y = -1$ から $\dfrac{1}{y} = -1$ $y = -1$

3 $(x, y) = (-1, 0)$

解説 $3x - 4y + 9 = 2x + 5y + 8 = x - 6y + 7$

から

$\begin{cases} 3x - 4y + 9 = 2x + 5y + 8 \\ 2x + 5y + 8 = x - 6y + 7 \end{cases}$

整理すると

$\begin{cases} x - 9y = -1 & \cdots\cdots ① \\ x + 11y = -1 & \cdots\cdots ② \end{cases}$

① − ② $-20y = 0$ $y = 0$

$y = 0$ を①に代入して $x = -1$

4 (1) $(x, y) = (3, -2)$

(2) $a = 3$, $b = 2$

解説 (A) $\begin{cases} ax - 4by = 25 & \cdots\cdots ① \\ 2x - y = 8 & \cdots\cdots ② \end{cases}$

(B) $\begin{cases} 2ax + 8by = -14 & \cdots\cdots ③ \\ -3x + 2y = -13 & \cdots\cdots ④ \end{cases}$

(1) (A), (B)は同じ解をもつから, その解は②, ④の解である。そこで, 連立方程式②, ④を解く。

②×2　　　　$4x-2y=16$
④　　　+)　$-3x+2y=-13$
　　　　　　　$x=3$
$x=3$ を②に代入して　$6-y=8$　　$y=-2$

(2) $x=3$, $y=-2$ を①, ③に代入して
$\begin{cases} 3a+8b=25 & \cdots\cdots ⑤ \\ 6a-16b=-14 & \cdots\cdots ⑥ \end{cases}$
⑥÷2　　$3a-8b=-7$
⑤　　+)　$3a+8b=25$
　　　　　$6a=18$　　$a=3$
$a=3$ を⑤に代入して　$9+8b=25$
　　　　　　　　　　　$8b=16$　　$b=2$

5　85

解説　箱Bに入っている赤玉の数を x 個, 白玉の数を y 個とすると, 箱Aに入っている赤玉の数は $(x-15)$ 個, 白玉の数は $\dfrac{1}{2}y$ 個と表される。

よって $\begin{cases} x+y=300 & \cdots\cdots ① \\ (x-15)+\dfrac{1}{2}y=200 & \cdots\cdots ② \end{cases}$

②から　　$2x+y=430$　……③
③-①から　$x=130$
$x=130$ を①に代入すると
　　$130+y=300$　　$y=170$
$x=130$, $y=170$ は問題に適している。
したがって, 箱Aに入っている白玉の数は
　　$\dfrac{1}{2}\times 170=85$ (個)

6　15 km

解説　自転車で走った道のりを x km, 歩いた道のりを y km とする。
予定では, 時速 12 km の速さで進むと 1 時間 30 分で着くから, Aさんの家から目的地までの道のりは
　　$12\times\dfrac{90}{60}=12\times\dfrac{3}{2}=18$ (km)

	自転車	徒歩	家から目的地まで
道のり	x km	y km	18 km
時間	$\dfrac{x}{12}$ 時間	$\dfrac{y}{4}$ 時間	2 時間

よって $\begin{cases} x+y=18 & \cdots\cdots ① \\ \dfrac{x}{12}+\dfrac{y}{4}=2 & \cdots\cdots ② \end{cases}$

①　　　　　　$x+y=18$
②×12　-)　$x+3y=24$
　　　　　　　$-2y=-6$　　$y=3$
$y=3$ を①に代入して　$x+3=18$　　$x=15$
$x=15$, $y=3$ は問題に適している。
したがって, 家から自転車が故障した地点までの道のりは　15 km

別解　自転車で走った時間を x 時間, 歩いた時間を y 時間とする。
予定では時速 12 km の速さで進むと 1 時間 30 分で目的地に着くから, その道のりは　$12\times\dfrac{90}{60}=12\times\dfrac{3}{2}=18$ (km)

	自転車	徒歩	家から目的地まで
時間	x 時間	y 時間	2 時間
道のり	$12x$ km	$4y$ km	18 km

よって $\begin{cases} x+y=2 & \cdots\cdots ① \\ 12x+4y=18 & \cdots\cdots ② \end{cases}$

①×2　　　$2x+2y=4$
②÷2　-)　$6x+2y=9$
　　　　　　$-4x=-5$　　$x=\dfrac{5}{4}$

$x=\dfrac{5}{4}$ を①に代入すると
　　$\dfrac{5}{4}+y=2$　　$y=\dfrac{3}{4}$
$x=\dfrac{5}{4}$, $y=\dfrac{3}{4}$ は問題に適している。
したがって, 家から自転車が故障した地点までの道のりは　$12\times\dfrac{5}{4}=15$ (km)

7　A　時速 12 km, B　時速 4 km

解説　A, Bの速さを, それぞれ時速 x km,

y km とする。

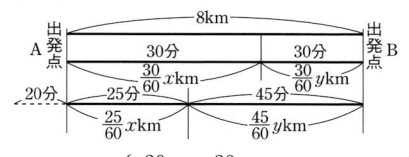

出発点A ── 8km ── 出発点B
30分／30分
$\frac{30}{60}x$ km ／ $\frac{30}{60}y$ km
20分／$\frac{25}{60}x$ km ／ $\frac{45}{60}y$ km

問題から $\begin{cases} \dfrac{30}{60}x+\dfrac{30}{60}y=8 & \cdots\cdots ① \\ \dfrac{25}{60}x+\dfrac{45}{60}y=8 & \cdots\cdots ② \end{cases}$

①×2　　$x+y=16$ ……③
②×12　　$5x+9y=96$ ……④
③から　　$y=16-x$ ……⑤
⑤を④に代入して　$5x+9(16-x)=96$
　　　　　　　　　$5x+144-9x=96$
　　　　　　　　　$-4x=-48$　　$x=12$
$x=12$ を⑤に代入して　$y=16-12=4$
$x=12$, $y=4$ は問題に適している。

8 **おとな24人，子ども70人**
解き方は解説参照。

[解説] おとなを x 人，子どもを y 人とする。全員が割引券を利用しなかった場合の入場料について
$$1000x+750y=76500 \cdots\cdots ①$$
割引券を利用して安くなった金額について
$$1000\times\frac{4}{10}\times\frac{50}{100}x$$
$$+750\times\frac{4}{10}\times\frac{80}{100}y=21600 \cdots\cdots ②$$
①から　　$4x+3y=306$ ……③
②から　　$5x+6y=540$ ……④
③×2　　$8x+6y=612$
④　　$-)\ 5x+6y=540$
　　　　　$3x\ \ \ =72$　　$x=24$
$x=24$ を③に代入して
　　　$96+3y=306$　　$3y=210$　　$y=70$
$x=24$, $y=70$ は問題に適している。

9 **Aの濃度 5.5%，Bの濃度 10%**

[解説] 食塩水Aの濃度を x%，食塩水Bの濃度を y% とする。
A 200 g と B 100 g で 7% となるから

$$200\times\frac{x}{100}+100\times\frac{y}{100}=300\times\frac{7}{100}$$
$$2x+y=21 \cdots\cdots ①$$

A 500 g と B 400 g で 7.5% となるから
$$500\times\frac{x}{100}+400\times\frac{y}{100}=900\times\frac{7.5}{100}$$
$$5x+4y=67.5 \cdots\cdots ②$$

①×5　　$10x+5y=105$
②×2　$-)\ 10x+8y=135$
　　　　　　　$-3y=-30$　　$y=10$
$y=10$ を①に代入して　$2x+10=21$
　　　　　　　　　　　$2x=11$　　$x=5.5$
$x=5.5$, $y=10$ は問題に適している。

10 **865**

[解説] 百の位の数字を x，十の位の数字を y とする。もとの自然数は
$$100x+10y+5$$
である。問題から
$\begin{cases} x+y+5=19 & \cdots\cdots ① \\ 500+10y+x \\ \quad =(100x+50+y)-288 & \cdots\cdots ② \end{cases}$

①から　　$x+y=14$ ……③
②から　　$11x-y=82$ ……④
③+④　　$12x=96$　　$x=8$
$x=8$ を③に代入して
　　　　　$8+y=14$　　$y=6$
$x=8$, $y=6$ は問題に適している。
よって，もとの自然数は　865

第3章　1次関数（$p.99, 100$）

1 (1) $-\dfrac{3}{2}$　　(2) -6

[解説] (2) y の増加量
　　＝変化の割合×x の増加量
であるから
$$-\frac{3}{2}\times(5-1)=-6$$

2
(1) (2) (3) (4) (5) (6)

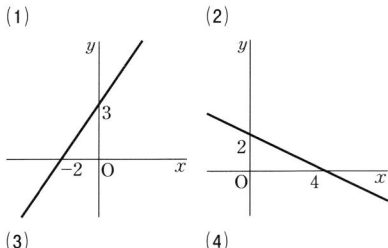

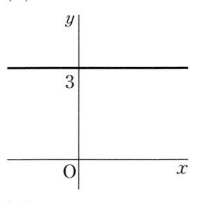

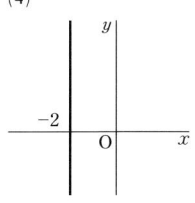

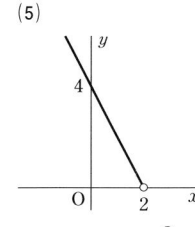

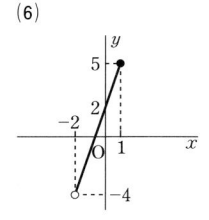

解説 (1) 傾き $\dfrac{3}{2}$, 切片 3 の直線。
(2) 傾き -0.5, 切片 2 の直線。
(3) $(0, 3)$ を通り, x 軸に平行な直線。
(4) 点 $(-2, 0)$ を通り, y 軸に平行な直線。
(5) 傾き -2, 切片 4 の直線の $x<2$ の部分。
(6) 傾き 3, 切片 2 の直線の $-2<x\leqq 1$ の部分。

3 ① $y=-3x+4$
② $y=\dfrac{1}{2}x+2$　　交点 $\left(\dfrac{4}{7}, \dfrac{16}{7}\right)$

解説 ①は $(0, 4)$, $(1, 1)$ を通るから, 切片は 4, 変化の割合は $\dfrac{1-4}{1-0}=-3$
したがって $y=-3x+4$ …… ①
②は $(0, 2)$, $(-4, 0)$ を通るから切片は 2, 変化の割合は $\dfrac{0-2}{-4-0}=\dfrac{1}{2}$
したがって $y=\dfrac{1}{2}x+2$ …… ②

また, ①, ②から, y を消去して
$-3x+4=\dfrac{1}{2}x+2$　$-\dfrac{7}{2}x=-2$　$x=\dfrac{4}{7}$
①に代入して $y=-3\times\dfrac{4}{7}+4=\dfrac{16}{7}$
交点の座標は $\left(\dfrac{4}{7}, \dfrac{16}{7}\right)$

4 (1) $y=3x-6$　(2) $y=-\dfrac{5}{6}x+\dfrac{4}{3}$
(3) $y=-\dfrac{2}{3}x+\dfrac{4}{3}$　(4) $y=-4x+19$

解説 (1) 切片 -6 から, $y=ax-6$ と表される。点 $(4, 6)$ を通るから
$6=4a-6$　$4a=12$　$a=3$
したがって $y=3x-6$
(2) 2 点 $(-2, 3)$, $(4, -2)$ を通る直線の傾きは $\dfrac{-2-3}{4-(-2)}=-\dfrac{5}{6}$ であるから,
$y=-\dfrac{5}{6}x+b$ と表される。
この直線が点 $(-2, 3)$ を通るから
$3=-\dfrac{5}{6}\times(-2)+b$　$b=3-\dfrac{5}{3}=\dfrac{4}{3}$
したがって $y=-\dfrac{5}{6}x+\dfrac{4}{3}$

別解 直線の式は $y=ax+b$ と表される。
2 点 $(-2, 3)$, $(4, -2)$ を通るから
$\begin{cases} 3=-2a+b & \cdots\cdots ① \\ -2=4a+b & \cdots\cdots ② \end{cases}$
①-②から $5=-6a$　$a=-\dfrac{5}{6}$
これを①に代入して
$3=-2\times\left(-\dfrac{5}{6}\right)+b$　$b=\dfrac{4}{3}$
(3) $2x+3y=6$ を, y について解くと
$y=-\dfrac{2}{3}x+2$
直線 $2x+3y=6$ に平行な直線の式は
$y=-\dfrac{2}{3}x+b$ と表される。
この直線が点 $(-1, 2)$ を通るから
$2=-\dfrac{2}{3}\times(-1)+b$　$b=\dfrac{4}{3}$

したがって　$y=-\dfrac{2}{3}x+\dfrac{4}{3}$

注意　両辺を3倍して　$3y=-2x+4$　から　$2x+3y=4$　としてもよい。

参考　直線 $2x+3y=6$ に平行な直線の式は $2x+3y=c$ で表される。
この直線が点 $(-1, 2)$ を通るから
$$2\times(-1)+3\times 2=c \quad c=4$$
したがって　$2x+3y=4$

(4)　2直線 $x+2y=3$，$y+1=0$ の交点の座標は，$y=-1$ を第1式に代入して
$$x-2=3 \quad x=5$$
よって　$(5, -1)$
傾き -4 の直線 $y=-4x+b$ が点 $(5, -1)$ を通るとして
$$-1=-4\times 5+b \quad b=19$$
したがって　$y=-4x+19$

5　$a=2$，$b=5$　y の変域　$2 \leqq y \leqq 4$

解説　$y=ax-1$，$y=-x+b$ のグラフの交点の座標が $(2, 3)$ であるから
$$3=a\times 2-1, \quad 3=-2+b$$
よって　$a=2$，$b=5$
$y=-x+5$ $(1 \leqq x \leqq 3)$
　$x=1$ のとき　$y=-1+5=4$
　$x=3$ のとき　$y=-3+5=2$
したがって，y の変域は　$2 \leqq y \leqq 4$

6　$a=\dfrac{1}{2}$

解説　3直線を順に，①，②，③とする。
1点で交わるから，①，②の交点の座標は連立方程式 $\begin{cases} y=2x-1 \\ y=-x+3 \end{cases}$ の解で表される。
$$2x-1=-x+3 \quad x=\dfrac{4}{3}$$
$x=\dfrac{4}{3}$ を①に代入すると
$$y=2\times\dfrac{4}{3}-1=\dfrac{5}{3}$$
点 $\left(\dfrac{4}{3}, \dfrac{5}{3}\right)$ は直線③上の点であるから
$$\dfrac{5}{3}=\dfrac{4}{3}a+1 \quad \dfrac{2}{3}=\dfrac{4}{3}a \quad a=\dfrac{1}{2}$$

7　$a=-\dfrac{1}{2}$

解説　点Pは $y=-\dfrac{6}{x}$ のグラフ上にあるから，$x=-2$ を $y=-\dfrac{6}{x}$ に代入して
$$y=-\dfrac{6}{-2}=3$$
点Pの座標は　$(-2, 3)$
点Pは直線 $y=ax+2$ 上にもあるから
$$3=-2a+2 \quad したがって \quad a=-\dfrac{1}{2}$$

8　(1)　午前9時50分

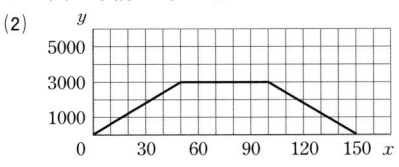

(2)　

(3)　(ア)　$100 \leqq x \leqq 150$
　(イ)　$y=-60x+9000$

解説　(1)　$3000 \div 60 = 50$ (分)
求める時刻は　午前9時50分

(2)　あつ子さんが自宅から優子さんの家までの道を往復するのにかかる時間は
$$50\times 2=100 \text{(分)}$$
自宅に着いたのは，自宅を出発してから2時間30分後，すなわち150分後であるから，あつ子さんが優子さんの家にいた時間は50分間である。
よって，グラフは答の図のようになる。

(3)　(ア)　(2)から，x の変域は　$100 \leqq x \leqq 150$
　(イ)　変化の割合は -60 であるから，求める式は $y=-60x+b$ とおける。
$x=100$ のとき $y=3000$ であるから
$$3000=-60\times 100+b \quad b=9000$$
よって，求める式は　$y=-60x+9000$

9　$0 \leqq x \leqq 2$ のとき
$$y=9x$$
$2 \leqq x \leqq 5$ のとき
$$y=18$$
$5 \leqq x \leqq 11$ のとき

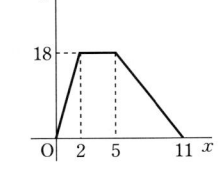

$$y=-3x+33$$

解説 [1] 点PがDに着くのは，動き始めてから2秒後であるから

$0 \leq x \leq 2$ のとき　$y=\dfrac{1}{2}\times 6\times 3x=9x$

[2] 点PがCに着くのは，動き始めてから5秒後であるから

$2 \leq x \leq 5$ のとき　$y=\dfrac{1}{2}\times 6\times 6=18$

[3] 点PがBに着くのは，動き始めてから11秒後であるから

$5 \leq x \leq 11$ のとき

$$y=\dfrac{1}{2}\times 6\times (11-x)$$
$$=-3x+33$$

第4章　図形の性質と合同
(*p*. 138, 139)

1 辺 AB と辺 ED
理由　錯角である2つの63°の角が等しいから。
辺 AF と辺 CD
理由　錯角である2つの48°の角が等しいから。

解説 同位角，錯角の関係にある2つの角に注目する。

2 (1) $\angle x=35°$　(2) $\angle x=130°$
(3) $\angle x=20°$　(4) $\angle x=30°$

解説 (1) 右の図において，$\ell /\!/ m$ で錯角が等しいから

$$\angle a=40°$$

三角形の内角と外角の性質により

$$\angle x=75°-40°=35°$$

(2) 右の図のように，ℓ，m に平行な直線 n をひき，$\angle a$，$\angle b$ を定める。

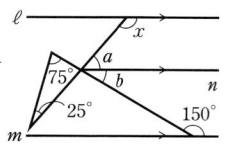

$\angle a+\angle b$
$=180°-(75°+25°)$
$=180°-100°=80°$

また　$\angle b=180°-150°=30°$（錯角）
よって　$\angle a=80°-30°=50°$
$180°-\angle x=\angle a$（錯角）
したがって

$$\angle x=180°-\angle a=180°-50°=130°$$

(3) 下の図において　$\angle ADC=30°$（同位角）
$\angle BDC=55°+30°=85°$
△BDE の内角と外角の関係より
$\angle BED=85°-65°=20°$
よって　$\angle x=\angle BED=20°$（対頂角）

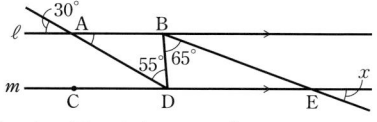

(4) 右の図のように，ℓ，m に平行な直線 s，t をひき，$\angle a$，$\angle b$，$\angle c$，$\angle d$ を定める。

$\ell /\!/ s$ で，錯角が等しいから

$$\angle a=60°$$

よって

$$\angle b=110°-60°=50°$$

$s /\!/ t$ で，錯角が等しいから

$$\angle c=\angle b=50°$$

したがって　$\angle d=80°-50°=30°$

$t /\!/ m$ で，錯角が等しいから

$$\angle x=\angle d=30°$$

3 (1) $\angle x=54°$　(2) $\angle x=120°$
(3) $\angle x=75°$　(4) $\angle x=25°$

解説 (1) $\angle DBC+\angle DCB=180°-116°=64°$
よって，△ABC において
$\angle B+\angle C=29°+33°+64°=126°$
したがって　$\angle x=180°-126°=54°$

(2) $\angle BEF$ は △AEC の外角であるから
$\angle BEF=60°+40°=100°$
$\angle x$ は △EBF の外角であるから
$\angle x=100°+20°=120°$

(3) AB $/\!/$ DE であるから
$\angle DEC=62°$（同位角）

$$\angle x = 180° - (\angle CDE + \angle DEC)$$
$$= 180° - (43° + 62°) = 75°$$

(4) 正五角形の 1 つの内角の大きさは
$$180° \times (5-2) \div 5 = 108°$$
△PCD において
$$\angle x = 180° - (47° + 108°) = 25°$$

4 (1) 直角三角形　(2) 鈍角三角形
(3) 鋭角三角形

解説 三角形の内角の和は 180° であるから
$$\angle A + \angle B + \angle C = 180° \quad \cdots\cdots ①$$

(1) $\angle A = \angle B + \angle C$ と①から
$$2\angle A = 180° \quad \angle A = 90°$$
△ABC は $\angle A = 90°$ の直角三角形である。

(2) ①から　$\angle C = 180° \times \dfrac{6}{1+2+6} = 120°$
△ABC は鈍角三角形である。

(3) $\angle A = \angle B + 10°$, $\angle B = \angle C + 10°$ より，①から
$$\angle A + \angle B + \angle C$$
$$= (\angle B + 10°) + \angle B + (\angle B - 10°)$$
$$= 3\angle B$$
$3\angle B = 180°$ から　$\angle B = 60°$
よって　$\angle A = 70°$, $\angle C = 50°$
△ABC は鋭角三角形である。

5 (1) 54°, 81°, 108°, 135°, 162°
(2) 二十角形, 18°

解説 (1) 五角形の内角の和は
$$180° \times (5-2) = 540°$$
よって　$540° \div (2+3+4+5+6)$
$$= 540° \div 20 = 27°$$
したがって
$27° \times 2$, $27° \times 3$, $27° \times 4$, $27° \times 5$, $27° \times 6$
すなわち　54°, 81°, 108°, 135°, 162°

(2) n 角形とすると
$$180° \times (n-2) = 3240°$$
$$n - 2 = 18 \quad n = 20$$
正二十角形の 1 つの外角の大きさは
$$360° \div 20 = 18°$$

6 $\angle x = 27°$

解説 右の図のように，A，B，C，D，E，F を定める。
△DBC と △DEF において
$\angle BDC = \angle EDF$
残りの 2 つの内角の和について
$$\angle DBC + \angle DCB = 22° + 37° = 59°$$
△ABC において
$$65° + (29° + \angle DBC) + (\angle DCB + \angle x)$$
$$= 180°$$
$$65° + 29° + 59° + \angle x = 180°$$
$$153° + \angle x = 180° \quad \angle x = 27°$$

7 720°

解説 図1のように，各点の記号を定める。
△BDF において
$$\angle AFG$$
$$= \angle B + \angle D$$
△CEG において
$$\angle AGF = \angle C + \angle E$$
△AFG において
$$\angle A + (\angle B + \angle D) + (\angle C + \angle E) = 180°$$
$$\angle A + \angle B + \angle C + \angle D + \angle E = 180°$$

図2のように，各点の記号と角を定める。
$\angle f + \angle g + \angle h + \angle i + \angle j$ は，五角形 FGHIJ の内角の和に等しいから，求める角の和は
$$180° + 540° = 720°$$

8 (1) (仮定) 四角形 ABCD は長方形である。
(結論) $\angle A$ は直角である。

(2) △ABC で

● 275 ●

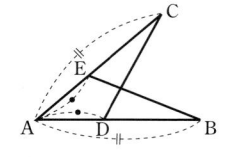

（仮定）∠A は鈍角である。
（結論）∠A＞∠B である。

9 △ABE と △ACD において
AB＝AC，
AE＝AD，
∠A は共通
2組の辺とその間の角がそれぞれ等しいから △ABE≡△ACD
よって ∠ABE＝∠ACD

10 ∠ADF＝∠FDE＝∠a，
∠FED＝∠FEB＝∠b とする。
また，図のように点Cをとる。
直角三角形 DEF で
∠a＋∠b＝90°
よって
∠b＝90°－∠a
∠ADE＝2∠a
∠DEC＝180°－2∠b
＝180°－2(90°－∠a)
＝2∠a＝∠ADE
錯角が等しいから ℓ∥m

第5章 三角形と四角形
（$p.$ 182，183）

1 (1) ∠x＝70°，∠y＝40°
(2) ∠x＝80°，∠y＝20°

解説 (1) BC＝CA から ∠x＝70°
∠y＝180°－2×70°＝40°
(2) DB＝DC から ∠DCB＝40°
∠x は △DBC の外角であるから
∠x＝2×40°＝80°
また，DC＝CA から ∠A＝∠x＝80°
∠y＝180°－2×80°＝20°

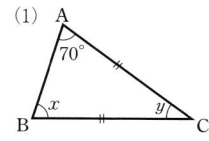

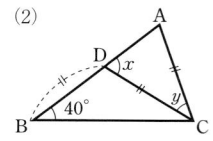

2 △DAB において AB＝AD，
∠DAB＝60°
よって，△DAB は正三角形である。
また，△EAC において
AE＝AC，∠EAC＝60°
よって，△EAC は正三角形である。

3 (1) 40°
(2) 仮定より
∠ABE＝∠CBF
...... ①
∠BAE＝∠BCF
...... ②
三角形の内角と外角の性質から
∠AEF＝∠ABE＋∠BAE
∠AFE＝∠CBF＋∠BCF
①，②から ∠AEF＝∠AFE
よって，△AEF は二等辺三角形で，
AE＝AF である。

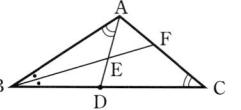

解説 (1) △ABD は DA＝DB の二等辺三角形であるから
∠BAD＝∠ABD
△ABD において，内角と外角の性質から
∠BAD＋∠ABD＝80°
よって ∠BAD＝80°÷2＝40°

4 136°

解説 点Aと点Oを結ぶ。
△OAB と △OAC はともに二等辺三角形で
∠OAB＝∠OBA＝42°
よって，△OAB の ∠O の外角は 84°
また ∠CAO＝∠ACO＝26°
よって，△OAC の ∠O の外角は 52°
したがって ∠BOC＝84°＋52°＝136°

5 △ABD と △EBD で
∠A＝∠E＝90°
BD は共通
∠ABD＝∠EBD
直角三角形の斜辺と1つの鋭角がそれぞれ等しいから △ABD≡△EBD
よって AD＝ED …… ①
また，△DEC で，∠E＝90°，∠C＝45°

から　　∠EDC=45°
したがって　ED=EC ……②
①，②から　AD=DE=EC

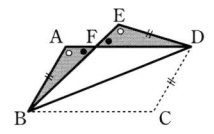

6 (1) $\angle x=60°$，$\angle y=65°$，$\angle z=60°$
(2) $a=5$，$\angle x=90°$，$\angle y=30°$

解説 (1) ∠BAD+∠B=180°
$\angle x=180°-(65°+55°)$
$=180°-120°=60°$
AB∥DC から
$\angle y=65°$（錯角）　また　$\angle z=\angle x=60°$
(2) 四角形 ABCD はひし形であるから
$a=5$
また　$\angle x=90°$
∠BAC=∠CAD=60° であるから
$\angle y=90°-60°=30°$

7 ▱ABCD を対角線 BD を折り目として折り返したから，右の図において
　　△EBD≡△CBD
よって　　ED=CD，
　　　　　∠BED=∠BCD
また，▱ABCD で
　　AB=DC，∠DAB=∠BCD
よって　　AB=ED　　……①
　　　　　∠DAB=∠BED　　……②
△FAB と △FED において
　　∠AFB=∠EFD（対頂角）……③
よって，②，③から
　　　　　∠ABF=∠EDF　　……④
①，②，④より，1組の辺とその両端の角がそれぞれ等しいから
　　　　　△FAB≡△FED
したがって　FA=FE

8 △ABM と △ECM で　BM=CM
　　∠AMB=∠EMC（対頂角）
　　∠ABM=∠ECM（AB∥DE，錯角）
1組の辺とその両端の角がそれぞれ等しいから
　　　　　△ABM≡△ECM

よって　　AM=EM
したがって，対角線 AE，BC がそれぞれの中点 M で交わるから，四角形 ABEC は平行四辺形である。

9 △ABE と △GBE において
　　BE は共通
　　∠BAE=∠BGE=90°
　　∠ABE=∠GBE
直角三角形の斜辺と1つの鋭角がそれぞれ等しいから
　　　　　△ABE≡△GBE　　……①
よって　AE=GE　　　　……②
　　　　∠AEB=∠GEB　　……③
また，△ABF と △GBF において
①から　BA=BG
　　BF は共通，∠ABF=∠GBF
2組の辺とその間の角がそれぞれ等しいから　△ABF≡△GBF
よって　AF=GF　……④
∠ADC=∠EGC=90° から　AD∥EG
よって　∠AFE=∠GEB
③から　∠AFE=∠AEB
すなわち　∠AFE=∠AEF
したがって　AF=AE　……⑤
②，④，⑤より，AF=FG=GE=EA であるから，四角形 AFGE はひし形である。

10 A と P を結び，M を通って，PA に平行な線をひき，辺 AB との交点を Q とし，P と Q を結ぶ。
証明　BM=MC であるから　△ABM=△AMC
AP∥QM，MQ が共通であるから
　　　　　△PMQ=△AMQ
両辺に △BMQ を加えると
　　　　　△PBQ=△ABM
したがって，直線 PQ は △ABC の面積を2等分する。

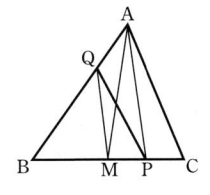

第6章 確率 (p.207, 208)

1 10通り

解説 正五角形の頂点を A, B, C, D, E とすると，三角形の頂点の選び方は
(A, B, C), (A, B, D), (A, B, E),
(A, C, D), (A, C, E), (A, D, E),
(B, C, D), (B, C, E), (B, D, E),
(C, D, E) の 10 通りある。

2 (1) 7通り　　(2) 27通り

解説 (1) 和が5の倍数になるのは，和が5または10の場合である。
和が 5 …… (1, 4), (2, 3), (3, 2), (4, 1) の 4 通り
和が 10 …… (4, 6), (5, 5), (6, 4) の 3 通り
よって　4+3=7 (通り)

(2) 積が偶数となる場合は
第1の目が奇数なら，第2の目は偶数であるから　$3\times 3 = 9$ (通り)
第1の目が偶数なら，第2の目は何でもよいから　$3\times 6 = 18$ (通り)
よって　$9+18=27$ (通り)

3 14個

解説 3けたの整数が奇数となるのは，一の位に1または3の数字を選んだときである。各けたの数字の選び方を樹形図で示すと次のようになる。

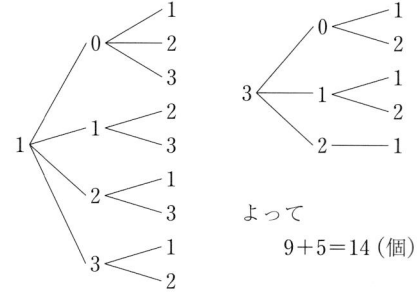

よって
$9+5=14$ (個)

4 $\dfrac{2}{5}$

解説 取り出し方の総数は 10 通り。
取り出したボールに書かれた数が 10 の約数であるのは，1, 2, 5, 10 の 4 通り。
求める確率は　$\dfrac{4}{10} = \dfrac{2}{5}$

5 $\dfrac{1}{2}$

解説 4枚の硬貨を ⑩⑩, ㊿, 50, ⑩ として，表を○，裏を×で表すと，次のような樹形図となる。

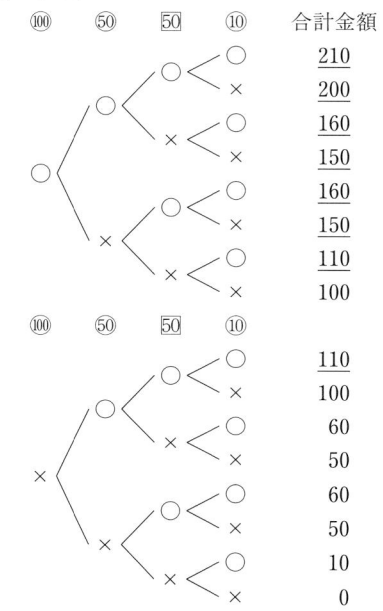

110円以上となるのは ___ の 8 通りであるから，求める確率は　$\dfrac{8}{16} = \dfrac{1}{2}$

6 $\dfrac{3}{10}$

解説 2枚のカードを並べてできる整数は全部で
$6\times 5 = 30$ (通り)
このうち，2けたの整数で 3 の倍数は次の 9 通りである。
12, 15, 21, 24, 30, 42, 45, 51, 54
求める確率は　$\dfrac{9}{30} = \dfrac{3}{10}$

7 $\dfrac{4}{9}$

解説 赤玉を赤1, 赤2と表す。
玉の取り出し方は次の樹形図のようになり, 全部で9通りである。

```
     ┌赤1＊        ┌赤1＊       ┌赤1
赤1─┤赤2＊   赤2─┤赤2＊   白─┤赤2
     └白           └白          └白
```

2回とも赤玉が出るのは, ＊印の4通り。

求める確率は $\dfrac{4}{9}$

8 (1) $\dfrac{1}{45}$ (2) $\dfrac{1}{45}$ (3) $\dfrac{7}{15}$

解説 A, Bの順にくじを引くから, すべての場合の数は $10\times 9=90$ (通り)

(1) Aが1等, Bが2等を当てる場合は
$1\times 2=2$ (通り)

求める確率は $\dfrac{2}{90}=\dfrac{1}{45}$

(2) Aが2等, Bが1等を当てる場合は
$2\times 1=2$ (通り)

求める確率は $\dfrac{2}{90}=\dfrac{1}{45}$

(3) 2人ともはずれる場合は
$7\times 6=42$ (通り)

求める確率は $\dfrac{42}{90}=\dfrac{7}{15}$

9 (1) $\dfrac{2}{5}$ (2) $\dfrac{2}{5}$

解説 (1) すべての取り出し方は
$5\times 4\div 2=10$

取り出した2枚のカードの文字が小文字だけ, または大文字だけになる場合は
(a, b), (a, c), (b, c), (A, B)
の4通り。

求める確率は $\dfrac{4}{10}=\dfrac{2}{5}$

(2) 5枚のカードの中から同時に2枚を取り出す方法は $(5\times 4)\div 2=10$ (通り)

3枚の①をa, b, c, 2枚の②をA, Bとすると, (1)により, 取り出した2枚のカードに書いてある数字が同じになるのは 4通り。

求める確率は $\dfrac{4}{10}=\dfrac{2}{5}$

参考 ①, ①, ①, ②, ②のように, 同じものであっても, 確率ではa, b, c, A, Bのように異なるものとして扱う。

場合の数では, 全体が①①, ①②, ②②の3通りであるが, 確率では, 全体をab, ac, aA, aB, bc, bA, bB, cA, cB, ABの10通りと考える。こうしないと, 各場合が同様に確からしいとはいえない。

10 $\dfrac{7}{9}$

解説 目の出方は, 全部で $6\times 6=36$ (通り)
そのうち, 大きいさいころの目をa, 小さいさいころの目をbとするとき,
$a^2+b^2<4^2$ を満たす (a, b) は
(1, 1), (1, 2), (1, 3), (2, 1), (2, 2), (2, 3), (3, 1), (3, 2) の8通り。

求める確率は $1-\dfrac{8}{36}=1-\dfrac{2}{9}=\dfrac{7}{9}$

参考 $a^2+b^2\geqq 4^2$ を満たす場合の数を考えるより, $a^2+b^2<4^2$ を満たす場合の数を考える方がらくである。

11 (1) **18通り** (2) $\dfrac{1}{3}$

解説 (1) 3つの正方形を左からA, B, Cとする。
赤と青でぬり分けるとき, 樹形図は次のようになり, 6通り。

```
  A  B  C           A  B  C
     ┌赤─青           ┌赤─┬赤
赤─┤                赤─┤   └青
     └青─┬赤              └青─┬赤
           └青                    └赤
```
(参考的な樹形図)

A B C
     ┌赤─青
赤─┤
     └青─┬赤
           └青

A B C
     ┌赤─┬赤
赤─┤   └青
     └青─赤

青と緑, 緑と赤のときも同じであるから
$6\times 3=18$ (通り)

(2) Bが赤でぬられる場合の数は, 上の樹形図から3通り。緑と赤のときも3通りあるから, $3+3=6$ (通り)

求める確率は $\dfrac{6}{18}=\dfrac{1}{3}$

入試対策問題の答と解説

第1章 式の計算 (p.33, 34)

1 (1) $\dfrac{5x-4y}{18}$ (2) $\dfrac{2x-7y}{15}$

(3) $\dfrac{9x-5y}{2}$ (4) $-\dfrac{1}{12}x-\dfrac{1}{4}y$

(5) $9a^3b$ (6) x^2

(7) $18xy$ (8) $4x^4y^4$

解説 (1) $\dfrac{3x-2y}{6}-\dfrac{2x-y}{9}$

$=\dfrac{3(3x-2y)-2(2x-y)}{18}$

$=\dfrac{9x-6y-4x+2y}{18}=\dfrac{5x-4y}{18}$

(2) $\dfrac{x-2y}{3}-\dfrac{6x-y}{5}+x$

$=\dfrac{5(x-2y)-3(6x-y)+15x}{15}$

$=\dfrac{5x-10y-18x+3y+15x}{15}=\dfrac{2x-7y}{15}$

(3) $4x-6y+\dfrac{x+7y}{2}=\dfrac{2(4x-6y)+x+7y}{2}$

$=\dfrac{8x-12y+x+7y}{2}=\dfrac{9x-5y}{2}$

(4) $\dfrac{1}{4}(x-3y)-\dfrac{1}{6}(2x-3y)$

$=\dfrac{1}{4}x-\dfrac{3}{4}y-\dfrac{1}{3}x+\dfrac{1}{2}y$

$=\left(\dfrac{1}{4}-\dfrac{1}{3}\right)x+\left(-\dfrac{3}{4}+\dfrac{1}{2}\right)y$

$=\left(\dfrac{3-4}{12}\right)x+\left(\dfrac{-3+2}{4}\right)y=-\dfrac{1}{12}x-\dfrac{1}{4}y$

(5) $3ab^2\times(-2a)^3\div\left(-\dfrac{8}{3}ab\right)$

$=3ab^2\times(-8a^3)\times\left(-\dfrac{3}{8ab}\right)$

$=\dfrac{3ab^2\times 8a^3\times 3}{8ab}=9a^3b$

(6) $4xy^2\div(-6y)^2\times 9x=4xy^2\div 36y^2\times 9x$

$=\dfrac{4xy^2\times 9x}{36y^2}=x^2$

(7) $4xy^3\times\left(\dfrac{3x}{y}\right)^2\div 2x^2=4xy^3\times\dfrac{9x^2}{y^2}\times\dfrac{1}{2x^2}$

$=18xy$

(8) $32x^3y^4\div 8xy^2\times(xy)^2$

$=32x^3y^4\div 8xy^2\times x^2y^2$

$=\dfrac{32x^3y^4\times x^2y^2}{8xy^2}=4x^4y^4$

2 (1) $\dfrac{1}{6}$ (2) 2

解説 (1) $\left(\dfrac{1}{2}x^2y\right)^3\div\left(-\dfrac{1}{16}x^7y^4\right)\times(-xy)^2$

$=\dfrac{1}{8}x^6y^3\div\left(-\dfrac{1}{16}x^7y^4\right)\times x^2y^2$

$=-\dfrac{x^6y^3\times 16\times x^2y^2}{8\times x^7y^4}=-2xy$

$x=\dfrac{1}{3}$, $y=-\dfrac{1}{4}$ を代入して

$-2\times\dfrac{1}{3}\times\left(-\dfrac{1}{4}\right)=\dfrac{1}{6}$

(2) $\dfrac{a+3}{2}-\dfrac{2b-1}{3}=\dfrac{3(a+3)-2(2b-1)}{6}$

$=\dfrac{3a-4b+11}{6}$

$3a-4b=1$ を代入して

$\dfrac{1+11}{6}=\dfrac{12}{6}=2$

3 (1) $a=7b$ (2) $\dfrac{8}{17}$

解説 (1) $(a+3b):(2a+b)=2:3$

$2(2a+b)=3(a+3b)$

$4a-3a=9b-2b$ $a=7b$

(2) $a=7b$ を $\dfrac{3a^2-ab-4b^2}{6a^2+ab-12b^2}$ に代入して

$\dfrac{3\times(7b)^2-7b\times b-4b^2}{6\times(7b)^2+7b\times b-12b^2}$

$=\dfrac{147b^2-7b^2-4b^2}{294b^2+7b^2-12b^2}=\dfrac{136b^2}{289b^2}=\dfrac{8}{17}$

4 $y=\dfrac{30x}{x+30}$

解説 長方形Aの面積は xy

長方形Bの面積は $4(x-y)$

よって　$2xy=15\times4(x-y)$
$$xy=30(x-y)$$
$xy=30x-30y$　　$xy+30y=30x$
$y(x+30)=30x$　……①

$x>0$ であるから　$x+30\neq0$

①の両辺を $x+30$ でわると　$y=\dfrac{30x}{x+30}$

5　17，18，19

解説　連続する3つの自然数を $n-1$, n, $n+1$ とする。この3つの数の和は
$$(n-1)+n+(n+1)=3n$$
$3n$ を4でわったときの商を a とすると
$$3n=4a+2$$
と表される。
n は自然数であるから，$4a+2$ が3の倍数になるような a の値を考える。
$a=10$ のとき $4a+2=42$ となり，3の倍数である。
次に $4a+2$ が3の倍数になるのは $a=13$ のときで
$$4a+2=54$$
$3n$ が50にもっとも近くなるのはこのときであるから
$$3n=54\qquad n=18$$
求める3つの自然数　17，18，19

6　$\left(\dfrac{4}{3}a-b\right)$票

解説　A, B, C の得票数を図で表すと，次のようになる。

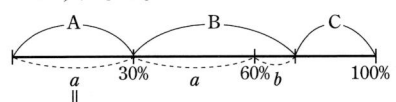

A, B, C 図（30%, 60%, 100%）
全投票数の30% = a

全投票数を a で表すと　$a\div\dfrac{30}{100}=\dfrac{10}{3}a$

よって，Cの得票数は
$$\dfrac{10}{3}a-a-(a+b)=\dfrac{4}{3}a-b\text{（票）}$$

7　(1) $5n-4$　　(2) $k=32$

解説　(1) $(n-1)$ 段目の右端の数は
$$5(n-1)=5n-5$$

よって，n 段目の左端の数は
$$(5n-5)+1=5n-4$$

(2) k 段目の5つの自然数の和は
$(5k-4)+(5k-3)+(5k-2)+(5k-1)$
$+5k=25k-10$
$25k-10=790$　　$25k=800$　　$k=32$

8　5373，5376，5379

解説　もとの自然数の千の位の数を a，一の位の数を b（a, b は1から9までの自然数）とおくと，もとの自然数は
$$1000a+300+70+b=1000a+370+b$$
千の位の数と一の位の数を入れかえた数の一の位の数は　a

入れかえた数は15の倍数であるから，一の位の数 a は　0または5

a は1から9までの自然数であるから
$$a=5$$
もとの数は　$1000\times5+370+b=5370+b$
$$=3\times1790+b$$
もとの数は3の倍数であるから，b は3の倍数である。よって　$b=3, 6, 9$
求める自然数は　5373，5376，5379

9　5個

解説　[1] $m\geqq1$, $n\geqq1$ のとき
$2m\geqq2$, $3n\geqq3$ から $2m$ と $3n$ の和は $2+3$ 以上，すなわち5以上になる。
よって，1, 2, 3, 4 は $2m+3n$ の形で表せない。

[2] $n=1$ のとき
$$2m+3n=2m+3$$
$$=2(m+1)+1\geqq2\times2+1=5$$
$2(m+1)+1$ は奇数であるから，5以上の奇数は $2m+3n$ の形で表される。

[3] $n=2$ のとき
$$2m+3n=2m+6$$
$$=2(m+3)\geqq2\times4=8$$
$2(m+3)$ は偶数であるから，8以上の偶数は $2m+3n$ の形で表される。

[4] $2m$ のとりうる値は　$2m=2, 4, 6, \cdots\cdots$
$3n$ のとりうる値は　$3n=3, 6, 9, \cdots\cdots$

$2m$ と $3n$ の和について，$2m+3n=6$ とはならないから，6 は $2m+3n$ の形で表せない。

[1]〜[4] から，求める個数は
　　1，2，3，4，6 の 5 個

第 2 章　連立方程式
(p. 63, 64)

1 (1) $(x, y) = (2, 3)$

(2) $(x, y) = (4, -2)$

(3) $(x, y) = \left(\dfrac{1}{6}, \dfrac{1}{4}\right)$

(4) $(x, y) = \left(6, \dfrac{3}{2}\right)$

解説 (1) $\begin{cases} x+3y=11 & \cdots\cdots ① \\ y=2x-1 & \cdots\cdots ② \end{cases}$

②を①に代入して
$$x+3(2x-1)=11$$
$$x+6x-3=11 \quad 7x=14 \quad x=2$$
$x=2$ を②に代入して　$y=2\times 2-1=3$

(2) $\begin{cases} 2x-3y=14 & \cdots\cdots ① \\ 5x+7y=6 & \cdots\cdots ② \end{cases}$

①×7　　　$14x-21y=98$
②×3　$+)\ 15x+21y=18$
　　　　　　$29x=116$　　$x=4$

これを②に代入して　$20+7y=6$
$$7y=-14 \quad y=-2$$

(3) $\begin{cases} 3x+2y=1 & \cdots\cdots ① \\ x-y=-\dfrac{1}{12} & \cdots\cdots ② \end{cases}$

②×12　　　$12x-12y=-1$
①×6　$+)\ 18x+12y=6$
　　　　　　$30x=5$
$$x=\dfrac{1}{6}$$

$x=\dfrac{1}{6}$ を②に代入して　$\dfrac{1}{6}-y=-\dfrac{1}{12}$
$$y=\dfrac{1}{4}$$

(4) $\begin{cases} 0.5x+0.2y=3.3 & \cdots\cdots ① \\ \dfrac{x}{4}-\dfrac{y}{3}=1 & \cdots\cdots ② \end{cases}$

①×10　　$5x+2y=33$　$\cdots\cdots$ ③
②×12　　$3x-4y=12$　$\cdots\cdots$ ④
③×2　　　$10x+4y=66$
④　　　$+)\ 3x-4y=12$
　　　　　　$13x=78$　　$x=6$

$x=6$ を③に代入して　$5\times 6+2y=33$
$$y=\dfrac{3}{2}$$

2　$a=1$，$b=2$

解説 $\begin{cases} x+3y=-4 & \cdots\cdots ① \\ x+2y=-1 & \cdots\cdots ② \end{cases}$

$\begin{cases} 2ax+by=4 & \cdots\cdots ③ \\ bx+ay=7 & \cdots\cdots ④ \end{cases}$

①−②から　$y=-3$
$y=-3$ を①に代入すると
$$x+3\times(-3)=-4 \quad x=5$$
$x=5$，$y=-3$ を③，④に代入すると
$$10a-3b=4 \quad \cdots\cdots ⑤$$
$$-3a+5b=7 \quad \cdots\cdots ⑥$$

⑤×3　　　　　　$30a-9b=12$
⑥×10　$+)\ -30a+50b=70$
　　　　　　　　$41b=82$　　$b=2$

$b=2$ を⑤に代入すると
$$10a-3\times 2=4 \quad a=1$$

3　$x=12$，$y=5$

解説 度数について
$$1+5+7+8+x+y+2=40$$
よって　$x+y=17$　$\cdots\cdots$ ①
平均値について
$$(3\times 1+7\times 5+11\times 7+15\times 8+19\times x$$
$$+23\times y+27\times 2)\div 40=15.8$$
よって　$19x+23y=343$　$\cdots\cdots$ ②

①×19　　　　$19x+19y=323$
②　　　$-)\ 19x+23y=343$
　　　　　　　　$-4y=-20$　　$y=5$

$y=5$ を①に代入すると
$$x+5=17 \quad x=12$$

$x=12$, $y=5$ は問題に適している

4 200個

解説 値上げ後初日に売った個数を x 個，サービスで配った個数を y 個とし，値上げ前の1個の値段を a 円とする。問題から

$$\begin{cases} a\times(x+y-130)\times 1.65 = 1.1a\times x & \cdots\cdots ① \\ y=\dfrac{1}{11}(x+y) & \cdots\cdots ② \end{cases}$$

①$\times \dfrac{20}{11a}$ $(x+y-130)\times 3 = 2x$

$3x+3y-390=2x$ $x+3y=390$ $\cdots$ ③

②$\times 11$ $11y=x+y$ $x=10y$ $\cdots$ ④

④を③に代入して $13y=390$ $y=30$

$y=30$ を④に代入して $x=300$

$x=300$, $y=30$ は問題に適している。

よって，値上げ前の最終日の売り上げ個数は $x+y-130=300+30-130=200$（個）

5 (ア) $\dfrac{1}{2}$ (イ) $\dfrac{7}{2}$

解説 ポンプAを x 時間，ポンプBを y 時間使用したとする。

時間について $x+y=4$ $\cdots\cdots$ ①

水の量について $\dfrac{1}{3}x+\dfrac{1}{6}y=\dfrac{3}{4}$

両辺に12をかけて $4x+2y=9$ $\cdots\cdots$ ②

①$\times 4$ $4x+4y=16$

② $-$）$4x+2y=9$
$2y=7$ $y=\dfrac{7}{2}$

$y=\dfrac{7}{2}$ を①に代入して

$x+\dfrac{7}{2}=4$ $x=\dfrac{1}{2}$

$x=\dfrac{1}{2}$, $y=\dfrac{7}{2}$ は問題に適する。

6 順に **毎分270 m，960 m**

解説 Aの速さを毎分 x m，池1周の道のりを y m とする。反対方向に走ったときの関係について $x\times 2+210\times 2=y$

よって $2x+420=y$ $\cdots\cdots$ ①

同じ方向に走ったときの関係について

$x\times 16-210\times 16=y$

よって $16x-3360=y$ $\cdots\cdots$ ②

②を①に代入して $2x+420=16x-3360$
$-14x=-3780$ $x=270$

$x=270$ を①に代入して
$y=2\times 270+420=960$

$x=270$, $y=960$ は問題に適している。

7 $n=824$

解説 百の位を x，十の位を y，一の位を z とすると $\begin{cases} y+z=6 & \cdots\cdots ① \\ x=yz & \cdots\cdots ② \end{cases}$

n は4の倍数であるから2の倍数でもあり，z は偶数である。

よって，①を満たす (y, z) は

$(0, 6)$, $(2, 4)$, $(4, 2)$, $(6, 0)$

②より，$(y, z)=(0, 6)$, $(6, 0)$ は問題に適さないから，(x, y, z) は

$(8, 2, 4)$, $(8, 4, 2)$

このうち842は4の倍数ではない。

したがって，求める n の値は $n=824$

8 $x=6$, $y=9$

解説 Aから100 gの食塩水をBに移した後，Bの食塩水の濃度は8.5%になったから

$\left(\dfrac{x}{100}\times 100+\dfrac{y}{100}\times 500\right)\div(100+500)$
$=\dfrac{8.5}{100}$

よって $\dfrac{x+5y}{600}=\dfrac{8.5}{100}$

両辺に600をかけて $x+5y=51$ $\cdots\cdots$ ①

Bから8.5%の食塩水200 gをAにもどした後，Aの食塩水の濃度が7%になったから $\left\{\dfrac{x}{100}\times(400-100)+\dfrac{8.5}{100}\times 200\right\}$
$\div(300+200)=\dfrac{7}{100}$

よって $\dfrac{3x+17}{500}=\dfrac{7}{100}$

両辺に500をかけて
 $3x+17=35$ $3x=18$ $x=6$

$x=6$ を①に代入して

$6+5y=51$　　$5y=45$　　$y=9$
$x=6$, $y=9$ は問題に適している。

第3章　1次関数
（$p.105$, 106）

1　$y=-x+5$

解説　求める直線の式を $y=ax+b$ …… ①
とおく。
直線①は点 $(5, 0)$ を通るから
$$0=5a+b \quad \cdots\cdots ②$$
$y=3x+1$ に $x=1$ を代入すると
$y=3\times1+1=4$ であるから，直線①と直線
$y=3x+1$ との交点の座標は $(1, 4)$
よって　$4=a+b$ …… ③
②－③　$-4=4a$　　$a=-1$
$a=-1$ を③に代入して
$$4=-1+b \quad b=5$$
求める直線の式は　$y=-x+5$

2　$a=-1$, $b=7$

解説　$y=ax+a+4$ …… ① について
$x=-4$ のとき　$y=-3a+4$
$x=1$ のとき　　$y=2a+4$
$a<0$ より，①のグラフは右下がりの直線
であるから
$$\begin{cases} -3a+4=b & \cdots\cdots ② \\ 2a+4=2 & \cdots\cdots ③ \end{cases}$$
③から　$2a=-2$　　$a=-1$
$a=-1$ を②に代入すると
　　　　$3+4=b$　　$b=7$

3　$a=2$, $b=5$

解説　2つの直線 $y=ax-1$, $y=x+a$ はともに点 $(3, b)$ を通るから
$$\begin{cases} b=3a-1 & \cdots\cdots ① \\ b=3+a & \cdots\cdots ② \end{cases}$$
①，②から b を消去すると
　　　　$3a-1=3+a$　　$a=2$
$a=2$ を②に代入して　$b=3+2=5$

4　$a=-2$, $\dfrac{4}{3}$, $\dfrac{14}{3}$

解説　3直線を

$y=-2x+10$ …… ①,
$y=\dfrac{4}{3}x+5$ …… ②, $y=ax$ …… ③

とする。これらが三角形をつくらないのは，
次の[1]または[2]のときである。

[1]　2直線①，②は平行でないから，直線
①と③が平行または直線②と③が平行であ
る。

[2]　3直線①，②，③が1点で交わる。

[1]　直線①と③が平
行のとき
　　　$a=-2$
　直線②と③が平行
のとき
　　　$a=\dfrac{4}{3}$

③₁　①に平行
③₂　②に平行
③₃　①,②の交点を通る。

[2]　2直線①，②の
交点の座標を求める。
連立方程式
$$\begin{cases} y=-2x+10 & \cdots\cdots ① \\ y=\dfrac{4}{3}x+5 & \cdots\cdots ② \end{cases}$$
を解く。
①，②から y を消去して
$$-2x+10=\dfrac{4}{3}x+5$$
両辺に3をかけて　$-6x+30=4x+15$
　　　　　　　　　$-10x=-15$　　$x=\dfrac{3}{2}$
$x=\dfrac{3}{2}$ を①に代入して
$$y=-2\times\dfrac{3}{2}+10=7$$
よって，交点の座標は　$\left(\dfrac{3}{2}, 7\right)$
直線③がこの交点を通るとき
$$7=\dfrac{3}{2}a \quad a=\dfrac{14}{3}$$
以上により　$a=-2$, $\dfrac{4}{3}$, $\dfrac{14}{3}$

参考　3直線が三角形をつくるのは，どの2
直線も平行でなく，3直線が1点で交わら

ないときである。

5 (1) $a=6$ (2) $y=\dfrac{3}{2}x$
   (3) **16**

解説 (1) 関数 $y=\dfrac{a}{x}$ のグラフは，点 A(6, 1) を通るから $1=\dfrac{a}{6}$ $a=6$

(2) (1)より，グラフの式は $y=\dfrac{6}{x}$

$x=-2$ のとき $y=\dfrac{6}{-2}=-3$

$y=3$ のとき $3=\dfrac{6}{x}$ $x=2$

よって，点 B，C の座標は
     B$(-2, -3)$, C$(2, 3)$
直線 BC の式を $y=mx+n$ とする。直線 BC は点 B，C を通るから
$\begin{cases} -3=-2m+n & \cdots\cdots ① \\ 3=2m+n & \cdots\cdots ② \end{cases}$
①＋② $0=2n$ $n=0$
$n=0$ を②に代入すると $3=2m$ $m=\dfrac{3}{2}$

したがって，直線 BC の式は $y=\dfrac{3}{2}x$

(3) 右の図のように D(6, 3)，E$(-2, 3)$ とする。
AD$=3-1=2$,
EB$=3-(-3)$
  $=6$
台形 ADEB の面積は
$\dfrac{1}{2}\times(2+6)\times\{6-(-2)\}=32$
また $\triangle$ACD$=\dfrac{1}{2}\times2\times(6-2)=4$
   $\triangle$BCE$=\dfrac{1}{2}\times6\times\{2-(-2)\}=12$
よって，$\triangle$ABC の面積は
   $32-(4+12)=16$

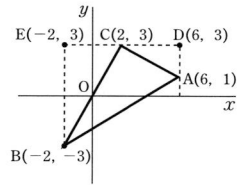

6 $\left(\dfrac{24}{7}, \dfrac{32}{7}\right)$

解説 点 B の座標は $(0, 8)$
点 A は①のグラフ上にあるから，$y=0$ を $y=-x+8$ に代入すると
   $0=-x+8$ $x=8$
点 A の座標は $(8, 0)$
$\triangle$BPQ$=\triangle$COQ のとき，
$\triangle$OAB$=\triangle$CAP である。
点 P の y 座標を t とすると
   $\dfrac{1}{2}\times8\times8=\dfrac{1}{2}\times(6+8)\times t$ $t=\dfrac{32}{7}$
点 P は①のグラフ上にあるから，$y=\dfrac{32}{7}$ を $y=-x+8$ に代入すると
   $\dfrac{32}{7}=-x+8$ $x=\dfrac{24}{7}$
よって，点 P の座標は $\left(\dfrac{24}{7}, \dfrac{32}{7}\right)$

7 (1) **3 個**   (2) **6 個**

解説 (1) 直線（＊）上にある自然数点は
$(1, 3)$, $(3, 2)$, $(5, 1)$ の 3 個。

(2) 直線（＊）より下側にある自然数点は
$(1, 1)$, $(1, 2)$, $(2, 1)$, $(2, 2)$, $(3, 1)$, $(4, 1)$ の 6 個。

8 $0\leqq x\leqq 4$ のとき $y=-4x+16$
   $4\leqq x\leqq 10$ のとき $y=4x-16$
   $10\leqq x\leqq 18$ のとき $y=24$

解説 点 P が，頂点 B に到着するのは
         $4\div1=4$（秒後）
頂点 E に到着するのは
         $(4+6)\div1=10$（秒後）
頂点 F に到着するのは
         $(10+8)\div1=18$（秒後）
点 P が AB 上にあるとき $0\leqq x\leqq 4$
   このとき BP$=4-1\times x=4-x$
   よって $y=\dfrac{1}{2}\times(4-x)\times 8=-4x+16$
点 P が辺 BE 上にあるとき $4\leqq x\leqq 10$
   このとき BP$=1\times x-4=x-4$（cm）

よって　$y=\dfrac{1}{2}\times 8\times(x-4)=4x-16$

点Pが辺 EF 上にあるとき　$10≦x≦18$

このとき　$y=\dfrac{1}{2}\times 8\times 6=24$

9 (1) $\dfrac{25}{3}t$　　(2) 30　　(3) ウ

(4) (ア) $\dfrac{9}{5}$　　(イ) 9

解説 (1) 線分 OA の式は

$y=\dfrac{5}{3}x$ $(0≦x≦3)$ より，点 P の y 座標は

$\dfrac{5}{3}t$ であるから

$\triangle\text{OPD}=\dfrac{1}{2}\times 10\times\dfrac{5}{3}t=\dfrac{25}{3}t\ (\text{cm}^2)$

(2) 線分 BC の式は $y=6$ $(5≦x≦8)$ であるから　$\triangle\text{OPD}=\dfrac{1}{2}\times 10\times 6=30\ (\text{cm}^2)$

(3) OD は一定であるから，$\triangle$OPD の面積の増減は，点 P の y 座標の増減と一致する。
よって，面積のグラフは五角形 OABCD と同じような形状になるから，ウである。

(4) $\dfrac{1}{2}\times 10\times(\text{P の }y\text{ 座標})=15$ より，P の y 座標は 3 になる。

P の y 座標が 3 になるのは，(1)のときと，点 P が線分 CD 上にあるときである。

(1)のとき $\dfrac{25}{3}t=15$ より　$t=\dfrac{9}{5}$

また，線分 CD の式は $y=-3x+30$ $(8≦x≦10)$ であるから

$\dfrac{1}{2}\times 10\times(-3x+30)=15$

$-3t+30=3$　　$3t=27$　　$t=9$

第4章　図形の性質と合同
($p.143, 144$)

1 (1) $\angle x=76°$　　(2) $\angle x=130°$
　　(3) $\angle x=115°$　　(4) $\angle x=95°$
　　(5) $\angle x=42°$

解説 (1) 右の図のように，$\ell/\!/n$ となる直線 n をひき，$\angle a, \angle b, \angle c, \angle d$ を定める。

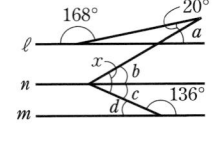

$\angle a=(180°-168°)+20°=32°$
$\angle a=\angle b$ (同位角) から
　　$\angle b=32°$ ……①
$n/\!/m$ から　$\angle c=\angle d$ (錯角)
　　$\angle d=180°-136°=44°$
よって　$\angle c=44°$ ……②
①，②から
　　$\angle x=\angle b+\angle c=32°+44°=76°$

(2) 右の図のように，ℓ, m に平行な半直線 n をひき，$\angle a, \angle u, \angle v$ を定める。 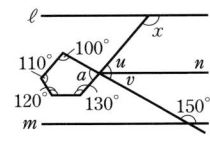
五角形の内角の和は
　　$180°\times(5-2)=540°$
であるから
　　$\angle a=540°-(100°+110°+120°+130°)$
　　　$=540°-460°=80°$
対頂角が等しいから
　　$\angle u+\angle v=80°$ ……①
$m/\!/n$ から
　　$\angle v+150°=180°$　　$\angle v=30°$
①から　$\angle u+30°=80°$　　$\angle u=50°$
$\ell/\!/n$ から　$\angle x+\angle u=180°$
よって
　　$\angle x=180°-\angle u=180°-50°=130°$

(3) 五角形の外角の和は 360° である。
$\angle$B の外角の大きさは　50°
$\angle$E の外角の大きさは　45°
よって　$\angle x=360°-(60°+50°+90°+45°)$
　　　　　$=115°$

(4) 右の図において， 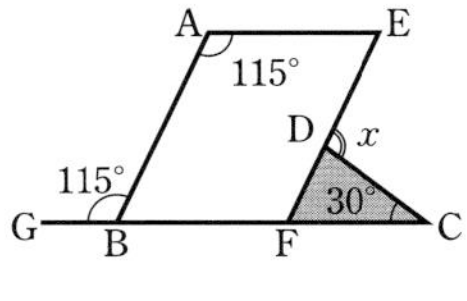
AE$/\!/$BF から
$\angle$EAB$=\angle$ABG
　　（錯角）
AB$/\!/$EF から

286

∠ABG＝∠DFB（同位角）
よって　∠DFB＝115°
　　　　∠DFC＝180°－115°＝65°
∠x は △DFC の外角であるから
　　　　∠x＝30°＋65°＝95°

(5) 右の図のように ∠a，∠b，∠c を定める。
三角形の頂点における外角であるから
∠a＝55°＋∠x
∠b＝50°＋45°＝95°
対頂角は等しいから　∠c＝120°
四角形の内角の和は 360° であるから
　　　∠a＋48°＋∠b＋∠c＝360°
　　　(55°＋∠x)＋48°＋95°＋120°＝360°
　　　　　　∠x＝42°

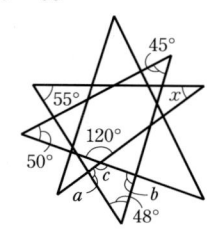

2 (1) 正十八角形　(2) 九角形
　　(3) 118°

[解説] (1) 正 n 角形とすると外角の和は 360° であるから
　　　　20°×n＝360°　　n＝18
(2) n 角形とすると　180°×(n－2)＝1260°
　　　n－2＝7　　n＝9
(3) 5 個の角のうち, 大きさがまん中の角を ∠x とする。五角形の内角の和は 180°×(5－2)＝540° であるから
　　(∠x－10°)＋(∠x－5°)＋∠x＋(∠x＋5°)
　　　　　　　　＋(∠x＋10°)＝540°
　　　5∠x＝540°　　∠x＝108°
最大の角は　108°＋10°＝118°

3 ∠x＝62°

[解説] 右の図のように ∠a，∠b を定める。
三角形の内角と外角の性質により
　　∠a＝39°＋35°
　　　　＝74°

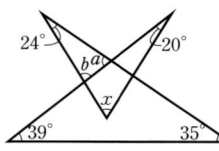

∠b＝∠x＋20°
三角形の内角の和は 180° であるから
　　24°＋∠a＋∠b＝180°
　　24°＋74°＋(∠x＋20°)＝180°
　　∠x＋118°＝180°　　∠x＝62°

4 111°

[解説] 正五角形の 1 つの内角の大きさは
　　180°×(5－2)÷5＝108°
正六角形の 1 つの内角の大きさは
　　180°×(6－2)÷6＝120°
点 B, P, G をそれぞれ通り, 直線 ℓ に平行な直線をひく。
平行線の同位角, 錯角は等しいから, 図のように同じ記号をつけた角の大きさは等しい。
△AQE において
∠a
＝180°－(108°＋25°)
＝47°
∠ABC において
∠b＝108°－47°
　＝61° ……①
また　∠GHR＝120°－10°＝110°
よって　∠c＝180°－110°＝70°
∠FGH＝120° であるから
　　∠d＝120°－70°＝50° ……②
したがって, ①, ②より
　　∠FPC＝50°＋61°＝111°

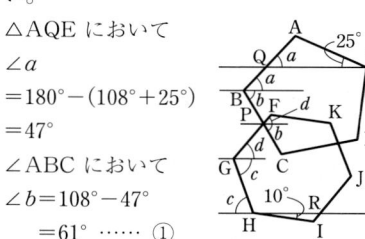

5 (1) ∠x＝80°　(2) ∠x＝35°

[解説] (1) ∠DBA＝∠DBC＝∠a,
∠DCA＝∠DCB＝∠b とする。△DBC で
　　130°＋∠a＋∠b＝180°
　　∠a＋∠b＝50° ……①
△ABC で
　　∠x＋2(∠a＋∠b)＝180° ……②
①を②に代入して
　　∠x＋2×50°＝180°　　∠x＝80°
(2) ∠ABP＝∠CBP＝∠a,
∠ACP＝∠DCP＝∠b とする。△ABC で
　　2∠b＝70°＋2∠a

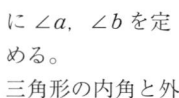

$$\angle b = 35° + \angle a \quad \cdots\cdots ①$$

△PBC の外角から

$$\angle DCP = \angle b = \angle x + \angle a$$

よって，①より $\angle x = 35°$

6 $540°$

解説 右の図のように $\angle a$, $\angle b$, $\angle x$, $\angle y$ を定める。
2つの三角形の内角と外角から

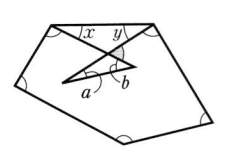

$$\angle a + \angle b = \angle x + \angle y$$

よって，印がついた角の大きさの和は五角形の内角の和に等しい。

したがって $180° \times (5-2) = 540°$

7 (1) $900°$ (2) $1260°$
 (3) $540°$ (4) $180°$

解説 (1) $180° \times (7-2) = 900°$

(2) $180° \times 7 = 1260°$

(3) 内部にある七角形の頂点の記号を図Ⅰのように定める。頂点Hについて，対頂角は等しいから

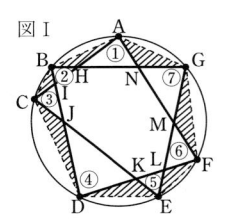

$$\angle AHB = \angle NHI$$

他の頂点についても同じことが成り立つ。
(1)で求めた，七角形 ABCDEFG の内角の和から，①〜⑦の和 $x°$ をひき，さらに，七角形 HIJKLMN の内角の和を加えると斜線で示された三角形の内角の和になる。

よって $900° - x° + 900° = 1260°$

$$x° = 540°$$

(4) 図Ⅱの各点の記号を右図のように定める。七角形 ABCDEFG の内角の和 T_1 は，(1)より $900°$ である。また，(2)より斜線で表された7つの三角形の内角の和 T_2 は $1260°$ である。
さらに，A'B'C'D'E'F'G' は星形七角形であるから，印をつけた7つの頂角の和 T_3 は(3)より $540°$ である。

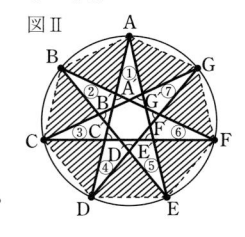

図Ⅱでは，T_1 から①〜⑦の和 T をひき，これに T_3 を加えると，斜線で表された三角形の内角の和 T_2 になる。

よって $T_1 - T + T_3 = T_2$

$$900° - T + 540° = 1260°$$

したがって $T = 180°$

8 (1) $\angle x = 45°$ (2) $\angle x = 36°$

解説 右の図のようにテープを折るとき，図のように，$\angle a$，$\angle b$ を定めると

$$\angle a = \angle b \quad \cdots\cdots ①$$

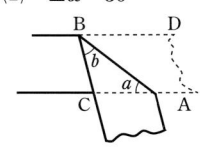

（練習83参照）

(1) 右の図で，①から

$$\angle BCA = \angle BAC$$

また，正方形の1つの内角は $90°$ であり，対頂角は等しいから

$$\angle ABC = 90°$$

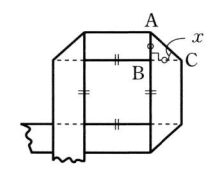

したがって $\angle x = \dfrac{1}{2}(180° - 90°) = 45°$

(2) 右の図で，①から

$$\angle BCA = \angle BAC$$

また，正五角形の1つの内角は

$$180° \times (5-2) \div 5 = 108°$$

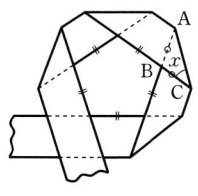

であり，対頂角は等しいから

$$\angle ABC = 108°$$

したがって $\angle x = \dfrac{1}{2}(180° - 108°) = 36°$

9 $\angle x = 90°$

解説 △DAE と △DCG において条件より

$$\angle ADE = \angle ADC + \angle CDE = 130°$$

∠CDG＝∠CDE＋∠EDG＝130°
よって　∠ADE＝∠CDG
また　DE＝DG，DA＝DC
2組の辺とその間の角がそれぞれ等しいから
　　△DAE≡△DCG
よって　∠DCG＝∠DAE＝20°
辺 DE と辺 CG の交点を H，辺 AE と辺 CG の交点を I とする。 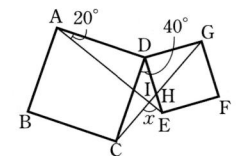
△AED において
　　∠AED＝180°－(20°＋130°)＝30°
△DCH の内角と外角の性質により
　　∠EHI＝40°＋20°＝60°
△EHI の内角と外角の性質により
　　∠x＝60°＋30°＝90°

第5章　三角形と四角形
（p. 187，188）

1 (1) ∠x＝125°
　　(2) ∠x＝100°，∠y＝20°

解説　(1) AB＝AC であるから
　　∠B＝∠C＝(180°－70°)÷2＝55°
右の図で
∠GEF＝∠DEC
＝180°－(60°＋55°)
＝65°
∠HFB＝∠GFE
＝180°－(45°＋65°)
＝70° 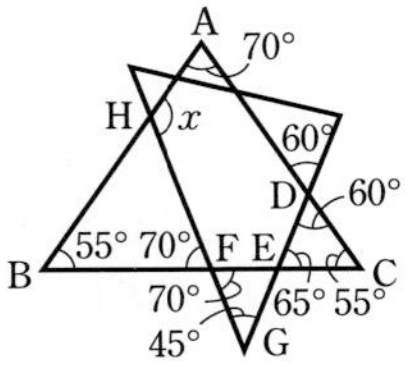
△BFH の外角から
　　∠x＝∠AHF＝55°＋70°＝125°

(2) ▱ABCD から　∠ADC＋∠BCD＝180°
よって　∠ADC＝180°－30°＝150°
　　　　∠x＝150°－50°＝100°
∠BAD＝∠BCD＝30° であるから
　　∠DFB＝30°＋50°＝80°
また，∠ABC＝∠ADC＝150° であるから

∠EBF＝360°－(150°＋150°)＝60°
したがって，△EBF において
　　∠y＝80°－60°＝20°

2 1.2 cm

解説　AB∥DC から
　　∠AED＝∠BAE（錯角）
∠BAE＝∠EAD であるから
　　∠AED＝∠EAD
よって，△AED は二等辺三角形であるから　DE＝AD＝3 (cm)
AB∥DC から　∠CFB＝∠ABF（錯角）
∠ABF＝∠FBC であるから
　　∠CFB＝∠FBC
よって，△BCF は二等辺三角形であるから　FC＝BC＝3 (cm)
したがって　EF＝3＋3－4.8＝1.2 (cm)

3 11

解説　DI＝x cm，EI＝y cm とする。
DE∥BC より，錯角は等しいから
　　∠DIB＝∠IBC，
　　∠EIC＝∠ICB
条件より　∠IBC＝∠IBD，
　　∠ICB＝∠ICE
よって　∠DIB＝∠IBD
　　　　∠EIC＝∠ICE
よって，△IBD は DI＝DB の二等辺三角形，△ICE は IE＝EC の二等辺三角形である。
したがって，△ADE の周の長さは
　　AD＋DI＋IE＋AE
　＝(AD＋DB)＋(EC＋AE)
　＝AB＋AC＝5＋6＝11 (cm)

4

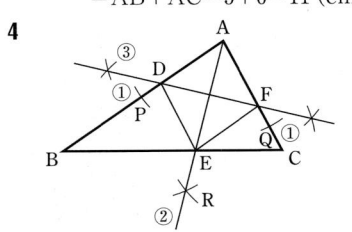

解説　ひし形の対角線はそれぞれの中点で

垂直に交わることを利用する。
① 点Aを中心として，適当な半径の円をかき，辺AB，辺ACとの交点をP，Qとする。
② 2点P，Qをそれぞれ中心として，等しい半径の円をかき，2つの円の交点の1つをRとする。直線ARをひき，辺BCとの交点をEとする。
③ 2点A，Eをそれぞれ中心として，等しい半径の円をかき，2つの円の交点を通る直線をひく。この直線と辺AB，辺ACとの交点をD，Fとし，線分DE，線分EFをひく。

5 Iから辺AB，BC，CAまたは，その延長にそれぞれ垂線ID，IE，IFをひく。 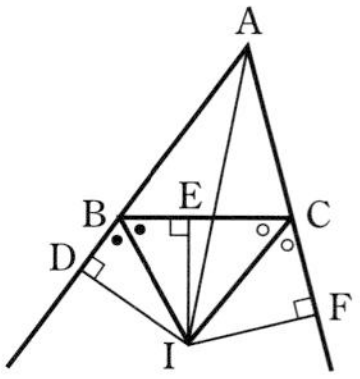
△IBDと△IBEにおいて，仮定から
$\angle IDB = \angle IEB = 90°$
$\angle IBD = \angle IBE$
また，IBは共通
直角三角形の斜辺と1つの鋭角がそれぞれ等しいから
$\triangle IBD \equiv \triangle IBE$
よって ID=IE
同様にして IE=IF
△IADと△IAFにおいて
$\angle IDA = \angle IFA = 90°$
IAは共通
ID=IE，IE=IF から ID=IF
直角三角形の斜辺と他の1辺がそれぞれ等しいから
$\triangle IAD \equiv \triangle IAF$
よって $\angle IAD = \angle IAF$
したがって 半直線AIは∠Aを2等分する。

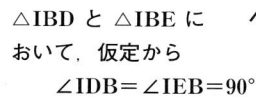

参考 点Iを，△ABCの頂角A内の **傍心** という。点Iは，2辺AB，ACの延長と

辺BCに接する円の中心で，この円を，△ABCの **傍接円** という。

6 (1) **75°**　　(2) **130°**

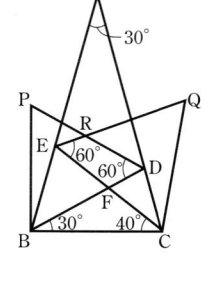

解説 (1) △ABCは二等辺三角形であるから
$\angle ABC = (180° - 30°) \div 2 = 75°$

(2) BDとCEの交点をFとする。
△BCFにおいて
$\angle BFC = 180° - (30° + 40°) = 110°$
対頂角は等しいから $\angle EFD = 110°$
四角形EFDRにおいて
$\angle ERD = 360° - (60° + 110° + 60°) = 130°$
対頂角であるから
$\angle PRQ = \angle ERD = 130°$

7 △ABCにおいて
$\angle BAC = 180° - (60° + 45°) = 75°$ 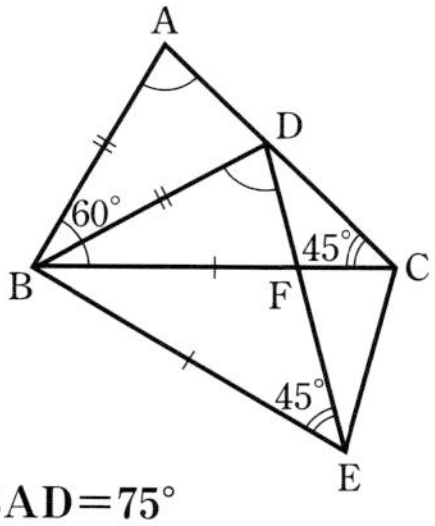
△ABDは
BA=BDの二等辺三角形であるから
$\angle BDA = \angle BAD = 75°$
$\angle ABD = 180° - 75° \times 2 = 30°$
よって $\angle DBC = 60° - 30° = 30°$
$\angle DBE = \angle ABC = 60°$ であるから
$\angle CBE = 60° - 30° = 30°$
BC=BE より，△BCEは二等辺三角形であるから
$\angle BCE = (180° - 30°) \div 2 = 75°$
$\angle BDE = \angle BAC = 75°$，
$\angle DCE = \angle ACB + \angle BCE = 45° + 75° = 120°$
であるから，△CDEにおいて
$\angle CDE = 180° - (\angle ADB + \angle BDE)$
$= 180° - (75° + 75°) = 30°$

290

$\angle\text{CED} = 180° - (\angle\text{CDE} + \angle\text{DCE})$
$= 180° - (30° + 120°) = 30°$
よって，$\angle\text{CDE} = \angle\text{CED}$ であるから，
$\triangle\text{CDE}$ は $\text{CD} = \text{CE}$ の二等辺三角形である。

8 点 E と F を結ぶ。 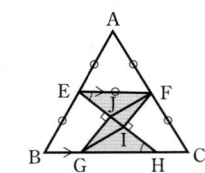
$\text{AE} = \text{AF}$，
$\angle\text{A} = 60°$ から
$\triangle\text{AEF}$ は正三角形。
よって
$\angle\text{AEF} = \angle\text{ABC}$
$= 60°$
より，同位角が等しいから $\text{EF}/\!/\text{BC}$
$\triangle\text{EIF}$ と $\triangle\text{HJG}$ において，
仮定から $\angle\text{EIF} = \angle\text{HJG} = 90°$ ……①
正三角形 AEF から $\text{EF} = \text{AE} = \text{HG}$
$\text{EF}/\!/\text{BC}$ から
$\angle\text{FEI} = \angle\text{GHJ}$（錯角）
直角三角形の斜辺と1つの鋭角がそれぞれ等しいから
$\triangle\text{EIF} \equiv \triangle\text{HJG}$
よって $\text{FI} = \text{GJ}$
また ①から $\text{FI}/\!/\text{GJ}$
したがって，四角形 FJGI は1組の対辺が平行でその長さが等しいから，平行四辺形である。

9 $\dfrac{45}{2}$

解説 点 E を通り，辺 AB に平行な直線と辺 AD，辺 BC との交点を，それぞれ F，G とする。 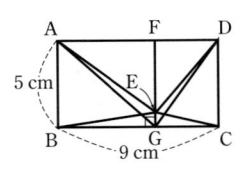
$\text{AB}/\!/\text{FG}$ より $\triangle\text{ABE} = \triangle\text{ABG}$
$\text{AF}/\!/\text{BG}$ より $\triangle\text{ABG} = \triangle\text{FBG}$
よって $\triangle\text{ABE} = \triangle\text{FBG}$
$\text{FG}/\!/\text{DC}$ より $\triangle\text{CDE} = \triangle\text{CDG}$
$\text{FD}/\!/\text{GC}$ より $\triangle\text{CDG} = \triangle\text{CFG}$
よって $\triangle\text{CDE} = \triangle\text{CFG}$
したがって

$\triangle\text{ABE} + \triangle\text{CDE} = \triangle\text{FBG} + \triangle\text{CFG}$
$= \triangle\text{FBC} = \dfrac{1}{2} \times 9 \times 5 = \dfrac{45}{2}$ (cm²)

注意 $\text{AE} = 7$ cm は使わずに解けるが，出典の通りに示した。

10 (1) $\dfrac{5}{4}$ cm² (2) $2 : 1$

解説 (1) 正方形 ABCD の面積は
$3 \times 3 = 9$ (cm²)
外側の4つの直角三角形は，2組の辺とその間の角がそれぞれ等しいから合同である。
よって
$\angle\text{EHG} = 180° - (\angle\text{AHE} + \angle\text{DHG})$
$= 180° - (\angle\text{AHE} + \angle\text{AEH})$
$= 180° - 90° = 90°$
また $\text{HE} = \text{EF} = \text{FG} = \text{GH}$
したがって，四角形 HEFG は正方形であるから
$\triangle\text{EHI} = \dfrac{1}{4} \times (\text{正方形 HEFG の面積})$
$= \dfrac{1}{4} \times \left\{9 - \left(\dfrac{1}{2} \times 2 \times 1\right) \times 4\right\}$
$= \dfrac{5}{4}$ (cm²)

(2) 台形 ADGE の面積は
$2(\triangle\text{AEH} + \triangle\text{EHI})$
四角形 AEIH の面積は
$\triangle\text{AEH} + \triangle\text{EHI}$
よって，求める面積比は
(台形 ADGE)：(四角形 AEIH) $= 2 : 1$

第6章 確率 (*p*. 211, 212)

1 5 通り

解説 樹形図をかくと，右のようになる。したがって，異なる登り方は 5 通り。

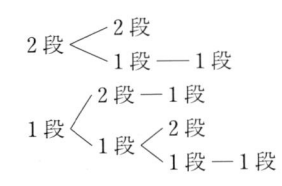

2 $\dfrac{8}{15}$

解説 6人から議長と書記の選び方は
$$6 \times 5 = 30 \text{(通り)}$$
男子が議長，女子が書記になるのは
$$4 \times 2 = 8 \text{(通り)}$$
男子が書記，女子が議長になるのは，同様に8通りある。
よって，男子と女子が選ばれるのは
$$8 + 8 = 16 \text{(通り)}$$
求める確率は $\dfrac{16}{30} = \dfrac{8}{15}$

3 (1) **120通り，48通り**
(2) **10試合**

解説 (1) 5人が1列に並ぶ並び方は
$$5 \times 4 \times 3 \times 2 \times 1 = 120 \text{(通り)}$$
A，Eがとなりどうしになる場合は，まず，A，Eを1人とかぞえて4人の並び方は
$$4 \times 3 \times 2 \times 1 = 24 \text{(通り)}$$
そのおのおのに対して，AEとEAの2通りの並び方があるから $24 \times 2 = 48 \text{(通り)}$

(2) 1人が他の4人と対戦する方法は
$$5 \times 4 = 20 \text{(通り)}$$
この中には，たとえば，A対B，B対Aのように同じ試合が2通りずつふくまれているから
$$20 \div 2 = 10 \text{(試合)}$$

4 **30個**

解説 赤玉が出る確率が $\dfrac{1}{5}$ であるから，赤玉の個数と（白玉の個数＋赤玉の個数）の比が $1:5$ である。
赤玉の個数を x 個とすると
$$x:(120+x) = 1:5$$
$$5x = (120+x) \times 1$$
$$5x = 120 + x \quad 4x = 120 \quad x = 30$$
これは問題に適している。
よって 赤玉は30個。

別解 赤玉が出る確率が $\dfrac{1}{5}$ であるから，白玉が出る確率は $\dfrac{4}{5}$ である。
よって，赤玉と白玉の個数の比は $1:4$ となり，白玉の個数は120個であるから，赤玉の個数は $120 \times \dfrac{1}{4} = 30 \text{(個)}$

5 (1) $\dfrac{1}{4}$ (2) $\dfrac{1}{6}$
(3) $\dfrac{3}{16}$ (4) $\dfrac{37}{64}$

解説 (1) 球の取り出し方は4通り，黄色の球は1個であるから，求める確率は $\dfrac{1}{4}$

(2) 2つの赤球を赤1，赤2として区別すると，2個の球の取り出し方は
{赤1, 赤2}, {赤1, 黄}, {赤1, 青},
{赤2, 黄}, {赤2, 青}, {黄, 青}
の6通り。
2個とも同じ色は {赤1, 赤2} の1通り。
求める確率は $\dfrac{1}{6}$

(3) 1回の取り出し方は4通りずつあるから，すべての場合は $4 \times 4 \times 4 = 64 \text{(通り)}$
すべて異なる色が出るのは
{赤1, 黄, 青} または {赤2, 黄, 青}
が出る場合である。
赤1, 黄, 青が出るとき，
(1回目, 2回目, 3回目) の出方は
(赤1, 黄, 青), (赤1, 青, 黄),
(黄, 赤1, 青), (黄, 青, 赤1),
(青, 赤1, 黄), (青, 黄, 赤1)
の6通り。
赤2, 黄, 青が出る場合も同様に6通り。
よって，すべて異なる色の出方は
$$6 + 6 = 12 \text{(通り)}$$
求める確率は $\dfrac{12}{64} = \dfrac{3}{16}$

(4) 青色が1回も出ない場合は
$$3 \times 3 \times 3 = 27 \text{(通り)}$$
求める確率は $1 - \dfrac{27}{64} = \dfrac{37}{64}$

6 (1) $\dfrac{1}{6}$ (2) $\dfrac{7}{24}$

解説 起こりうるすべての場合の数は，次

の樹形図より24通り。

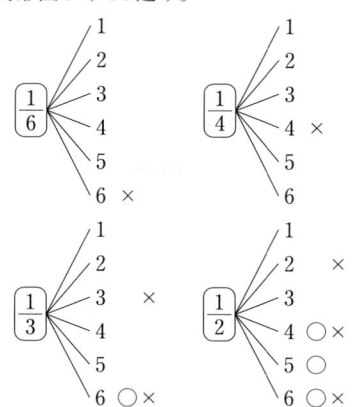

(1) 積が2以上となるのは，○印をつけた4通り。

　求める確率は　$\dfrac{4}{24}=\dfrac{1}{6}$

(2) 積が整数となるのは，×印をつけた7通り。

　求める確率は　$\dfrac{7}{24}$

7 (1) $\dfrac{1}{3}$　　　(2) $\dfrac{7}{36}$

解説 (1) 目の出方は全部で6通り。
点Pが頂点Bにあるのは，1または6の目が出たときで，2通り。

　求める確率は　$\dfrac{2}{6}=\dfrac{1}{3}$

(2) 目の出方は全部で　$6×6=36$（通り）
点Pが頂点Bにあるような目の出方は
　(1, 5)，(2, 4)，(3, 3)，(4, 2)，(5, 1)，
　(5, 6)，(6, 5) の7通りある。

　求める確率は　$\dfrac{7}{36}$

8 (1) $\dfrac{1}{4}$　　　(2) $\dfrac{1}{2}$

解説 カードの取り出し方は，全部で
　$4×4=16$（通り）

(1) 平面ABCDに垂直になる場合は
　AE，BF，CG，DHの4通り。

　求める確率は　$\dfrac{4}{16}=\dfrac{1}{4}$

(2) 直線BCと交わる取り出し方は，BE，BF，BG，BH，CE，CF，CG，CHの8通り。

　求める確率は　$\dfrac{8}{16}=\dfrac{1}{2}$

9 (1) **15本**　　　(2) $\dfrac{3}{5}$

解説 (1) 2点を結んでできる弦は
　AB，AC，AD，AE，AF，BC，
　BD，BE，BF，CD，CE，CF，
　DE，DF，EF の15本

(2) 6つの点から3つの点を選ぶとき，その選び方は下の樹形図のようになり，全部で20通りある。

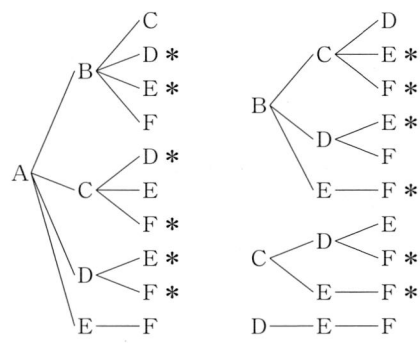

直角三角形となるのは＊印をつけた12通り。

　求める確率は　$\dfrac{12}{20}=\dfrac{3}{5}$

さくいん

1. 用語を中心に扱い，各項初めのこの項の要点整理などからひろいました。原則として初出のページを示しましたが，重点的に扱われているページを示したところもあります。
2. 厳密な五十音順ではなく，関係があるものを並べるために，その順序を変えたところもあります。

あ 行

1次関数	66
1次関数のグラフ	66
1次関数の式	76
1次式	8
鋭角	117
鋭角三角形	117
n 角形の内角の和	117
n 次式	8

か 行

外角	117
外角の和	117
解	36, 81
解がない	90
角の二等分線	115, 147
確率	195
加減法	36
傾き	66, 76
仮定	130
加法	8
奇数	22
逆	147
偶数	22
計算の順序	16
係数	8
結論	130
検算	40, 44
減少	66
減法	8
交点の座標	81
合同	126, 147
根拠	130, 133

さ 行

錯角	108
三角形の外角	117, 133
三角形の外角の和	117, 133
三角形の合同条件	126, 133
三角形の内角	117, 133
三角形の内角の和	117, 133
三角形の面積	175
時間・速さ・道のり	46
式の値	15
次数	8
辞書式配列法	190
斜辺	147
斜辺と1つの鋭角	147
斜辺と他の1辺	147
樹形図	190
乗法	8, 15
証明	130
食塩水の濃度	46
除法	8, 15
垂線	147
垂直	146
垂直二等分線	147
正三角形	146
正方形	162
積の法則	190
切片	66, 76
増加	66

た 行

増加量	66, 76
対角	162
対角線	137, 162
対頂角	108, 133
代入	15, 39
代入法	36
対辺	162
ダイヤグラム	94, 95
多角形の外角	117, 133
多角形の外角の和	117, 133
多角形の内角	117, 133
多項式	8
多項式と数の乗法	8
多項式と数の除法	8
多項式の次数	8
単項式の乗法	15
単項式の除法	15
単項式	8
単項式と数の乗法	8
単項式と数の除法	8
単項式の次数	8
中線	147
中点	181
頂角	146
長方形	162
直線	66
直線の傾き	66
直線の式	81
直角	117
直角三角形	117, 147

直角三角形の合同条件	147
鶴亀算	56
底角	146
定義	146, 162
定理	133, 146, 162
定数項	8
底辺	146
同位角	108
同一法	157
等角	151
等高	176
等式の変形	22
等積	176
等積変形	175
同側内角	112
等底	184
同底	176
等辺	151
同様に確からしい	195
同類項	8
解く	26, 36
鈍角	117
鈍角三角形	117

な 行

内角	117
内角の和	117
内対角	118
2元1次方程式	36
2元1次方程式のグラフ	81
2次式	8
二等分線	115, 147
二等辺三角形	146

は 行

場合の数	190
速さ・時間・道のり	46
反例	147
ひし形	162
表（場合の数）	190
分配法則	8
平行	108
平角	109
平行四辺形	162
平行線	108
平行線と錯角	108, 133
平行線と同位角	108, 133
平行線と面積	175
平行線の性質	108
変域	66
変化の割合	66, 76
星形の図形	124
補助線	113

ま 行

道のり・時間・速さ	46
文字式	22
文字式の利用	22
文字について解く	22

ら 行

累乗の計算	16
連立3元1次方程式	62
連立方程式	36
連立方程式の解	36
連立方程式とグラフ	81

わ 行

和の形	9
和の法則	190
割合の問題	49

- 編著者
  チャート研究所

- カバーデザイン
  株式会社麒麟三隻館

- カバー写真
  中村 成一

初版
第1刷 昭和47年3月1日 発行
改訂新版
第1刷 昭和52年3月1日 発行
新制版
第1刷 昭和56年2月25日 発行
新指導要領準拠版
第1刷 平成5年4月1日 発行
新指導要領準拠版
第1刷 平成14年4月1日 発行
新指導要領準拠（基礎からのシリーズ）
第1刷 平成24年4月1日 発行
改訂版
第1刷 平成28年3月1日 発行

編集・制作 チャート研究所
発行者　　星野 泰也

ISBN978-4-410-15025-8

改訂版
チャート式® 基礎からの中学2年数学

発行所　数研出版株式会社

本書の一部または全部を許可なく複写・複製することおよび本書の解説書，問題集ならびにこれに類するものを無断で作成することを禁じます。

〒101-0052　東京都千代田区神田小川町2丁目3番地3
　　　　　　　〔振替〕00140-4-118431
〒604-0861　京都市中京区烏丸通竹屋町上る大倉町205番地
〔電話〕代表 (075)231-0161
ホームページ　http://www.chart.co.jp/
印刷　創栄図書印刷株式会社

乱丁本・落丁本はお取り替えいたします　160101

「チャート式」は，登録商標です。

第4章　図形の性質と合同

⑩ 平行線と角

① 対頂角，同位角，錯角
  (1) 対頂角は等しい
  (2) 2直線に1直線が交わってできる角

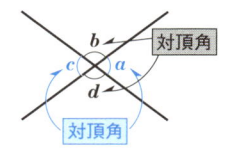

② 平行線と同位角・錯角
  (1) 平行 ⟺ 同位角が等しい
      $\ell \,/\!/\, m \iff \angle a = \angle b$
  (2) 平行 ⟺ 錯角が等しい
      $\ell \,/\!/\, m \iff \angle c = \angle b$

⑪ 多角形の角

① 三角形の内角と外角
  (1) 内角の和は 180°
  (2) 外角は，そのとなりにない2つの内角の和に等しい。
  (3) 外角の和は 360°

② 多角形の内角と外角
  (1) n 角形の内角の和　$180° \times (n-2)$
  (2) 多角形の外角の和　360°

⑫ 三角形の合同

① 三角形の合同条件　次のいずれかが成り立てば合同
  (1) 3組の辺
  (2) 2組の辺とその間の角
  (3) 1組の辺とその両端の角

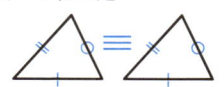

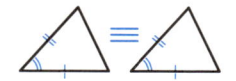

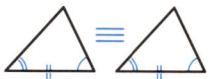

⑬ 証明

① 仮定と結論　ことがら「(ア)ならば(イ)」について
  (ア)が与えられてわかっていること　→(ア)の部分が仮定
  (イ)が(ア)から導こうとしていること　→(イ)の部分が結論

第5章　三角形と四角形

⑭ 三角形

① 二等辺三角形　定義　2辺が等しい三角形
  定理
  (1) AB=AC　ならば　∠B=∠C
  (2) AB=AC，∠BAD=∠CAD
      ならば　AD⊥BC，BD=CD
  (3) ∠B=∠C　ならば　AB=AC

② 正三角形　定義　3辺が等しい三角形
  定理　△ABC で，AB=BC=CA ⟺ ∠A=∠B=∠C

③ 直角三角形　定義　1つの内角が直角である三角形
  合同条件　一般の合同条件のほかに，(1) 斜辺と1つの鋭角　(2) 斜辺と他の1辺

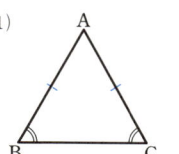

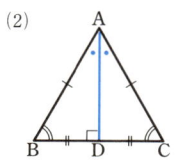

チャート式®

改訂版
基礎からの
中学 2 年
数学

チャート研究所【編著】

問題精選

数研出版
http://www.chart.co.jp/

この問題精選は、『改訂版 チャート式基礎からの中学2年数学』で得られた知識を発展させるために、入試問題から選んで編集しました。
本冊と合わせて使い、確実に実力をつけることをねらいとしています。
問題は、章ごとに分類してありますが、主として発展的な問題をとり上げていますので、他の章の知識を利用する問題もふくまれています。

目次

第1章 式の計算	1	第2章 連立方程式	2
第3章 1次関数	4	第4章 図形の性質と合同	6
第5章 三角形と四角形	6	第6章 確率	7
練習の答と解説	8		

第1章 式の計算

練習 1 次の計算をしなさい。　〔(1) 高知学芸高, (2) 新潟明訓高〕

(1) $\dfrac{1}{3}(2x-y)-\dfrac{3x-2y}{4}+\dfrac{x+y}{6}$　(2) $\dfrac{x+2y}{2}-\dfrac{2x-y}{3}-\dfrac{3x+2y}{6}$

(3) $2\left(\dfrac{a-b}{2}-\dfrac{a-3c}{6}\right)-3\left(\dfrac{b+4c}{2}-\dfrac{b-2a}{6}\right)+6\left(\dfrac{c+a}{2}-\dfrac{c-b}{3}\right)$

(4) $\left(-\dfrac{1}{6}x^3y\right)^2 \div \left(\dfrac{3}{4}xy^2\right)^3 \times \left(-\dfrac{3y}{2}\right)^5$

(5) $\left(-\dfrac{1}{2}ab^2\right)^3 \div \left(-\dfrac{1}{8}a^2b\right)^2 \div (2ab)^2 \times (-a^3b^2)$

(6) $(-2ab^2)^3 \div \left\{(-2a^2b^3)^2 \div \left(-\dfrac{3}{4}a^2b\right)\right\} + \dfrac{1}{2}ab^2$

　〔(3) 大阪教育大学附属平野高, (4) ラ・サール高, (5) 京都女子高, (6) 西大和学園高〕

練習 2 次の式の値を求めなさい。

(1) $x=2$, $y=3$ のとき, $\left(\dfrac{2}{3}x^2y\right)^2 \times (xy^2)^3 \div (2xy)^4$ の値　〔日本大学第二高〕

(2) $x=-12$, $y=\dfrac{1}{3}$, $z=2$ のとき, $x^2y \div \dfrac{1}{2}y^2z^4 \times \left(\dfrac{z^2}{x}\right)^3$ の値　〔開明高〕

練習 3 ある4けたの自然数 P について、この自然数の一番左の数字を一番右に移動して作られた4けたの自然数を Q とする。例えば, $P=1234$ のときは $Q=2341$ となる。P の千の位の数字を x, 下3けたの数を y とするとき、次の問いに答えなさい。ただし, Q の千の位が0になる P は考えないものとする。

(1) 自然数 P, Q を x, y を用いて表しなさい。
(2) $P+Q=5379$ となるとき，y を x の式で表しなさい。
(3) (2)の条件を満たす自然数 P のうち，偶数であるものをすべて求めなさい。

〔城北高〕

第2章　連立方程式

練習 4　次の連立方程式を解きなさい。

(1) $\begin{cases} 0.3x - 0.75y = 2.85 \\ \dfrac{x}{4} + \dfrac{y}{3} = -\dfrac{1}{2} \end{cases}$ 〔清真高〕

(2) $\begin{cases} \left(\dfrac{x}{2} + \dfrac{y}{3}\right) + \left(\dfrac{x}{40} + \dfrac{y}{30}\right) = 4 \\ \left(\dfrac{x}{2} + \dfrac{y}{3}\right) - \left(\dfrac{x}{40} + \dfrac{y}{30}\right) = 2 \end{cases}$ 〔四天王寺高〕

例題 1　解から連立方程式の係数を求める

x, y についての連立方程式 $\begin{cases} ax + by = 8 \\ 2x + 3y = c \end{cases}$ について，Aさんは正しく解いて $(x, y) = (4, -3)$ を得た。B君は c の値を間違えて解いたため $(x, y) = (-4, 7)$ を得た。a の値を求めなさい。

〔洛南高〕

考え方　方程式の解　代入すると成り立つ

Aさんは正しく解いたから，$(x, y) = (4, -3)$ は　$ax + by = 8$ を満たす。
したがって　$4a - 3b = 8$　……①　が成り立つ。
B君は c の値を間違えて解いたが，$(x, y) = (-4, 7)$ は　$ax + by = 8$ を満たす。
したがって　$-4a + 7b = 8$　……②　が成り立つ。
①，②は，a, b についての連立方程式。これを解く。

―― 解　答 ――

$(x, y) = (4, -3)$, $(-4, 7)$ はともに，等式 $ax + by = 8$ を満たすから　$\begin{cases} 4a - 3b = 8 & \cdots\cdots ① \\ -4a + 7b = 8 & \cdots\cdots ② \end{cases}$

①＋②　　　$4b = 16$　　$b = 4$
①に代入して　$4a - 12 = 8$　　$4a = 20$　　$a = 5$　**答**

c の正しい値は，$c = -1$
$(x, y) = (-4, 7)$ のとき
　$c = 13$ であるから，B君は c の値を 13 と間違えたことになる。

練習 5　2組の連立方程式　(あ) $\begin{cases} 2x + y = -1 \\ ax + 3y = 2 \end{cases}$，(い) $\begin{cases} 2x - 3y = b \\ 4x + 5y = -2 \end{cases}$　において，(あ)の解の x と y を入れかえると(い)の解になっている。このとき，a, b の値を求めなさい。

〔東海高〕

練習 6 x, y についての連立方程式 $\begin{cases} ax-y=-2 \\ 9x-2y=14 \end{cases}$ がある。x, y の値がともに自然数となるとき，自然数 a の値をすべて求めると，$a=\boxed{}$ である。$\boxed{}$ をうめなさい。
〔明治大付属明治高〕

練習 7 陸上部の鈴木さんと山田さんが，10 km のコースで競走することにした。2 人は同時に S 地点をスタートし，途中の A，B，C，D 地点を通ってゴールの G 地点に向かった。

鈴木さんは，
　　S 地点から A 地点までは
　　　時速 a km で 15 分，
　　A 地点から D 地点までは
　　　時速 15 km で $(b+7)$ 分，
　　D 地点から G 地点までは
　　　時速 9 km のペースで走った。

山田さんは，
　　S 地点から B 地点までは
　　　時速 12 km で b 分，
　　B 地点から C 地点までは
　　　時速 10 km で 12 分，
　　C 地点から G 地点までは
　　　時速 $(a+6)$ km で 15 分のペースで走った。

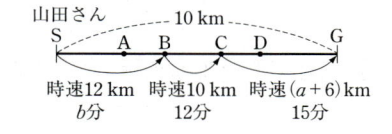

競走の結果，2 人は同時にゴールした。このとき，次の問いに答えなさい。

(1) 鈴木さんが D 地点から G 地点まで走るのにかかった時間は何分か求めなさい。

(2) a, b の値を求めなさい。
〔日大三高〕

練習 8 去年 1 年間に A 君と B さんに来た携帯電話のメールの数の比は 7 : 8 であった。このうち，国外から来たメールの数の比は 4 : 3 であり，国内から来たメールの数の比は 6 : 7 であった。A 君と B さんに来たメールの数の合計が 700 通以上 850 通以下であるとき，次の $\boxed{}$ をうめなさい。

(1) B さんに来た国外からのメールの数は，$\boxed{}$ 通である。

(2) A 君に来た国外と国内のメールの数の合計は，$\boxed{}$ 通である。〔日本大学桜丘高〕

練習 9 花子さんは，濃度が 8% の食塩水と 15% の食塩水と水を混ぜ合わせ，重さが 700 g の食塩水をつくることにした。混ぜ合わせる 8% の食塩水の重さを x g，15% の食塩水の重さを y g として，(1)，(2)に答えなさい。

(1) 水を加えず，8% の食塩水と 15% の食塩水を混ぜ合わせ 10% の食塩水をつくるとき，それぞれ何 g ずつ混ぜ合わせればよいかを求めるために，次のように連立方程式をつくった。

$$\begin{cases} x+y=700 & \cdots\cdots ① \\ \boxed{} & \cdots\cdots ② \end{cases}$$

①は，「混ぜ合わせる食塩水の重さの合計」に着目してつくった式である。②の式をつくるのに，着目する必要がある数量として最も適当なのは，(ア)～(エ)のうちではどれですか。1つ選びなさい。また，選んだ数量をもとに，x と y を使って，$\boxed{}$ に適当な式を書き入れなさい。

(ア) 混ぜ合わせる食塩水の重さの合計
(イ) 混ぜ合わせる食塩水の重さの差
(ウ) 混ぜ合わせる食塩の重さの合計
(エ) 混ぜ合わせる食塩の重さの差

(2) 8% の食塩水と 15% の食塩水の重さの比が 3:4 になるように混ぜ合わせ，さらに水を加えて 6% の食塩水をつくるとき，8% の食塩水と 15% の食塩水をそれぞれ何 g ずつ混ぜ合わせればよいかを答えなさい。〔岡山高〕

第3章　1次関数

練習 10 図のように，2点 P(2, 8)，Q(6, 4) がある。y 軸上に点 A，x 軸上に点 B を，PA+AB+BQ の長さが最小になるようにとる。2点 A，B の座標を求めなさい。
〔東北学院高〕

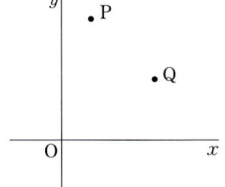

練習 11 a を正の定数とする。3直線 $\ell : y=-3x$，$m : y=-x+4$，$n : y=ax$ によってつくられる三角形の面積が 10 であるとき，a の値を求めなさい。
〔昭和学院秀英高〕

練習 12 図のように，2直線 $y=-x+8$，$y=2x+8$ があり，3点 A，B，C は直線と座標軸との交点である。点 P は線分 AC 上を A から C まで，点 Q は線分 CB 上を C から B まで動く。2点 P，Q は同時に出発してから，それぞれ一定の速さで動き，4秒後に同時に C，B に到着する。次の □ をうめなさい。

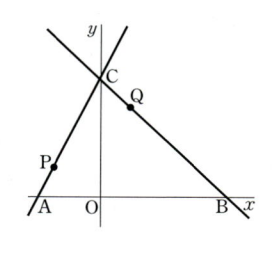

(1) 出発してから3秒後の点Pの座標は □
(2) 出発してから s 秒後に，線分 PQ の中点が y 軸上にくる。このとき，$s=$ □
(3) 出発してから t 秒後に PQ⊥BC となる。このとき，$t=$ □ 〔西南学院高〕

例題 2 　面積が等しくなる点の座標

右の図のように，4点 A(0, 5)，B(−3, 0)，C(6, 0)，D(3, 4) をとる。次に，点 E を △ABE の面積と四角形 ABCD の面積が等しくなるように x 軸上にとるとき，これを満たす点 E の座標をすべて求めなさい。〔岡山〕

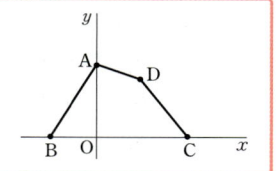

考え方　等積変形，等高なら等底
点 D を通り AC に平行な直線と x 軸との交点を E とすると △ABE＝四角形 ABCD
また，x 軸上に FB＝BE となる点 F をとると △AFB＝△ABE である。

─ 解 答 ─

点 D を通り AC に平行な直線と x 軸との交点を E とすると，△ADC＝△AEC であるから，△ABE の面積と四角形 ABCD の面積は等しくなる。

このとき，直線 AC の傾きは $-\dfrac{5}{6}$ であるから，直線 DE の式を $y=-\dfrac{5}{6}x+b$ とおくと，点 D を通るから

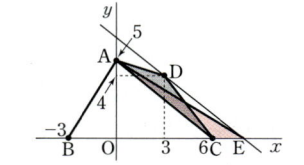

$$4=-\dfrac{5}{6}\times 3+b \quad \text{よって} \quad b=\dfrac{13}{2}$$

点 E の x 座標は $y=-\dfrac{5}{6}x+\dfrac{13}{2}$ に $y=0$ を代入して $x=\dfrac{39}{5}$

BE＝$\dfrac{39}{5}-(-3)=\dfrac{54}{5}$ より，x 座標が $-3-\dfrac{54}{5}=-\dfrac{69}{5}$ の点も条件を満たす。

したがって，点 E の座標は $\left(\dfrac{39}{5},\ 0\right),\ \left(-\dfrac{69}{5},\ 0\right)$ 　**答**

x 軸上に，FB＝BE を満たす点 F をとる。
△AFB と △ABE は FB，BE を底辺とすると，高さが AO で等しいから △AFB＝△ABE である。

練習 13 図のように，四角形 OABC と直線
$\ell : y = -x + k$ がある。　　〔西南学院高〕
(1) 直線 AB の式を求めなさい。
(2) 直線 ℓ と四角形 OABC が共有する点をもつような k の値の範囲を不等号を用いて表しなさい。
(3) 直線 ℓ が四角形 OABC の面積を 2 等分するとき，k の値を求めなさい。

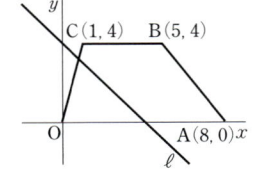

第4章　図形の性質と合同

練習 14 右の図は，正五角形 ABCDE において，辺 AB 上に頂点A および頂点B に一致しない点P をとり，頂点C と点P を結んだ線分 CP を P の方向に延長した直線上に点F をとり，頂点A と点F，頂点B と点F をそれぞれ結んだものである。AB＝BF のとき，∠AFC の大きさは何度ですか。
〔東京都武蔵高〕

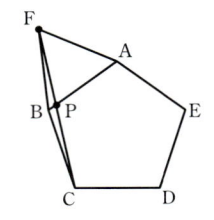

練習 15 △ABC について，次の問いに答えなさい。
(1) 「AB＝AC ならば ∠B＝∠C」であることを証明しなさい。
(2) 「AB＝AC ならば ∠B＝∠C」の逆をいいなさい。また，それが正しいことを証明しなさい。　　〔清真高〕

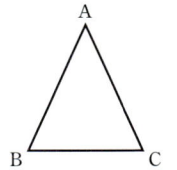

練習 16 正方形 ABCD において，辺 AD の中点を M，辺 BC の中点を N とする。△MBC を，辺 MB が線分 MN に重なるように，M を中心として回転させたものを △MEF とする。BC と EF の交点を P，EF と MC の交点を Q とするとき，△NEP≡△QCP であることを証明しなさい。　　〔大阪教育大附属天王寺高〕

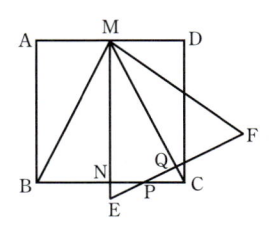

第5章　三角形と四角形

練習 17 右の図のように，1辺の長さが2の正方形 ABCD の内部に正三角形 EBC を，外部に正三角形 AFB を描く。
(1) AC＝FE であることを証明しなさい。
(2) AC と FE のなす角 x を求めなさい。
ただし，$0° \leq x \leq 90°$ とする。
〔岡山白陵高〕

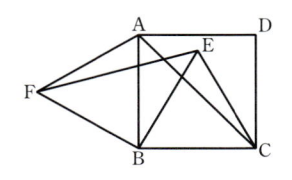

練習 18 ∠A＝90°の直角三角形 ABC において，頂点 A から辺 BC にひいた垂線と辺 BC との交点を D，∠B の二等分線と辺 CA との交点を E，E から辺 BC にひいた垂線と辺 BC との交点を F，AD と BE との交点を G とする。

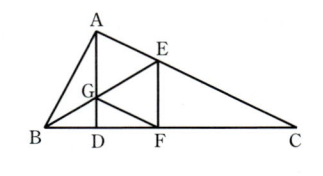

(1) 三角形 AGE が二等辺三角形であることを証明しなさい。

(2) 四角形 AGFE がひし形であることを証明しなさい。

〔慶應義塾女子高〕

練習 19 右の図のように，四角形 ABCD の内部に 4 点 P，Q，R，S があり，AP の中点が Q，BQ の中点が R，CR の中点が S，DS の中点が P である。

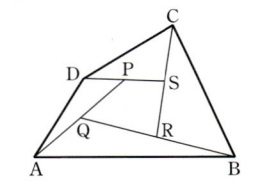

(1) △PQR と △ABQ の面積比を求めなさい。

(2) 四角形 PQRS と四角形 ABCD の面積比を求めなさい。

〔城北高〕

第6章 確　率

練習 20 1 から 4 までの数字を用いて 3 けたの数をつくる。121 や 321 のように，1 と 2 の数字がそれぞれ少なくとも 1 回ずつ使われる確率を求めなさい。

〔筑波大学附属高〕

練習 21 大小 2 つのさいころがある。これらのさいころを同時に投げ，大きいさいころの出た目の数を a，小さいさいころの出た目の数を b とする。また，長方形 ABCD があり，AB，AD の長さはそれぞれ 6 cm，12 cm である。この長方形の辺 AB 上に AE＝a cm となるように点 E を，辺 AD 上に AF＝$2b$ cm となるように点 F をとる。このとき，次の各問いに答えなさい。

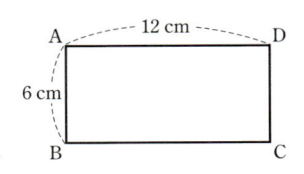

(1) △AEF が直角二等辺三角形になる確率を求めなさい。

(2) △ABF の面積が △ADE の面積より大きくなる確率を求めなさい。

〔帝塚山泉高〕

練習 22 大小2個のさいころを投げ，大きいさいころの目の数を a，小さいさいころの目の数を b とするとき，直線 $y=ax+b$ と x 軸，y 軸によって囲まれた部分の面積が整数となる確率を求めなさい。　〔立教高〕

練習 23 左から順に1，2，3と番号がふられた3つのいすが並んでいる。男子A，B，C，女子D，Eの5人のうち3人が，これらのいすに座る。下の ☐ をうめなさい。
(1) 座り方は全部で，☐ 通り
(2) 男子Aが2のいすに座る確率は，☐
(3) 女子2人がとなり合って座る確率は，☐
(4) 男子がとなり合わない確率は，☐　〔芝浦工大柏高〕

練習の答と解説

[1] (1) $\dfrac{x+4y}{12}$　(2) $\dfrac{-2x+3y}{3}$
(3) $\dfrac{8a-12c}{3}$　(4) $-\dfrac{1}{2}x^3y$
(5) $2b^4$　(6) $2ab^2$

解説 (1) $\dfrac{1}{3}(2x-y)-\dfrac{3x-2y}{4}+\dfrac{x+y}{6}$
$=\dfrac{2x-y}{3}-\dfrac{3x-2y}{4}+\dfrac{x+y}{6}$
$=\dfrac{4(2x-y)-3(3x-2y)+2(x+y)}{12}$
$=\dfrac{8x-4y-9x+6y+2x+2y}{12}$
$=\dfrac{x+4y}{12}$

(2) $\dfrac{x+2y}{2}-\dfrac{2x-y}{3}-\dfrac{3x+2y}{6}$
$=\dfrac{3(x+2y)-2(2x-y)-(3x+2y)}{6}$
$=\dfrac{3x+6y-4x+2y-3x-2y}{6}$
$=\dfrac{-4x+6y}{6}=\dfrac{-2x+3y}{3}$

(3) $2\left(\dfrac{a-b}{2}-\dfrac{a-3c}{6}\right)-3\left(\dfrac{b+4c}{2}-\dfrac{b-2a}{6}\right)$
$\qquad+6\left(\dfrac{c+a}{2}-\dfrac{c-b}{3}\right)$
$=2\times\dfrac{2a-3b+3c}{6}-3\times\dfrac{2a+2b+12c}{6}$
$\qquad+6\times\dfrac{3a+2b+c}{6}$
$=\dfrac{4a-6b+6c}{6}-\dfrac{6a+6b+36c}{6}$
$\qquad+\dfrac{18a+12b+6c}{6}$
$=\dfrac{16a-24c}{6}=\dfrac{8a-24c}{3}$

(4) $\left(-\dfrac{1}{6}x^3y\right)^2\div\left(\dfrac{3}{4}xy^2\right)^3\times\left(-\dfrac{3y}{2}\right)^5$
$=\dfrac{1}{6^2}x^6y^2\div\dfrac{3^3}{4^3}x^3y^6\times\left(-\dfrac{3^5y^5}{2^5}\right)$
$=\dfrac{x^6y^2}{6^2}\times\dfrac{4^3}{3^3x^3y^6}\times\left(-\dfrac{3^5y^5}{2^5}\right)=-\dfrac{1}{2}x^3y$

(5) $\left(-\dfrac{1}{2}ab^2\right)^3\div\left(-\dfrac{1}{8}a^2b\right)\div(2ab)^2$
$\qquad\times(-a^3b^2)$
$=\left(-\dfrac{1}{8}a^3b^6\right)\div\dfrac{1}{64}a^4b^2\div 4a^2b^2\times(-a^3b^2)$
$=\dfrac{a^3b^6\times 64\times a^3b^2}{8\times a^4b^2\times 4a^2b^2}$
$=2b^4$

(6) $(-2ab^2)^3\div\left\{(-2a^2b^3)^2\div\left(-\dfrac{3}{4}a^2b^2\right)\right\}$

$$+\frac{1}{2}ab^2$$
$$=(-8a^3b^6)\div\left\{4a^4b^6\div\left(-\frac{3}{4}a^2b^2\right)\right\}$$
$$+\frac{1}{2}ab^2$$
$$=(-8a^3b^6)\div\left(-\frac{16}{3}a^2b^4\right)+\frac{1}{2}ab^2$$
$$=\frac{3}{2}ab^2+\frac{1}{2}ab^2=2ab^2$$

【2】 (1) **18**　　(2) **−2**

解説 (1) $\left(\frac{2}{3}x^2y\right)^2\times(xy^2)^3\div(2xy)^4$
$$=\frac{2^2x^4y^2\times x^3y^6}{3^2\times 2^4x^4y^4}=\frac{x^3y^4}{3^2\times 2^2}$$

$x=2$, $y=3$ を代入して
$$\frac{2^3\times 3^4}{3^2\times 2^2}=2\times 3^2=18$$

(2) $x^2y\div\frac{1}{2}y^2z^4\times\left(\frac{z^2}{x}\right)^3$
$$=x^2y\times\frac{2}{y^2z^4}\times\frac{z^6}{x^3}=\frac{2z^2}{xy}$$

$2z^2=2\times 2^2=8$, $xy=-12\times\frac{1}{3}=-4$

であるから $\dfrac{2z^2}{xy}=\dfrac{8}{-4}=-2$

【3】 (1) $P=1000x+y$, $Q=x+10y$
　　(2) $y=-91x+489$
　　(3) **1398, 3216**

解説 (1) $P=1000x+y$ とおける。
Qは，Pの下3けたの各数字の位が1つずつ上がり，一の位の数字がxであるから
$$Q=10y+x=x+10y$$

(2) $(1000x+y)+(x+10y)=5379$
$$11y=-1001x+5379$$
よって　$y=-91x+489$ …… ①

(3) Pが偶数であるから，yは偶数である。
①より，xは1けたの奇数であるから
　　$x=1$ のとき　$y=398$
　　$x=3$ のとき　$y=216$
　　$x=5$ のとき　$y=34$
これは問題に適さない。

$x=7, 9$ のとき，yの値は負の数になり，これらは問題に適さない。
よって，求めるPは　$P=1398, 3216$

【4】 (1) $x=2$, $y=-3$
　　(2) $x=-28$, $y=51$

解説 (1) $\begin{cases}0.3x-0.75y=2.85 & \cdots\cdots ①\\ \dfrac{x}{4}+\dfrac{y}{3}=-\dfrac{1}{2} & \cdots\cdots ②\end{cases}$

①×100 から　$30x-75y=285$
$$2x-5y=19 \quad \cdots\cdots ③$$
②×12 から　$3x+4y=-6 \quad \cdots\cdots ④$
③×3　　　　$6x-15y=57$
④×2　　　$\underline{-)\ 6x+\ 8y=-12}$
$$-23y=69$$
$$y=-3$$

$y=-3$ を④に代入して
$$3x-12=-6$$
$$x=2$$
よって　$x=2$, $y=-3$

(2) 辺々をたすと
$$2\left(\frac{x}{2}+\frac{y}{3}\right)=6 \quad \cdots\cdots ①$$
辺々をひくと
$$2\left(\frac{x}{40}+\frac{y}{30}\right)=2 \quad \cdots\cdots ②$$
①×3 から
$$3x+2y=18 \quad \cdots\cdots ③$$
②×60 から
$$3x+4y=120 \quad \cdots\cdots ④$$
④−③ から　$2y=102$
$$y=51$$
$y=51$ を③に代入して
$$3x+102=18$$
$$x=-28$$
よって　$x=-28$, $y=51$

【5】 $a=-\dfrac{3}{2}$, $b=\dfrac{8}{3}$

解説 連立方程式(あ)の解は，連立方程式
$\begin{cases}2x+y=-1 & \cdots\cdots ①\\ 4y+5x=-2 & \cdots\cdots ②\end{cases}$ の解と一致する。

これを解いて $x=-\dfrac{2}{3}$, $y=\dfrac{1}{3}$

㈱の第2式 $ax+3y=2$ に代入して

$-\dfrac{2}{3}a+1=2$　$a=-\dfrac{3}{2}$

また，連立方程式㈱の解は

$x=\dfrac{1}{3}$, $y=-\dfrac{2}{3}$　となる。

これを㈱の第1式 $2x-3y=b$ に代入して

$\dfrac{2}{3}+2=b$　$b=\dfrac{8}{3}$

【6】 **3, 4**

解説 $\begin{cases} ax-y=-2 & \cdots\cdots ① \\ 9x-2y=14 & \cdots\cdots ② \end{cases}$

①×2－② から

$(2a-9)x=-18$

$9-2a\neq0$ であるから　$x=\dfrac{18}{9-2a}$

x は自然数であるから，$9-2a$ の値は

1, 2, 3, 6, 9, 18

のいずれかである。

また，a は自然数で，$9-2a$ は奇数であるから，考えられる $9-2a$ の値は　1, 3

$9-2a=1$ のとき　$a=4$

このとき，$x=18$, $y=74$ であるから，問題に適している。

$9-2a=3$ のとき　$a=3$

このとき，$x=6$, $y=20$ であるから，問題に適している。

よって，求める a の値は　$a=3, 4$

【7】 (1) **5分**　(2) **$a=10$, $b=20$**

解説 (1) 山田さんがS地点からG地点まで走るのにかかった時間は

$b+12+15=b+27$（分）

2人は同時にゴールしたから，求める時間は　$(b+27)-(15+b+7)=5$（分）

(2) 鈴木さんについて

$a\times\dfrac{15}{60}+15\times\dfrac{b+7}{60}+9\times\dfrac{5}{60}=10$

$15a+15(b+7)+45=600$

$a+(b+7)+3=40$

$a+b=30$　……①

山田さんの道のりについて

$12\times\dfrac{b}{60}+10\times\dfrac{12}{60}+(a+6)\times\dfrac{15}{60}=10$

$12b+120+15(a+6)=600$

$4b+40+5(a+6)=200$

$5a+4b=130$　……②

②　　　　$5a+4b=130$
①×4　$-\underline{)\,4a+4b=120}$
　　　　　　$a\quad\quad\;=10$

$a=10$ を①に代入して

$10+b=30$　$b=20$

よって　$a=10$, $b=20$

これらは問題に適している。

【8】 (1) **15**　(2) **350**

解説 (1) 国外から来たメールの数について，A君に $4x$ 通来たとすると，Bさんに $3x$ 通来たことになる。

国内から来たメールの数についても，同様に，A君に $6y$ 通来たとすると，Bさんに $7y$ 通来たことになる。

来たメールの数の合計は，A君が $(4x+6y)$ 通，Bさんが $(3x+7y)$ 通であり，その比が $7:8$ であるから

$(4x+6y):(3x+7y)=7:8$

$7(3x+7y)=8(4x+6y)$

$y=11x$　……①

A君とBさんに来たメールの数の合計は

$(4x+6y)+(3x+7y)=7x+13y$
$=7x+13\times11x=150x$（通）

$150\times4=600$, $150\times5=750$, $150\times6=900$ から，$700\leqq 150x\leqq 850$ を満たす x の値は

$x=5$

Bさんに来た国外からのメールの数は

$3\times5=15$（通）

(2) ①より，$y=11x$ であるから

$4x+6y=4x+6\times11x=70x$

A君に来た国外と国内のメールの数の合計は，$x=5$ のとき

$4x+6y=70x=70\times5=350$（通）

【9】 (1) 順に (ウ), $0.08x+0.15y=70$
(2) 8％の食塩水 150 g, 15％の食塩水 200 g

解説 (1) (ウ)
混ぜ合わせる食塩の重さの合計について
$$x \times \frac{8}{100} + y \times \frac{15}{100} = 700 \times \frac{10}{100}$$
よって $0.08x+0.15y=70$

(2) 食塩水の重さの比について
$$x:y=3:4$$
$$4x=3y$$
$$x=\frac{3}{4}y \quad \cdots\cdots ③$$

混ぜ合わせる食塩の重さについて
$$x \times \frac{8}{100} + y \times \frac{15}{100} = 700 \times \frac{6}{100}$$
両辺に 100 をかけて
$$8x+15y=4200$$
これに③を代入して
$$6y+15y=4200 \quad y=200$$
$y=200$ を③に代入して
$$x=\frac{3}{4} \times 200 = 150$$
$x=150$, $y=200$ は問題に適している。
よって, 8％の食塩水を 150 g, 15％の食塩水を 200 g 混ぜ合わせればよい。

【10】 $A(0, 5)$, $B\left(\dfrac{10}{3}, 0\right)$

解説 点Pとy軸に関して対称な点をP′, 点Qとx軸に関して対称な点をQ′とする。
$PA=P'A$, $BQ=BQ'$ であるから, $PA+AB+BQ$ が最小になるのは, $P'A+AB+BQ'$ が最小になるときである。
このとき, 4点 P′, A, B, Q′ は一直線上にあるから, 直線P′Q′とy軸との交点がA, x軸との交点がBであるときに, $PA+AB+BQ$ の長さが最小になる。

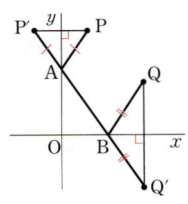

$P'(-2, 8)$, $Q'(6, -4)$ であるから, 直線P′Q′の式を $y=ax+b$ とおくと
$$\begin{cases} 8=-2a+b & \cdots\cdots ① \\ -4=6a+b & \cdots\cdots ② \end{cases}$$
これを解くと $a=-\dfrac{3}{2}$, $b=5$

直線P′Q′の式は $y=-\dfrac{3}{2}x+5$
$x=0$ のとき $y=5$
$y=0$ のとき $x=\dfrac{10}{3}$
したがって $A(0, 5)$, $B\left(\dfrac{10}{3}, 0\right)$

【11】 $\dfrac{1}{3}$

解説 2直線 ℓ, m の交点をA, m とx軸との交点をB, 2直線 m, n の交点をCとする。
$y=-3x$ を $y=-x+4$ に代入して
$$-3x=-x+4$$
$$x=-2$$
ゆえに, 点Aの座標は $(-2, 6)$
$y=0$ を $y=-x+4$ に代入して
$$0=-x+4$$
$$x=4$$
よって, 点Bの座標は $(4, 0)$
このとき $\triangle OAB = \dfrac{1}{2} \times 4 \times 6 = 12$
点Cのy座標をkとする。
$\triangle OBC$ の面積について
$$\frac{1}{2} \times 4 \times k = 12-10$$
$$k=1$$
$y=1$ を $y=-x+4$ に代入して
$$1=-x+4$$
$$x=3$$
ゆえに, 点Cの座標は $(3, 1)$
したがって $a=\dfrac{1}{3}$

【12】 (1) $(-1, 6)$

(2) $\dfrac{4}{3}$

(3) $\dfrac{4}{5}$

解説 点A，B，Cの座標はそれぞれ
A$(-4, 0)$，B$(8, 0)$，C$(0, 8)$
点Pは線分AC上をAからCまで4秒で動き，点Qは線分CB上をCからBまで4秒で動くから，点Pのx座標は，毎秒$\dfrac{4}{4}=1$ずつ増加し，y座標は毎秒$\dfrac{8}{4}=2$ずつ増加する。
点Qのx座標は，毎秒2ずつ増加し，y座標は毎秒2ずつ減少する。

(1) 3秒後の点Pの
x座標は $-4+1\times 3=-1$
y座標は $0+2\times 3=6$
点Pの座標は $(-1, 6)$

(2) s秒後の点Pのx座標は
$-4+1\times s=-4+s$
点Qのx座標は $0+2\times s=2s$
線分PQの中点がy軸上にくるとき
$2s=-(-4+s)$　$3s=4$　$s=\dfrac{4}{3}$

(3) t秒後の点Pのx座標は $-4+t$
y座標は $0+2\times t=2t$
点Qのx座標は $2t$
　　y座標は $8+(-2)\times t=8-2t$
PQ⊥BCのとき，直線BCの傾きが-1より，直線PQの傾きは1であるから
$$\dfrac{(8-2t)-2t}{2t-(-4+t)}=1$$
$$\dfrac{8-4t}{t+4}=1 \quad 8-4t=t+4$$
$$-5t=-4 \quad t=\dfrac{4}{5}$$

【13】 (1) $y=-\dfrac{4}{3}x+\dfrac{32}{3}$

(2) $0\leqq k\leqq 9$

(3) $k=\dfrac{11}{2}$

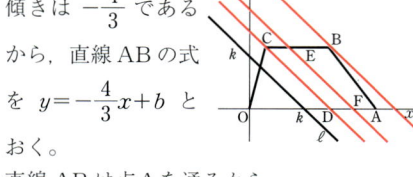

解説 (1) 直線ABの傾きは$-\dfrac{4}{3}$であるから，直線ABの式を $y=-\dfrac{4}{3}x+b$ とおく。
直線ABは点Aを通るから
$0=-\dfrac{4}{3}\times 8+b \quad b=\dfrac{32}{3}$
直線ABの式は $y=-\dfrac{4}{3}x+\dfrac{32}{3}$

(2) 直線ℓが原点を通るとき $0=-0+k$ から $k=0$
点Bを通るとき $4=-5+k$ から $k=9$
よって $0\leqq k\leqq 9$

(3) 四角形OABCは台形であるから，この面積は $\dfrac{1}{2}\times\{(5-1)+8\}\times 4=24$

直線ℓとx軸との交点の座標は $(k, 0)$
直線ℓが点Cを通るときのx軸との交点をDとすると $4=-1+k$　$k=5$
このとき $\triangle COD=\dfrac{1}{2}\times 5\times 4=10$

$10<\dfrac{24}{2}$ であるから，求める直線は辺CBと交わる。
このとき，直線ℓと辺CBとの交点をE，x軸との交点をFとすると，平行四辺形CDFEの面積が $\dfrac{24}{2}-10=2$ となればよい。

よって $DF\times 4=2$　$DF=\dfrac{1}{2}$
したがって $k=5+\dfrac{1}{2}=\dfrac{11}{2}$

【14】 $54°$

解説 正五角形の1つの内角の大きさは
$540°\div 5=108°$
$\triangle ABC$において，AB=BCより
$\angle BCA=\angle BAC=(180°-108°)\div 2=36°$
$\angle AFB=a$，$\angle BFC=x$とする。

12

△AFB において，AB＝BF より
　　　∠BAF＝∠AFB＝a
また，△FBC において，FB＝BC より
　　　∠BCF＝∠CFB＝x
よって，△AFC において
　　　$(a-x)+(a+36°)+(36°-x)=180°$
　　　$2(a-x)=108°$　　$a-x=54°$
∠AFC＝a－x であるから　∠AFC＝54°

【15】(1)　∠A の二等分線をひき，辺 BC との交点を D とする。
△ABD と △ACD において
　　　∠BAD＝∠CAD　　……①
　　　AD＝AD（共通）……②
仮定から　AB＝AC　　　　……③
①，②，③より，2 組の辺とその間の角がそれぞれ等しいから
　　　△ABD≡△ACD
よって　∠B＝∠C

(2)　逆は，「∠B＝∠C ならば AB＝AC」である。
∠A の二等分線をひき，辺 BC との交点を D とする。
△ABD と △ACD において
仮定から　∠BAD＝∠CAD　　……①
　　　　　∠ABD＝∠ACD　　……②
①，②より，残りの内角も等しいから
　　　∠ADB＝∠ADC　　……③
また　　　AD＝AD（共通）……④
①，③，④より，1 組の辺とその両端の角がそれぞれ等しいから
　　　△ABD≡△ACD
よって　AB＝AC

【16】　M は辺 AD の中点，N は辺 BC の中点であるから，四角形 ABNM と四角形 DCNM は合同な長方形である。
よって，MB＝MC であるから
　　　∠MBC＝∠MCB　　……①
また　MN⊥BC　……②，
　　　MQ⊥EF　……③
△NEP と △QCP において

MB＝MC，MB＝ME より　ME＝MC
また，MN＝MQ であるから
　　　ME－MN＝MC－MQ
すなわち　NE＝QC　……④
∠MBC＝∠NEP，∠MCB＝∠QCP である。
これと①から　∠NEP＝∠QCP　……⑤
②より ∠ENP＝90°，③より ∠CQP＝90° であるから
　　　∠ENP＝∠CQP　……⑥
④，⑤，⑥より，1 組の辺とその両端の角がそれぞれ等しいから　△NEP≡△QCP

【17】(1)　△ABC と △FBE において
△EBC と △FBA は正三角形であるから
　　　BC＝BE　……①
　　　AB＝FB　……②
また　∠ABC＝90°　……③
　　　∠FBE＝∠FBA＋∠ABE
　　　　　　＝∠FBA＋(90°－∠EBC)
　　　　　　＝60°＋(90°－60°)
　　　　　　＝90°　……④
③，④から　∠ABC＝∠FBE　……⑤
①，②，⑤より，2 組の辺とその間の角がそれぞれ等しいから　△ABC≡△FBE
よって　AC＝FE

(2)　60°

解説　(2)　AC と BE の交点を G とし，AC と FE の交点を H とする。
BF＝BE，∠FBE＝90° から，△FBE は直角二等辺三角形である。
よって　∠FEB＝45°
∠BAC＝45°，∠ABE＝90°－60°＝30° であるから，△AGB において
　　　∠AGB＝180°－(45°＋30°)＝105°
△HGE の内角と外角の性質から
　　　$x=105°-45°=60°$

【18】(1)　△ABE と △FBE において
　　　∠ABE＝∠FBE
また　∠BAE＝∠BFE＝90°

BE は共通
直角三角形の斜辺と1つの鋭角がそれぞれ等しいから　△ABE≡△FBE
よって　∠AEB＝∠FEB ……①
また，AD∥EF から
　　　∠FEB＝∠AGE（錯角）……②
①，②から　∠AEB＝∠AGE
よって，△AGE は AG＝AE の二等辺三角形である。

(2) (1)から
　　　AE＝FE
　　　AE＝AG
　　よって
　　　EF＝AG 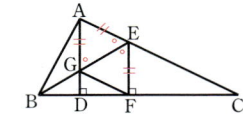
また，AD∥EF より，四角形 AGFE は平行四辺形で，となり合う辺の長さが等しいから，ひし形である。

【19】(1) 1：2　　(2) 1：5

解説　(1) AQ＝PQ から
　　△AQR＝△PQR
また，BQ＝2QR から
　　△ABQ＝2△AQR 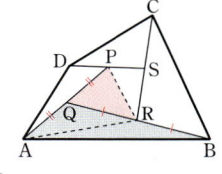
よって，△ABQ＝2△PQR であるから
　　△PQR：△ABQ＝1：2

(2) (1)と同様に考えると
　　△QRS：△BCR＝1：2
　　△RSP：△CDS＝1：2
　　△SPQ：△DAP＝1：2
よって
　　△ABQ＋△BCR＋△CDS＋△DAP
　　＝2(△PQR＋△QRS＋△RSP＋△SPQ)
　　＝2×{(四角形 PQRS)×2}
　　＝4×(四角形 PQRS)
したがって
　　(四角形 ABCD)＝△ABQ＋△BCR
　　　　＋△CDS＋△DAP＋(四角形 PQRS)
　　＝5×(四角形 PQRS)

であるから
　　四角形 PQRS：四角形 ABCD＝1：5

【20】 $\dfrac{9}{32}$

解説　1から4までの数字を用いてつくることができる3けたの数の総数は
　　4×4×4＝64
条件を満たす3けたの数を構成する3つの数字の組合せは，次の4種類がある。
　　[1]　1と1と2　　[2]　1と2と2
　　[3]　1と2と3　　[4]　1と2と4
[1] の組合せでできる3けたの数は
　　112，121，211
　　の3通り
[2] の組合せでできる3けたの数は
　　122，212，221
　　の3通り
[3] の組合せでできる3けたの数は
　　123，132，213，231，312，321
　　の6通り
[4] の組合せでできる3けたの数は
　　124，142，214，241，412，421
　　の6通り
求める確率は　$\dfrac{3+3+6+6}{64}＝\dfrac{18}{64}＝\dfrac{9}{32}$

【21】(1) $\dfrac{1}{12}$　　(2) $\dfrac{5}{12}$

解説　大小2つのさいころを同時に投げるとき，その目の出方は全部で
　　6×6＝36（通り）

(1) △AEF が直角二等辺三角形になるのは，$a＝2b$ のときである。
このような目の出方 (a, b) は
　　(2, 1)，(4, 2)，(6, 3)
の3通りある。
よって，求める確率は　$\dfrac{3}{36}＝\dfrac{1}{12}$

(2) △ABF＝$\dfrac{1}{2}×6×2b＝6b$
　　△ADE＝$\dfrac{1}{2}×12×a＝6a$

△ABF の面積が △ADE の面積より大きくなるのは，$6b>6a$，すなわち $b>a$ のときである。

このような目の出方 (a, b) は
　　$(1, 2)$，$(1, 3)$，$(1, 4)$，$(1, 5)$，$(1, 6)$，
　　$(2, 3)$，$(2, 4)$，$(2, 5)$，$(2, 6)$，$(3, 4)$，
　　$(3, 5)$，$(3, 6)$，$(4, 5)$，$(4, 6)$，$(5, 6)$

の 15 通りある。

よって，求める確率は　$\dfrac{15}{36}=\dfrac{5}{12}$

【22】 $\dfrac{1}{4}$

解説　大小 2 個のさいころを投げるとき，その目の出方　$6×6=36$（通り）

直線 $y=ax+b$ と x 軸，y 軸との交点の座標は，それぞれ $\left(-\dfrac{b}{a}, 0\right)$，$(0, b)$

よって，直線 $y=ax+b$ と x 軸，y 軸によって囲まれた三角形の面積は
　　$\dfrac{1}{2}×\dfrac{b}{a}×b=\dfrac{b^2}{2a}$

この値が整数となるような目の出方 (a, b) は
　　$(1, 2)$，$(1, 4)$，$(1, 6)$，$(2, 2)$，$(2, 4)$，
　　$(2, 6)$，$(3, 6)$，$(4, 4)$，$(6, 6)$

の 9 通りある。

したがって，求める確率は　$\dfrac{9}{36}=\dfrac{1}{4}$

【23】 (1) 60　(2) $\dfrac{1}{5}$　(3) $\dfrac{1}{5}$　(4) $\dfrac{1}{2}$

解説　(1) $5×4×3=60$（通り）

(2) A が 2 のいすに座るとき，1 のいすに座るのはA以外の 4 人，3 のいすに座るのは 3 人である。

　よって，場合の数は　$4×3=12$（通り）

　したがって，求める確率は　$\dfrac{12}{60}=\dfrac{1}{5}$

(3) 2 のいすに座るのは女子で，座り方は 2 通りある。

　1 のいすに女子が座るとき，3 のいすの座り方は 3 通りあり，3 のいすに女子が座るとき，1 のいすの座り方は 3 通りある。

　よって，場合の数は
　　$2×(3+3)=12$（通り）

　したがって，求める確率は　$\dfrac{12}{60}=\dfrac{1}{5}$

(4) 2 のいすに女子が座るとき，男子がとなり合わない座り方は
　　$4×2×3=24$（通り）

　2 のいすに男子が座るとき，男子がとなり合わない座り方は
　　$2×3×1=6$（通り）

　よって，場合の数は　$24+6=30$（通り）

　したがって，求める確率は　$\dfrac{30}{60}=\dfrac{1}{2}$

改訂版	
チャート式® 基礎からの中学2年数学 問題精選	

編集・制作　チャート研究所	〒101-0052　東京都千代田区神田小川町2丁目3番地3
発行者　　　星野　泰也	〔振替〕00140-4-118431
発行所　　　数研出版株式会社	〒604-0861　京都市中京区烏丸通竹屋町上る大倉町205番地
	〔電話〕代表 (075)231-0161
本書の一部または全部を許可なく複写・複製することおよび本書の解説書，問題集ならびにこれに類するものを無断で作成することを禁じます。	ホームページ　http://www.chart.co.jp/
	印刷　創栄図書印刷株式会社
	乱丁本・落丁本はお取り替えいたします　160101

「チャート式」は，登録商標です。

15025K